Horst H. Raab

Wirtschaftliche Fertigungstechnik

**Aus dem Programm
Fertigungstechnik**

Wirtschaftliche Fertigungstechnik
von Horst H. Raab

Lehrbücher zu anderen Gebieten der Fertigungstechnik:

Umformtechnik, von K. Grüning

Stanztechnik, von E. Semlinger

Meß- und Prüftechnik, von M. Naumann

Werkzeugmaschinen, von B. Perović

Zerspantechnik, von K.-Th. Preger und E. Paucksch

Handbücher:

Arbeitshilfen und Formeln für das technische Studium
Band 3 Fertigung, von A. Böge

Das Techniker Handbuch, von A. Böge

Handbuch Industrieroboter, von H. H. Raab

Betriebsfestigkeitsberechnung, von W. U. Zammert

Vieweg

Horst H. Raab

Wirtschaftliche Fertigungstechnik

Mit 396 Bildern,
zahlreichen Beispielen und Aufgaben

Springer Fachmedien Wiesbaden GmbH

CIP-Kurztitelaufnahme der Deutschen Bibliothek

Raab, Horst H.:
Wirtschaftliche Fertigungstechnik/Horst H. Raab. –
Springer Fachmedien Wiesbaden, 1984.
  (Viewegs Fachbücher der Technik)
  ISBN 978-3-528-04297-4   ISBN 978-3-663-06860-0 (eBook)
  DOI 10.1007/978-3-663-06860-0

1984

ISBN 978-3-528-04297-4

Vorwort

Das Buch hat sich zum Ziel gesetzt, die Fertigungsverfahren der DIN 8580 nach wirtschaftlichen Punkten zu behandeln. Das muß, wegen der Fülle des Stoffes zwangsläufig dazu führen, daß die einzelnen Themenkomplexe oft nur angedeutet werden. Nur viel angewandte Verfahren werden beschrieben, weniger bekannte können nur erwähnt und Verfahren, die sich erst im Versuchsstadium befinden, konnten nicht angeführt werden.

Das *wirtschaftliche Fertigungsverfahren* steht im Vordergrund. Hierbei ist von Bedeutung Werkstückwerkstoff, Werkstückform, Anzahl der Werkstücke, konkurrierende Bearbeitungsverfahren, Werkzeuge, Schneidstoff, Schmierung, Werkzeugmaschine und Werkzeugmaschineneinstellung.

Besonderer Wert wurde dabei auf die exemplarische Darstellung anhand viel benötigter Teile gelegt.

Die Textfülle war nur durch viele Tabellen, knappe Beschreibung, viele Skizzen, die zusammen mit den Bildunterschriften zum Text *nicht* redundant sind, zu bewältigen. Dabei war aber kein reines Tabellenwerk geplant, vielmehr sollte der Sinn der tabellarischen Darstellung in der Kürze der Darbietung liegen. Daher wurde auch z.B. in den einzelnen Kapiteln darauf verzichtet, Werte aus der Zerspantechnik oder Umformtechnik, die reine Maschineneinstellung betrafen, zu tabellieren. Auch hierfür sind Beispiele für typische Prozesse aufgeführt.

Gegenüber dem Text wurde im Zweifelsfalle der Skizze und dem Bild der Vorzug gegeben. Das geschah bewußt aus zwei Gründen:

- Skizzen benötigen weniger Raum als Text um einen fertigungs-technisch-maschinenbaulichen Zusammenhang darzustellen und
- Skizzen sind letztlich doch das Ausdrucksmittel des „Maschinenbauers".

Hinweise auf die Norm wurden gebracht, wo immer es nur möglich war. Dabei ist zu beachten, daß die Norm inzwischen ein Eigenleben führt:

- das Werk der DIN Normen, VDI-Richtlinien usw. ist sehr umfangreich geworden,
- es werden laufend neue Normen erzeugt.

Oft reichte der Platz nur dazu, die Normen in Tabellen zusammen mit den jeweiligen Gegenständen zusammenzufassen.

In einigen Fällen, wo die Norm zu akademisch war, wurde von ihr unter Hinweis auf eine mehr praktische Systematisierung abgewichen, z.B. bei der Einteilung der Verfahren der Umformtechnik. Hierzu ist zu sagen, daß eine Systematisierung nach sehr vielen Gesichtspunkten möglich ist, wobei die DIN-Norm sicherlich Wert auf Allgemeingültigkeit, nicht nur für den Maschinenbau sondern eben auch für die Physik usw. legen muß. Diese Akzentuierung widerspricht aber der Schwerpunktbildung des vorliegenden Buches hinsichtlich der Wirtschaftlichkeit.

Das Buch stellt das Fertigungsverfahren in den Vordergrund. Dabei wird großer Wert auf industrielle Fertigung gelegt. Daher wurden die Verfahren sozusagen in einem Rahmen eingebettet. Dieser Rahmen ist abgesteckt durch Werkzeuge, Werkzeugmaschinen und Anlagen, auf denen die Werkstücke in einer bestimmten Stückzahl hergestellt werden. Deswegen wird in einem einführenden Kapitel alles mit der Fertigung im Zusammenhang stehende wie z.B. Umwelteinflüsse, Genauigkeit, Messung von Werkstücken, Recycling, Energiefragen usw. behandelt, während in einem abschließenden Kapitel alles zusammengefaßt wurde, was mit Automatisierung zu tun hat. Damit behandeln die dazwischenliegenden Kapitel nur die reinen Fertigungsverfahren. Auch in den Rahmenkapiteln war von großer Bedeutung, daß die jeweilige Darstellung anhand von praktischen Beispielen erfolgte, von denen eine ganze Reihe die Wirtschaftlichkeit konkurrierender Fertigungsverfahren vergleicht.

Das Buch soll dem Maschinenbaustudenten außerdem zeigen, daß der moderne Maschinenbau heute nur noch mithilfe der

- Elektronischen Datenverarbeitung,
- Regelungstechnik,
- Elektronik und
- Betriebswirtschaftslehre

Lösungen für die anfallenden Probleme finden kann.

Mein Dank gilt den Firmen Deckel, Hoesch, Hoffmann, Mannesmann, Masing-Kirkhof, Schütte. Besonderen Dank schulde ich Herrn Dipl.-Ing. Walter, Herrn Dr.-Ing. Politsch sowie Herrn Professor Stöckmann. Dem Vieweg Verlag danke ich dafür, daß das Buch in dieser Form möglich wurde.

Bischofsheim, Frühjahr 1984   *Horst H. Raab*

Inhaltsverzeichnis

1 Allgemeine Punkte 1
  1.1 Ordnungs- und Bewertungskriterien 1
    1.1.1 Einteilung der Fertigungsverfahren 1
    1.1.2 Wirtschaftlichkeit 1
  1.2 Genauigkeit 5
    1.2.1 Maß-, Lage- und Formgenauigkeit 5
    1.2.2 Fertigungsgenauigkeit 8
      1.2.2.1 Fertigungsunsicherheit Werkzeug 9
      1.2.2.2 Fertigungsunsicherheit Werkzeugmaschine 10
      1.2.2.3 Fertigungsunsicherheit durch Werkstück 19
      1.2.2.4 Fertigungsunsicherheit durch Messung 19
    1.2.3 Meßregelungen an Werkzeugmaschinen 19
    1.2.4 Verzahnungsfehler 21
  1.3 Messen 22
    1.3.1 Längenmeßtechnik 23
    1.3.2 Winkelmeßtechnik 24
    1.3.3 Oberflächenmeßtechnik 25
    1.3.4 Formmeßtechnik 25
    1.3.5 Meßgeräte 25
  1.4 Werkstückwerkstoffe 26
    1.4.1 Metallstruktur 27
    1.4.2 Legierung 27
    1.4.3 Modellvorstellungen 30
    1.4.4 Reibung 32
      1.4.4.1 Werkzeugabnutzung 33
      1.4.4.2 Standzeit 35
      1.4.4.3 Kühlschmierung Zerspantechnik 40
      1.4.4.4 Schmierung Kaltumformung 42
      1.4.4.5 Schmierung Warmumformung 44
      1.4.4.6 Schmierstoffträger 45
    1.4.5 Entzunderung 46
  1.5 Umweltschutz 46
    1.5.1 Rohstoffverknappung 47
    1.5.2 Wasseraufbereitung 48
    1.5.3 Säureaufbereitung 48
    1.5.4 Kühlmittelaufbereitung 49
    1.5.5 Späneentsorgung 50
      1.5.5.1 Späneförderer 51
      1.5.5.2 Späneentölung 51

1.5.6	Entsorgung von Lösungen zum Beschichten	51
1.5.7	Lärm	53
1.6	Maschinenaufstellung und Instandhaltung	56
1.6.1	Fundamentierung Zerspantechnik	58
1.6.2	Fundamentierung Umformtechnik	60
1.6.3	Maschineninstandhaltung	61
1.7	Steifigkeit von Werkzeugmaschinen	62
1.7.1	Statische Steifigkeit	63
1.7.2	Dynamische Steifigkeit	65
1.7.3	Thermische Steifigkeit	68
1.7.4	Finite Elemente Methode	72
1.7.4.1	CAD/CAM	73
1.8	Menschliche Umweltbedingungen im Arbeitsvorfeld	74
1.8.1	Beleuchtung	74
1.8.2	Behaglichkeit	75
1.8.3	Unfallverhütung	75
1.8.4	Ergonomie	76
1.9	Sonderfertigungen	78
1.9.1	Konkurrierende Verfahren der Großserienfertigung	78
1.9.2	Herstellung von Verzahnungen	78
1.9.3	Gewindeherstellung	82
2 Urformen		84
2.1	Allgemeine Verfahrenseigenschaften	84
2.1.1	Einteilung des Verfahrens Urformen	84
2.2	Gießverfahren mit Dauerform	85
2.2.1	Kokillenguß	85
2.2.2	Strangguß	85
2.2.3	Schleuderguß	88
2.2.4	Druckguß	89
2.3	Pulvermetallurgie	91
2.3.1	Sinterhartmetall	93
3 Umformen		95
3.1	Allgemeine Verfahrenseigenschaften	95
3.1.1	Begriffe aus der Plastizitätstheorie	95
3.1.2	Festigkeitshypothesen	102
3.1.3	Fließbedingung	102
3.1.4	Elementare Plastomechanik	103
3.1.4.1	Tensorinvarianz	103
3.1.4.2	Tensordeviator	104
3.1.5	Umformkraft – Umformarbeitsberechnung	105
3.1.6	Werkzeugwerkstoffe	105
3.1.7	Werkzeugmaschinen (Anlagen) Umformtechnik	109
3.2	Einteilung der Verfahren der Umformtechnik	111

3.3   Halbzeugherstellung 112
        3.3.1   Walzanlagen 113
        3.3.2   Blechherstellung 115
                3.3.2.1   Warm-Breitbandstraße 115
                3.3.2.2   Kaltbandwalzwerk 116
        3.3.3   Profilstahlherstellung 117
        3.3.4   Rohrherstellung 117
                3.3.4.1   Rohrkontistraße 123
        3.3.5   Vorgänge im Walzspalt 123
        3.3.6   Strangpressen 125
        3.3.7   Strangziehen 127
3.4   Halbzeugverarbeitung 130
        3.4.1   Massiv-Kaltumformung 130
                3.4.1.1   Fließpressen 131
                          3.4.1.1.1 Wirtschaftlichkeitsvergleich
                                    Kaltfließpressen – Drehen 132
                3.4.1.2   Prägen 137
                3.4.1.3   Rundkneten 137
        3.4.2   Massiv-Warmumformung 138
                3.4.2.1   Freiformen 138
                3.4.2.2   Gesenkformen 138
                          3.4.2.2.1 Wirtschaftlichkeitsvergleich Kaltfließpressen –
                                    – Halbwarmfließpressen 141
                          3.4.2.2.2 Wirtschaftlichkeitsvergleich Kaltfließpressen –
                                    – Halbwarmfließpressen – Gesenkformen . . 143
3.5   Blechverarbeitung 145
        3.5.1   Tiefziehen 145
        3.5.2   Abstreckziehen 149
        3.5.3   Streckziehen 149
        3.5.4   Stülpziehen 150
        3.5.5   Hochenergie- und Hochleistungsumformung 152
        3.5.6   Drücken 153
        3.5.7   Biegen 153

4 Trennen 156
4.1   Allgemeine Verfahrenseigenschaften 156
4.2   Zerteilen 156
        4.2.1   Einteilung des Verfahrens Zerteilen 156
        4.2.2   Schneiden 157
        4.2.3   Rohteilherstellung für die Massivumformung 161
4.3   Spanen 161
        4.3.1   Aufbau, Flächen, Kanten, Winkel am Drehmeißel 162
        4.3.2   Kräfte am Werkzeug 165
        4.3.3   Schnittkraftberechnung 165
        4.3.4   Spanbildung 178

4.3.5   Energieumwandlung beim Zerspanen 179
4.3.6   Zerspanungswärme 179
4.3.7   Werkzeug (Drehstahl) 179
     4.3.7.1   Drehstahl – Werkzeugform 180
     4.3.7.2   Schneidstoffe für spanende Fertigungsverfahren mit
           definierter Schneide ... 186
     4.3.7.3   Wirtschaftlichkeitsvergleich: Hartmetall –
           – Schneidkeramik ... 189
4.3.8   Werkzeugmaschinen Zerspantechnik 193
4.3.9   Spanende Fertigungsverfahren mit definierter Schneide 193
     4.3.9.1   Drehen ... 194
     4.3.9.2   Bohren ... 195
           4.3.9.2.1   Wirtschaftlichkeitsvergleich: Stufensenker –
               – Aufbohrwerkzeug mit HM Wendeschneid-
               platte ... 201
     4.3.9.3   Räumen ... 201
     4.3.9.4   Fräsen ... 201
           4.3.9.4.1   Wirtschaftlichkeitsvergleich: Fräsen –
               – Räumen ... 209
4.3.10 Spanende Fertigungsverfahren mit nicht definierter Schneide 211
     4.3.10.1   Schleifen ... 211
     4.3.10.2   Honen ... 221
     4.3.10.3   Läppen ... 222
4.4   Abtragen ... 223
     4.4.1   Einteilung des Verfahrens Abtragen ... 223
     4.4.2   Verfahrenseigenschaften beim Abtragen ... 223
     4.4.3   Elysierformentgraten ... 227
     4.4.4   Wirtschaftlichkeitsvergleich: Erodieren – Fräsen ... 227
     4.4.5   Schneiden mit Laserstrahlen ... 228

5 Fügen ... 230
5.1   Allgemeine Verfahrenseigenschaften ... 230
5.2   Einteilung des Verfahrens Schweißen ... 231
     5.2.1   Vorbereitung der Schweißstelle ... 232
     5.2.2   Preßschweißen ... 232
           5.2.2.1   Widerstandspreßschweißen ... 233
               5.2.2.1.1   Preßstumpfschweißen ... 235
               5.2.2.1.2   Abbrennstumpfschweißen ... 235
           5.2.2.2   Kaltpreßschweißen ... 236
           5.2.2.3   Reibschweißen ... 236
     5.2.3   Schmelzschweißen ... 237
           5.2.3.1   Gasschmelzschweißen ... 238
           5.2.3.2   Lichtbogenschweißen ... 238
           5.2.3.3   Schutzgasschweißen ... 240
     5.2.4   Geschweißte Stahlrohre ... 242
5.3   Kleben ... 243

6 Beschichten 246

  6.1 Behandlung vor dem Beschichten 246

    6.1.1 Oberflächenreinigung 246

  6.2 Oberflächenbeschichtungen 250

    6.2.0 Galvanische Schichten 250

    6.2.1 Metallische Schichten 252

      6.2.1.1 Feuerverzinken 253

      6.2.1.2 Plasmaspritzen 254

      6.2.1.3 Chromieren 254

      6.2.1.4 Verchromen 255

      6.2.1.5 Kunststoffgalvanisierung 256

    6.2.2 Nichtmetallische Schichten (anorganisch) 257

      6.2.2.1 Chemische Oxidation 258

    6.2.3 Nichtmetallische Schichten (organisch) 258

      6.2.3.1 Kunststoffüberzüge 258

      6.2.3.2 Anstrichmittelüberzüge 259

7 Automatisierung 260

  7.1 Definition 260

  7.2 Einflüsse auf die Automatisierung 260

  7.3 Automatisierung der Einzelkomponenten einer Fertigung 261

    7.3.1 Automatisierung Werkzeuge 263

    7.3.2 Automatisierung Werkstückspannung 265

    7.3.3 Automatisierung Werkzeugmaschinen – Anlagen 267

      7.3.3.1 Transferstraße 269

      7.3.3.2 Transferwerkzeug – Stufenpresse 272

      7.3.3.3 Preßmaschinen 274

      7.3.3.4 Mehrdrahtziehanlage 227

      7.3.3.5 Mehrspindeldrehautomaten 278

        7.3.3.5.1 Mechanische Zwangssteuerung 284

        7.3.3.5.2 Mikroprozessorgesteuerter Mehrspindeldrehautomat 288

      7.3.3.6 Elektro-hydraulisch gesteuerter Drehautomaten 288

        7.3.3.6.1 Elektro-hydraulische Steuerung 291

      7.3.3.7 NC-Technik 296

        7.3.3.7.1 Flexibles Fertigungssystem 299

        7.3.3.7.2 CNC-Betrieb 299

        7.3.3.7.3 Mehrprozessorsteuerung 303

        7.3.3.7.4 Adaptive Control 304

      7.3.3.8 NC-Bearbeitungszentrum 305

      7.3.3.9 Prozeßrechner 310

        7.3.3.9.1 Prozeßrechnereinsatz bei einer Warm-Breitbandstraße 311

    7.3.4 Transporteinrichtungen 313

    7.3.5 Industrieroboter 315

Literatur 320

Sachwortverzeichnis 326

1 Allgemeine Punkte

1.1 Ordnungs- und Bewertungskriterien

1.1.1 Einteilung der Fertigungsverfahren

Wichtigste Aufgabe der Fertigungstechnik ist es, Werkstücke möglichst wirtschaftlich in den Grenzen der geforderten Genauigkeit herzustellen. Dabei muß entsprechend der Werkstückform, der verlangten Genauigkeit, des Werkstoffes und der vorliegenden Stückzahl das geeigneteste Verfahren für die Herstellung ausgewählt werden.

Eine Einteilung der Fertigungsverfahren ergibt sich aus der DIN 8580, (Bild 1.1) die in den fünfziger Jahren von Prof. Kienzle (TU Braunschweig) maßgeblich beeinflußt wurde und heute fortgeführt wird. Die Nachteile dieser Einteilung sind groß. Zu ihren Gunsten ist an sich nur anzuführen, daß sie vorhanden ist und in ihrer Systematik davon ausgeht, wie ein Teil in der Folge entsteht und weiterbearbeitet werden kann (Verhüttung, Rohform, Fertigform, Zusatzbearbeitungen). Auf die wichtigsten Randbedingungen, die wirtschaftliche Bearbeitung, wird keine Rücksicht genommen. Entgegen der Einteilung der DIN 8580 rangieren nach Untersuchungen des VDMA [1/13] über mehrere Jahrzehnte in Bezug auf das Gesamtverkaufsvolumen von Werkzeugmaschinen in der BRD die spanenden Werkzeugmaschinen mit 67 % vor den umformenden Werkzeugmaschinen mit 33 %. Obwohl die umformenden Fertigungsverfahren sehr viele Vorteile haben, (kaum Materialabfall, gleichbleibender Faserverlauf, Festigkeitserhöhung, hohe Mengenleistung) und hohe Zuwachsraten in der jüngsten Vergangenheit verzeichnen konnten, sind die spanenden Fertigungsverfahren nach wie vor vorherrschend.

1.1.2 Wirtschaftlichkeit

Entscheidend für die Auswahl eines Fertigungsverfahrens ist, daß das Werkstück in der geforderten Qualität und Menge zum geforderten Zeitpunkt zuverlässig hergestellt werden kann. Eine *stückzahlbezogene Wirtschaftlichkeitsberechnung* ist Grundlage der Entscheidung, wenn mehrere Alternativen die technischen Anforderungen erfüllen [1/27]. Das Ergebnis dieser stückzahlbezogenen Wirtschaftlichkeitsberechnung sieht man in Bild 1.2. Man kann damit sehr gut zwei Werkzeugmaschinen, Fertigungsverfahren oder Alternativen miteinander vergleichen. Die Kosten je Werkstück errechnen sich aus

$$K = K_E + \frac{K_{AW}}{L} + \frac{K_{VO}}{N}$$

K_E Ausführungskosten
K_{AW} Auftragswiederholkosten
K_{VO} Vorbereitungskosten
N Gesamtstückzahl
L Losgröße

Daneben gibt es noch einige *vereinfachte Rechenverfahren* zur Wirtschaftlichkeitsberechnung, wie z.B.

— Fertigungskosten pro Hauptzeitstunde und
— Variationsrechnungen,

bei denen nur vereinzelte Faktoren verändert werden.

Hauptgruppe 1	2	3	4	5	6
Gruppe Urformen	Umformen DIN 8582	Trennen	Fügen DIN 8593	Beschichten	Stoffeigenschaften ändern
1 aus gas- oder dampfförmigem Zustand	Druckumformen DIN 8583	Zerteile e	Zusammenlegen	aus gas- und dampfförmigen Zustand (z.B. Aufdampfen)	durch Umlagern von Stoffteilchen (z.B. Härten)
2 aus flüssigem, breiigem oder pastenförmigem Zustand (z.B. Gießen)	Zugdruckumformen DIN 8584	Spanen mit geometrisch bestimmter Schneide DIN 8587	Füllen	aus dem flüssigen, breiigen oder pastenförmigen Zustand (z.B. Auftragsschweißen)	durch Aussondern von Stoffteilchen (z.B. Entkohlen)
3 aus dem ionisierten Zustand durch elektrolytisches Abscheiden (z.B. Galvanoplastik)	Zugumformen DIN 8585	Spanen mit geometrisch nicht bestimmter Schneide DIN 8589	An- und Einpressen	aus dem ionisierten Zustand durch elektrolytisches Abscheiden (z.B. Galvanisieren)	durch Einbringen von Stoffteilchen (z.B. Nitrieren)
4 aus festem Zustand (z.B. Sintern)	Biegeumformen (DIN 8586)	Abtragen (DIN 8590)	Fügen durch Urformen	aus dem festen Zustand (z.B. Pulverspritzen)	
5	Schubumformen DIN 8587	Zerlegen	Fügen durch Umformen (z.B. Falzen)		
6		Reinigen	Stoffverbinden (z.B. Schweißen)		
7		Evakuieren	durch andere Haftverfahren (z.B. Nähen)		

Bild 1.1 Übersicht über die Einteilung der DIN hinsichtlich der Fertigungsverfahren.

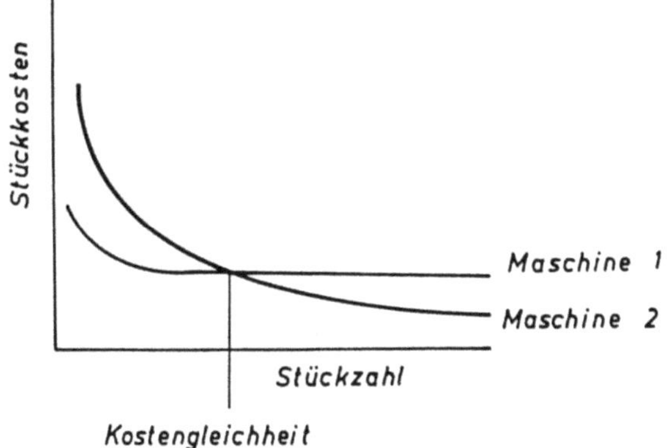

Bild 1.2
Stückkosten in Abhängigkeit der Stückzahl für zwei Maschinen oder zwei Fertigungsverfahren. An der Schnittstelle der Kurven besteht Kostengleichheit.

Mit dem kalkulatorischen Verfahrensvergleich wird der Kostenunterschied für die Fertigung eines Werkstückes mit unterschiedlichen Werkzeugmaschinen ermittelt. Damit steht die kostengünstigere Alternative fest. Das jetzt geplante Investitionsvorhaben muß jetzt aber noch bezüglich der Rentabilität mit anderen Planungen verglichen werden.

Man unterscheidet in

– statische und
– dynamische Verfahren der Investitionsrechnung.

Die *statischen Verfahren* umfassen:

– Rentabilitätsrechnung,
– Amortisationsrechnung,
– Kumulationsrechnung.

Dagegen befassen sich die *dynamischen Verfahren* zur Wirtschaftlichkeitsberechnung mit

– Kapitalrückfluß
– Kapitalwertmethode,
– Annuitätenmethode,
– Methode des internen Zinsfußes. [7/9]

Die statischen Verfahren arbeiten mit Durchschnittswerten. Damit erfolgt die Berechnung der gewünschten Kenngrößen bezogen auf eine bestimmte Periode. Die dynamischen Verfahren berücksichtigen wertmäßig den zeitlichen Zusammenhang im Anfall von Ausgaben und Einnahmen. Dadurch stellen diese Verfahren hohe Anforderungen an die Erfassung der Eingangsdaten. Da ein großer Teil der Kosten in der Fertigungstechnik im vorhinein nicht direkt erfaßbar ist, scheidet eine Berechnung der Wirtschaftlichkeit nach dynamischen Verfahren hier aus. [7/1]

In Zahlen nicht erfaßbare Kosten in der Fertigungstechnik sind z.B.

– größere Flexibilität,
– geringere Ausschußkosten,
– geringere Kontrollkosten,
– kürzere Durchlaufzeiten,
– minderes Bedienungspersonal,
– bessere Organisation in der Fertigung,
– ...

Im Falle des Buches soll Wirtschaftlichkeit aber noch eine übertragende Bedeutung erhalten, die z.T. im Sinne der nicht erfaßbaren Kosten liegt, siehe oben. Ein „wirtschaftliches Fertigungsverfahren" ist ein allgemein angewandtes Verfahren, das einem konkurrierenden Fertigungsverfahren vorgezogen wird, von dem nicht so zahlreiche Werkstücke herstellt werden.

Zum Schluß sei noch darauf hingewiesen, daß die einzelnen Wirtschaftlichkeitsbetrachtungen jeweils zu bestimmten Zeitpunkten (Jahren) erfolgt sind. Um eine Vergleichsmöglichkeit auch unter Berücksichtigung der inflationären Preistendenzen zu erhalten, wurden ab 1962 bis 1982 die Erzeugerpreise für gewerbliche Produkte im Inlandsabsatz über dem entsprechenden Jahr aufgetragen. Dabei handelt es sich um die Inflationsrate von 1961 bis 1982 in %. (Bild 1.3)

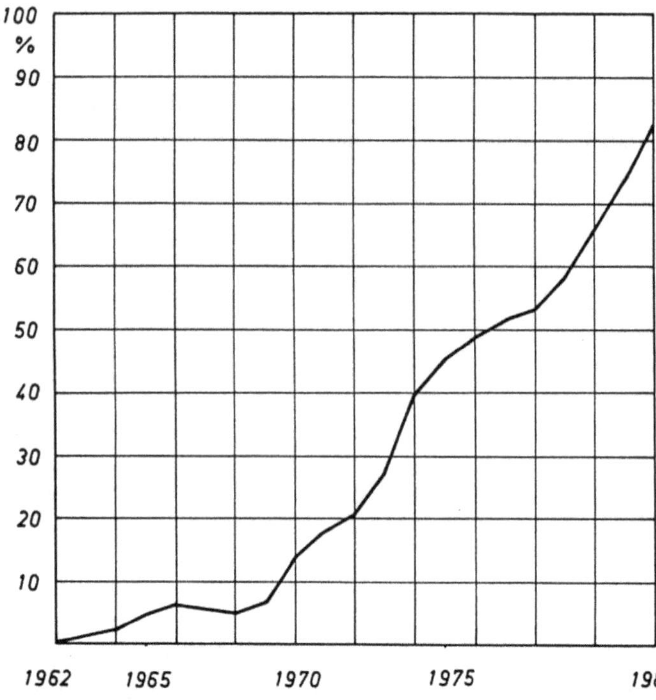

Bild 1.3
Prozentuale Geldentwertung
(Auszug: Statistisches
Bundesamt).

Beispiel

Ein Produkt der Investitionsgüterindustrie, das 1962 1000,– DM gekostet hat, steigt in den Jahren

    1965 ... 1,051 TDM [Tausend DM]
    1970 ... 1,139 TDM
    1975 ... 1,5   TDM
    1982 ... 2,09   TDM.

Oder ein Mehrspindeldrehautomat, im Jahre 1963 für 103 TDM gekauft, würde in 1982 80,3 % mehr, also 82,71 TDM mehr oder 185,71 TDM inflationsbereinigt kosten.

1.2 Genauigkeit

Da der Begriff der Genauigkeit recht unscharf ist, soll herausgearbeitet werden, was der Fertigungstechniker im Einzelnen damit meint. Das kann von Teil zu Teil, von Fertigungsverfahren zu Fertigungsverfahren unterschiedlich sein. Das hängt damit zusammen, daß in den einzelnen Fachgebieten unterschiedliche Anforderungen an die Fertigungsgenauigkeit gestellt werden.

1.2.1 Maß-, Lage- und Formgenauigkeit

Da in der Fertigungstechnik die in der Zeichnung angegebenen Maße (Nennmaß) nicht genau eingehalten werden können, erhalten sie je nach Fertigungsverfahren, Verwendung und Wirtschaftlichkeit durch Angabe von Abmaßen Maßtoleranzen. Die Maßtoleranz T_m ist die Differenz zwischen dem zugelassenen Größtmaß G und dem Kleinstmaß K

$$T_m = G - K.$$

Im allgemeinen wird diese Bezeichnung zu einem Paßmaß zusammengefaßt, das zur Größe der Toleranz noch ihre Lage in Bezug zu einer gedachten Nullinie angibt. Die Beziehung zwischen Paß- und Abmaß ist in Tabellen niedergelegt [1/21]. Sie ergibt sich aus dem rechnerischen Zusammenhang nach DIN 7162:

IT Qualität	...6	7	8	9	10	11	12	13	14	...
Anzahl der Toleranzeinheiten i	10	16	24	40	64	100	160	240	400	
Stufensprung φ	1,6									

mit der Toleranzeinheit

$$i = 0,45 \sqrt[3]{D} + 0,001 \cdot D \qquad \text{und}$$

$$D = \sqrt[2]{d_1 \cdot d_2} \qquad d_{1,2} \quad \text{Nennmaßbereichsgrenzen (Tabellenwerk), mm}$$
$$[1/23].$$

Erreichbare ITQualitäten in Anhängigkeit des Fertigungsverfahrens sind in Bild 1.4 dargestellt. In der Regel sind die eingetragenen Lage- und Formtoleranzen kleiner als die Maßtoleranzen. Für Formabweichungen und bei Lageabweichungen für Richtungsabweichungen gilt die geometrisch ideale Form (Bild 1.5). Es ist

Mittenrauhwert
$$R_a = \frac{1}{l} \int_{x=0}^{x=l} |h_i| \cdot dx$$

Glättungstiefe
$$R_p = \frac{1}{l} \int_{x=0}^{x=l} |y_i| \cdot dx$$

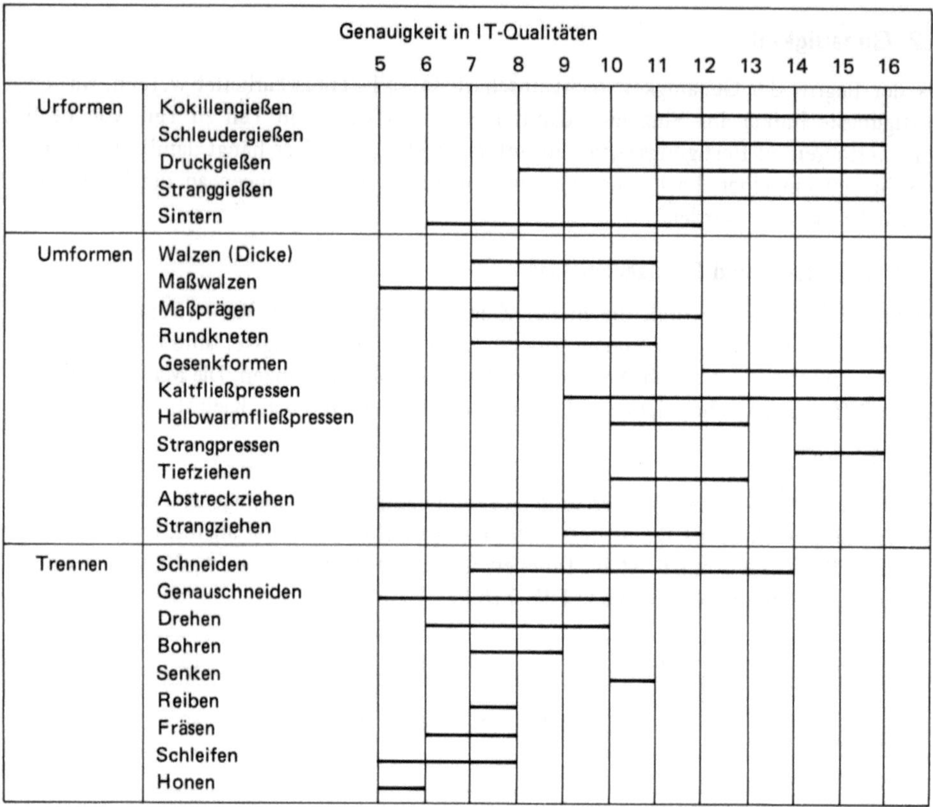

Bild 1.4 Durchschnittlich erreichbare IT-Qualitäten in Abhängigkeit des jeweiligen Fertigungsverfahrens [3/1].

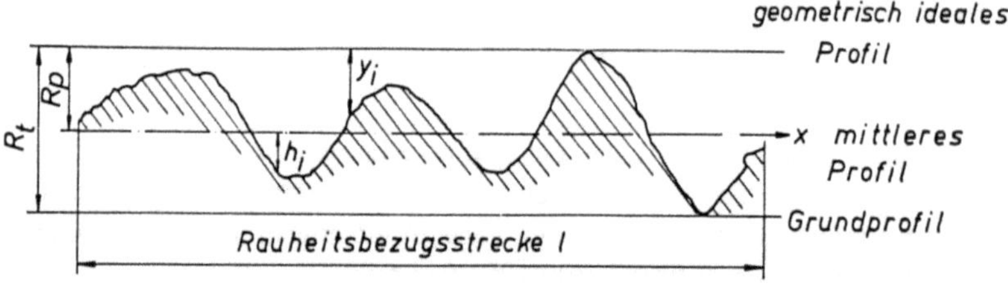

Bild 1.5 Zusammenhänge und Definitionen bei der Oberflächenbeschaffenheit eines Körpers.

Rauhtiefe R_t Abstand Grundprofil zum geometrisch idealen Profil

Profiltraganteil

$$t_p = 100 \cdot \frac{l_t}{l}$$

Erreichbare Rauhtiefen in Abhängigkeit des Fertigungsverfahrens zeigt Bild 1.6.

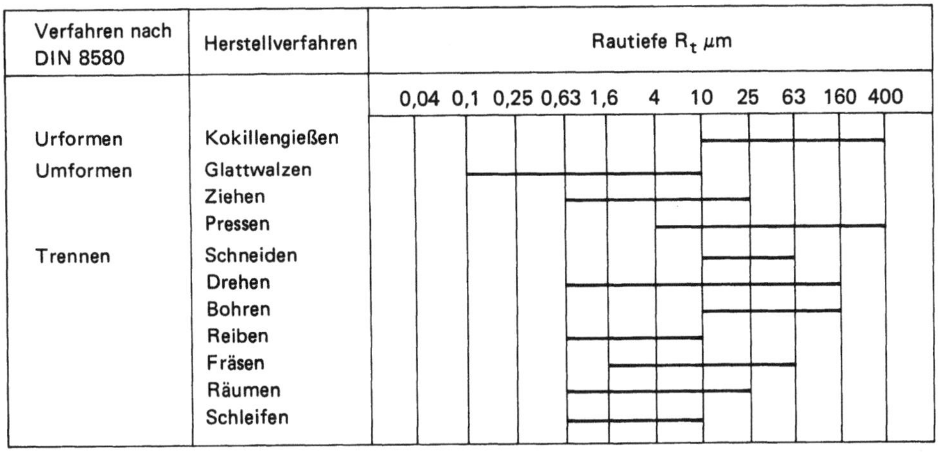

Verfahren nach DIN 8580	Herstellverfahren	Rautiefe R_t μm										
		0,04	0,1	0,25	0,63	1,6	4	10	25	63	160	400
Urformen	Kokillengießen											
Umformen	Glattwalzen											
	Ziehen											
	Pressen											
Trennen	Schneiden											
	Drehen											
	Bohren											
	Reiben											
	Fräsen											
	Räumen											
	Schleifen											

Bild 1.6 Durchschnittlich erreichbare Rauhtiefen in Abhängigkeit des jeweiligen Fertigungsverfahrens [1/25].

Man unterscheidet Gestaltabweichungen nach DIN 7182:

	Art der Abweichung	Beispiel
1. Ordnung	Unebenheit	Fehler Werkzeugmaschine
2. Ordnung	Welligkeit	Außermittige Einspannung Werkstück
3. Ordnung	Rillen	Form der Werkzeugschneide
4. Ordnung	Riefen	Vorgang der Spanbildung
5. Ordnung	Gefügestruktur	Kristallisationsvorgänge
6. Ordnung	Gitteraufbau	Physikalische und chemische Vorgänge beim Aufbau der Materie.

Nach DIN 4761 ergeben sich folgende Begriffe für die Eigenschaften einer Oberfläche:

Oberflächencharakter	Kurzzeichen
gerade, parallele Rillen	B1 ‖
kreisähnliche Rillen	B3 ○.

Wenn die Form- und Richtungstoleranzen größer sind als die Maßtoleranzen, z.B.:

- Geradheitstoleranz Stabmaterial,
- Ebenheitstoleranz Bleche usw.,

dürfen Form- und Richtungstoleranzen unabhängig von den Istmaßen auftreten wie in Bild 1.7 dargestellt. Sie werden entsprechend gekennzeichnet.

Unabhängig von diesen Maß, -Lage- und Formgenauigkeit an glatten Teilen sind auch an

- Verzahnungen und
- Gewinden

Maß-, Lage- und Formgenauigkeiten zu finden.

Sie werden in entsprechender Weise toleriert und bezeichnet. Je nach Fertigungsverfahren ergeben sich hinsichtlich der erreichbaren Genauigkeit Probleme bei Herstellung der Teile.

Toleranzart	tolerierte Eigenschaft	Toleranzzone	Beispiel Zeichnung	Bemerkung
Form-toleranz	Geradheit —		– |•0,06	tolerierte Achse
Richtungs-toleranz	Parallelität //		// |0,1|A	tolerierte Achse. Obere Bohrung muß zu zwei Bezugsebenen und Bezugsachse A 1/10 mm parallel liegen.
Orts-toleranz	Koaxialität ⊚		⊚ |•0,06|A B	tolerierte Achse muß innerhalb zur Bezugsachse A B koaxialen Zylinder 6/100 mm vom Durchmesser liegen.
Lauf-toleranz	Planlauf ↗		↗ |0,09|D	Bei Drehung um D darf Planlaufabweichung 8/100 mm nicht überschreiten.

Bild 1.7 Darstellung von Form- und Richtungstoleranzen in einer Konstruktionszeichnung [1/20].

Beispiel

Kaltgewalztes Tiefziehblech

Die Oberflächengüte von kaltgewalztem Tiefziehblech (Hoesch Westfalenhütte) beträgt nach dem Dressierwalzgerüst ca. $1 \ldots 4\ \mu m\ R_a$. Diese Oberflächengüte am Band setzt voraus, daß der Oberflächenwert der Walzen $2 \ldots 8\ \mu m\ R_a$ beträgt (Geschliffen und aufgerauht durch Strahlen). Außerdem müssen die Walzen nach jeder Schicht gewechselt werden.

1.2.2 Fertigungsgenauigkeit

Während der Anwender von Genauigkeit der Werkzeugmaschine und des Werkstückes spricht und dabei einen möglichst kleinen Wert erreichen möchte, weist der Hersteller von Werkzeugmaschinen auf die oft physikalisch bedingten Fehlermöglichkeiten hin, die sich bei einem Fertigungsprozeß zwangsläufig ergeben. Auch er strebt einen möglichst kleinen Wert an. Die einschlägige Norm schließt sich dieser Anschauung an.

Allgemein hängt die Fertigungsunsicherheit hauptsächlich ab von:

- Fertigungsverfahren,
- Werkzeugmaschine,
- Bedienungspersonal,
- Werkstück und
- Werkzeug,
- Meßverfahren [1/8].

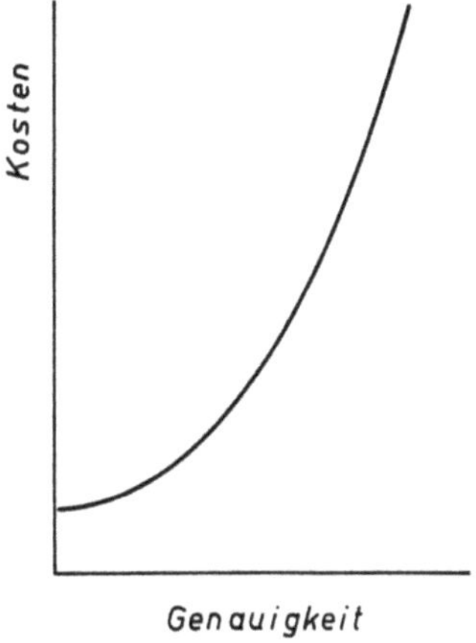

Bild 1.8

Qualitativer Zusammenhang zwischen
Genauigkeit und Kosten [4/37].

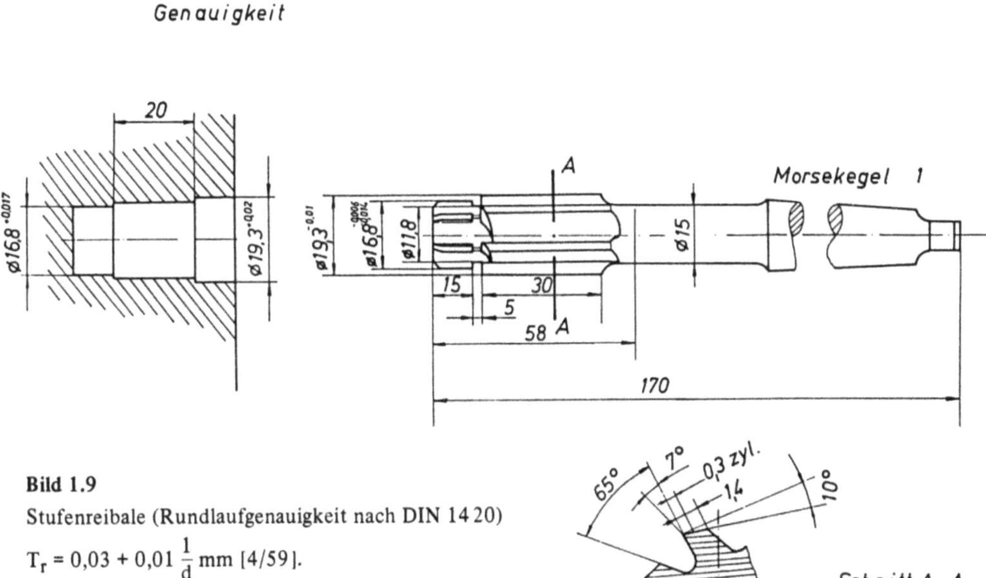

Bild 1.9

Stufenreibale (Rundlaufgenauigkeit nach DIN 14 20)

$T_r = 0,03 + 0,01 \frac{1}{d}$ mm [4/59].

Die Fertigungsunsicherheit beeinflußt die Wirtschaftlichkeit (Bild 1.8). Vor jeder anderen Maßnahme ist daher zu prüfen, welche Fertigungsverfahren sich am ehesten eignet (Bild 1.1).

Da heute meist automatisch an den Werkzeugmaschinen gearbeitet wird, ist der Einfluß der Fertigungsunsicherheit, der vom Bedienungspersonal her kommt, weitgehend ausgeschaltet.

1.2.2.1 Fertigungsunsicherheit Werkzeug

Man unterscheidet

    — maßgebende Werkzeuge (Fließpressen, Spritzgießen, Formfräsen ...),
    — maßlose Werkzeuge (Drehen, Biegen ...)

Bei den maßgebenden Werkzeugen hängt die Fertigungsunsicherheit direkt vom Werkzeug ab (Bild 1.9). Hier kann man davon ausgehen, daß die Genauigkeit des Werkzeuges doppelt so groß sein sollte, wie die spätere Form am Werkstück.

Die maßlosen Werkzeuge lassen sich durch ihre Einstellung an der Werkzeugmaschine optimieren. Dabei ergeben sich lediglich bei der Voreinstellung oder beim Wenden von Wendeschneidplatten durch die Toleranzen an der Schneiden Probleme (Bild 1.10). Bei der minderen Toleranzklasse der Wendeschneidplatten kann sich nämlich beim Wenden ein maximaler Fehler von 3/10 mm am Werkstück (bezogen auf den Durchmesser) ergeben. Erwähnenswert ist hier auch noch das Anziehen von Schrauben für Werkzeugbefestigungen. Hier kann sich ein Verkanten des Werkzeuges durch unterschiedliches Schraubenanzugsmoment von über 1/100 mm ergeben.

Bild 1.10
Hartmetall Wendeschneidplatte nach DIN 49 68 für
d = 9,525 mm ,   m = 12,700 mm   und

Toleranzklasse	d_{zul}	m_{zul}
V	± 0,08	± 0,13
G	± 0,025	± 0,025

Maße in mm

1.2.2.2 Fertigungsunsicherheit Werkzeugmaschine

Die jeweilige Anlage beeinflußt die Fertigungsunsicherheit ganz erheblich.

Fertigungsunsicherheit Urformen

Nach DIN 1680, 1683, 1688 sind

    – Freimaßtoleranzen und
    – Bearbeitungszugaben von Gußteilen geregelt.

Fertigungsunsicherheiten in Abhängigkeit von

    – Verfahren,
    – Anlage,
    – Kokille,
    – Material sind in Bild 1.11 tabelliert.

Die KfZ-Industrie verlangt engere Toleranzen, als nach DIN 1680.

Beispiel

Toleranzen am Motorblock

Längentoleranz	± 1 mm
Zylinderabstand	± 0,25 mm
Überströmkanäle	± 0,2 mm
sonstige Maße	± 0,5 mm
Gewichtsabweichung	5 % [2/4].

Bereich	Fehlerursache	system. Fehler		zufälliger Fehler
		ständig	nicht ständig	
		vorhanden		
Kokille	Werkzeugherstellung (unsachgemäß)	O		
	Werkzeug (fehlerhaft)	O		
	Auswaschung an der Kokille			O
Gießen, Erstarren	Gießverfahren	O		
	Formwandbewegung gegen Gießdruck		O	O
	Formvergrößerung wegen Graphitisierungs-druck		O	
	Metallschwindung		O	
	Eingießen des Metalls			O
	Gußrohteilverformung wegen Innenspan-nung		O	O
Putzen	Entfernen von Anschnitten und Speisern			O
	Strahlen und Schleifen			O
Werkzeug-maschine, Anlage	Verschleiß	O		
	schlechte Montage		O	
Material	Materialeigenschaften für Werkstückform nicht geeignet.	O		

Bild 1.11 Systematische und zufällige Fehlereinflüsse auf die Werkstückgenauigkeit in der Urformtechnik [2/4].

Fertigungsunsicherheit Umformen

Auch für die Fertigungsgenauigkeit in der Umformtechnik gelten folgende Fehler am Werkstück:

— Maßfehler: Sollistwertdifferenz,
— Lagefehler: Abweichung zweier Körperachsen,
— Formfehler: Abweichung von der makrogeometrischen Idealgestalt des Körpers.
— Oberflächenfehler: Abweichung von der mikrogeometrischen Idealgestalt.
— Stoffeigenschaftsfehler: falsche Wärmebehandlung.

Allgemein ist die Fertigungsunsicherheit in der Umformtechnik bei der

— Warmumformung größer als bei der
— Kaltumformung.

Bedingt durch den automatischen Arbeitsablauf bei Preßmaschinen und Pressenstraßen tritt der Einfluß des Bedienungspersonals auch hier in den Hintergrund. Einflüsse auf die Genauigkeit beim Umformen sind in Bild 1.12 zusammengefaßt. Im einzelnen ergibt sich bei:

— *Warmumformung* Umformtemperatur und Umformgeschwindigkeit mit möglichst konstanten periodischen Schwankungen wirken sich auf Schwindmaß und Auffederung von Werkzeug und Werkzeugmaschine aus.

	Systematischer Fehlereinfluß	Zufälliger Fehlereinfluß
Werkzeugmaschine	Statische Steifigkeit (Auffederung), Arbeitsvermögen	Dynamische Steifigkeit (Führungen)
Werkstoff	Zuschnitt, Physikalisch-chemische Eigenschaften	Werkstoffehler
Werkzeug	Statische Steifigkeit (Federung), Herstellgenauigkeit	Verschleiß
Verfahren	Kaltumformung, Warmumformung	
Arbeitsablauf	Ausgangsform	Zwischenform, Endform
Werkstück	Rohteilabmaß, Rohteilzuschnitt, statische Steifigkeit	Lunker, Risse
Umgebung	Statische Steifigkeit (Gründung)	Dynamische Steifigkeit
Messung	Falsches Meßmittel	Fehlerhafte Messung

Bild 1.12 Systematische und zufällige Fehlereinflüsse auf die Werkstückgenauigkeit in der Umformtechnik.

— *Kaltumformung*	Analyse und Gefügebildung konstant, da sonst Fließkurve unterschiedlich.
— *Rohteil*	Maßschwankungen bei Blechverarbeitung. (DIN 1541 ca. 14 % bei s = 0,5 ... 2 mm)

— *Werkzeug*

Hohe Herstellgenauigkeit und geringe Maßänderung

Werkzeuggenauigkeit soll 3 ... 5 ISA Qualitäten besser sein als die Werkstückgenauigkeit. [3/5]

Schmiedegesenke   IT 7 ... 12
Fließpreßwerkzeug   IT 5 ... 9
Ring Preßmatrize   IT 3 ... 7

Gleichbleibende Werkzeugtemperatur (insbesondere Vorwärmung) ca. 80 ... 150 °C.

— *Werkzeugmaschine*

An Werkzeugmaschinen der Umformtechnik sind die hohen statischen und dynamischen Belastungen bei der Kaltumformung und die zusätzlichen thermischen Belastungen der Bauteile bei der Warmumformung von großer Bedeutung.

Die Beanspruchung einer Preßmaschine kann als rein statisch angesehen werden, da die zeitliche Änderung der Kraft im Normalfalle größer ist, als ihre Grundschwingungsdauer.

Man unterscheidet Kenngrößen bei unbelasteter und belasteter Preßmaschine:

Kenngrößen bei unbelasteter Preßmaschine

- Parallelität Tischfläche zur Stößelfläche,
- Rechtwinkeligkeit der Stößelbewegung zur Tischfläche.

Beeinflußt werden diese Kenngrößen von der Gesamtsteifigkeit des Systems und der Bauweise der Preßmaschine. Die Gesamtsteifigkeit ist

$$c_{ges} = \frac{c_{Pm} \cdot c_{Wzk}}{c_{Pm} + c_{Wzg}}$$

c_{Pm} Steifigkeit Preßmaschine

c_{Wzk} Steifigkeit Werkzeug

Allgemein ist

$$c = \frac{F}{u}$$

F Kraft, N

u Durchbiegung, μm

c Steifigkeit, $\dfrac{N}{\mu m}$

Steifigkeit und Federung von Preßmaschinen bei gegebenen Umformkräften zeigt Bild 1.14.

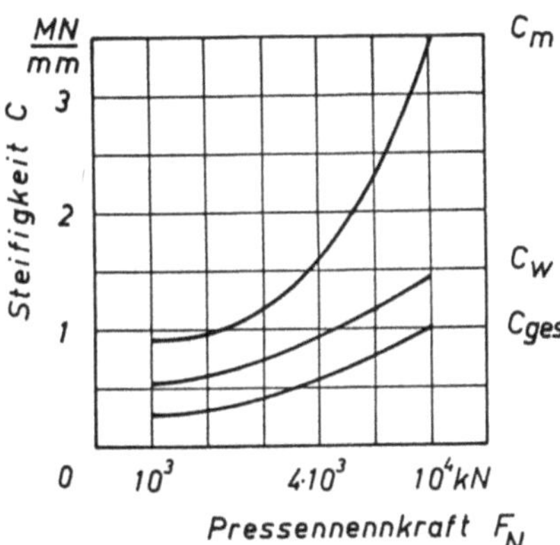

Bild 1.13 Pressensteifigkeiten c_{ges}, Werkzeugsteifigkeiten c_W, Gestellsteifigkeiten c_m in Abhängigkeit von der Pressenennkraft beim Rückwärtsfließpressen [3/5].

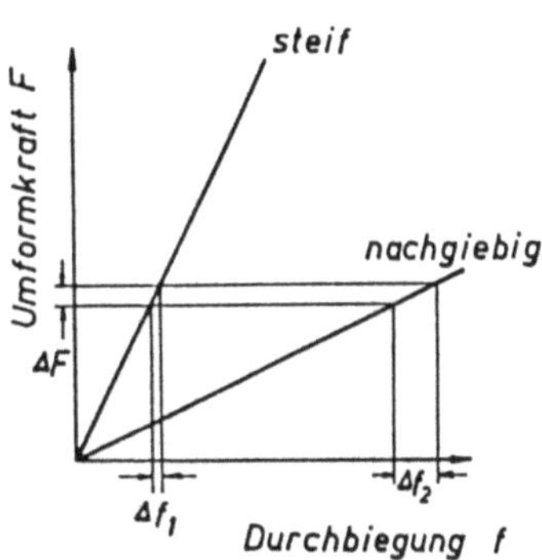

Bild 1.14 Steifigkeit und Durchbiegung von Pressen bei einem steifen und einem nachgiebigen System [3/5].

Kenngrößen bei belasteter Preßmaschine

$$c_{ges} = \frac{c_G \cdot c_T}{c_G + c_T}$$

c_G Steifigkeit Gestell

c_T Steifigkeit Triebwerk

— Verschiebelagefehler,
— örtliche elastische Verformungen der Führungen (30 μm/m),
— seitliche Neigung des Preßmaschinengestelles.

Als Fehler am Werkstück ergeben sich

— Parallelitätsfehler,
— Drehversatz,
— Mittenversatz $N_1 - N_2$,
— Höhenfehler [1/12] (Bild 1.15).

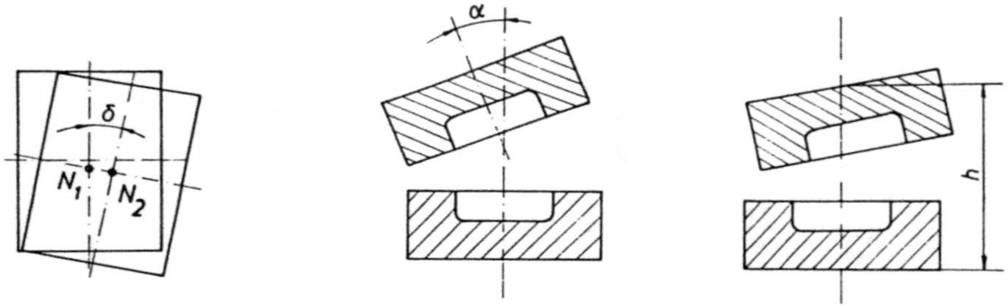

Bild 1.15
Werkstückfehler als Folge von Werkzeuglagefehlern [3/5].

Toleranzen für		Gratnaht		Masse (kg)		Stoff-schwierigkeit		Feingliedrigkeit				Nennmaße M	
Versatz Außermittig-keit	Gratan-satz Anschnitt-tiefe	unsym-metrisch	eben, symmetrisch	über	bis	M_1	M_2	über 0,3—1 s_1	über 0,3—0,6 s_2	über 0,16—0,3 s_3	über 0—0,16 s_4	über 0 bis 32 T	A
0,4	0,5			0	0,4							1,1	+ 0,7 − 0,4
0,5	0,6											1,2	+ 0,8 − 0,4
0,6	0,7											1,4	+ 0,9 − 0,5
0,7	0,8											1,6	+ 1,1 − 0,5

Bild 1.16 Toleranzen in Abhängigkeit der Feingliedrigkeit nach DIN 75 26 beim Gesenkformen [2/4].

In der DIN 7526 (Toleranznormen für das Gesenkformen) ist der Versuch unternommen worden, die Masse des Schmiedestückes sowie die Bezugsmaße in Form der Feingliedrigkeit in Bezug zu setzen. (Bild 1.16)

Dabei ist

$$S = \frac{v_s}{v_H}$$

    S Feingliedrigkeit
    v_s Schmiedestückvolumen, dm^3
    v_H Hüllvolumen, dm^3

Genormt sind zwei Schmiedegüten

- F (übliche Schmiedegüte),
- E (feine Schmiedegüte),

mit

    F = 1,6 E.

Außerdem sind vorhanden zwei Grade Stoffschwierigkeit:

- M_1 (leichte Verarbeitung bei C < 0,65 und Mn, Cr, Ni, V, Mo < 5 %)
- M_2 (schwere Verarbeitung).

    Auswirkung: Biegen − Rückfederung,
                    Falzen − Dickenfehler addiert,
                    Tiefziehen − Ziehspalt muß weit sein,

Volumenschwankung bei Massivumformung
(DIN 1013 < 10 % Querschnittschwankung bei $\varnothing$ 20 mm)

    Auswirkung: Gesenkformen − Auffederung Werkzeug

Normen

    VDI 3151 Lieferbedingungen
    DIN 17010 Allgemeine technische Lieferbedingungen für Stahl
    EUR 16 Walzdraht, Sorteneinteilung und Gütevorschriften
    EUR 17 Maß- und zulässige Abweichungen
    EUR 30 Halbzeug zum Schmieden
    EUR 31 Halbzeug zum Freiformschmieden
    EUR 35 Warmgewalzter Stahl (zul. Abweichungen)
    EUR 93 warmgewalzter Stahl Rund,-Vierkant,-Flach- und Sechskantstahl

Fertigungsunsicherheit Spanen

Die Abnahmebedingungen von Werkzeugmaschinen nach Schlesinger geben lediglich eine Aussage über die Werkzeugmaschinengenauigkeit selbst, ohne irgendeine Belastung der Maschine [1/6, 1/73] (Bild 1.17). (Herstell- und Montagegenauigkeit der einzelnen Werkzeugmaschinenbauteile). Bei Betriebsbedingungen (statische, dynamische und thermische Belastungen sowie Kühlmittel und weitere Umgebungseinflüsse) verhält sich eine Werkzeugmaschine in Bezug auf die Genauigkeit völlig anders [1/9, 1/10]. Wenn man berücksichtigt, daß ein automatischer Arbeitsablauf durch eine Steuerung gegeben ist, und das Verfahren, nach dem gefertigt wird, festliegt, ergeben sich folgende Einflüsse auf die Werkstückgenauigkeit (Bild 1.18).

		Prüfschein für Werkzeugmacher-Drehbänke bis 180 mm Spitzenhöhe (höchste Genauigkeit) nach DIN 8605 und Schlesinger.					
Nr.	Gegenstand der Messung	Bild	Meßge-räte	zul. Fehler	gem. Fehler	Meßanleitung	
3	Axialruhe der Arbeits-spindel und Stirnlauf-genauigkeit des Anlage-bundes		Meßuhr	0,005 mm	z.B. 0,002 mm	Anstellen der Meßuhr an die Stirnfläche des Anlagebundes der Arbeitsspindel unter axialer zum Spindelkasten ge-richteter Belastung drehen, dabei An-zeige der Meßuhr ablesen. Messung an 2 gegenüber-liegenden Stellen.	

Bild 1.17 Auszug aus der DIN 86 05 nach Schlesinger.

	Systematischer Fehlereinfluß	Zufälliger Fehlereinfluß
Werkzeugmaschine	Montagefehler, Fertigungsfehler, statische Steifigkeit	Lagerspiel, Führungsbahnspiel, Stick Slip, thermische Steifigkeit, dynamische Steifigkeit
Steuerung	Alterung Bauelemente, Nicht-linearitäten, Exzentrizitäten	Meßausgangsfehler, Spannungs-schwankungen, Verformungen an Meßausgängen
Werkstoff	Einfluß der Charge	Lunker, Seigerungen
Werkzeug	Statische Steifigkeit, Schneidstoff	dynamische Steifigkeit
Werkstück	Statische Steifigkeit	Dynamische, -thermische Steifigkeit
Kühlung	verschiedene Kühlmittel	Thermische Steifigkeit
Umgebung	Statische Steifigkeit (Funda-ment, Instandhaltung)	Dynamische, -thermische Steifigkeit
Messung	Falsches Meßmittel	Fehlerhafte Messung

Bild 1.18 Systematische und zufällige Fehlereinflüsse auf die Werkstückgenauigkeit in der Zerspan-technik [4.4].

Man versteht unter einem

    — systematischen Fehler einen reproduzierbaren Fehler unter denselben Bedingun-gen und

    — zufälligen Fehler ein auch unter sonst gleichen Bedingungen nicht wieder in dieser Größenordnung auftretender Fehlereinfluß.

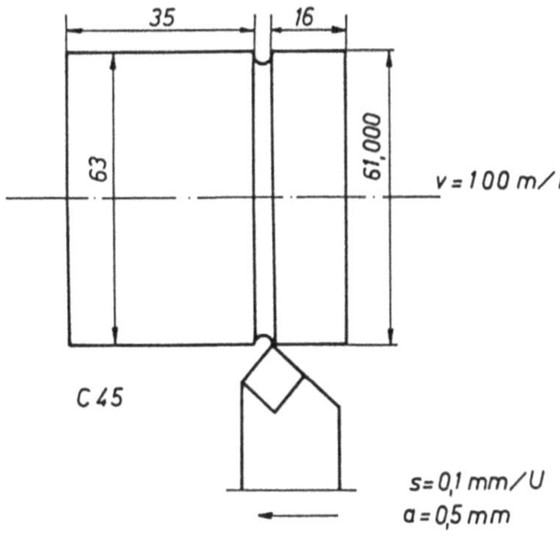

Bild 1.19
Prüfteil und Prüfbedingungen nach
VDI 34 41.

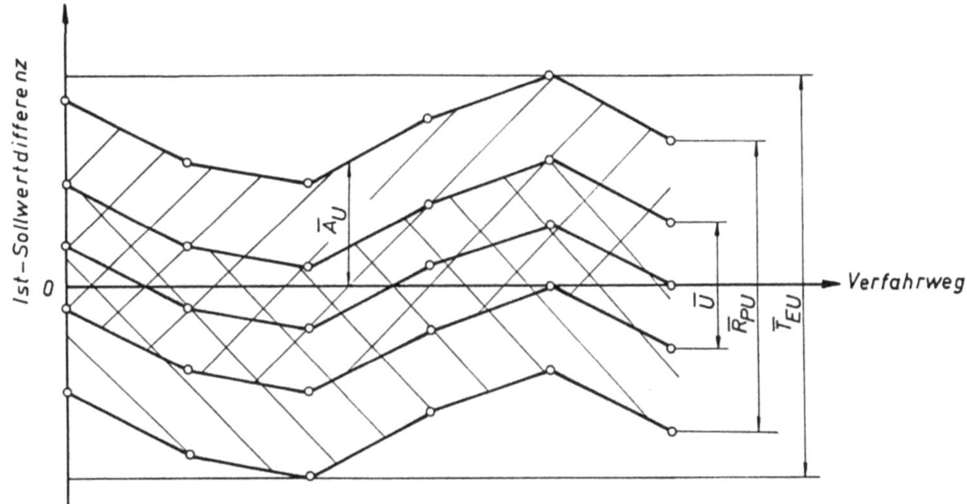

Bild 1.20 Ist-Sollwertdifferenz über dem Schlittenverfahrweg nach VDI 3441 mit
T_{EU} mittlere Einfahrttoleranz, R_{PU} mittlere Positionsstreubreite,
U   mittlere Umkehrspanne, A_U mittlere Positionsabweichung.

Zur Ermittlung von Kenngrößen einzelner Meßpositionen innerhalb der gewählten Prüf-
achse einer Werkzeugmaschine werden längs einer Achse über dem Gesamtverfahrweg
eines Schlittens n Meßpositionen aufgenommen. Jede Meßposition n wird m (25) mal angefahren. Bestimmt werden die Werte durch ein Laserinterferometer (Laserkanone, diverse
Umlenkspiegel und angeschlossener Rechner mit Drucker und Plotter). Dadurch erhält
man eine erweiterte Beurteilung der Werkzeugmaschine nach Schlesinger, allerdings noch
immer unter Ausschluß von statischen und z. T. dynamischen Belastungen. Besser ist [1/8]
die Bearbeitung von 25 Prüfteilen (Bild 1.19) nach VDI 3441. Die Auswertung erfolgt in

dem Diagramm Sollistwertdifferenz als Funktion der Schlittenposition. Dabei setzen sich die statischen Kenngrößen, die gewonnen werden zusammen aus:

Kenngröße	Fehlereinfluß
Umkehrspanne	zufällig
Positionsabweichung	systematisch
Positionsstreubreite	zufällig
Einfahrtoleranz	systematisch und zufällig

(Bild 1.20).

Verzichtet man darauf, die statischen Kenngrößen über den gesamten Verfahrweg einer Achse zu erstellen, dann erhält man nur die Positionsstreubreite (Wiederholgenauigkeit) der Werkzeugmaschine an dieser Stelle. Sie ergibt sich rechnerisch [1/8]

$$R_p = 6 \cdot \sigma \qquad \sigma \text{ Standardabweichung}$$

aus der Wahrscheinlichkeitsrechnung. In ihr sind die zufälligen Fehlereinflüsse auf die Werkstückgenauigkeit enthalten. (Bild 1.21) Diese Positionsstreubreite ruft am Werkstück Ungenauigkeiten hervor, die zur Maßabweichung führen. Die zulässige Maßabweichung wird durch die Toleranzangabe begrenzt. Sie legt z.B. Abweichungen vom Nullmaß in beiden Richtungen fest. Mit der Passung ist die Lage der Toleranzfelder von zwei zusammengehörigen Teilen bestimmt.

Größere Maßabweichungen führen zu

— Formabweichung (Abweichung Istform von Linie) und
— Lageabweichung (Abweichung Istlage von zwei oder mehr Elementen) [1/11].

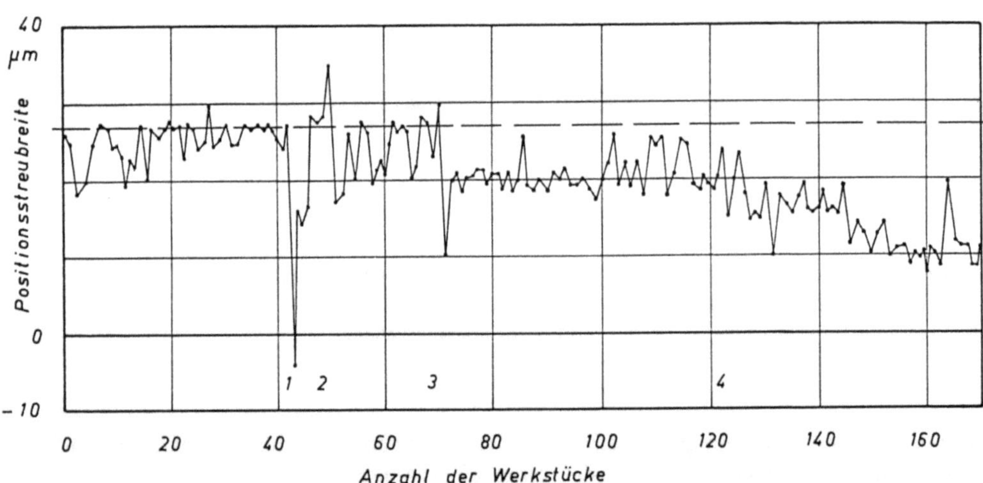

Bild 1.21 Einfluß von laufender Spindel und eingeschaltetem Kühlmittel während der Pause auf die Wiederholgenauigkeit (Positionsstreubreite) bei der Bearbeitung von 170 Werkstücken. Werkstückwerkstoff Aluminium $\varnothing$ $18^{H8} = 18^{+0,027}$ mm, Futterdurchmesser Drehmaschinen 200 mm, 1. Pause, Spindeldrehzahl 710 U/min, ohne Kühlmittel, Korrektur + 10 μm,   2. Korrektur + 10 μm, 3. Korrektur − 5 μm,   4. Pause 43 min, Spindeldrehzahl 1120 U/min, Kühlmittel [4/4].

Fertigungsunsicherheit Fügen

Die Genauigkeitsanforderungen beim Schweißen sind nicht vergleichbar mit denen der

- urformenden,
- umformenden oder
- spanenden Fertigungsverfahren.

Das ergibt sich bereits aus den thermisch bedingten Werkstückspannungen. Die Fertigungsunsicherheit speziell beim Schweißen liegt im Bereich der Freimaße.

Fertigungsunsicherheit Schneiden

Um die Genauigkeitsanforderungen beim Schneiden (Stanzen) zu erhöhen und sie von den Steifigkeitsdimensionen der Preßmaschine zu lösen, sind umfangreiche Vorbereitungen notwendig, die in einer Aufnahmevorrichtung für die Werkzeuge münden.

Man unterscheidet

- Freischnitt,
- Plattenführungsschnitt und
- Säulenführungsschnitt.

1.2.2.3 Fertigungsunsicherheit durch Werkstück

Die durch das Werkstück bedingte Fertigungsunsicherheit wird verursacht durch

- Material und
- Eigensteifigkeit (Kapitel 1.7).

Materialabhängig ist die Festigkeit (Formänderungsfestigkeit, Scherfestigkeit, Schnittdruck).

Dagegen hängt die Werkstücksteifigkeit im wesentlichen von

- ausgeübter Kraft,
- Werkstückquerschnitt und
- Ausspannlänge ab.

1.2.2.4 Fertigungsunsicherheit durch Messung

Werkstücke sollten nie direkt nach der Bearbeitung gemessen werden. Bezugstemperatur ist 20 °C für Werkstück und Meßzeug. Werkstücke sind in jedem Falle vom Fertigungsverfahren her temperiert. Die richtige Messung ist von Bedeutung.

Entscheidend ist

- Werkstücke gleichmäßig auf 20 °C zu bringen (Lagerung in Klimaraum auf einer Meßplatte),
- Werkstück und Meßzeug nicht zu lange in der Hand zu halten,

da sonst Effekte der thermischen Nachgiebigkeit auftreten.

1.2.3 Meßregelungen an Werkzeugmaschinen

Wo es auf große Werkstückgenauigkeiten ankommt, werden *Meßregelungen* eingesetzt. Bild 1.22 zeigt ein Beispiel aus der Großserienfertigung, wenn Lagernadeln spitzenlos rundgeschliffen werden. Über lange Zeiträume (8 h = 800 000 Werkstücke) werden enge Toleranzen IT 3 bei hohem Werkzeugverschleiß gehalten. Die Meßstation erfaßt 30 Werkstücke alle 15 Minuten, die Meßwertaufnahme erfolgt berührungslos. Das Ergebnis ist in

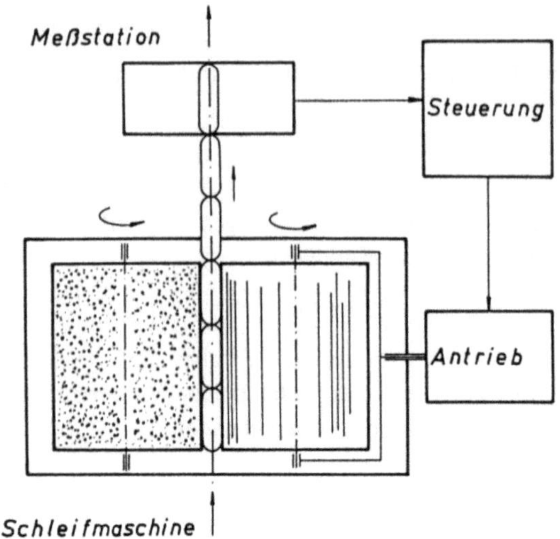

Bild 1.22
Informationsflußdiagramm einer
Meßregelung an einer Rundschleif-
maschine.

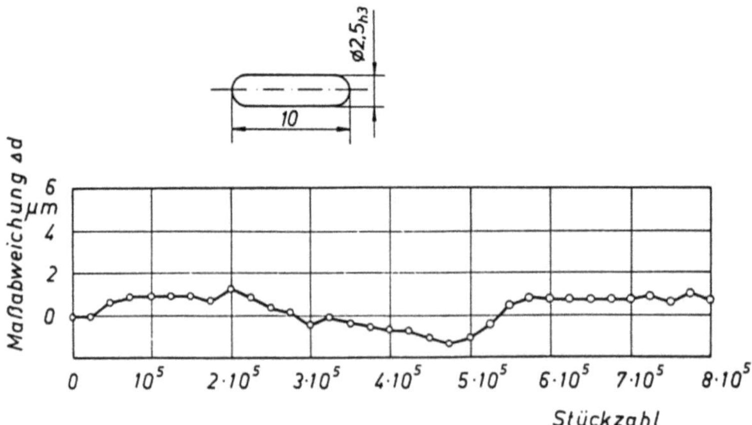

Bild 1.23 Wiederholgenauigkeit bei einer Schleifbearbeitung.

Bild 1.23 dargestellt. Über einen Zeitraum von 8 h hält die Meßregelung eine Positionsstreubreite von ± 1 μm bei einer Schnittgeschwindigkeit v = 15 m/s und einer Schnittiefe
a = 70 μm.

In Bild 1.24 wird die Funktionsweise einer *Banddicken- und Planheitsregelung* für ein
Quarto-Reversiergerüst dargestellt. Bei einer Bandbreite von 350 mm und einer Banddicke
von 2,5 ... 0,08 mm sowie Walzgeschwindigkeiten von 500 mm/min soll eine Dicken-
toleranz von ± 2 μm nicht überschritten werden. Die Arbeitswalzen sind an den Rändern
schwach kegelig, so daß mit Hilfe einer hydraulischen Biegeeinrichtung die Bandränder
schwächer oder stärker ausgewalzt werden. Außerdem sitzen auf den Zapfen der Arbeitswalzen geschliffene Distanzringe, deren Abstände durch Taster gemessen werden. An den
Haspeln erleichtert ein konstanter Brems- und Haspelzug die gleichmäßige Bandgeschwin-
digkeit.

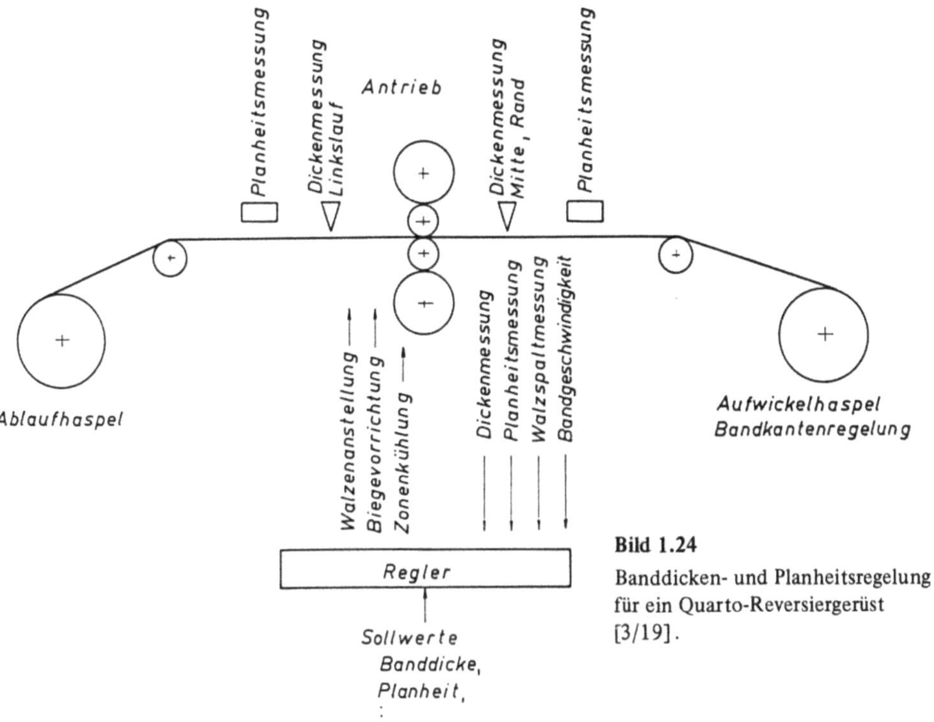

Bild 1.24
Banddicken- und Planheitsregelung
für ein Quarto-Reversiergerüst
[3/19].

1.2.4 Verzahnungsfehler

Maßabweichungen werden an

- Rad durch das Verzahnungstoleranzsystem,
- Paarung durch das Verzahnungspaßsystem definiert.

Nach DIN 3960 sind folgende Fehler z.B. an Stirnrädern festgelegt.

- Einzelfehler (Prüfrad),
- Summenfehler (Prüfpaarung).

Im einzelnen liegen vor:

Flankenformfehler	f_f (Bild 1.25)
Grundkreisfehler	f_g
Einzelteilungsfehler	f_t
Summenteilungsfehler	f_S
Zahnweitenfehler	F_t
Teilungssprung	f_μ
Eingriffsteilungsfehler	f_e
Zahndickenfehler	f_s
Rundlaufabweichung	f_r
Flankenrichtungsfehler	f_β
Wälzfehler	F_i
Wälzsprung	f_i
Achsabstandsfehler	f_a
Achswinkelfehler	f_Σ

Bild 1.25 Flankenformfehler an
einer Zahnflanke (Evolventen-
verzahnung).

Das DIN Verzahnungstoleranzsystem umfaßt 12 Qualitäten.

Darin sind

Qualität	Fertigung der Verzahnung	Umfangsgeschwindigkeit, m/s
7 … 12	Stanzen, Pressen, Spritzen	< 3
6 … 12	Hobeln, Fräsen, Stoßen	6
5 … 8	Schaben (nach Fräsen z.B.)	
2 … 8	Schleifen	< 70

Die zulässigen Größen der Einzelfehler sind z. B. in DIN 3962 dokumentiert.

Bild 1.26 stellt die Bezeichnungen an einer Evolventenstirnradverzahlung dar. Der Zusammenhang zwischen Laufruhe, Kosten, Verzahnungsqualität und Zahneinzelfehler ist in Bild 1.25 gezeigt.

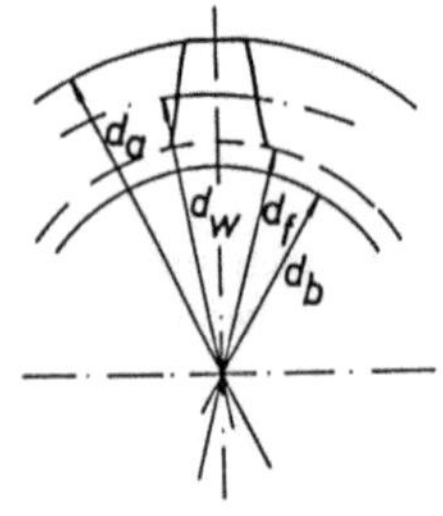

Bild 1.26

Bezeichnungen an einer Stirnradverzahnung nach DIN
d_a Kopfkreisdurchmesser d_w Wälzkreisdurchmesser
d_f Fußkreisdurchmesser d_b Grundkreisdurchmesser

Eine der Hauptursachen für Geräusche ist der Flankenformfehler (Bild 1.27). Meßmittel für das Ausmessen von Verzahnungsfehlern sind

Grenzlehre,   Schablone,
Bügelmeßschraube,   Evolventenprüfgerät,
Meßdraht,   Projektion.

Verzahnungsqualität	1	3	7	9	12
$f_f \dots f_\mu$ µm	1	3	12	25	100
f_β µm	6	10	27	45	
	Laufruhe ←		→	preiswerte Herstellung	

Bild 1.27
Beziehung zwischen
Zahnfehlern und Kosten.

1.3 Messen

Bezugstemperatur der Meßzeuge und Werkstücke ist nach DIN 102 20 °C. In DIN 876 sind Angaben zu Meßplatten aus Gußeisen und Hartgestein gemacht.

Die Platten sind in verschiedenen Größen und fünf Genauigkeitsgraden eingeteilt. Dabei hängt der Genauigkeitsgrad von der Ebenheit und der Anzahl der tragenden Punkte an der Oberfläche ab.

Nach DIN 2062 ist 1 m das 1 650 763,73 fache der Wellenlänge des Atoms 86 Kr (Krypton) beim Übergang vom Zustand 5 ds zum Zustand 2 p10 ausgesandten, sich im Vakuum ausbreitenden Strahlung.

Begriffe der Längenprüftechnik sind in DIN 2257 festgelegt:
- *Prüfen* ist das Feststellen, ob ein Prüfgegenstand den geforderten Maßen und der geforderten geometrischen Form entspricht.
- *Messen* ist Vergleichen einer Länge mit einem Meßgerät.
- *Lehren* ist Vergleichen des Prüfgegenstandes mit einer Lehre. Das Ergebnis des Lehrens ist das Feststellen, ob der Prüfgegenstand eine vorgeschriebene Größe über- oder unterschreitet.

Man unterscheidet bei den Meßmittel:

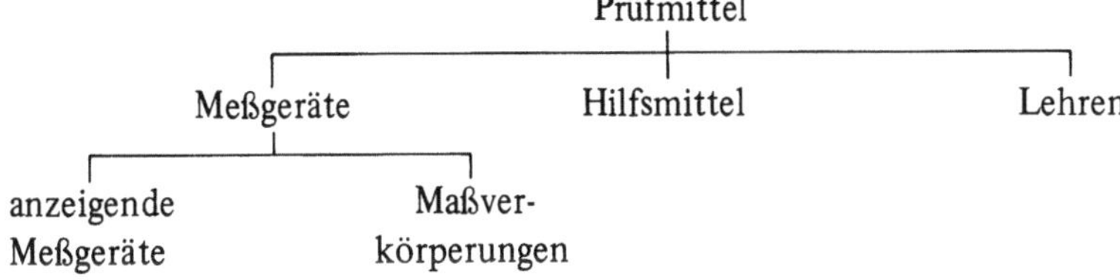

1.3.1 Längenmeßtechnik

Geräte der Längenmeßtechnik sind in Bild 1.28 zusammengefaßt.

Bei der Längenmeßtechnik erfolgt die Messung meist statischer Größen. Die *Meßwertgewinnung* geschieht dabei nach

- analogen oder
- digitalen Meßmethoden.

Zu den analogen Meßmethoden zählt man

- Ausschlagmessung (Meßuhr),
- Differenzmessung (Thermoelement),
- Kompensationsmessung (induktiver Taster),
- Nachführmessung (flexibler Nullpunkt).

Digitale Meßmethoden werden in der NC-Technik eingesetzt [1/25]. Bei der Messung können folgende *Meßfehler* auftreten [1/24].

Meßfehler	Einfluß
Temperatureinfluß	1 m Stahl verlängert sich bei 1 °C Temperaturerhöhung um 10 μm
Meßflächenabplattung	Hertz'sche Pressung Stahlkugel $l = 0{,}019 \cdot \sqrt[3]{\dfrac{F^2}{d}}$ mm
Meßständerdurchbiegung	$u = \dfrac{F \cdot l^3}{3\,EI}\ \mu$m
Reibungseinflüsse	Gleitreibung durch Kaltpreßschweißen, Verschiebewiderstand durch Stick-Slip-Effekt.
Hebelverlagerung (Zeigermeßgerät)	durch Hebelübersetzungsverhältnisse ≤ 1
Führungsfehler (Abbé)	Komparator (Meßnormal) und Meßgegenstand liegen hintereinander und nicht nebeneinander.
Parallaxenfehler (Zeigermeßgerät)	Zeiger und Stricheinteilung liegen in verschiedenen Ebenen-Winkelfehler durch Blickrichtung.
Umkehrspanne	Anzeigenunterschied bei der Messung aus zwei verschiedenen Richtungen.

Meßmittel	DIN Norm	Skizze	Bemerkung
Morsekegellehren, Kegeldorne, Kegellehrringe	229, 230, 234, 235, 2221, 2222	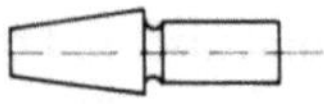	
Parallelendmaße	861	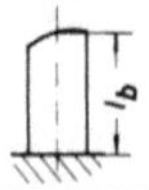	4 Genauigkeitsgrade 0 ... III Vickers Härte HV 8000 N/mm^2
Schieblehre	862	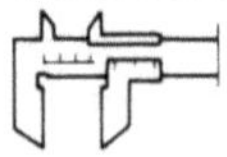	HV 6500 N/mm^2 +
Bügelmeßschraube	863		2 Genauigkeitsgrade +
Lineale Winkel Richtwaage	874, 6401 875 877	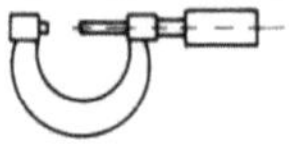	Flachlineal 6 Klassen
Meßuhr, Fühlhebelmeßgerät	878, 879, 2270		2 Genauigkeitsgrade +
Grenzrachenlehre	2231, 2238, 2232, 2259, 2235, 2266, 2236, 2237.		3 Toleranzfelder, 16 Kenngrößen, (Gutrachen-Ausschußrachen-lehre)
Grenzlehrdorn	2245, 2249, 2263, 2246, 2250, 2264, 2247, 2261, 2265, 2248, 2262, 2267, 2280, 2281, 2282, 2283, 2284, 2999.	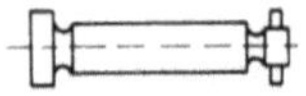	Gutlehrdorn-Ausschußlehrdorn
Fühllehre	2275		HV 4200 N/mm^2

+ Vereinfachung der Meßmittel durch digitale Anzeige

Bild 1.28 Meßmittel und zugehörige DIN Normen.

1.3.2 Winkelmeßtechnik

Bei der Winkelmeßtechnik werden

- Winkelendmaße,
- Sinuslineal,
- Winkelmeßer,
- optische Winkelmeßer oder
- optische Rundtische

als Meßmittel eingesetzt.

1.3.3 Oberflächenmeßtechnik

In der Oberflächenmeßtechnik unterscheidet man

- System M (ISO)
    unterteilt die Meßlänge in Teilstrecken, aus denen die Rauhigkeit ermittelt wird.
- System E (DIN)
    tastet die Oberfläche mit einem Kreis vom Radius r ab.

Als Meßwertaufnehmer dafür dienen

Piezokristalle,
- induktive Aufnehmer,
- optische Oberflächenprüfgeräte.

1.3.4 Formmeßtechnik

Formfehler treten an

- rotationssymmetrischen Werkstücken als
    Achsfehler,
    Mantellinienfehler oder
    Kreisformfehler und an
- prismatischen Werkstücken auf.

1.3.5 Meßgeräte

Bei *pneumatischen Meßgeräten* können

- Druck,
- Geschwindigkeit,
- Volumen gemessen werden.

Vorteile pneumatischer Meßgeräte sind

- lange Lebensdauer der Meßwertaufnehmer,
- Trennung von Aufnehmer und Anzeige,
- hohes Vergrößerungsverhältnis.

Nachteilig ist, daß sie hochwertig gereinigte Luft benötigen und damit nicht gerade billig im Unterhalt sind.

Als *optische Meßgeräte* sind bekannt

- Meßlupe,
- Mikroskop,
- Komparator.

Vorteile optischer Meßgeräte liegen darin, daß

- keine Oberflächenberührung bei der Messung stattfindet,
- keine Kräfte am Meßgerät auftreten,
- am Meßgerät keine Alterung stattfindet.

Es erfolgt nur unmittelbares Messen, mit einer Meßunsicherheit von 0,01 μm.

Bei den *elektrischen Meßgeräten* werden

- ohmsche Meßwandler,
- induktive Meßwandler,
- kapazitive Meßwandler,
- Laser

im Meßverfahren eingesetzt.

Vorteile elektrischer Meßgeräte liegen in

- Trennung von Aufnehmer und Anzeige,
- hohe Vergrößerungsverhältnis,
- Digitalanzeige.

Zur Betreibung wird elektrischer Strom benötigt.

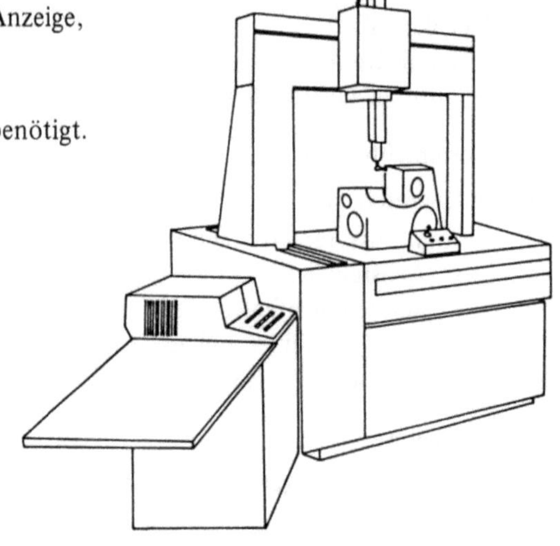

Bild 1.29 Koordinatenmeßgerät.

Mehr und mehr wird heute auch die Messung automatisiert.

Neben einem Meßfühler sowie dem Meßwertwandler und dem Meßverstärker wird ein

- Anzeigegerät und ein
- Registriergerät benötigt.

Koordinatenmeßgeräte sind CNC-gesteuert und haben zur Auswertung der Messungen angeschlossene Rechenanlagen. Damit ist nach Erstellung der Grundsoftware und der Programmierung ein automatischer Meßablauf auch bei komplizierten Teilen und geringen wie großen Stückzahlen möglich. Um hohe Meßgenauigkeiten zu erreichen ($> 0,1\ \mu$m auf 250 000 mm) sind hohe Steifigkeiten an den Bauteilen erforderlich. Sie werden durch Portalbauweise der Meßfühleraufhängung, Luftlagerung der Portalführungen und einem Granitständer erreicht. Die Meßvolumina liegen zwischen $0,2 \ldots 3\ \mathrm{m}^3$ (Bild 1.29). Die Meßanzeige erfolgt digital oder wird dem angeschlossenen Rechner zur Weiterverarbeitung zugeführt.

1.4 Werkstückwerkstoffe

Das Kapitel Werkstückwerkstoffe befaßt sich mit der Metallstruktur der Werkstoffe, Legierungsbestandteilen und ihren Einflußgrößen, Modellvorstellungen zur mathematisch-physikalischen Erklärung bestimmter Werkstoffeigenschaften sowie der inneren und äußeren Reibung. Außerdem werden Abstumpfung, Schmierung, Schmiermittelträger und Entzunderung der Werkstoffe vor ihrer Bearbeitung behandelt.

1.4.1 Metallstruktur

Metalle haben kristalline Gitterstrukturen. Man unterscheidet folgende wichtige *Raumgitterarten*:

- kubisch flächenzentriert (Al, Cu, γ − Fe ...) (Bild 1.30)
- kubisch raumzentriert (α −, β − Fe, Ti, Cr, V ...)
- hexagonal (Mg, Zn ...)

mit einer Seitenlänge von 2 ... 5 Å (10^{-10} m).

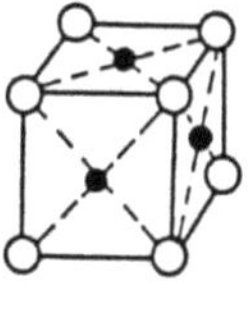

Bild 1.30
Kubisch flächenzentrierte Elementargitterzelle (γ Eisen).

Unter Belastung kommt es zu einer

- Verzerrung der Kristallgitterstruktur bei elastischer Verformung und
- Gleitung oder Zwillingsbildung (bei erschwerter Gleitung) der Kristallgitterstruktur bei plastischer Verformung.

Es ist

$$\tau = G \cdot \gamma$$

τ Schubspannung, N/mm²
G Gleitmodul, N/mm²
γ Verschiebung
(Bild 1.31)

bei elastischer Verformung.

Realkristalle besitzen *Gitterfehlstellen.* Diese Gitterfehlstellen erleichtern die Umformung.

Man kennt

- nulldimensionale Gitterfehler (Leerstelle, Zwischengitteralome),
- eindimensionale Gitterfehler (Stufenversetzung, Schraubenversetzung) und
- zweidimensionale Gitterfehler (Korngrenzen, Phasenkorngrenzen) (Bild 1.31).

Sie sind für die Verfestigung bei Umformvorgängen verantwortlich. Ein vielkristalliner, metallischer Werkstoff hat nicht in allen Richtungen gleiche Eigenschaften. Diese Richtungsabhängigkeit bezeichnet man als *Anisotropie*. (Zipfelbildung beim Tiefziehen). Durch verschiedene Vorzugsbehandlungen kann es sogar zu einer *Textur*, d.h. Vorzugsorientierung kommen (Walzen, Kaltfließpressen).

1.4.2 Legierung

Bei einer *Legierung* stehen zwei oder mehr Metalle in einem stöchiometrischen Verhältnis zueinander. Die Eigenschaften der Legierung unterscheiden sich von den Eigenschaften der einzelnen an der Legierung beteiligten Elemente.

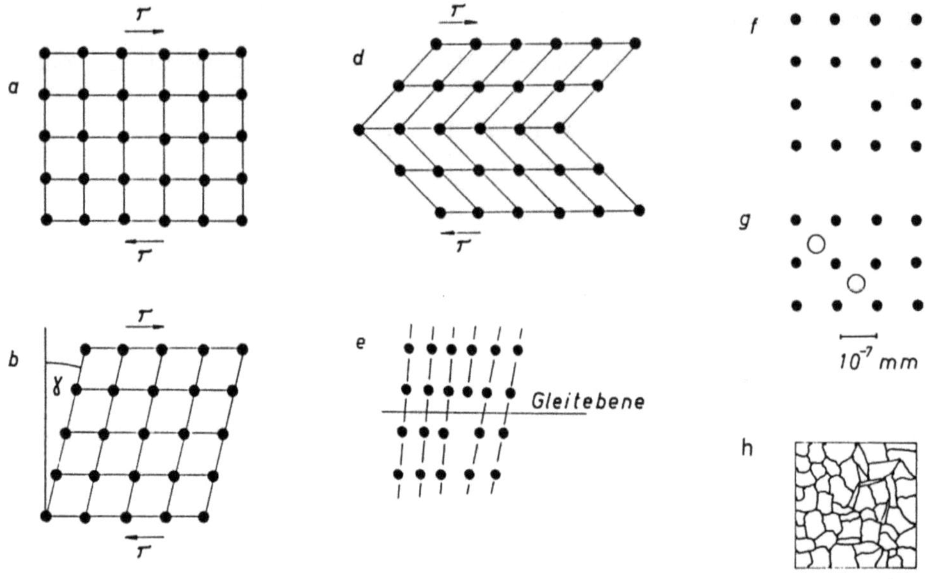

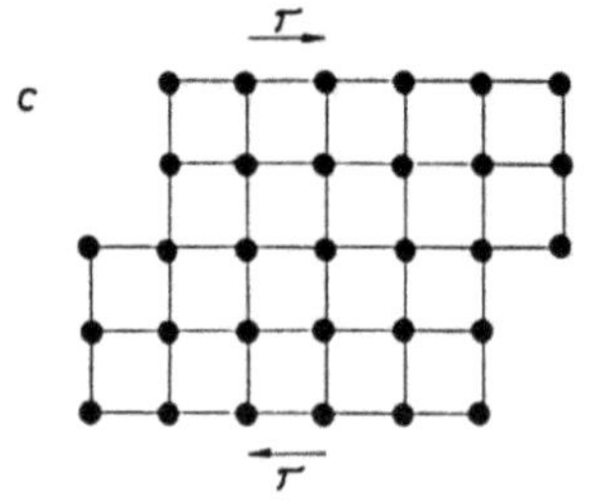

Bild 1.31

Gitteraufbau der Metallstruktur [3/5]:

a   unverzerrtes Kristallgitter
b   elastische Verzerrung im Kristallgitter
c   plastische Gitterverzerrung
d   Zwillingsbildung
e   Stufenversetzung
f   Leerstelle
g   Zwischengitteratome
h   Gefügeaufbau nach dem Korngrenzenmodell
    (C10 weichgeglüht)

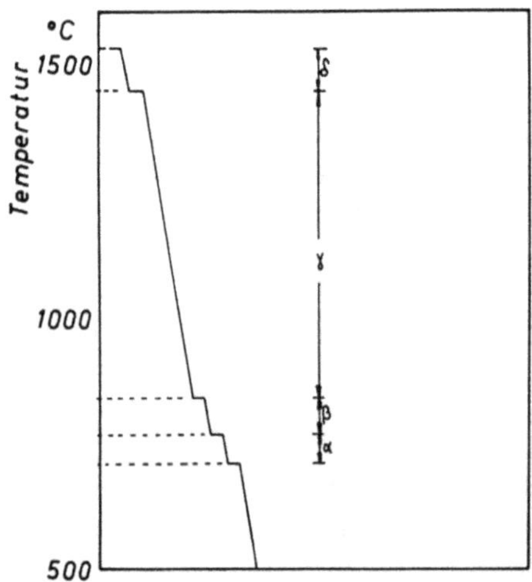

Bild 1.32

Abkühlkurve von unlegiertem Stahl mit Kohlenstoffgehalt von 0,3 % mit den Haltepunkten:

  710 °C α-Eisen
  768 °C β-Eisen
  840 °C γ-Eisen
1445 °C δ-Eisen

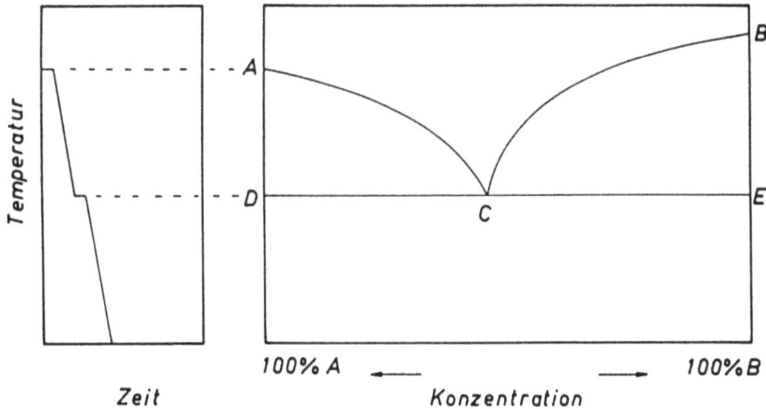

Bild 1.33 Abkühlkurve eines Zweistoffsystems
Kurve ACB Liquiduslinie, Kurve DCE Soliduslinie, Punkt C Eutektikum [5/2].

Neben den Mengen der einzelnen Elemente werden die Eigenschaften der Legierung vornehmlich durch

— Temperatur und (Bild 1.32)
— Abkühlgeschwindigkeit (z.B. Härten)

beeinflußt.

Im *Zustandsschaubild* (Bild 1.33) läßt sich dieser Phasenaufbau leicht erklären. Durch die Gleichgewichtslinien begrenzten Felder sieht man, bei welchen Temperaturen oder Zusammensetzungen sich der Aufbau einer Legierung im Gleichgewichtszustand ändert.

Dieser Erstarrungstyp gilt für den idealen Fall, daß im flüssigen Zustand vollkommene Löslichkeit, im festen Zustand keine Löslichkeit der Bestandteile besteht. Unterhalb der Liquiduslinie (Erstarrung von der Schmelze) scheiden Mischkristalle aus. Am eutektischen Punkt sind die Elemente in stöchiometrischem Verhältnis zueinander in der Legierung enthalten.

Beim Erstarren einer Metallschmelze ordnen sich die Teilchen um *Kristallkeime* herum, wodurch Kristallkörner wachsen. Als Keime wirken z.B. nichtgeschmolzene Metallreste. Durch die Angliederung an das entstehende Gitter wird die Eigenbewegung der Teilchen sprunghaft kleiner, die innere Energie sinkt; Energiedifferenz wird als Kristallisationswärme nach außen abgegeben. Dadurch bleibt die Temperatur praktisch solange konstant, bis sich Kristalle aus der Schmelze ausscheiden.

Unterhalb der Soliduslinie (Bild 1.33) bestehen alle Metallegierungen aus *Mischkristallen.* Das sind Kristalle, die aus der Schmelze ausgeschieden, beide Komponenten enthalten.

Mischkristallegierungen sind wertvolle Werkstoffe mit besonderen technologischen und physikalischen Eigenschaften, die von denen der reinen Komponente abweichen.

Bild 1.34 versucht die Eigenschaften von Mischkristallegierungen verschiedener Eisenbegleiter auf den Stahl und ihre prozentuale Menge darzustellen.

Legierungs-Mischungsbestandteil	chemisches Symbol	max. %-Satz	Einfluß
Kohlenstoff	C	< 2	Festigkeitseigenschaften, Schweißbarkeit, Kaltformbarkeit, Härte
Silizium	Si	1	Durchhärtung
Mangan	Mn	1	Durchhärtung, Verschleißfestigkeit
Phosphor	P	~ 0,003	Kaltbruch, Versprödung
Schwefel	S	~ 0,003	Alterung
Vanadium	V	< 10	kornverfeinernd, Anlaßbeständigkeit, Warmfestigkeit
Nickel	Ni	< 18	Zähigkeit, lückenlose Mischkristalle
Chrom	Cr	< 12	Karbidbildner, Korrosionsbeständigkeit
Molybdän	Mo	< 5	Karbidbildner, Anlaßbeständigkeit
Wolfram	W	< 18	Karbildbildner, Warmfestigkeit
Kobalt	Co	< 20 ... 30	Anlaßbeständigkeit, Warmfestigkeit, Biegebruchfestigkeit
Korund	Al_2O_3	< 99	Mischungsbestandteile bei Sinterwerkstoffen, Härte
Titankarbid	TiC	30 ... 90	
Tantalkarbid	TaC		
Quarz	SiO_2	< 30	

Bild 1.34 Einfluß der Legierungs- und Mischungsbestandteile auf den Schneidstoff.

1.4.3 Modellvorstellungen

In der Umformtechnik arbeitet man je nach Ziel mit verschiedenen Modellvorstellungen. Man kennt

Mechanische Werkstoffmodelle [3/5]

elastischer Körper, $\sigma = E \cdot \epsilon$

zäher Körper

starr idealplastischer Körper, Warmumformung V = konst.

starr idealplastischer Körper mit Kaltverfestigung

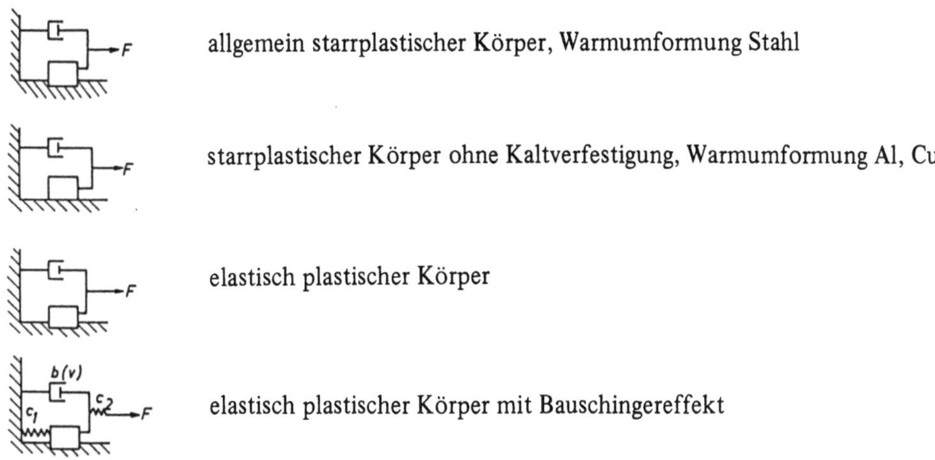

allgemein starrplastischer Körper, Warmumformung Stahl

starrplastischer Körper ohne Kaltverfestigung, Warmumformung Al, Cu

elastisch plastischer Körper

elastisch plastischer Körper mit Bauschingereffekt

Physikalische Werkstoffmodelle

Da die mechanischen Werkstoffmodelle kein Bild vom Geschehen im Inneren der Metalle während der Umformung geben, bedient man sich dafür des

- Kristallgittermodells und des
- Korngrenzenmodells.

Elementare Modelle

Für komplizierte Umformvorgänge benutzt man das

- Streifenmodell (Walz-, Zieh-, Preßvorgang),
- Scheibentheorie (Ziehen), (Bild 1.35)
- Röhrentheorie (Pressen, Schmieden).

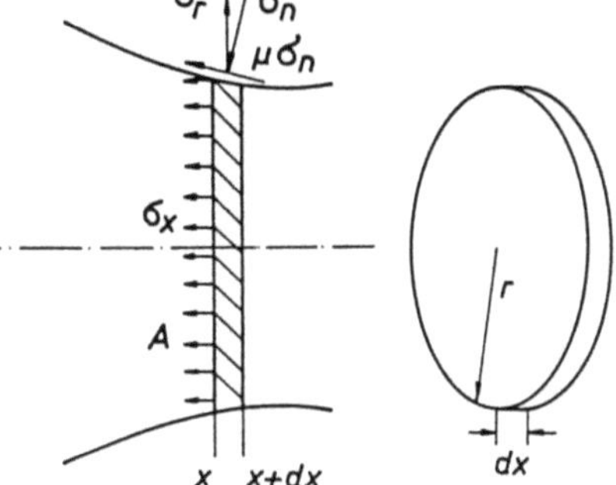

Bild 1.35 Scheibenmodell.

Bei dem *Streifenmodell* fließt der Werkstoff eben und wird zwischen einem Paar von Bahnen geführt. Ebene zur Fließebene E senkrechte Werkstoffabschnitte A, die jene Fließebene parallel zu einer bestimmten festen Richtung schneiden, verschieben sich parallel. Dünne Trapezstreifen benötigen zu ihrer Umformung die gleiche Leistung wie Rechteckstreifen gleicher Höhe und gleichen Volumens.

Erweiterte Modelle

Die elementaren Modelle werden durch

- Eckenkorrekturen,
- Haftzonen und
- Sprunglinien

verbessert. [3/9]

1.4.4 Reibung

Man unterscheidet

- Festkörperreibung (zwei metallisch reine Oberflächen),
- Grenzreibung (Monomolekulare Zwischenschicht zwischen metallischen Oberflächen),
- Mischreibung (Grenzreibung und hydrodynamische Reibung),
- hydrodynamische Reibung (zwei metallische Oberflächen durch Gleitmittel getrennt).

Bei Umformvorgängen handelt es sich meist um Mischreibung.

Gleitmittelträgerschicht entsteht, wenn ein Werkstück aus Stahl mit verdünnter Phosphorsäure behandelt wird. Es entsteht unter Wasserstoffabgabe Eisenphosphat

$$Fe + 2\,H_3PO_4 \rightarrow Fe\,(H_2PO_4)_2 + H_2$$

Zum Phosphatieren wird meist eine Durchlaufanlage verwendet. In den einzelnen Böden geschieht folgendes:

- Entfetten durch Kochen (alkalischer Tauchreiniger ca. 370 K),
- Spülen mit fließendem kalten Wasser,
- Beizen in HCl oder H_2SO_4,
- Spülen in fließendem kalten Wasser,
- Spülen mit heißem Wasser bei 350 K,
- Phophatieren bei ca. 360 K,
- Spülen in fließendem kalten Wasser.

Schmiermittel Umformgrad	Lithiumstearat $\varphi = 1$	Ölsäure $\varphi = 1$
$v_m = \quad\ 0{,}3$ mm/s	$R_t = 13\ \mu m$ $R_a = \ 3\ \mu m$	$R_t = 22\quad \mu m$ $R_a = \ 0{,}2\ \mu m$
$v_m = \quad 30\quad$ mm/s	$R_t = 16\ \mu m$ $R_a = \ 3\ \mu m$	$R_t = \ 8\quad \mu m$ $R_a = \ 1\quad \mu m$
$v_m = 50 \cdot 10^3$ mm/s	$R_t = 17\ \mu m$ $R_a = \ 3\ \mu m$	$R_t = 14\quad \mu m$ $R_a = \ 3\quad \mu m$

Einfluß von Schmiermittel und Umformgeschwindigkeit auf die Oberflächengüte (C 15 feingeschliffen $R_t = 2{,}3\ \mu m$, $R_a = 0{,}3\ \mu m$) [3/5].

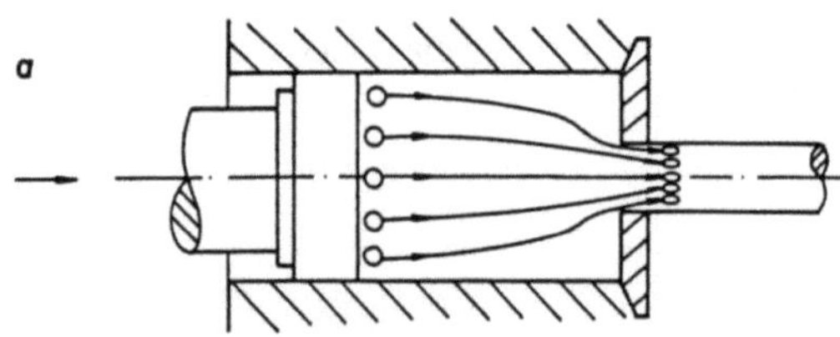
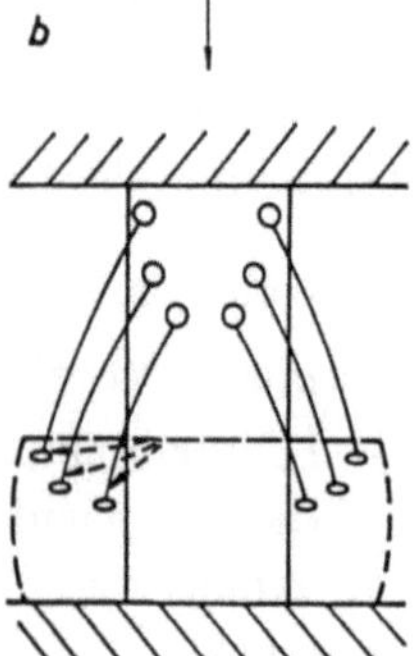

Bild 1.36 Art des Werkstoffflusses:
a stationär   b instationär   ——— Bahnlinie   – – – – Stromlinie

Man kann alle Verfahren der Umformtechnik hinsichtlich ihres Werkstoffflußes unterteilen. Es sind folgende Bewegungszustände definiert:

— stationärer Werkstoffluß,
— instationärer Werkstoffluß.

Beim stationären Werkstoffluß haben Bahn- und Stromlinien, im Gegensatz zum instationären, während der Umformung eine Richtung (Bild 1.36).

1.4.4.1 Werkzeugabnutzung

Durch die Zerspanung wird das Werkzeug an seinem Schneidenteil abgenutzt. Dabei kann es zu folgenden hauptsächlichen Abnutzungserscheinungen kommen. Die Schneide

— bricht aus,
— stumpft an Frei- und Spanfläche ab und
— verformt oder schmilzt aufgrund hoher Temperatur (Bild 1.37).

Man kann nachweisen [4/8], daß bis auf die Umformung der Schneidkante alle gebräuchlichen Werkzeugabnutzungsursachen eine Beziehung zur Schnittgeschwindigkeit haben.

Da sich alle Ursachen während der Zerspanung überlagern, läßt sich die davon ausgehende Wirkung nicht eindeutig erklären.

In der nachfolgenden Tabelle soll trotzdem der Versuch gemacht werden, Verschleißart, Verschleißort, Ursache und Wirkung (am Werkzeug) einander zuzuordnen (Bild 1.38).

Ein in der Praxis abgenutzter Drehmeißel zeigt je nach Schneidstoff, Meißelgeometrie, Schnittbedingungen, Werkstückwerkstoff verstärkt bestimmte Verschleißwirkungen. Mehr oder weniger sind aber *alle* beschriebenen Erscheinungen zu beobachten. (Bild 1.39)

Bild 1.40 stellt verschiedene Schadensarten bei Gesenken speziell der Warmumformung dar.

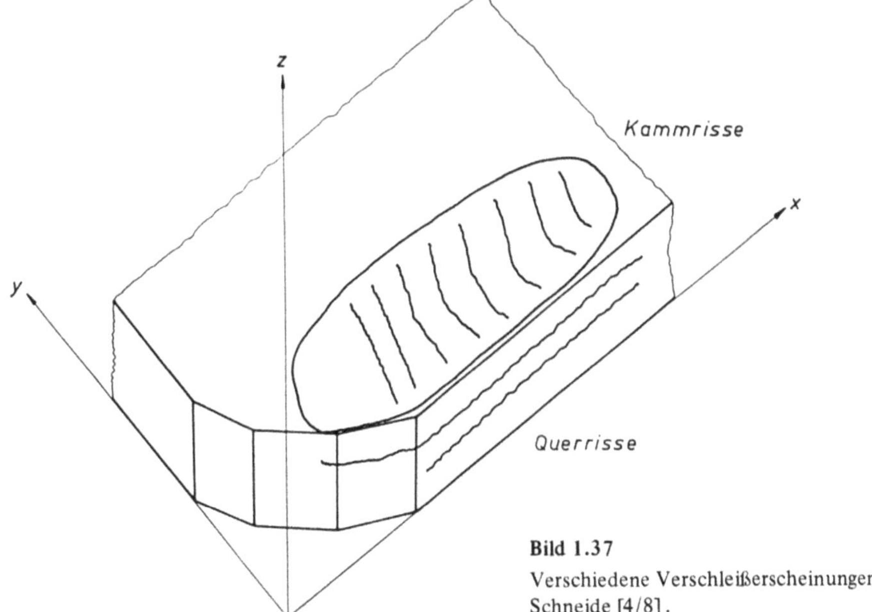

Bild 1.37
Verschiedene Verschleißerscheinungen an der Schneide [4/8].

Verschleiß-ort	Verschleißart	Ursache	Wirkung	Bemerkungen
Spanfläche	Spanflächen-verschleiß	Abrieb, Kaltpreßschweißung		Adhäsion – Auftreten vorwiegend bei HSS als Schneidstoffabtrag durch Riefen, Krater
	Kolkverschleiß	Diffusion, Oxidation (Verzun-derung)	 K_T	Stoffabtrag bei Diffusion (HM 1000 K) nach Ab-rieb durch chemischen Zerfall des Schneidstoff-gefüges. Vorwiegend bei HM, Stoffabtrag bei Verzunderung durch Ab-rieb loser Oxidations-schichten, vorwiegend bei HM
	Kammrisse	thermischer Wechselbelastung		Therm. Wechselbe-lastung bei unter-brochenem Schnitt. Tiefste Punkte der Risse im Inneren der WSP.
Freifläche	Freiflächen-verschleiß	mechanischer Abrieb, Kaltpreßschweißung, elektrochemische Reaktion	 V_B	Abrasion – vorwiegend bei HSS, Schneidstoff-abtrag durch gerade Riefen
	Querrisse	mechanische Wechsel-belastung		mechanische Wechsel-belastung bei unter-brochenem Schnitt, tiefste Punkte im Inneren der WSP [4/8]
Schneid-kanten	plastische Verformung	hohe Vorschübe, große Schnittkräfte		Schneide schmilzt und verformt sich aufgrund hoher Temperatur
	Kantenrundung	mechanischer Abrieb, Erweichen	 S_R	
	Ausbrüche	zu hohe Schnittge-schwindigkeit, zu große Schnitt-kräfte, Schneidstoff zu spröde	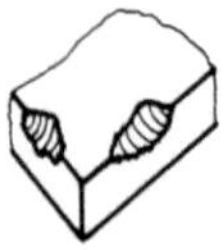	

Bild 1.38 Verschleißart, Ursache, Wirkung sowie Stelle des auftretenden Verschleißes.

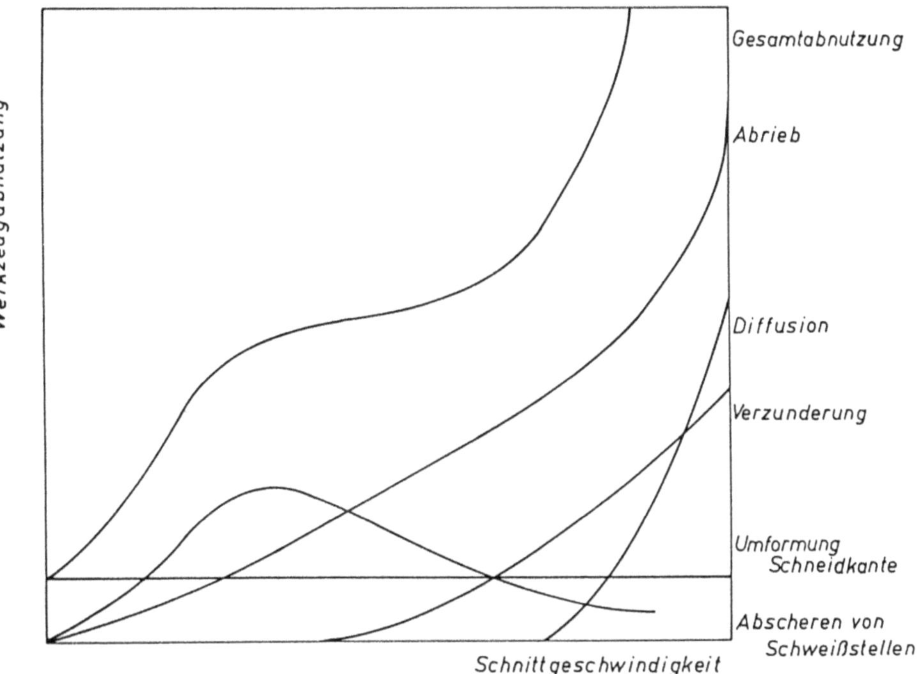

Bild 1.39 Werkzeugabnutzung in Abhängigkeit der Schnittgeschwindigkeit und die dabei auftretenden Schäden [4/8].

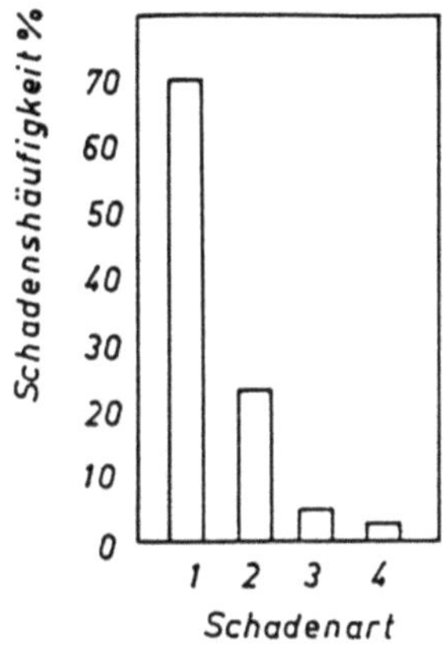

Bild 1.40

Häufigkeit der Gesenkschäden [3/31]:

1 Verschleiß (40 ... 46 HRc),
2 mechanische Rißbildung (46 ... 52 HRc),
3 plastische Verformung,
4 thermische Rißbildung.

1.4.4.2 Standzeit

Verschleiß verursacht eine Schnittkrafterhöhung. Damit wird die Einsatzzeit des Werkzeugs vermindert. Das Werkzeug muß gewechselt und eventuell nachgearbeitet werden.

Verschleiß kann direkt (Werkzeug) oder indirekt (Werkstück) gemessen werden. In der Praxis erfolgt eine indirekte Messung. Aus der Vielzahl der Verschleißerscheinungen läßt sich die Verschleißmarkenbreite V_B noch am besten erkennen und messen. Sie wird (Bild 1.41) über der Schnittdauer als Funktion der Schnittgeschwindigkeit auftragen.

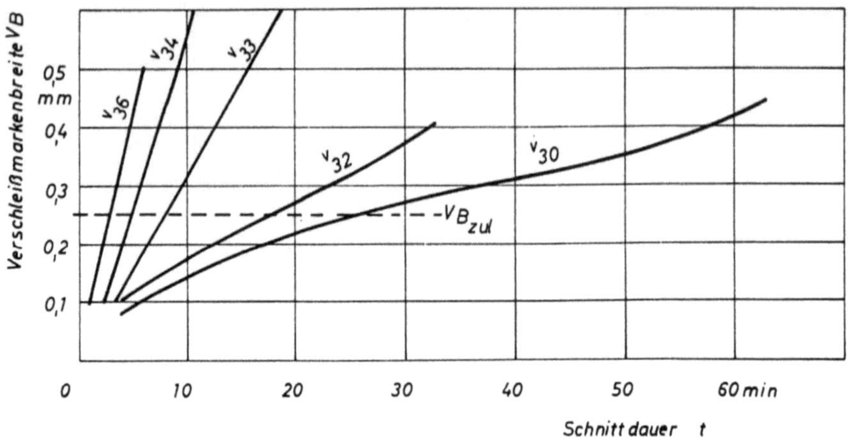

Bild 1.41 Zusammenhang zwischen Toleranz und Freiflächenverschleiß.

Nach Vieregge [4/8] ergeben sich folgende maximal zulässigen V_B:

- für Schruppbearbeitung $V_{B\,zul}$ = 0,8 mm,
- für Schlichtoperation $V_{B\,zul}$ = 0,2 mm.

Verschleißmarkenbreite V_B und Werkstücktoleranz Tol sind ineinander umrechenbar ($\gamma = 0°$!) über:

$$\tan\alpha = \frac{Tol}{2\cdot V_B}$$

Bild 1.42

Bild 1.42

Verschleißmarkenbreite V_B als Funktion der Schnittdauer mit der Schnittgeschwindigkeit als Einflußgröße [4/7].

Wird eine zulässige V_B entsprechend der geforderten Werkstücktoleranz zugrunde gelegt, dann kann Bild 1.41 umgezeichnet werden in Bild 1.43. Man erhält T = f(v), dabei wird T definiert als Standzeit (Standzeit ist die Einsatzzeit eines Werkzeugs bis zum Nachschliff $V_{B\,zul}$).

Von der Kostenseite wäre interessant zu wissen, wann man ein Werkzeug wechseln muß (Werkzeugwechselzeiten möglichst während der Pause). Zu diesem Zweck wird die Kurve in Bild 1.44 in eine doppellogarithmische Skala gezeichnet und ergibt die Funktion:

$$y = ax + b$$

(Bild 1.44). Sie ist über einen weiten Bereich durch eine Gerade approximierbar.

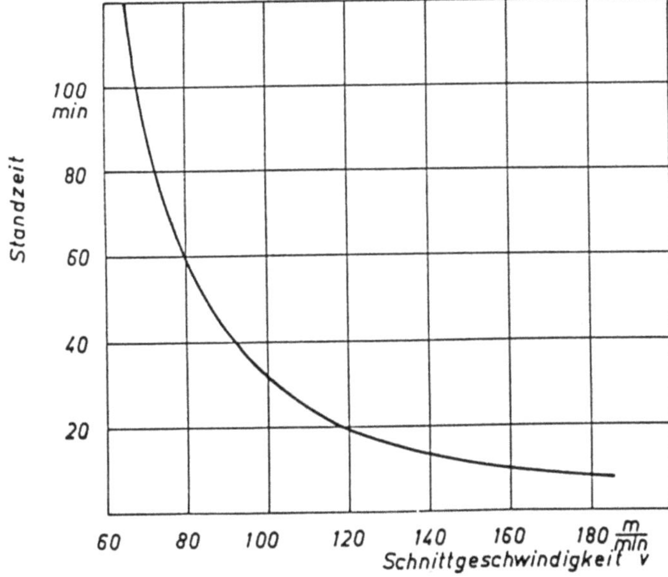

Bild 1.43 Standzeit T (Zeit als Funktion des zulässigen Verschleißes) in Abhängigkeit der Schnittgeschwindigkeit (34 Cr4, s = 0,5 mm, a = 4 mm) [4/7].

Mit $\log T = -c \cdot \log v + \log T_1$ und durch Logarithmierung

wird
$$\frac{T}{T_1} = v^{-c}$$

T Standzeit, min
T_1 Standzeit bei v = 1 min
v Schnittgeschwindigkeit, m/min
c Standzeitexponent

Diese Funktion ist bekannt unter den Namen *Taylorfunktion*. In ihr versuchte der US-Betriebswirt Taylor bereits um die Jahrhundertwende den Verschleiß als Funktion der Schnittgeschwindigkeit darzustellen. In der Folge hat es bis heute nicht an Versuchen gefehlt, diese Funktion näher zu erfassen.

In [4/28] wird die Beziehung angegeben.

$$V_k = C_k \cdot v^{b_1} \cdot t^{b_2} \cdot a^{b_3} \cdot s^{b_4} \cdot \kappa^{b_5}.$$

V_k Standzeit, min
C_k Standzeit bei V = k min
v Schnittgeschwindigkeit, m/min
b_1 Standzeitexponent
t Zeit, min
b_2 Exponent
a Schnittiefe, mm
b_3 Schnittiefenexponent
s Vorschub, mm/U
b_4 Vorschubexponent
κ Einstellwinkel
b_5 Einstellwinkelexponent

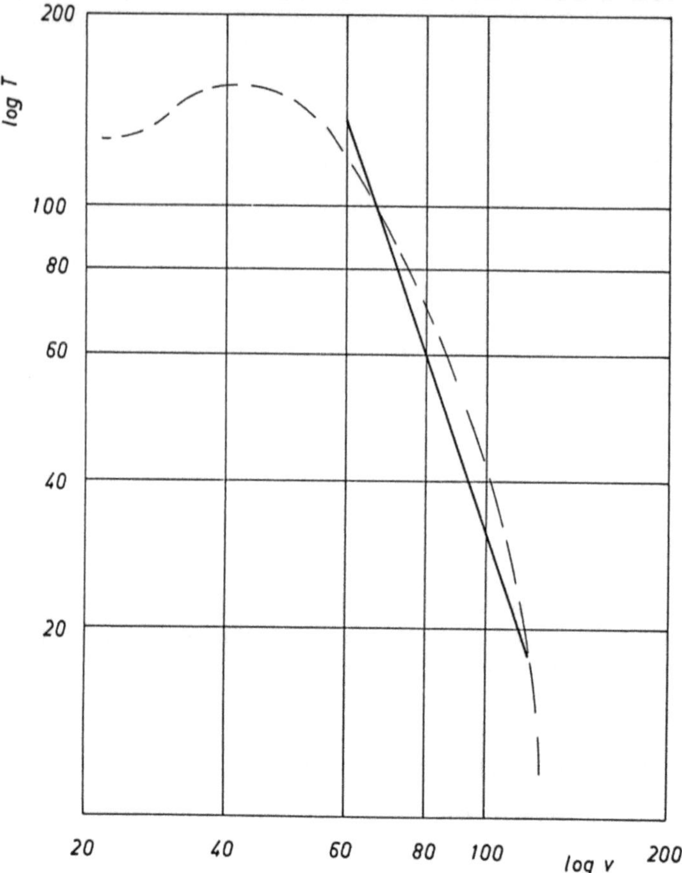

Bild 1.44 Darstellung der Funktion aus Bild 1.42 in doppellogarithmischem Schaubild. [1/13]

Obwohl zur Beschreibung der einzelnen Verschleißdarstellungen die Werte für T_1 und C bzw. C_k und $b_1 \ldots b_5$ angegeben werden und zur Bewältigung großer Datenmengen die EDVA zu Hilfe genommen wird [4/29], beschreiben diese Darstellungen den Verschleiß nur unvollständig. Nur Versuche können von Fall zu Fall Verschleißgröße- und dauer klären und so zu vernünftigen Werkzeugwechselzeiten führen.

Standzeit-Schnittgeschwindigkeitsverhalten

Drehbearbeitung von Ck 55 N und folgende Einflußparameter:

A = 2 · 0,25 mm²

Schneidengeometrie $\quad\gamma\quad\;\alpha\quad\;\lambda\quad\;\kappa\quad\;\epsilon\qquad$ r
$\qquad\qquad\qquad\qquad\; 6°\;\; 5°\;\; 0°\;\; 70°\;\; 90°\;\; 0{,}8$ mm

Bild 1.45 zeigt ganz klar, daß die beschichteten HM Wendeschneidplatten ein fast dreifach verbessertes Standzeitverhalten aufweisen, wie z.B. die einfachen Wendeschneidplatten [4/41].

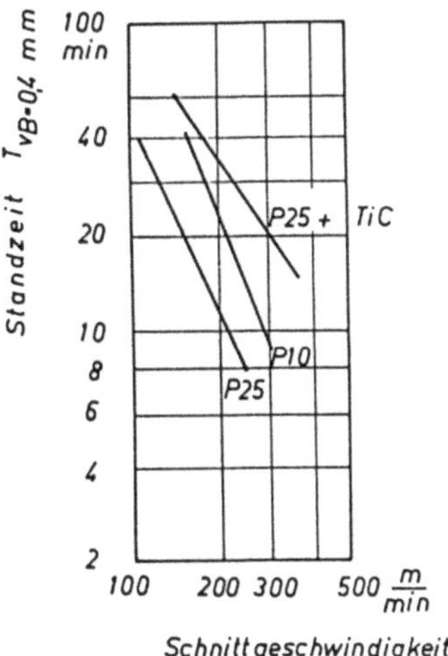

Bild 1.45

Standzeitverhalten von HM-Wendeschneidplatten P 25,
P 10 und P 25 beschichtet. (Bearbeitetes Material:
Ck 55 N)

Verfahren	Werkzeugwerkstoff	Schmierung	Standzeit/Menge	Werkstück	Werkzeug	Bemerkung
Strangziehen [3/40]	1.2379	T_iO_2 (Schmiermittelträger) Metallseife	80 000 Stück	Draht $\varnothing$ 8,5 mm TiAlGV$_4$	Ziehstein	5 Nachschliffe möglich
Kaltfließpressen	HM	gebondert	10 000 Stück ... 150 000 Stück	Steckschlüssel 42 CrMo 4	Stempel, Matrize	45 Stück/min
Halbwarmfließpressen		Wasser-Graphit-Suspension	15 000 Stück ... 50 000 Stück	Steckschlüssel	Dorn, Matrize	30 Stück/min
Kaltwalzen	CrNiMo	Öl-Wassersuspension 5 %	2 h, 200 ... 300 km Breitband, $R_t = 5\ \mu m$	Tiefziehblech St 11 ca. 1 mm	Arbeitswalze	

Bild 1.46 Darstellung des Verschleißverhaltens einiger Werkzeuge aus der Umformtechnik.

Dasselbe ergibt sich bei Werkzeugen der Umform- und Stanztechnik (Bild 1.46).

Werkzeug	Werkzeugwerkstoff	Standzeit (Teile)	
		konventionell	TD-behandelt
Schneidstempel	Cr-Mo	$2 \cdot 10^4$	$\sim\ 10^5$
Fließpreßstempel	Cr-Mo	$1,5 \cdot 10^4$	$\sim 5 \cdot 10^5$

[3/28]

Untersuchungen an Gesenken für Gesenkformen ergaben, daß folgende Häufigkeiten von
Schadensarten auftreten:

- Verschleiß 70 %,
- mechanische Rißbildung 22 %,
- plastische Verformung und thermische Rißbildung 8 %.

Dabei sind diese Schadensarten bei Standmengen von durchschnittlich 7000 Stück an Hammer, Kurbelpresse und Spindelpresse jeweils am häufigsten erschienen [3/46].

1.4.4.3 Kühlschmierung Zerspantechnik

Die Schnittleistung P_s wird in mechanische Energie (Zerspanung) und Reibungsenergie (Wärme) umgesetzt.

Mit zunehmender Schnittgeschwindigkeit v erhöht sich der Wärmeanteil der Späne. Durch die Bewegung des Werkstückes (bei der Mehrzahl der Fertigungsverfahren) wird Wärme an die Luft abgeführt. Der Rest verbleibt im Werkzeug und muß abgeführt werden.

Aufgabe der Kühlschmiermittel ist also

- Schmierung durch Verkleinern der Reibung zwischen Span und Werkzeug,
- Kühlung durch Wärmeabfuhr aus Werkzeug und Werkstück und
- Abtransport der Späne.

Schmierwirkung entsteht durch

- Bilden von Gleitschichten und
- Eindringen des Kühlschmiermittels in Spalte (wahrscheinlich durch Kapillarwirkung) [4/1].

Wärmeabfuhr und Schmierwirkung sind antagonistische (entgegengerichtete) Eigenschaften eines Kühlschmiermittels. Ein anderes Problem ist es, genügende Mengen Kühlschmiermittel an die Wirkstelle der Zerspannung zu bringen (Bild 1.47).

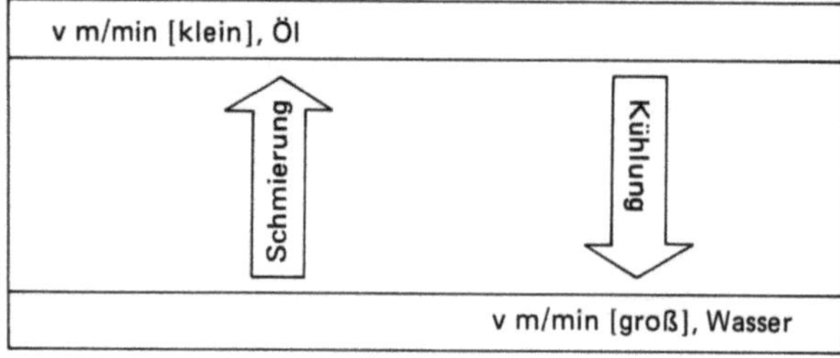

Bild 1.47
Antagonisten: Schmierung – Kühlung in der Zerspantechnik.

Folgende Eigenschaften soll ein Kühlschmiermittel haben:
- gute Benetzung der Werkstückoberfläche,
- Erzeugen von Gleitschichten,
- gute Wärmeabfuhr,
- keine chemische Veränderung,
- Reinigungswirkung bei Werkzeug mit nicht definierter Schneide,
- keine Korosionswirkung am Werkstück, am Werkzeug und der Werkzeugmaschine,
- keine gesundheitsschädigende Wirkung am Menschen. [1/5]

Bild 1.48 zeigt in einer tabellarischen Form die von der Norm empfohlenen Mischungsverhältnisse bei den Kühlschmierungen der verschiedenen Fertigungsverfahren.

Im Diagramm in Bild 1.49 sieht man, daß der Verschleiß in Form der Verschleißmarkenbreite mit steigender Schnittgeschwindigkeit, entsprechend der vorhandenen Kühlschmierung zunimmt.

Verfahren	Stahl		Guß	Leichtmetall
	normal zerspanbar	schwer zerspanbar		
Drehen	E 2–5	E (EP) 10 ○ 4, 5 c	E 2–5	○ 1, 2, 3 a, b E 2–5
Bohren	E 2–5	E (EP) 10 ○ 4, 5 c	E 2–5	○ 1, 2, 3, a, b
Automatenarbeit	○ 1, 2, 3 c	○ 1, 2, 3 c	○ 1, 2, 3 c	○ 1, 2, 3 c
Räumen	○ 2, 3 b E (EP) 10	○ 4, 5 b	E 2–5	○ 1, 2, 3 b
Fräsen	E 5–10 ○ 2, 3 b, c	○ 4, 5 c E (EP) 10	E 2–5	○ 1, 2, 3 b E 2–5
Schleifen	E 1–2	E 1–2	E 1–3	E 1–2
Gewindewalzen	○ 3 c	○ 5 c	–	○ 1, 3 c
Zahnradfräsen	○ 3 c	○ 5 c	E 5–10	○ 2, 3 b

Emulsion E
Schneidöl ○ Viskosität a = 3–10 c St   1 S mit Fett
                     b = 12–45 c St   2 S mit EP
                     c = 12–30 c St   3 S mit Fett und EP
                                     4 S mit aktiv EP
                                     5 S mit Fett und aktiv EP

DIN 51385 VDI 3396, 3397, 3035

Bild 1.48 In Abhängigkeit der zerspanenden Fertigungsverfahren sind einige Kühlschmiermittel mit und ohne Zusätze für verschiedene Werkstückwerkstoffe dargestellt.

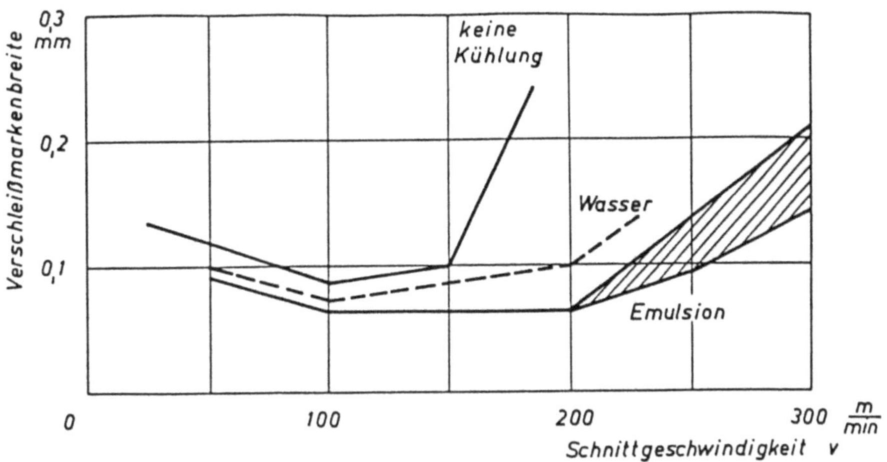

Bild 1.49 Die Verschleißmarkenbreite als Funktion der Schnittgeschwindigkeit für Emulsion, Wasser und „keine Kühlung" unter den Bedingungen:
Werkstückwerkstoff: St 85   Schneidstoff: P 10   Spanungsquerschnitt: 0,5 mm^2
Werkzeuggeometrie: $\gamma = 6°$, $\alpha = 5°$, $\kappa = 45°$ je 100 m Schnittweg [4/8].

Arten von Kühlschmiermitteln (DIN 51385)

wäßrige Lösung	Vorteil	Nachteil
Wasser	gute Wärmeabfuhr	kaum Schmierwirkung, für Lager und Führungen schädlich
Salzlösung	gute Wärmeabfuhr, gute Korrosion, große Schnittgeschwindigkeit.	geringe Schmierwirkung, für Lager und Führungen nachteilig
Emulsion (Bohröl) mit Wasser und Stabilisatoren	gute Wärmeabfuhr	geringe Schmierwirkung, geringe Haltbarkeit
EP-Zusätzen	gute Wärmeabfuhr, Schmierwirkung unter hohen Drücken und Temperaturen bis $v = 600$ m/min	zersetzende Wirkung bei Metallen
wasserfreie Lösung	Vorteil	Nachteil
Schneidöle unlegiert	gute Schmierwirkung bei kleiner Schnittgeschwindigkeit.	schlechte Wärmeabfuhr
mit Feststoffzusätzen (Metallseifen, EP-Zusatz)*	hohe Schmierwirkung	geringe Wärmeabfuhr, $v = 300$ m/min, zersetzende Wirkung bei Metallen
Feststoffschmierzusätzen (MOS_2)	Schmierwirkung bei hohen Drücken und Temperaturen	geringe Wärmeabfuhr

* EP (Extreme Pressure) Chlor-, Phosphat-, Schwefelverbindungen mit Eisen,
Temperaturgrenzen:

Eisenchlorid	800 K,
Eisenphosphat	1000 K,
Eisensulfit	1300 K [1/13].

1.4.4.4 Schmierung Kaltumformung

Aufgabe der Schmierung in der Umformtechnik:

- Reibungsminderung,
- Werkzeug Standzeit erhöhen,
- Werkstück schützen.

Darüber hinaus sollte noch

- Werkzeug gekühlt,
- für Wärmeisolation gesorgt und
- Oxidationsschutz gewährt werden.

Forderungen an das Schmiermittel:

- gute Haftung am Werkstück,
- Zähigkeit (damit der Schmierfilm nicht abreißt),
- Druckbeständigkeit,

— Zähigkeit und Druckbeständigkeit unter Temperatur,
— leicht entfernbar,
— keine nachteiligen mechanischen und chemischen Reaktionen am Werkstückmaterial,
— nicht gesundheitsschädlich.

Schmiermittelarten

organische Schmiermittel: Fette, Öle, Seifen, Parafine (C_nH_{2n+2}) Alkohole
    unlegiert (ohne Druckzusatz),
    legiert (Chlor, Phosphat-Additive),
    Kunststoffe (Polytetrafluoräthylen $CF_2{=}CF_2$, PTFE).

anorganische Schmiermittel: Metalle, Metallsalze, Graphit C, Molybdändisulfid MoS_2.
    Warumumformung: Glas (SiO_2)

Mischungen: Wasser-Graphit Suspension.

Durch hohen Druck und hohe Temperatur verwandeln sich die organischen Schmiermittel in Metallsalze:

$$CH_3-(CH_2)_{14}-COOH + HONa \rightarrow CH_3-(CH_2)_{14}-COONa + H_2O$$

In diesem Beispiel bildet sich wasserlösliche Seife durch Umsetzung von Polmitinsäure mit Natronlauge.

$$2\,CH_3-(CH_2)_{10}-COOH + Fe \rightarrow (CH_3-(CH_2)_{10}-COO)_2\,Fe$$

Paraphinisches aliphatisches aromatisches Mineralöl
Das anorganische Schmiermittel oder Metallsalz
wirkt durch geringe Kohäsion seiner Teile aber hohe
Adhäsion mit dem Werkstückwerkstoff (Bild 1.50).

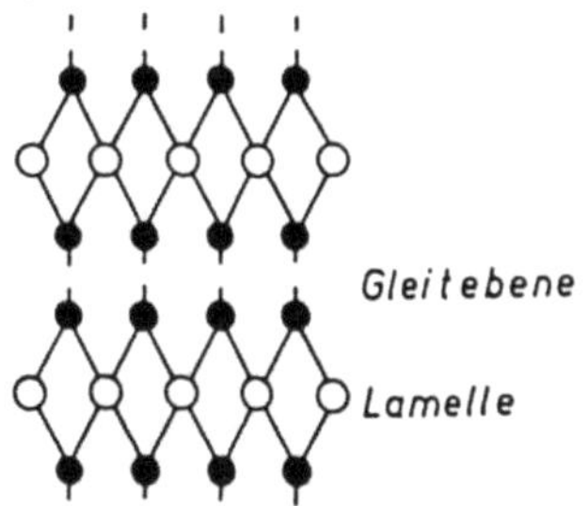

Bild 1.50
Gitterstrukturmodell für einen Schmiervorgang [4/1].

In der Folge sind einige Beispiele für Schmiermittelträger und Schmiermittel bei verschiedenen Fertigungsverfahren der Umformtechnik gegeben. Bild 1.51 zeigt dann diese verschiedenartigen Schmiermittel nocheinmal in Abhängigkeit des umformenden Fertigungsverfahrens.

	Strangziehen	Fließpressen	Tiefziehen	Abstreckziehen	Walzen
Seife	○	○	○		
Phospatierendes Öl	○		○		
neutrales Öl mit EP Zusatz	○				
Pulverschmierstoff	○				
Emulsion, Paste	○				
Wässriges Öl, Wachs, Fettemulsion			○	○	○
Ziehloch			○		
Palmöl					○

Bild 1.51 Einsatz von verschiedenen Schmiermitteln bei Fertigungsverfahren der Umformtechnik.

Beispiele für die Schmierung in der Umformtechnik [3/5]

Gesenkschmieden

	μ	Gasdruck	Verschleiß (Werkzeug)
3,6 % kolloidaler Graphit in Wasser	–	+	~
4 % kolloidaler Graphit in Wasser	~	~	~
17 % Na_2CO_3 in Wasser	+	–	–

Walzen (1500 K) + Kühlung

	Kühlung	Schmierung
Palmöl	–	+
2 … 15 % Mineralölemulsion	+	–
Mineralölemulsion (S, P Hochdruckzusätze)		+

Gleitziehen

Schmiermittelträger:	Naßschmierung:	Trockenschmierung:
Kalk	Petroleum mit Fettöl	Bienenwachs (Al)
Borax	Petroleum mit Graphit (St)	Oleate (St)
Phosphatschicht (Bondern)	Rüböl	Alu-, Kalzium,
Oxalat	Seifenemulsion (VA)	Zink Stearate (St)
		Metallseife (VA)

Durchdrücken   *(Kaltfließpressen)*   *(Warmfließpressen)*

Schmiermittelträger:	Schmiermittel:	Schmiermittel:
Zinkphosphat	MOS_2-Pulver,	kolloidaler Graphit in Mineralöl
Eisenphosphat	Bonderlube 235,	
	MOS_2-Paste	
	Mineralöl (S, P-Zusätze)	

Strangpressen

Schmiermittel:
Glaspulver
eutektische Gemische auf Phosphatbasis

1.4.4.5 Schmierung Warmumformung

Bei Umformvorgängen mit erhöhten Temperaturen werden z. T. andere Anforderungen an die Schmiermittel gestellt als bei Kaltumformung, da diese normalerweise über 500 K ihre Schmierwirkung verlieren.

Temp. K	Schmierstoff	Schmiermittelträger	Eigenschaft/Verhalten
500	Mineralöle, Vaseline mit Graphit	– –	Umlauf mit Zersetzung in Suspension. Schmelzen, kaum Ölkohle oder Geruchsbildung
550…600	Höchstaromatische Öle	–	Verlustschmierung mit Qualm und Geruchsbildung
700…880	Graphit, MOS_2, ZnO	H_2O	Abschreckwirkung, Qualm-, Geruchs-. Ölkohlebildung
< 900	Silikat-, Phosphat-, Boratglas	H_2O	aufstreuen als Pulver
> 800	Zinksulfid	Polyglykol	gasförmige Zersetzung, kaum Ölkohle
1500	SiO_2	–	flüssiger Zustand

Die wichtigsten Schmiermittel in Abhängigkeit der Temperatur mit Schmiermittelträger und Eigenschaften sind im Bild dargestellt. Das stabilste Verhalten zeigen Schmiermittel, die auf Graphitbasis aufgebaut sind, als Dispersionen mit Wasser oder Öl. Dabei erfolgt eine Kühlung des Werkzeugs durch den Flüssigkeitsanteil ($< 10\%$), der dadurch verdampft, während der Feststoffanteil für die Schmierung sorgt. Bei Temperaturen um 600 K und Sprühzeiten von $1…2$ s rechnet man erfahrungsmäßig mit ca. $4\,mg/cm^2$ *Schmierstoffmenge.*

1.4.4.6 Schmierstoffträger (s. Kapitel 6)

Bei Kaltfließpressen reicht die Druckbeständigkeit des Schmiermittels nicht aus. Eine bessere Benetzung der Werkstückoberfläche wird durch Schmierstoffträger erreicht. Diese poröse Trennschicht muß druck- und temperaturbeständig sein.

Gebräuchliche Schmierstoffträger sind:

— Zinkphosphat $\quad 3\,Z_n^{2+} + 2\,[H_2PO_4]^- \rightarrow ZN_3\,[PO_4] + 4H^+$,
— Eisenphosphat $\quad 4\,Fe^{3+} + 4\,NaH_2PO_4 + 3O_2 \rightarrow 2\,FPO_4 + Fe_2O_3 + 2Na_2HPO_4 + 3H_2O$,
— Calziumhydroxid,
— Mangan.

Phosphatieren:

— Entfetten durch Erwärmung auf 370 $\bar{K}$,
— Spülen mit fließendem Kaltwasser,
— Beizen in Salz oder Schwefelsäure,
— Spülen in kaltem Wasser,
— Spülen in 370 K warmen Wasser,
— Phosphatieren bei 370 K,
— Spülen in fließendem Kaltwasser.

Das gute Aufnahmevermögen für Öle, Ziehfette kommt von der durch die Porösität gegebenen großen Oberfläche der Zinkphosphatschicht. Bei einer Badtemperatur von 370 K und einer Behandlungsdauer von 15 min lassen sich Schichtdicken von $0,2…20\,\mu m$ erreichen. Solche Dicken nehmen bis zu 13 mal mehr Öl auf, als metallisch reine Oberflächen. Phosphatschichten sind bis 700 K beständig. Sie versagen bei korrosionsbeständigen Stählen (Ni, Mo, W, V, Cr legiert). Zum Aufbringen einer Trägerschicht auf solchen Stählen hat sich das Oxilierverfahren bewährt. Die Aggressivität der Oxolsäuren läßt sich durch Zusätze von Aktivatoren wie Sulfide, Sulfate, Chloride sehr erhöhen.

1.4.5 Entzunderung (s. Kapitel 6)

Zunder kann

- mechanisch oder durch
- Beizen (mit Säure)

entfernt werden.

Die *mechanische* Entzunderung von Draht kann durch folgende Prozesse erfolgen:

- Richtwalzwerke (Umbiegen des Drahtes),
- Polterwerke,
- Scheuertrommeln (rechtwinklige Rollen),
- Bürstenwerke,
- Strahlen (gebündelter Strahl von Körnern mit 0,1 ... 0,8 mm $\emptyset$ mit v = 100 m/s, dabei $R_t < 40 \ \mu m$!) [3/29]

Die *chemische* Entzunderung erfolgt durch Beizen mit

- H_2SO_4 (8 ... 20 %, 40 ... 100 °C),
- HCl   (10 ... 15 %, 20 ... 50 °C),
- HNO_3,
- Phosphorsäure,
- Mischungen von Säuren,
- Salzbäder (nur Zunder nicht Metall angegriffen).

Es ist

$$Fe_2O_3 + 6\,HCl \rightarrow 2\,FeCl_3 + 3\,H_2O$$

$$Fe \quad + 2\,HCl \rightarrow FeCl_2 + H_2$$

HCl löst Zunder, greift Eisen an.

oder

$$Fe_2O_3 + 3\,H_2SO_4 \rightarrow Fe_2(SO_4)_3 + 3\,H_2O$$

$$Fe \quad + H_2SO_4 \rightarrow FeSO_4 \quad + H_2$$

H_2SO_4 löst Zunder weniger, entwickelt H_2.

Kombination mit Stärke, Leim greift Metalle weniger an. Anschließende Wasserbäder zur Neutralisation. Trocknung in Öfen bei 100 ... 150 °C.

Folgende Anlagenarten sind möglich

- Durchzug-Beizanlage (Draht, Band),
- Schlingenbeizanlage (Draht),
- Rotationsbeizanlage,
- Kabinenbeizanlage (Kleinteile),
- Tunnelbeizanlage,
- Tauchbeizanlage [3/30].

1.5 Umweltschutz

Gründe für den Umweltschutz sind zunehmende

- Gesundheitsschäden am Menschen,
- Verknappung der Rohstoffe sowie
- Belastung der Umwelt.

Zum Teil werden dagegen sehr energisch Gegenmaßnahmen eingeleitet. Einzelmaßnahmen sind z.B. zu finden in

— der Lärmbekämpfung am Arbeitsplatz,
— das Ausweichen auf energiesparende Verfahren,
— der Rückgewinnung wichtiger Rohstoffe,
— vorbeugendem Umweltschutz,
— sachgemäßer Beseitigung des Schadstoffanfalles.

1.5.1 Rohstoffverknappung

Die *Resourcen* werden je nach Standpunkt unterschiedlich angegeben. So werden die Erdölreserven z.B. zwischen 30 Jahren [1/22] und 85 Jahre [1/18] geschätzt. Vergleicht man beide Zahlen mit dem geschichtlichen Bewußtsein des Menschen (knapp 10 Jahrtausende) oder gar mit der Entstehungsdauer unseres Planeten (etwa 2 Mrd. Jahre), dann wird klar, wie eng beide Zahlen zusammenstehen und wie kostbar unsere Rohstoffe sind.

Bild 1.52 zeigt die *Recyclingquote* verschiedener Metalle. Obwohl der die Fertigungstechnik tragende Maschinenbauingenieur seit jeher dazu erzogen wurde, Altmetalle zu sammeln und weltweit bekannt ist, daß das in der Erde befindliche Blei und Kupfer unter günstigen Bedingungen noch für ein halbes Jahrhundert reicht, sieht man, daß selbst hier die Sammelquote nicht an 50 % heranreicht.

Rohstoffverknappung bedeutet gleichzeitig Energieverknappung. Die Auswirkung der Energieverknappung und -verteuerung betrifft auch die Fertigungstechnik. Das zwingt in Zukunft dazu

— wirtschaftlich zu konstruieren (z.B. Anwendung Finiten Elemente Methode),
— Produktionshallen zu isolieren,
— Wärme zurückzugewinnen aus Fertigungsprozessen (Umform-, Härte-, Zerspanung-, Kompressoreinsatz),
— energiearme Fertigungsverfahren anzustreben.

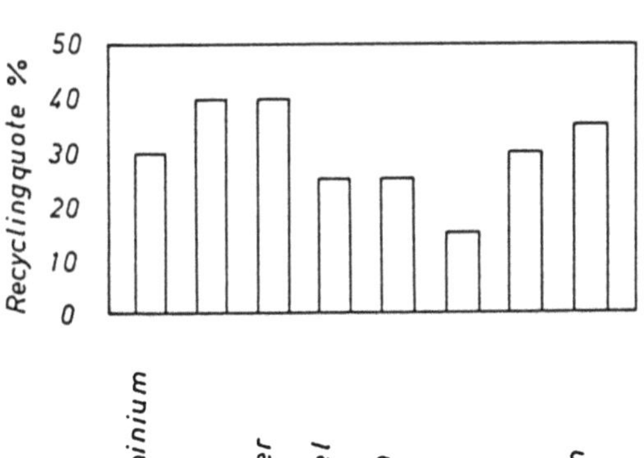

Bild 1.52
Prozentsatz der durch Recycling wiedergewonnenen Metalle [1/18].

Energieverbrauch je kg	Kohlenstoffstahl MJ	Aluminium MJ
Materialerzeugung aus Rohstoff	36	300
Halbzeugfertigung	3	40
Zerspanung	1	1
Einsparung durch Schrott	10	295
Abtragende Fertigungsverfahren	47	
Schleifen	3,5	
Drehen, Fräsen	0,49	
Bohren	0,46	
Räumen	0,31	
Energieinhalt 1 kg Heizöl	44	

Bild 1.53 Energieverbrauch (trennende Fertigungsverfahren) beim Bearbeiten von Chromstahl mit ca. 300 HB [3/3] .

Werkstoffausnutzung	Verfahren	Energiebedarf MJ/kg
90	Urformen	34
95	Sintern	29
85	Kaltumformen	41
77	Warmumformen	47
45	Zerspanen	74

Bild 1.54 Werkstoffausnutzung und Energiebedarf bei bestimmten Fertigungsverfahren [1/18] .

Energieinhalt und -verbrauch sind in Bild 1.53 dargestellt. Durch Recycling lassen sich gegenüber der Materialherstellung aus Rohstoffen bei Stahl 25 %, bei Aluminium 87 % des Energieverbrauches sparen. Bild 1.54 zeigt die einzelnen Verfahren mit Energiebedarf und Werkstoffausnutzung. Hier sieht man, daß die umformenden und urformenden Verfahren (für den Fall, daß sie keine spanende Nachbearbeitung verlangen) den spanenden Fertigungsverfahren überlegen sind. Da die Energiekostenentwicklung von 1960 1,20 DM/GJ längerfristig auf das 10 fache steigen wird [3/3], bedeutet das, daß ein *Kostenvergleich* von spanenden und umformenden Verfahren längerfristig für die umformenden Verfahren auch im Bereich kleiner Werkstückzahlen tendieren wird (Bild 1.55).

1.5.2 Wasseraufbereitung

Die Wasseraufbereitung bei der Umformtechnik spielt eine große Rolle. Vornehmlich bei der Blechherstellung, wo allein bei der Warm-Breitbandstraße ein Wasserverbrauch von 10 000 m^3/h notwendig ist, wird das Wasser zunächst vom Zunder befreit (zentrifugiert) und danach in *Naßkühltürmen* auf Umgebungstemperatur abgekühlt.

1.5.3 Säureaufbereitung

Die Entzunderanlage vor dem Kaltwalzgang hat ein Volumen von 360 m^3 10%iger HCl (127 × 2,3 × 1,1 m).

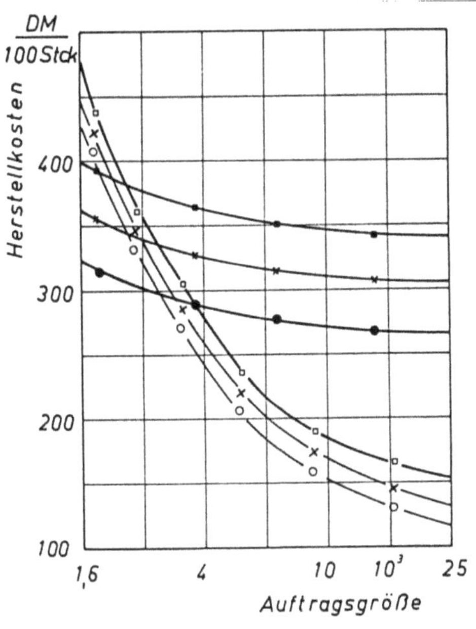

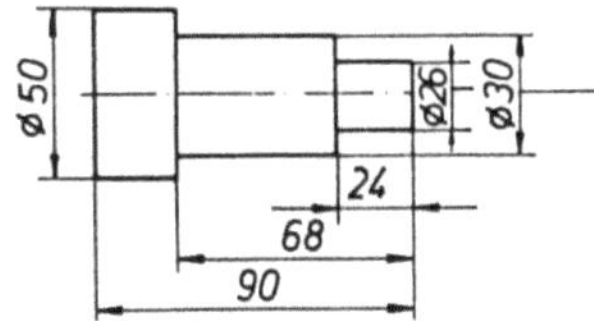

Bild 1.55
Wirtschaftlichkeitsvergleich zwischen umformenden und spanenden Fertigungsverfahren bei steigenden Energiekosten [3/3].

Über die Reaktion

$$2\,FeCl_3 + 3\,H_2O \xrightarrow{\text{Wärme}} Fe_2O_3 + 6\,HCl$$

erfolgt die Aufbereitung.

In der Entzunderanlage selbst bilden sich keine Dämpfe (Absaugung).

1.5.4 Kühlmittelaufbereitung

Ein hoher Reinheitsgrad des Kühlschmiermittels bewirkt

- längere Werkzeugstandzeit,
- bessere Werkstückoberfläche,
- geringere Verschmutzung der Betriebsmittel,
- Leistungssteigerung und
- Verringerung der Ausschußquote.

Zur Reinigung von Kühlschmiermitteln sind folgende Möglichkeiten geeignet:

- permanent magnetische Filterroste (Bild 1.56),
- Permanent-Magnetfilterautomat,
- Feinfilter mit manueller Reinigung sowie
- Anschwemmfilteranlagen (Bild 1.57).

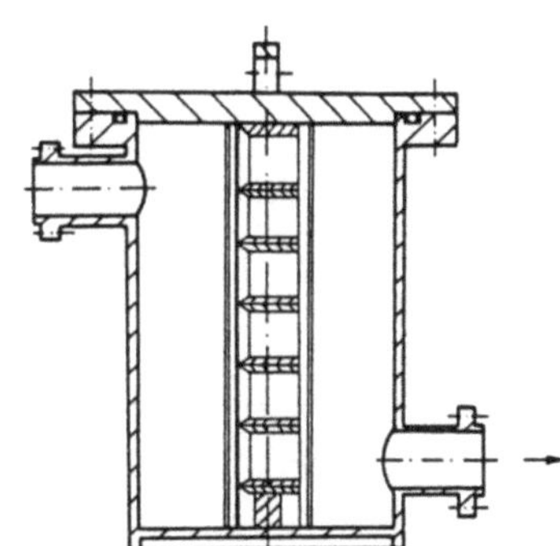

Bild 1.56
Permanent magnetischer Filterroste.

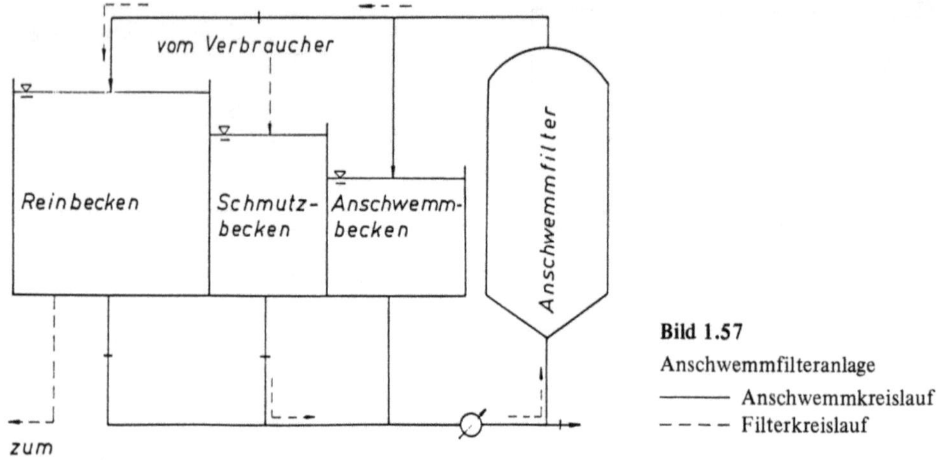

Bild 1.57
Anschwemmfilteranlage
——— Anschwemmkreislauf
– – – – Filterkreislauf

Bild 1.56 zeigt einen permanentmagnetischen Filterrost eingebaut. Bei einer lichten Spalt-weite von 25 mm wird ein homogen/inhomogenes permanent-magnetisches Sperrfeld gebildet, das einen guten Filterwirkungsgrad besitzt.

Der Permanent-Magnetfilterautomat ist ein vollautomatisch laufender, permanent-magnetisch wirkender Anschwemmfilter, während der Feinfilter mit manueller Reinigung aus Elementen von Metall- oder Textilgewebe besteht. Sie ermöglichen das Filtern von Teilchen bis ca. 20 μm Größe. Dagegen eignen sich Anschwemmfilteranlagen speziell für Feinstreinigung von Ölen (bis zu 10 $^\circ$C) sowie bei der Filtration von Dielektrikum, Elektrolyte, Hon- und Läppasten sowie Walzfetten.

Der Filtervorgang spielt sich in folgenden Stufen ab

- Filterhilfsmittelschicht (Kieselgur) auf Filterroste aufschwemmen,
- von Anschwemmkreislauf auf Filterkreislauf schalten,
- Schmutzteilchen verfangen sich auf Filterhilfsmittelschicht,
- Filterhilfsmittelschicht wird dichter,
- wenn Differenzdruck (Schmutz-Reinseite Filter) erreicht ist, erfolgt Rück-spülung,
- Flüssigkeit wird zurückgewonnen, der Schlamm wird getrocknet.

Filterfeinheiten von bis zu 1 μm sind damit erreichbar [1/26].

1.5.5 Späneentsorgung

Späne sind eine kostspielige Angelegenheit, zumal sie bereits bei ihrer Entstehung, als Bearbeitungszugabe am Rohmaterial, Geld gekostet haben.

Ihre vollständige Entsorgung umfaßt: (Bild 1.58)

- Fördern,
- Brechen,
- Waschen,
- Schleudern,
- Trocknen,
- Bunkern,
- Brikettieren.

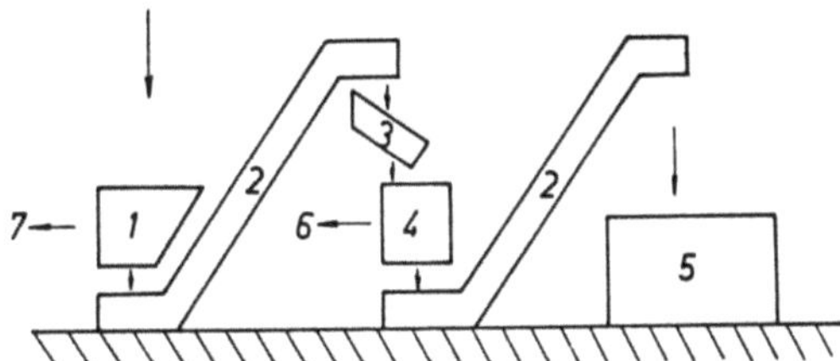

Bild 1.58
Späneentsorgung (schematisch):

1 Spänebrecher,	5 Container,
2 Späneförderer,	6 Kühlmittelreinigung,
3 Dosierrinne,	7 Grobteile.
4 Zentrifuge,	

Dabei sind die wichtigsten Stationen die

- Späneförderung und
- Späneentölung.

1.5.5.1 Späneförderer

Durch Einführung des Schneidstoffes HM und die damit möglichen hohen Schnittgeschwindigkeiten ergaben sich hohe Spanvolumina und damit das Problem der Spanentsorgung.

Zum Entfernen der Späne aus der Werkzeugmaschine eignen sich folgende Späneförderer:

- Scharnierbandförderer,
- Kratzerförderer,
- Schneckenförderer,
- Stahlzellen- und Plattenbänder sowie
- permanentmagnetischer Rutschförderer.

Ihre Kombination mit Filteranlagen, Zerhacker, Bunkeranlage in einem Unterflursystem ergibt eine Späneaufbereitung.

1.5.5.2 Späneentölung

Die Vorteile einer Späneentölung z.B. mit einer Zentrifuge sind

- Rückgewinnung des Kühlschmiermittels (das wieder eingesetzt werden kann) sowie
- Reinigung der Späne (Umweltentlastung und höhere Spänepreise).

1.5.6 Entsorgung von Lösungen zum Beschichten

Abwässer und Lösungen aus Galvanikbetrieben lassen sich durch

- chemische Aufbereitung oder
- Ionenaustauscher neutralisieren.

Bild 1.59 gibt die *zulässigen Grenzwerte* für gelöste und ungelöste Metalle in Abwässern an. Diese Grenzwerte kann man durch *chemische Aufbereitung* nach Bild 1.60 erreichen. Man sieht, daß

- Cyanide oxidieren,
- chromhaltige Abwässer von 6- in 3-wertiges Chrom überführt und
- alle Galvanikabwässer gemeinsam neutralisiert werden müssen.

Stoff	zulässiger Grenzwert mg/l
Chrom	2
Kupfer	1
Nickel	3
Zink	3
Cadmium	3
Eisen	2
Cyanide	0,5

Bild 1.59

Zulässige Grenzwerte in mg/l für gelöste und nicht lösbare Metalle in Abwässern [6/2].

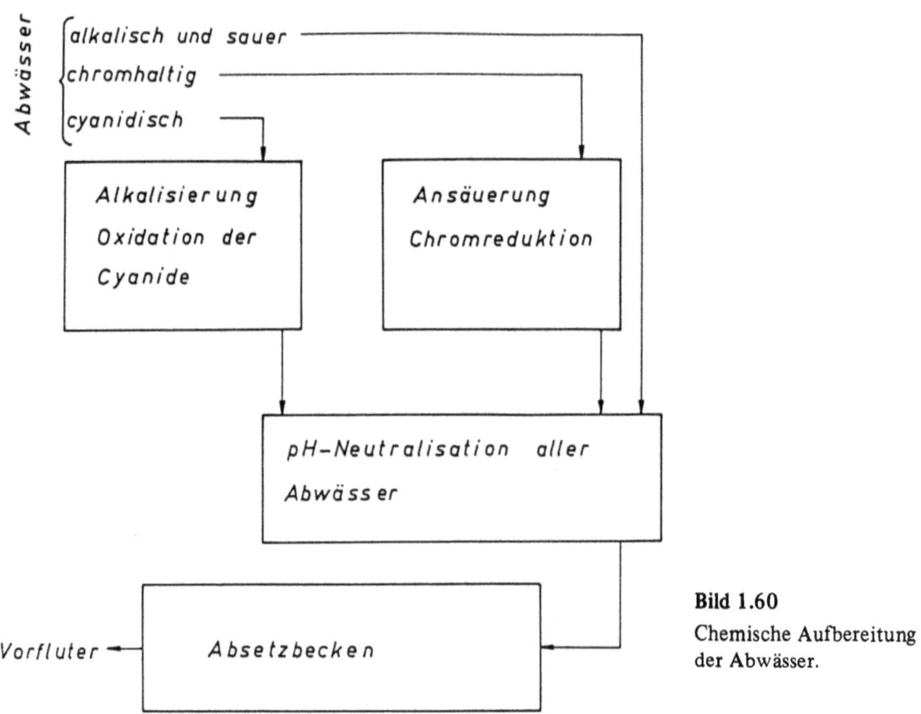

Bild 1.60

Chemische Aufbereitung der Abwässer.

Alkalisierung der Cyanide

Zur Entgiftung von Cyanid wird Natriumhypochlorid zugesetzt.

$$2\,NaCN + 5\,NaOCl + H_2O \rightarrow 2\,CO_2 + N_2 + 5\,NaCl + 2\,NaOH.$$

Die Reaktionszeiten liegen zwischen 1 h und 1 Tag, je nach Art des Cyanids.

Ansäuerung der Chromabwässer

Als Reduktionsmittel eignen sich z.B. Natriumsulfit oder Schwefeldioxidgas. Es ist mit CO_2

$$2\,H_2CrO_4 + 3\,(SO_2 + H_2O) \rightarrow H_2Cr_2O_4 + 3\,H_2SO_4 + H_2O$$

Die Verweilzeit liegt bei ca. 15 Minuten.

Neutralisation der Galvanikabwässer

Mit dem Neutralisieren fallen Schwermetalle als Hydroxide aus.

Allgemeines Beispiel einer Neutralisationsgleichung (ohne Schwermetalle und Hydroxide)

$$HCl + NaOH \rightarrow NaCl + H_2O$$

Verweilzeiten liegen bei ca. 15 Minuten.

Schließlich werden die Schadstoffe im *Schlammabsetzbecken* vom Abwasser getrennt. Schlammabsetzbecken können z.B. nach unten trichterförmig ausgeführt werden. Schlammförderer sind z.B.

— Metallhydroxide und
— Flockungsmittel.

Mittels Filterpresse kann der Schlamm entwässert werden auf ca. 1/20 seines Gewichtes (Feuchtigkeit normales Erdreich).

Beim *Ionenaustauscher* werden zur Entgiftung der Abwässer schädliche Ionen gegen unschädliche ausgetauscht. Also z.B.

NH_4^+ gegen H^+ und
$Zn(CN)_4^{--}$ gegen OH^-

Prinzipiell kann ein Ionenaustauscher nach dem

— Gleichstromprinzip,
— Gegenstromprinzip oder
— kontinuierlich arbeiten.

Bild 1.61 zeigt das Reinigen von Abluft durch Auswaschen nach dem Lackieren mit *Anstrichmittelüberzügen*.

1.5.7 Lärm

Lärm bewirkt:

— psychische,
— vegetative,
— mechanische,
— physiologische Schäden beim Menschen.

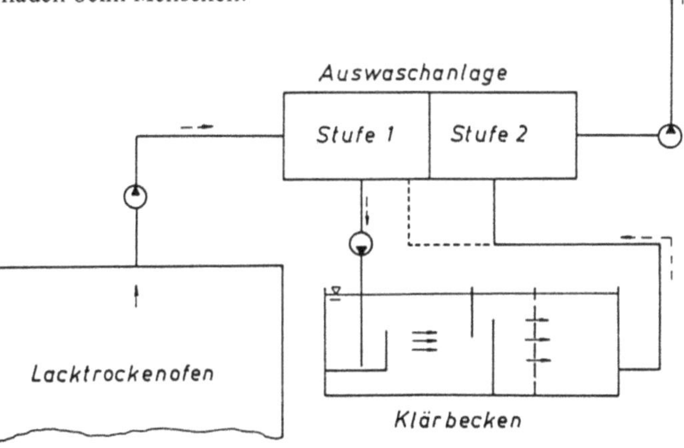

Bild 1.61
Reinigen der Abluft
durch Auswaschen.

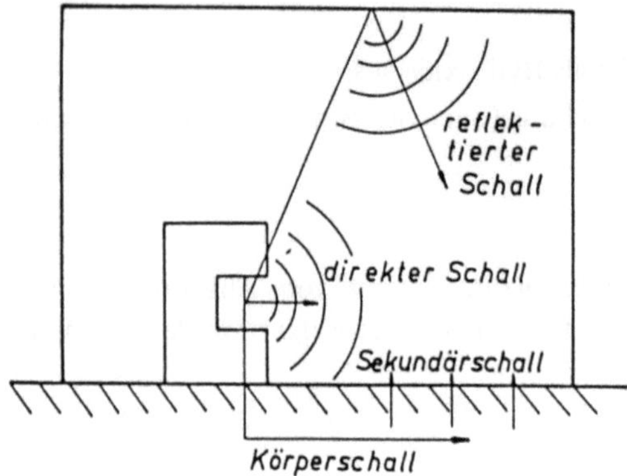

Bild 1.62
Wellenförmige Schallbewegung im Raum
und in Gegenständen.

Meßbar davon sind allein die physiologischen Schäden. Die Berufskrankheit *Lärmschwer-hörigkeit*, Lärmtaubheit hat in Deutschland Steigerungsraten von 28 %/Jahr [1/22]. Berufliche Lärmschwerhörigkeit wird vermieden, wenn in der Achtstundenschicht der *Beurteilungspegel* von 85 dB (A) nicht erreicht wird.

Das menschliche Ohr erfaßt den Schall in Form von elastischen Schwingungen aus der Materie wie Luft oder Boden (Bild 1.62) im Frequenzbereich von 16 Hz bis 20 kHz. Hier sieht man die verschiedenen Möglichkeiten, wie die Schallenergie in geschlossenen Räumen zum Empfänger kommen kann. Dabei rufen die Schallwellen Druckschwankungen im menschlichen Ohr hervor.

Der Zusammenhang zwischen *Schalldruckpegel* Lp und Schallintensität ist

$$Lp = 20 \log \frac{p}{p_0}, dB$$

p_0 *Bezugsschalldruck* in Luft (Hörschwelle)

$$p_0 = 2 \cdot 10^{-5}, \frac{N}{m^2}$$

1 dB (Dezibel $\hat{=}$ 1 Phon bei 1000 Hz)

Die Messung erfolgt durch hochwertige Kondensatormikrophone über elektronische Verstärker und Filter. Der Gesamtschallpegel wird mit eingeschaltetem Filter gemessen. Die Ergebnisse sind als bewertete Schallpegel dB (A), dB (B), dB (C) je nach Filter in Bild 1.63 dargestellt. Gebräuchlich ist der Schallpegel nach Kurve A.

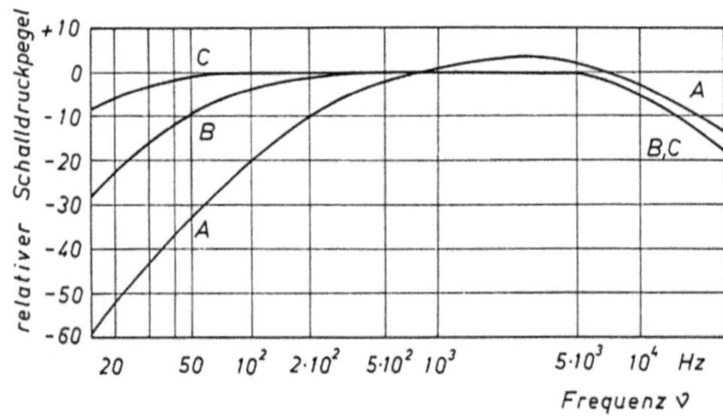

Bild 1.63
Frequenzbewertungskurven
nach DIN 45 633.

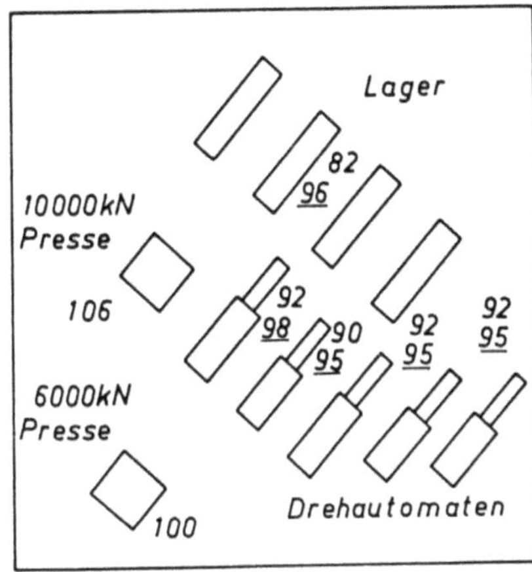

Bild 1.64
Schalldruckpegel, also Geräuschentwicklung verschiedener Lärmquellen in der Fertigung [3/2].

Bild 1.65
Lärmplan und Lärmschwerpunkte aus einer mechanischen Fertigung [3/2].

In Bild 1.64 sind die *Geräusche* (durchschnittlicher Schalldruckpegel in dB(A)) für charakteristische Fertigungsmittel dargestellt. Dabei kann es durchaus möglich sein, daß es durch zu enge Maschinenaufstellung in einer mechanischen Fertigung zu einer Erhöhung des Schalldruckpegels an einzelnen Arbeitsplätzen kommt (Bild 1.65).

Eine Vielzahl von Maßnahmen ist möglich, den Schalldruckpegel in der Fertigung zu reduzieren. Dazu gehören

— aktive und
— passive Lärmminderungsmaßnahmen.

Aktive Lärmminderungsmaßnahmen sind:

— Werkzeugmaschine schwingungstechnisch umkonstruieren (Bild 1.66),
— Verzahnung speziell auslegen (Pfeil-, Schräg-, Hochverzahnung mit großer Überdeckung),
— Vermeidung von Pneumatik (Schalldämpfer),
— Vermeidung von Schnittschlägen an Preßmaschinen durch zeitliche Regelung des Kraftverlaufes,
— Vermeidung von Beschleunigungsspitzen bei Werkzeugmaschinen (Kurvenkonstruktion),
— Vermeidung von Schlägen, wenn Teile zusammenprallen (Dämpfung durch Auskleidung)

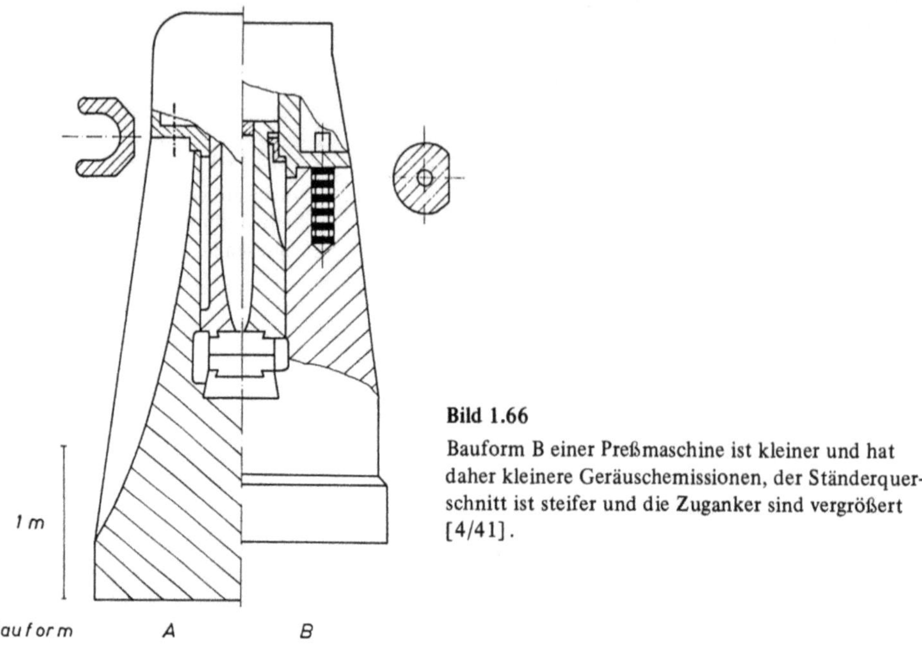

Bild 1.66
Bauform B einer Preßmaschine ist kleiner und hat
daher kleinere Geräuschemissionen, der Ständerquer-
schnitt ist steifer und die Zuganker sind vergrößert
[4/41].

Passive Lärmminderungsmaßnahmen sind:
- Gebäudedecke- und Wände mit besonderem Material auskleiden (schallschluk-
  kend, schallisolierend),
- Abschirmung an den Übertragungswegen,
- Luftschalldämmung durch Kapselung des Arbeitsraumes der Werkzeugmaschine,
  Kapselung der gesamten Werkzeugmaschine (Bild 1.67)
- Schallschutzkabinen innerhalb der Fertigungshalle,
- persönlicher Schallschutz

        Ohrenstöpsel,
        Kopfhörer.
- organisatorische Maßnahmen

        Lärmpausen,
        räumliche und zeitliche Verlegung der Arbeiten,
        lärmende Werkzeugmaschinen in gesonderte Gebäude
        verlegen.

1.6 Maschinenaufstellung und Instandhaltung

Das statische und dynamische Verhalten von Werkzeugmaschinen kann durch ihre Aufstellung entscheidend beeinflußt werden. Folgende Punkte sind dabei von Bedeutung:
- Justierung und Ausrichten (Bild 1.68),
- zusätzliche Versteifung der Werkzeugmaschine durch das Fundament,
- aktive und passive Isolierung.

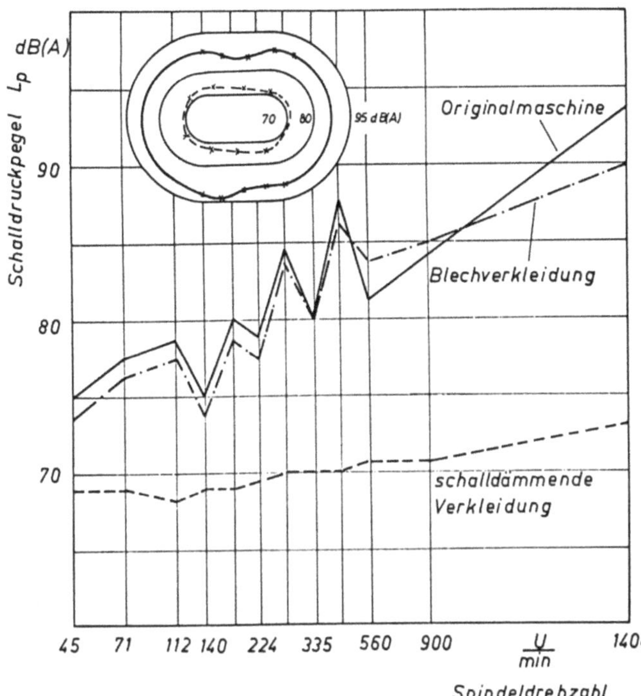

Bild 1.67
Auswirkung der Kapselung
eines Drehautomaten auf
die Geräuschentwicklung
[4/41].

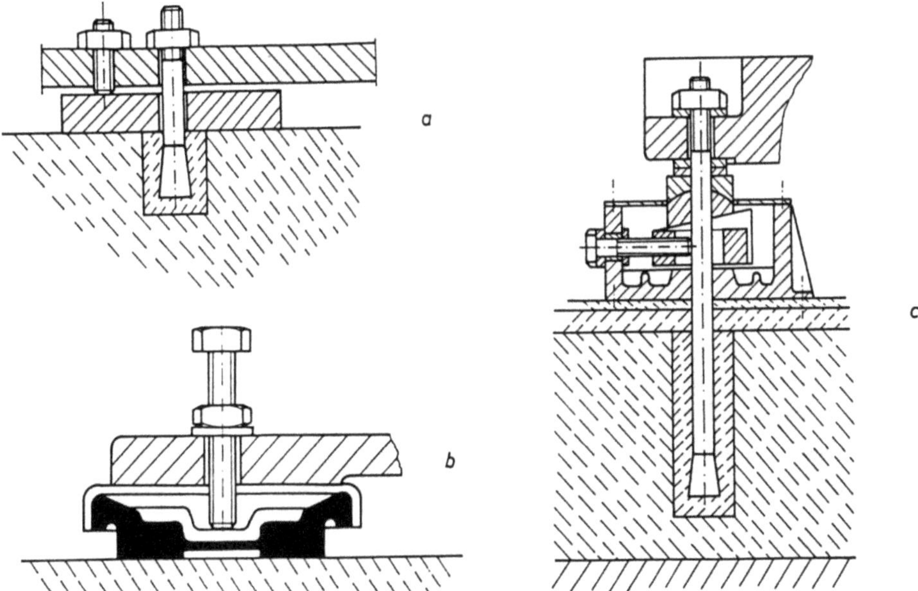

Bild 1.68 Ausrichtung von Werkzeugmaschinen:
a einfache Verankerung,   b Dämpfungselement für Stoßisolation,
c Verankerung mit Stellelement [1/5].

Art der Werkzeugmaschine	Zerspantechnik			Umformtechnik
	Drehautomaten Fräsautomaten Verzahnungs- maschinen	Werkzeugmaschine der Feinwerktechnik	Großwerk- zeugmaschine	Preßmaschinen Schmiedehämmer
Eigensteifigkeit der Werkzeug- maschine	ausreichend	nicht ausreichend	nicht aus- reichend	hoch
Belastung der Aufstellelemente	gering	hoch	hoch	sehr hoch, stoßförmig
Aufgabe der Auf- stellelemente	Ausrichtung, Aktiv- und Passivisolie- rung	Ausrichtung, Passivisolierung	Ausrichtung, Versteifung	Aktivisolierung

Bild 1.69 Unterscheidung hinsichtlich der Aufstellung von Werkzeugmaschinen.

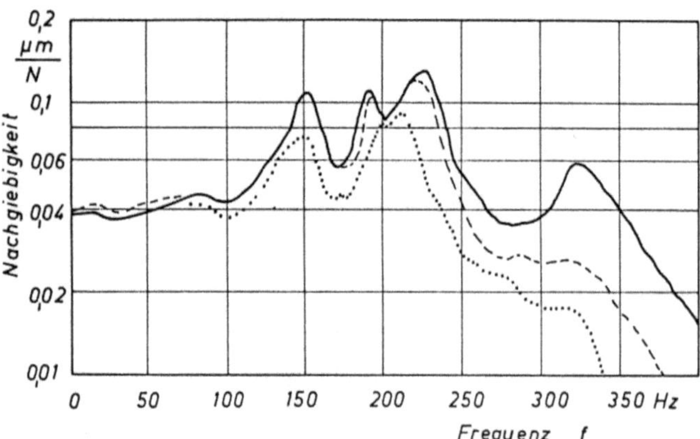

Bild 1.70 Verschiedene Frequenzanalysen bei
———— Maschine mit Fundament fest verankert,
– – – – Fundamentschrauben gelöst,
.... Maschine auf weichen Stellelementen.

Man kann die Werkzeugmaschine hinsichtlich ihrer Aufstellung unterscheiden nach Bild 1.69. Normale Werkzeugmaschinen der Zerspantechnik haben in aller Regel genügend Eigensteifigkeit, so daß nur ein Ausrichten erforderlich wird.

1.6.1 Fundamentierung Zerspantechnik

Daß kleine Werkzeugmaschinen eigensteif sind, zeigt Bild 1.70. Die Nachgiebigkeit liegt unabhängig von den Aufstellbedingungen bei 0,04 µm/N. Wird so ein Automat auf Stell- elemente gesetzt, dann verbessert sich sein Verhalten im gesamten relevanten Frequenz- bereich (Bild 1.70). Durch die zusätzliche Forderung nach hoher Genauigkeit bei den Feinbearbeitungsmaschinen und durch die mangelnde Eigensteifigkeit bei großen Werk- zeugmaschinen der Zerspantechnik wird hier außerdem ein steifer Fundamentblock be- nötigt.

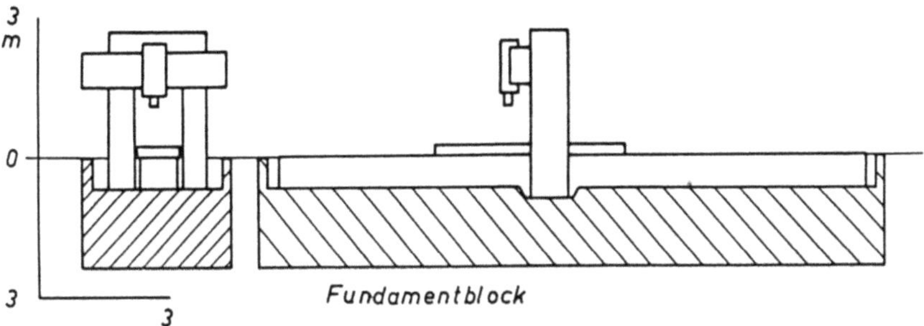

Bild 1.71 Portalfräsmaschine flachgegründet [1/16].

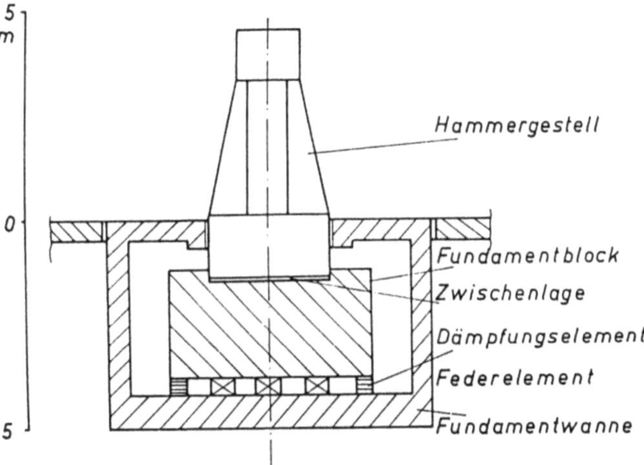

Bild 1.72 Schematischer Aufbau eines abgefederten hydraulischen Schmiedehammers [1/16].

Dabei richtet sich die Dicke des Fundamentblockes bei großen Werkzeugmaschinen nach

- Baugrund,
- geforderter Gesamtsteifigkeit und
- Arbeitsgenauigkeit der Werkzeugmaschine.

Die Berechnung basiert auf der Finiten Elemente Methode (Bild 1.71).

Während bei eigensteifen Werkzeugmaschinen die Aufstellung hauptsächlich der Verbesserung des Bearbeitungsergebnisses dient, schützt das Fundament bei Preßmaschinen primär andere Werkzeugmaschinen vor den stoßartigen Belastungen dieser Maschinen der Umformtechnik. Bild 1.72 stellt die Maßnahmen dar, die notwendig sind, einen Schmiedehammer durch aktive Schwingungsmaßnahmen zu dämpfen.

Zum Schutz des Grundwassers müssen heute speziell spanende Werkzeugmaschinen neben einer Fundamentierung mit einer Stahlwanne gegen Öl- und Kühlmittelverlust versehen sein (1 mg Öl/1 kg Wasser macht Trinkwasser ungenießbar).

1.6.2 Fundamentierung Umformtechnik

Bei Preßmaschinen unterscheidet man nach Art der Auftreffenergie

- Schlagenergie (Hämmer, Schlagpressen),
- Umformarbeit mit großer Kraft und kleiner Werkzeuggeschwindigkeit.

Pressenaufstellung kann in

- überkritischer oder
- unterkritischer Aufstellung erfolgen.

Für die *unterkritische Aufstellung* genügen schwingungsisolierende Unterlagen (z.B. Gummimatten) zwischen Preßmaschine und Hallenboden. Man bezeichnet sie auch als harte, hohe Abstimmung. Zusatzmassen kommen nicht zum Einsatz, dadurch bleibt das Gesamtsystem klein und hat eine hohe Eigenfrequenz. Die Federnsteifigkeit der einzelnen Komponenten ist hoch.

Die *überkritische Aufstellung* verwendet große, im Boden versenkte Zusatzmassen, auf weichen Federn. Diese weiche, tiefe Abstimmung der Preßmaschine ergibt eine niedrige Eigenfrequenz des Systems.

Beste Isolierung durch überkritische Aufstellung

$$\frac{\omega_{err}}{\omega_e} > \sqrt{2}.$$

Bild 1.73

Amplitudengang für Gründungen von Preßmaschinen.

$$\frac{Q}{P} = \frac{\text{durchkommende Kraft}}{\text{Erregerkraft}}$$

$$\frac{\omega_{err}}{\omega_e} = \frac{\text{Erregerfrequenz}}{\text{Eigenfrequenz}} = \text{Abstimmung}$$

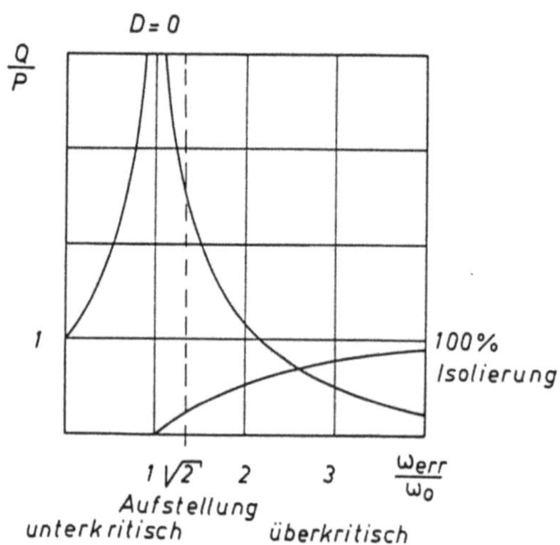

Der niedrigste Pressenhub muß möglichst weit über der Eigenfrequenz liegen (Bild 1.73).

$$\omega_e = \frac{1}{2\pi} \sqrt{\frac{c}{m}}$$

c Steifigkeit, $\frac{N}{\mu m}$

m Masse, kg

ω_e Eigenfrequenz, Hz

Niedrige Eigenfrequenz wird durch

geringe Steifigkeit (Federverschraubung Pressengestellt, Fundament) und große Fundamentmassen erreicht.

Häufigste Aufstellung ist mit 90 % die unterkritische. Die überkritische Aufstellung ist um den Faktor 40 teurer, als die unterkritische. Frequenzen um 30 Hz sollten wegen Gebäudeschäden und um 100 Hz wegen Schäden an zerspanenden Werkzeugmaschinen vermieden werden.

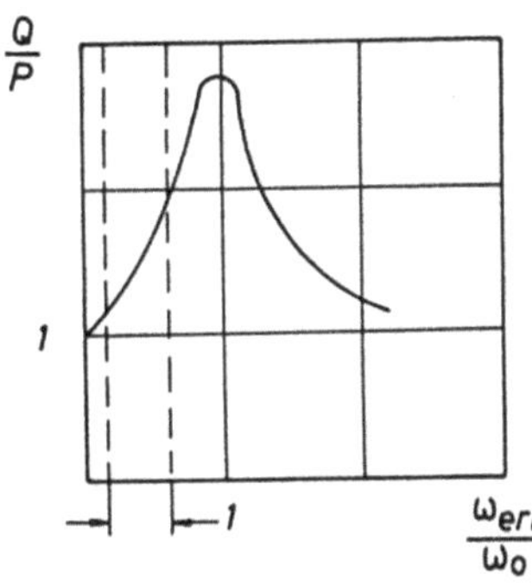

Bild 1.74
Amplitudengang für unterkritische Aufstellung von
Preßmaschinen.

Je kleiner $\dfrac{\omega_{err}}{\omega_e}$, desto ruhiger verhält sich die Preßmaschine (Bild 1.74)

$$\frac{\omega_{err}}{\omega_e} \sim 0,3 \ldots 0,5.$$

Schwingungsdämpfung kann realisiert werden durch

– Isolatoren (passive Schwingungsdämpfung) und
– zusätzliche Hilfsmassen oder
– hydraulische Schwingungsdmäpfer } (aktive Schwingungsdämpfung)
  (spart 1/3 Fundamentmasse)

1.6.3 Maschineninstandhaltung

Kapitalintensive Investitionsgüter, deren Amortisation nur im ununterbrochenen Einsatz gelingen kann, zwingen dazu, ihre Einsatzbereitschaft durch laufende Wartung und vorbeugende Instandhaltung aufrechtzuerhalten. Notwendige Wartungs- und Reparaturarbeiten müssen in natürlichen Stillstandszeiten der Geräte z.B. während der Umrüstphasen erledigt werden. Für die elektronischen Systeme z.B. in der Kernenergie, -Raketen, -Flugzeugindustrie werden augenblicklich Berechnungen für die Ausfallssicherheit definiert. Dabei ist

$$V_s = \frac{MTBF}{MTBF-MTTR}$$

V_s Verfügbarkeit
MTBF   meantime between failure
MTTR   meantime to repair

Damit die Ausfallssicherheit des Systems V_s möglichst groß wird ($V_s = 1$), muß MTBF groß und MTTR klein werden.

MTTR ist dann klein, wenn die Zuverlässigkeitsmaßnahmen des Herstellers ausreichend sind, d.h. wenn die Wahrscheinlichkeit, daß Bauelemente ausfallen und Funktionsänderungen im Steuerungssystem auftreten sehr klein sind. MTBF wird groß, wenn alle Maßnahmen vom Anwender getroffen werden, die das Auftreten von unzulässigen Ereignissen verringern, wie z.B. vorbeugende und operative Sicherheitsmaßnahmen. Bei der vorbeugenden Instandhaltung werden reparaturanfällige Verschleiß- und Gebrauchsteile vor einem möglichen Ausfall überprüft und ersetzt. Überprüfung und Ersatz sind im Maschinenstundensatz bereits fest mit einkalkuliert. Sie dürfen nicht zu weitläufig gehand-

		Kontrolle	Nachstellung	Reinigung	Schmierung	Wechsel
mech. Arbeiten						
	Führungen	×	o		△	
	Lager	×	o		△	
	Kugelrollspindeln	×	o		△	
	Wegmeß-Systeme	×	o	×		
hydr. Arbeiten						
	Ölstand	×				
	Ölzustand	×	×			
	Druck	△				
	Vorschubgeschwindigkeit	△				
	zustand Wegeventile	×		△		
	Aggregat			△		
	Öl					□
pneum. Arbeiten						
	Filter	×		×		o
	Aggregat	×		△	□	
	Wasserabscheider	×		△		
elek. Arbeiten	Gleichstrommoterbürsten					
	Filter (Steuerschrank)					×
	Wegmeß-Systeme (Einstellung)	×	o			
	Informationseingabe	×	o	×		

Bild 1.75 Instandhaltungsplan für einen komplexen Fertigungsautomaten.

habt werden, da sonst die Kosten des Maschinenstundensatzes zu hoch werden. Andererseits sollten Teile, die nur eine begrenzte Zeit ihre Funktionsfähigkeit behalten, vor ihrem Ausfall ersetzt werden. Eine entsprechende Instandhaltungsstrategie ist eine Funktion der Erfahrung. In Bild 1.75 wird für einen Industrieroboter ein vereinfachter Instandhaltungsplan vorgeschlagen. Den zeitlichen Verlauf des Planes kann man, genau wie z.B. die Verschleißteile über die EDVA steuern.

1.7 Steifigkeit von Werkzeugmaschinen

Alle Werkzeugmaschinenbauteile und -baugruppen haben, physikalisch bedingt, eine endliche Steifigkeit. Es ist:

$$c = \frac{F}{u}$$

$$R_b = \frac{1}{c}$$

c   Steifigkeit, $N/\mu m$

F   Kraft, N

u   Durchbiegung, μm

R_b Nachgiebigkeit, $\mu m/N$

Man unterscheidet je nach Art der Kräfte (statisch, dynamisch, Reibung) in

— statische-,

— dynamische- und

— thermische Steifigkeit.

Erscheinung	Ursache	Messung	Werkzeugmaschinenbau-gruppe
Statische Steifigkeit	$F_{statisch}$ $\sigma = E \cdot \varepsilon$	Kraftflußanalyse	Hauptspindel, Gestell, Ständer von Groß- werkzeugmaschinen
Dynamische Steifigkeit	$F_{dynamisch}$ x_{dyn} $\omega_0 = \sqrt{\frac{c_{dyn}}{m}}$	Schwingungsanalyse	Gestell, Spindelkasten, Schlitten, Werkzeughalter, Werkzeuge …
Thermische Steifigkeit	$F_{Reibung}$ $\alpha = \frac{1}{V} \cdot \frac{dV}{dt}$	Wärmebilanz	Spindelkasten, Schlitten …

Bild 1.76 Die einzelnen Steifigkeitseinflüsse auf Werkzeugmaschinenbauteile.

Das Auftreten der einzelnen Erscheinungen, ihre Messung sowie der Einfluß auf die jeweiligen Werkzeugmaschinenbauteile ist in Bild 1.76 zusammengefaßt.

Im folgenden sollen nur anhand der mathematischen Beziehungen kurz die Einflußgrößen, die in der Fertigungstechnik eine Rolle spielen, untersucht werden.

1.7.1 Statische Steifigkeit

Für die Durchbiegung von Gestellen, Spindelkästen, Drehspindeln usw. gilt die Differentialgleichung 2. Ordnung (für Drehspindeln nur mit Einschränkungen).

$$\frac{d^2 y}{dx^2} \cdot EI = M_b(x) \quad (\text{Bild 1.77})$$

$M_b(x) = F \cdot x,\ Nm$

E Elastizitätsmodul, N/mm^2

I Trägheitsmoment, mm^{-4}

Als Lösung der Differentialgleichung ergibt sich nach Trennung der Veränderlichen für den Fall eines Bohrständers

$$y = \frac{1}{EI} \left(\frac{F \cdot x^3}{6} + C_1 \cdot x + C_2 \right) \ \text{der}$$

allgemeine Fall der Biegelinie.

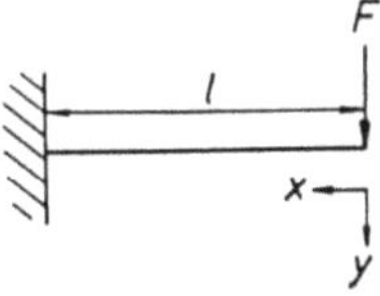

Bild 1.77 F Kraft, N *l* Balkenlänge, m
x, y kartesische Koordinaten.

Die maximale Durchbiegung (x = 0) ist dann:

Bohrwerksgestell:

$$y = \frac{F \cdot l^3}{3 \cdot E \cdot I} \quad \text{Bild 1.77}$$

Hauptspindel ohne Lagerung:

$$y = \frac{64 \cdot (L + a) \cdot a^2}{3 \cdot E \cdot (D^4 - d^4)} \quad \text{Bild 1.78}$$

C-Gestellpresse:

$$y = (a + e) \frac{l \cdot M_b}{c \cdot E \cdot I} \quad \text{Bild 1.79}$$

c Schlankheitsfaktor

$M_b = F(a + m)$, Nm

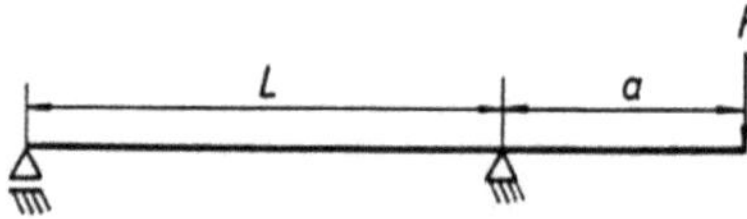

Bild 1.78 F Kraft N
L Länge zwischen den Lagermitten, mm
a Auskraglänge, mm

Bild 1.79
SS-Schwerpunktachse,

BB-Biegelinie, F Kraft, N
l Länge: querliegende Kurbelwelle zu Pressentisch, mm
a Länge: Kraftangriff Pressenmaul, mm
m Länge: Pressenmaul zu SS
e Länge: SS zu BB

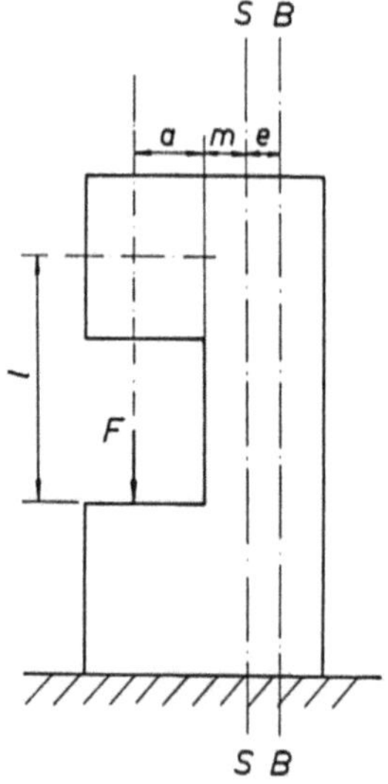

Bei Torgestellpressen und Walzgerüsten ist die Berechnung der Gestelldehnung, Gestellsteifigkeit und Walzendurchbiegung problematisch, weil das Gebilde (Rahmen) mehrfach statisch unbestimmt ist. Eine EDVA-Berechnung mithilfe der *Finiten Elemente Methode* ist heute für spezielle Annahmen möglich. In der Vergangenheit wurden dazu weitgehend graphische Verfahren und Iterationsrechnungen verwendet [3/6].

Der Gerüstmodul (Gerüstnachgiebigkeit) liegt bei 0,2 mm/MN. Das entspricht einer zugehörigen Ständerdehnung von 0,1 mm. (Bild 1.80)

Aus den Gleichungen für die Durchbiegung folgt für den Fertigungstechniker, daß er bei

- Bohrwerksgestellen mit kleiner Kraft ($y \sim F$) und möglichst weit unten ($y \sim l^3$),
- Hauptspindeln mit kleiner Kraft ($y \sim F$) und kleiner Werkstückauskragung ($y \sim a^3$), Stangenbearbeitung ist steifer, als Futterbearbeitung,
- Pressengestellen mit möglichst kleiner Kraft ($y \sim F$),

arbeiten muß, um möglichst kleine Durchbiegungen seiner Maschinenbauteile zu erhalten.

Bauteil, Baugruppe, Werkzeugmaschine	Nachgiebigkeit R_b mm/MN
Doppelrollenlager d = 200 mm	1
Hauptspindel (ohne Lagerung, Spindeldurchmesser d = 100 mm)	3
Gestell (Bohrwerk)	2
Gestell (C-Gestellpresse)	1
Gestell (Torgestellpresse)	0,1
Rahmen (Walzgerüst)	0,2

Bild 1.80 Darstellung einiger Nachgiebigkeiten von Werkzeugmaschinenbauteilen und -baugruppen [3/24, 3/25].

1.7.2 Dynamische Steifigkeit

Es ist

$$c_{dyn} = \frac{F_{dyn}}{u_{dyn}}$$

c_{dyn} dynamische Steifigkeit, N/μm

F_{dyn} dynamische Erregerkraft, N

u_{dyn} Schwingungsamplitude, μm.

Die Schwingungsamplitude ergibt sich als Teillösung der Differentialgleichung (Ratterschwingung): (Bild 1.81)

$$m \cdot \ddot{x} + k \cdot \dot{x} + c \cdot x = k[x(t) - x(T - t)]$$

Eine Lösung dieser Differenzendifferentialgleichung ist nicht geschlossen möglich. Sie muß durch eine Vereinfachung in eine Differentialgleichung 2. Ordnung, die linear und inhomogen ist, überführt werden. Danach kann dann diese Differentialgleichung 2. Ordnung mit Störfunktion durch eine Substitution (z.B. $x = e^{rt}$) in eine algebraische Gleichung 2. Grades überführt werden, deren Wurzeln dann einfach zu bestimmen sind. Durch Rücksubstitution erhält man dann die allgemeine Lösung der Differentialgleichung zu:

$$x = e^{-\delta t} \cdot A \cdot \cos(\omega_d t - \varphi)$$

δ Dämpfungskonstante, Hz

ω_d Erregerfrequenz, Hz

φ Phasengang

Diese analytische Form der Lösung kann graphisch dargestellt werden in Bild 1.82 als Amplitudengang und Phasengang.

Zusammenfassung der graphischen Lösung von Amplitudengang und Phasengang in der Gauss'schen Zahlenebene in Form einer Ortskurve zeigt Bild 1.83. Die Beurteilung einer solchen Ortskurve ist:

— Imaginärteil klein, wenn $x = f(\omega_0)$ klein ist und

— negativer Realteil klein, wenn kleine Massen starr ausgebildet werden.

Die Werkzeugmaschine kann in Form eines Mehrmassenschwingers in einer Stabilitätskarte (Summe aller Werte aus den Ortskurven der einzelnen Bauteile) dargestellt werden (Bild 1.84).

Art der transversalen Biegeschwingung	Mathematische Modellvorstellung	Ursache	Abhilfe
Freie Schwingung	$m \cdot \ddot{x} + k \cdot \dot{x} + c \cdot x = 0$ Lineare, homogene Differentialgleichung 2. Ordnung	Stöße z. B. Pressenhub, LKW, usw.	Dämpfungselemente (passive Schwingungsdämpfung)
Erzwungene Schwingung	$m \cdot \ddot{x} + k \cdot \dot{x} + c \cdot x = F(t)$ Lineare, Differentialgleichung 2. Ordnung mit Störfunktion	Unwuchten an Rotationsteile	Auswuchten der Rotationsteile
Selbsterregte Schwingung (Ratterschwingung)	$m \cdot \ddot{x} + k \cdot \dot{x} + c \cdot x = F(x, t)$ Differenzendifferentialgleichung (keine geschlossene Lösung möglich)	Auslenkung des Werkzeuges im Grenzlastzustand der Werkzeugmaschine	Veränderung von: 1 Meißelgeometrie $(\gamma, \kappa, \lambda)$, 2 Drehzahl $(n, \min^{-1})$, 3 Schnittgeschwindigkeit $(v, m/min)$, 4 Schnittkraft (F_s, N), 5 Werkstückwerkstoff $(k_s, N/mm^2)$, 6 Vorschub $(s, mm/U)$, 7 Spanungstiefe (a, mm). Verstärkung von: 1 Drehmeißel, Meißelhalter, Werkzeugsystem, 2 Spindel, Spindellagerung, Spindelkasten. Aktive Schwingungsdämpfung

Bild 1.81 Darstellung der verschiedenen Arten einer transversalen Biegeschwingung mit mathematisch-physikalischer Modellvorstellung.

m Masse, kg,   k Dämpfungskonstante, kg/s,   c Steifigkeit, N/μm

$\ddot{x} = \dfrac{d^2x}{dt^2} = b$ Schwingungsbeschleunigung, m/s^2 $\dot{x} = \dfrac{dx}{dt} = v$ Schwingungsgeschwindigkeit, m/s

x   Schwingungselongation, μm (mm)

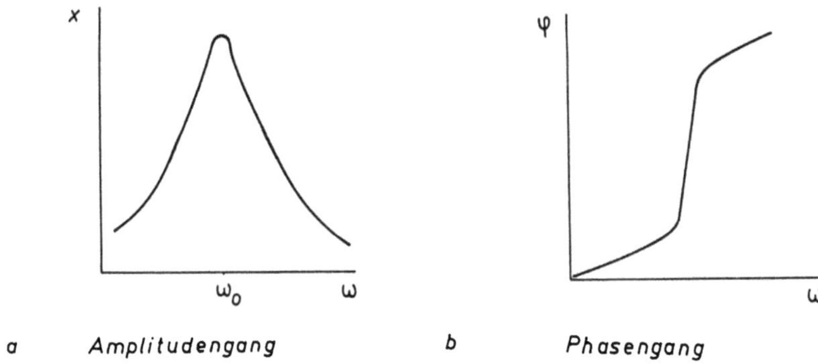

Bild 1.82 Graphische Lösung einer Schwingungsdifferentialgleichung:
a Amplitudengang,   b Phasengang.

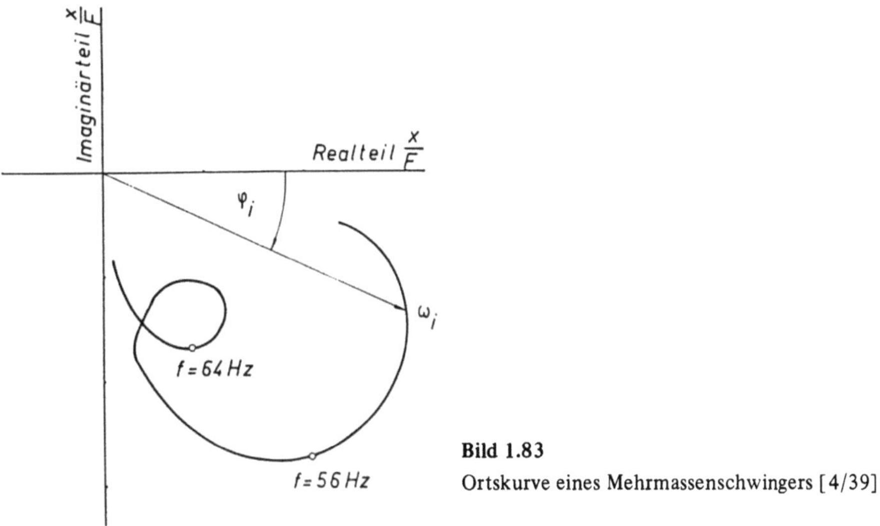

Bild 1.83
Ortskurve eines Mehrmassenschwingers [4/39].

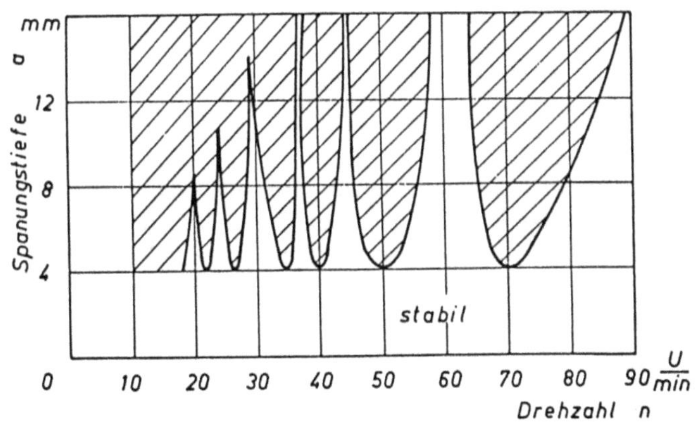

Bild 1.84
Stabilitätskarte einer
Portalfräsmaschine [4/40].

1.7.3 Thermische Steifigkeit

Bei der thermischen Steifigkeit wird an bewegten Werkzeugmaschinenbaugruppen Wärme durch Reibung erzeugt. Man muß zwei Betriebszustände unterscheiden:

- bewegte Werkzeugmaschinen mit Zerspanungsprozeß und
- bewegte Werkzeugmaschinen im Leerlauf.

Die Gesamtwärmemenge als Funktion der Schnittgeschwindigkeit wird im Bild 4.30 (Kapitel 4) für einen Zerspanprozeß dargestellt. Dabei wurde die bewegte Werkzeugmaschine im Leerlauf ausgeklammert. Bevor ein Zerspanprozeß stattfinden kann, muß eine Werkzeugmaschine zunächst einmal in Bewegung gesetzt werden. Reibungswiderstände in Motor, Getriebe und Lagerungen, die der Drehspindel vorgelagert sind, müssen überwunden werden. Eine diese Verluste darstellende Graphik wird mit Sankey-Diagramm bezeichnet (Bild 1.85). Hier sieht man, daß 36,7 % der aufgenommenen Leerlaufleistung des Elektromotors als Reibungswärme in der Hauptspindellagerung umgesetzt werden. Das Hauptspindellager erreicht dabei Temperaturen von bis zu 50 °C. Die Folge ist aufgrund der Wärmeausdehnung aller Stoffe ein Anwachsen des Spindelkastens entsprechend der Beziehung

1 m Stahl (Guß) wächst bei 1 °C um 10 μm (Wärmeausdehnungskoeffizient).

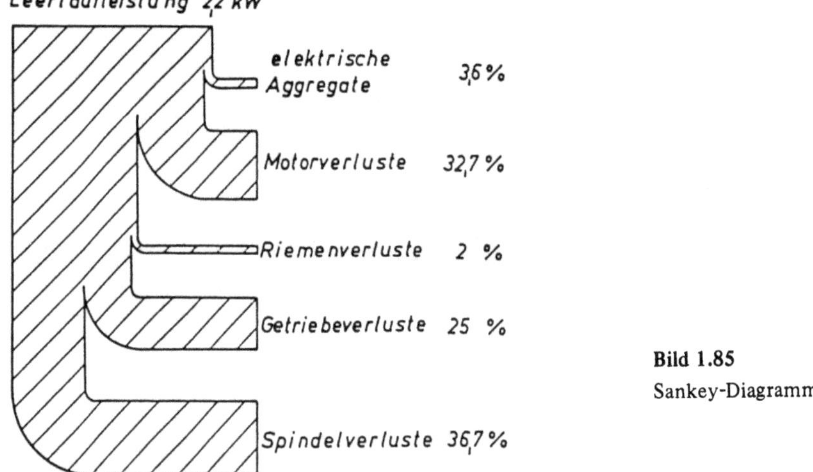

Bild 1.85
Sankey-Diagramm [4/39].

Hierbei sind Verrippungen, Pausenzeiten, Umgebungstemperatur usw. nicht berücksichtigt. Je nach Spindelkastenkonstruktion, Hauptspindellagerarten, Reibschmierung, Kühlschmierung und Drehzahlspektrum des Fertigungsprozesses ergibt sich eine Verlagerung des Spindelkastens in Zeitabhängigkeit nach Bild 1.86.

Dieser Kurvenverlauf ist nicht reproduzierbar und wird z.B. durch Pausen (Frühstück, Mittag, Umrüstphasen, usw.) empfindlich gestört (Bild 1.87).

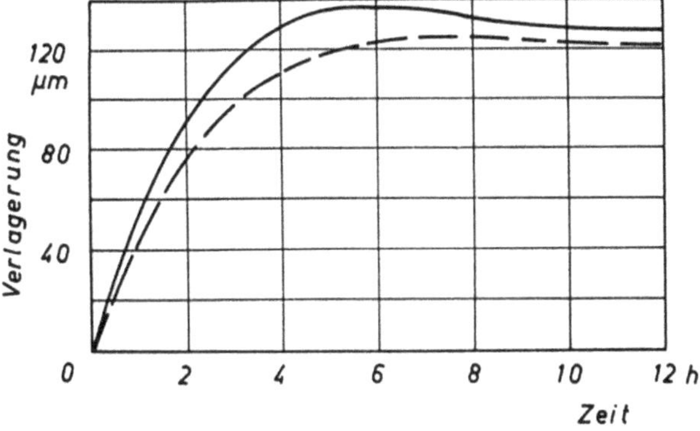

Bild 1.86

Seitliche Verlagerung der Hauptspindel einer Konsolfräsmaschine
im Leerlauf:

——— n = 1400 min^{-1}

–––– n = 900 min^{-1}

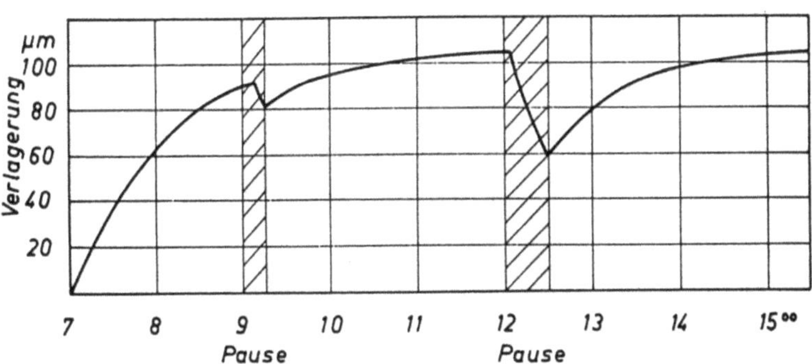

Bild 1.87 Verlagerung einer Hauptspindel über der Zeit in Abhängigkeit der Pausenzeiten.

Bei einer thermisch nachgiebigen Werkzeugmaschine kann man durch folgende Maßnahmen zu einer Beruhigung kommen:

- konstruktiv
    Spindelkastenkonstruktion-Trennfuge schräg anordnen,
    Einbau von vorgespannten Schrägrillenkugellagerpaketen Bild 7.67,
    Einbau von Fett- statt Ölschmierung,
- fertigungstechnisch
    Überwachung und Korrektur des Wärmetrends,
    Kompensation des Wärmetrends durch eine Meßregelung,
- organisatorisch
    Werkzeugmaschine 1 bis 2 Stunden vor Betriebsbeginn warmlaufen,
    Werkzeugmaschinenspindel während der Pausenzeiten weiterlaufen.

Erfahrungsgemäß führen Maßnahmen wie

- Kühlung und
- Heizung

nicht zum Erfolg und damit zu einer vollständigen Beruhigung der Werkzeugmaschine auf
thermischem Gebiet.

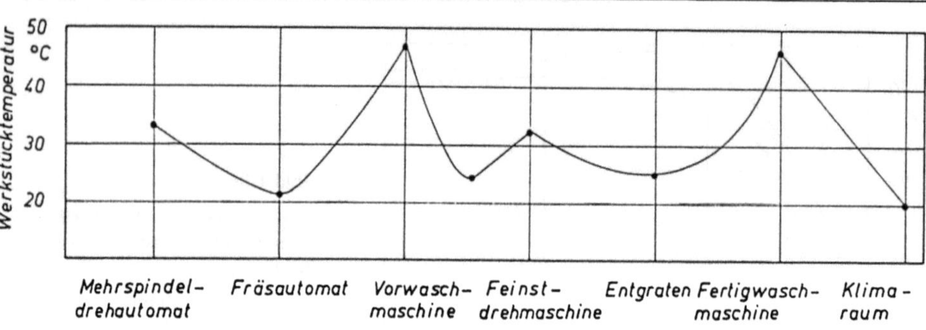

Bild 1.88 Temperaturverlauf einer Transferstraße [4/37].

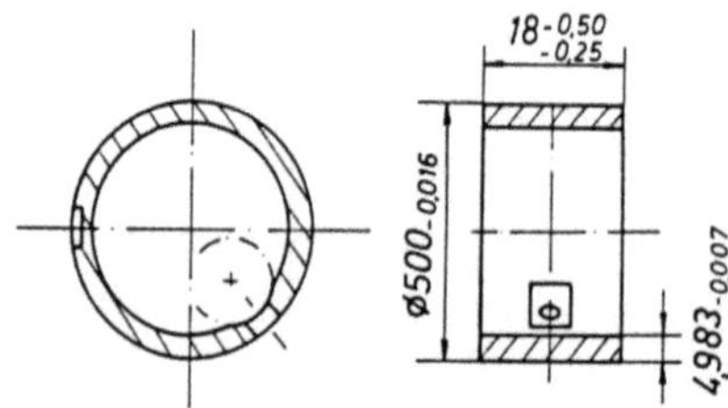

Bild 1.89

Werkstück Alu-Büchse:
Abmessungen: $\varnothing$ 50 mm x 18 mm

Wärme in Werkzeugmaschinenbauteilen beeinflußt die Genauigkeit der Werkzeugmaschine und führt zu Ungenauigkeiten in der Fertigung der Teile. Bild 1.88 zeigt den Temperaturgang einer Maschinenstraße bei der unterschiedliche Fertigungsautomaten miteinander verkettet sind, um das in Bild 1.89 gezeichnete Werkstück mit seinen engen Toleranzen, seiner dünnen Wandstärke und einer Rauhtiefe von $R_t = 1\ \mu m$ aus Aluminium herzustellen. Aluminium besitzt gegenüber Stahl eine ungefähr doppelt so hohe Wärmeleitfähigkeit. Den Schwierigkeiten bei der Bearbeitung kann man vorwiegend durch Temperierung der Kühlflüssigkeit entgegenwirken.

Rechenbeispiel

Von der Frässpindel eines Fräsautomaten ist die vordere ($c_v = 1500\ N/\mu m$) und die hintere Lagersteifigkeit ($c_h = 1000\ N/\mu m$), der mittlere Spindeldurchmesser zwischen den Lagermitten $D = 150\ mm$, der Spindelinnendurchmesser $d = 50\ mm$, einschließlich Werkzeugfutter und Werkzeug (Annahme: Verbindungen sind steif.) $A = 350\ mm$ bekannt (Bild 1.90).

Das Werkstück, durch Stirnfräsen hergestellt, hat die Abmasse $50 \times 50 \times 170\ mm$ und ist aus dem Material 16 MnCr5.

Der Fräser hat nach DIN 2079 einen Durchmesser $\overline{D} = 400\ mm$ und ist mit Hartmetall-Wendeschneidplatten besetzt. Er hat 22 Schneiden.

Kann bei einem Vorschub von $s_z = 0{,}2\ mm/Zahn$ noch das Maß 49_{h7} gehalten werden?

Rechengang allgemein

Durch die Schnittkraft ergibt sich eine Gesamtnachgiebigkeit der Hauptspindel von u_{ges} (Bild 1.90).

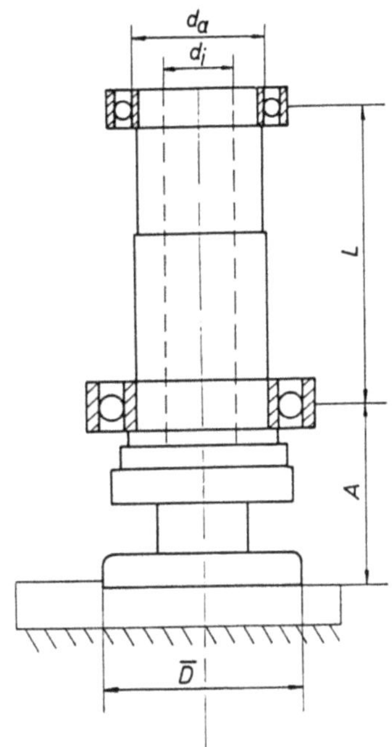

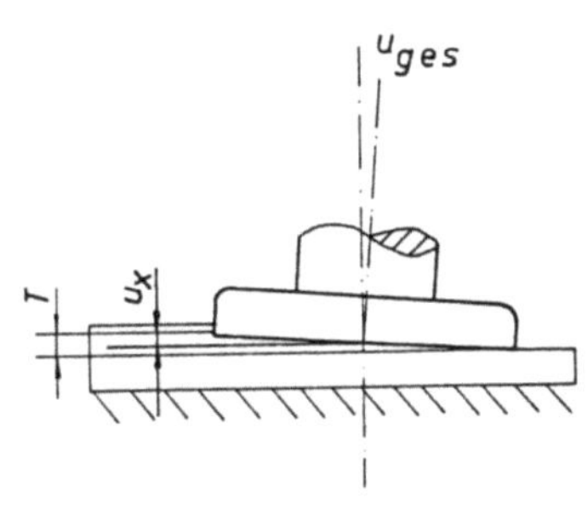

Bild 1.90
Schematische Darstellung eines Systems Hauptspindellagerung mit den dabei auftretenden
Ungenauigkeiten bei Durchbiegung der Spindel
und Lagerungen.

Die Nachgiebigkeiten sind:

$$R_{bges} = R_{bspindel} + R_{blager} \text{ (parallele Federn)}$$

$$R_{bspindel} = \frac{64 \cdot (L + A) \cdot A^2}{3\pi \cdot E \cdot (D^4 - d^4)}$$

$$R_{blager} = \frac{A + L}{L \cdot c_v} \left[1 + \frac{A^2}{(A + L) \cdot L} \cdot \frac{c_v}{c_h} + \frac{A}{L} \right]$$

Damit wird nach Bild 1.90

$$u_{ges} : A = u_x : \frac{\overline{D}}{2}$$

Die Toleranz ist

$$T = 2u_x$$

$$\text{mit} \quad u_x = u_{ges} \cdot \frac{\overline{D}}{2A}$$

$$\text{aus} \quad R_{bges} = \frac{u_{ges}}{F_{sm}} \quad \text{und} \quad F_{sm} = z_e \cdot b \cdot h_m^{1-z} \cdot k_{s1 \cdot 1} \cdot x \quad \text{(s. Bild 4.27)}$$

Rechnerische Lösung

$$F_{sm} = 4827\ N \qquad\qquad \sin\frac{\Delta\varphi}{2} = \frac{e}{D}\quad \Delta\varphi = 106{,}26°$$

$$z_e = \frac{z\cdot\Delta\varphi}{360°} = 6{,}49$$

$$h_m = \frac{360°\cdot e\cdot s_z\cdot \sin w}{\pi\cdot\Delta\varphi\cdot D} = 0{,}1725\ mm$$

$$k_{s\,1\cdot 1} = 2100\ N/mm^2$$

$$h_m^{1-z} = 0{,}2725\ mm$$

$$R_{bspindel} = 0{,}0079\ \mu m/N$$

$$R_{blager} = 0{,}00201\ \mu m/N$$

$$R_{bges} = 0{,}0099\ \mu m/N$$

Durchbiegungen

$$u_{ges} = 47{,}78\ \mu m$$

$$u_x = 27{,}3\ \mu m$$

$$T = 54{,}6\ \mu m$$

Abmaße 49_{h7} mit $^{\ \ \ \ \ \ \ \ \circ}_{40\,\mu m}$ können nicht gehalten werden.

1.7.4 Finite Elemente Methode

Steifigkeitsberechnung (statisch, dynamisch und thermisch) von kompliziert geformten Werkzeug- und Werkzeugmaschinenbauteilen erfolgt nach dem

- Differenzenverfahren oder der
- Finiten Elementen Methode (FEM).

Der Ansatz aus der einfachen Festigkeitslehre hilft hier nicht, da die Vereinfachungen zu stark und damit der Fehler zu groß wird.

Zur Vorbereitung auf die Finite Elementen Methode ist der fragliche Körper mit einer *Netzstruktur* von elementaren Flächen (Dreiecke, Vierecke, usw.) oder Körpern (Zylinder, Quader, Tetraeder, usw.) zu überziehen. Dieses Netz wird heute per EDVA auf einem interaktiven Bildschirm generiert und automatisch korrigiert (so daß flächen- bzw. volumengleiche Elemente entstehen). Bekannte CAD-Programme hierfür sind z.B. COMPAC und COMVAR (TU Berlin). Grund der Zerlegung ist, daß man zwar bei einem komplizierten Körper die Durchbiegung und Spannungen nicht kennt, dafür aber die von den Elementarkörpern, in die der Grundkörper zerlegt wird.

Danach werden auf diese Elementarkörper folgende Gesetze angewandt:

$D^T\cdot\sigma = 0$ Produkt des Differentialoperators und Spaltspannungsvektors (Tensormatrix) ist Null,

$\sigma = E\cdot\epsilon$ Verformungsgesetz,

$\epsilon = D\cdot u$ kein Klaffen oder Durchdringen benachbarter Elementarkörper.

Die Finite Elemente Methode basiert auf der physikalischen Idealisierung des Tragwerkes (Strukturanalyse). Aus den obigen Gesetzen ergeben sich die Gleichungen für Knotenpunkte und Struktur.

— Knotenpunktgleichung

$$P = k \cdot p + I$$

P   Kräfte
k   Steifigkeitsmatrix
p   Verschiebungen
I   Elementarknotenschwerpunktskräfte

— Strukturgleichung

$$R = K \cdot r + a^T \cdot I$$

K   Strukturgleichgungsmatrix
r   Strukturpunktverschiebung
a^T transformierte Zuordnungsmatrix

Unter Verwendung der Gesetze auf die Elementarkörper werden ein System partieller Differentialgleichungen erzeugt. Da deren Integration sehr schwierig ist, erfolgt die Variation des Problems durch eine Integralgleichung und deren Lösung nach dem Prinzip der virtuellen Arbeit.

Die Strukturgleichung wird also unter den gegebenen Randbedingungen (zulässige Verformungen, Spannungen, Abmessungen und Gewichte) auf dem Digitalrechner gelöst.

1.7.4.1 CAD/CAM

CAD/CAM (computer aided design/computer aided manufacturing), rechnerunterstütztes Konstruieren bzw. rechnerunterstütztes Fertigen stellen wirkungsvolle Mittel zur Automatisierung dieser betrieblichen Teilbereiche dar. Die Untersuchung des VDMA von 1968 über die Dauer der Konstruktionstätigkeiten hat heute noch Gültigkeit. In 167 564 Konstruktionsstunden wurde

gerechnet	10 %
entworfen, gezeichnet, geändert	60 %
kontrolliert, informiert, angeboten	30 %

D.h. auch in betriebsinternen Werkzeugkonstruktionen dominieren die Zeichentätigkeiten gegenüber allen anderen Arbeiten.

Zur Erstellung von Werkzeugzeichnungen (Schnittwerkzeugen, Formwerkzeugen, Walzen usw.) wird ein

— CAD Arbeitsplatz mit Bildschirm oder/und Plotter (Hardware) sowie ein
— entsprechendes Programm (Software) benötigt.

Die angebotene Software ist von unterschiedlicher Qualität. Je einfacher die Beschreibung des zu konstruierenden Gegenstandes, desto größer ist der Vorbereitungsaufwand für den Compiler (problemorientierte Programmsprache). Zur Anwendung der Software stehen Kataloge zur Verfügung. Man unterscheidet

— Variantenprinzip,
— Generierungsprinzip und
— Menütechnik.

Während bei dem Variantenprinzip und der Menütechnik mehr oder weniger komplizierte Gebilde zu einem Gesamtzeichnungskomplex zusammengefaßt werden, handelt es sich bei dem Generierungsprinzip um einfache Formelemente, aus denen eine Konstruktion entstehen kann.

Folgende Bearbeitungszeiten gelten bei den einzelnen Compilern:

Werkstück	Compiler	Lösungsmethode	Zeit
Bohrwerkzeug	CADOT	Generierungsprinzip	0,5 h
Walze	COMVAR	Variantenprinzip	2 h
Stanzwerkzeug	PHILKON	Generierungsprinzip	0,5 h

Weitere Anwendungsmöglichkeiten im Bereich von CAM z.B. sind:

Programm	Anwendung
COMFEN	Netzgenerierung, Finité Elementen Methode
CAPSY	Technologieverarbeitung
EXAPT	Erstellung von Steuerlochstreifen für CNC-Automaten

1.8 Menschliche Umweltbedingungen im Arbeitsvorfeld

Wo Menschen beschäftigt werden, muß auch für humane Bedingungen bei der Arbeit und am Arbeitsplatz gesorgt werden. Dazu gehören, daß

- Beleuchtung,
- Umweltbedingungen (menschliche Behaglichkeit),
- Unfallverhütung und
- Gestaltung des Arbeitsplatzes (Ergonomie)

Beachtung finden.

1.8.1 Beleuchtung

Folgende *Beleuchtungsstärken* sind nach DIN 5035 empfohlen. (Bild 1.91)
Dabei ist

$$1 \, lx = \frac{1 \, lm}{m^2}$$

und 1 *l*m (Lumen) ist diejenige Lichtleistung, die von einer Normallampe über einen Raumwinkel ausgestrahlt wird.

Art des Beleuchtungs- anspruches	Arbeit	Sehaufgabe	Beispiel Fertigung	Beleuchtungsstärke am Platz lx
sehr gering	grob	orientieren	Nebenräume	30
mäßig	mittel- fein	grobe Arbeiten, große Details, gute Kontraste	Umformtechnik (Walzen)	120
hoch	fein	normale Sehaufgabe, gute Kontraste	Zerspantechnik	250
außergewöhnlich	sehr fein	Sehaufgaben mit Gefahr verbunden	wissenschaftliche Experimente	< 4000

Bild 1.91 Beleuchtungsstärke in Abhängigkeit von Arbeit und Sehaufgabe.

1.8.2 Behaglichkeit

Das menschliche *Wohlbefinden* hängt ab von

- Lufttemperatur ($20°\ldots48\,°C$),
- Strahlungstemperatur ($<30\,°C$),
- Luftgeschwindigkeit (Zugerscheinung vermeiden $<0{,}2$ m/s bei Normaltemperatur),
- relative Luftfeuchtigkeit ($30\,\%\ldots70\,\%$),
- Luftverunreinigung (MIK/MAK Verhältnis bei $NO_2 < 1/10$, 1 ppm = 1 cm^3/m^3 zulässige Konzentration am Arbeitsplatz),
- elektrostatische Aufladung,
- Geräuschpegel (<75 dB(A)),
- Luftbedarf (ca. 50 m^3/h),
- Mindestluftraum (ca. 15 m^3/Person) [7/6].

Dabei ist

MAK-Werte (Maximale Arbeitsplatz-Konzentration) für Gase, Dämpfe und schädliche Stoffe bei der im allgemeinen die Gesundheit geschädigt wird. Zulässige Konzentration 1 ppm = 1 cm^3/m^3.

MIK-Werte (Maximale Immissions-Konzentration) an der Einwirkungsstelle, sind Werte, die für Mensch und Tier unschädlich sind.

MIK/MAK-Werte sind für bestimmte Stoffe festgelegte zulässige Konzentrationen.

1.8.3 Unfallverhütung

Unfall ist ein in ursächlichem Zusammenhang mit der Arbeit stehendes unerwartetes und plötzlich eintretendes gefährliches Ereignis. Dabei können

- Körperschäden und
- Sachschäden oder
- beides auftreten.

Unter *Unfallverhütung* versteht man die Gesamtheit aller zweckgerichteten Maßnahmen zum Vermeiden von Gefahren.

Zur Lösung von Sicherheitsaufgaben sind

- konstruktive,-
- organisatorische- und
- personelle Maßnahmen erforderlich.

Die konstruktiven Maßnahmen umfassen z. B.

- Sicherheitsschutz an Werkzeugmaschinen und Anlagen mit bewegten Teilen
- Notabschalteinrichtungen an Werkzeugmaschinen,
- Zweihandeinrückungen bei Preßmaschinen,
- Obere Totpunktsicherung an Preßmaschinen,
- Nachschlagsicherung an Preßmaschinen,
- Sicherheitsbereiche für Industrieroboter oder Automaten.

Organisatorische Maßnahmen befassen sich mit der eindeutigen Kennzeichnung gefährdeter Bereiche (farbliches Abheben bewegter Teile an Werkzeugmaschinen oder Anlagen sowie die ordnungsgemäße Beleuchtung dieser Baugruppen).

Die personellen Maßnahmen dienen zum individuellen Schutz. Sie setzen sich zusammen
aus

- Schutzbekleidung,
- Sicherheitsschuhen,
- Helm,
- Brille,
- Gehörschutz,
- Atemschutz.

1.8.4 Ergonomie

Die *Arbeitswissenschaft* befaßt sich mit der Gestaltung von

- Arbeitsablauf,
- Arbeitsmittel,
- Arbeitsplatz.

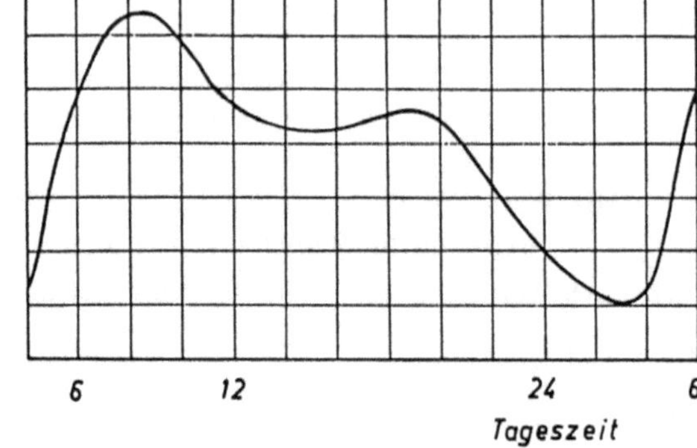

Bild 1.92

Kurve der menschlichen physiologischen Leistungsbereitschaft
innerhalb von 24 Stunden.

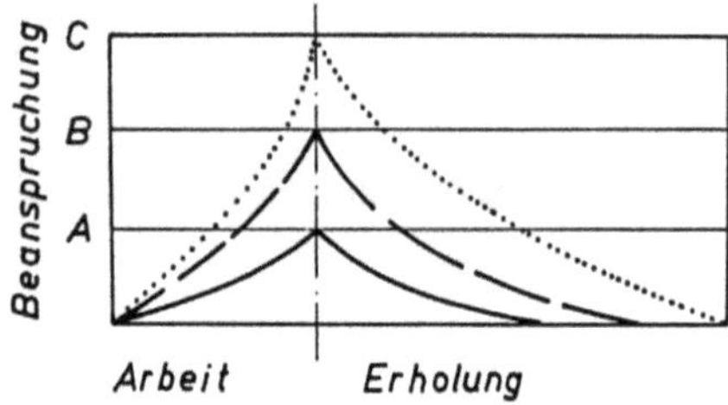

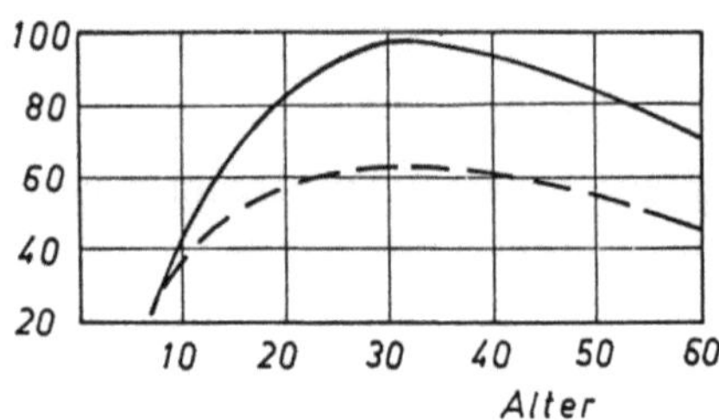

Bild 1.93 Beanspruchung durch verschiedene
Arbeiten sowie die darauffolgende Erholzeit.

Bild 1.94 Menschliche Leistungsfähigkeit in
Abhängigkeit des Alters bei:

——— Mann   — — — Frau

Einen wesentlichen Bereich der Ergonomie nimmt die Erforschung der menschlichen
Fähigkeiten ein. Dabei sind von Bedeutung die menschliche

- Leistungsbereitschaft (Bild 1.92),
- Arbeitsermüdung (Bild 1.93),
- Leistungsfähigkeit (Bild 1.94).

Durch ergonomisch richtige Gestaltung von Arbeitsplatz und -mittel kann der menschlichen Ermüdung entgegengearbeitet werden und die Leistungsbereitschaft besser ausge-
nutzt werden.

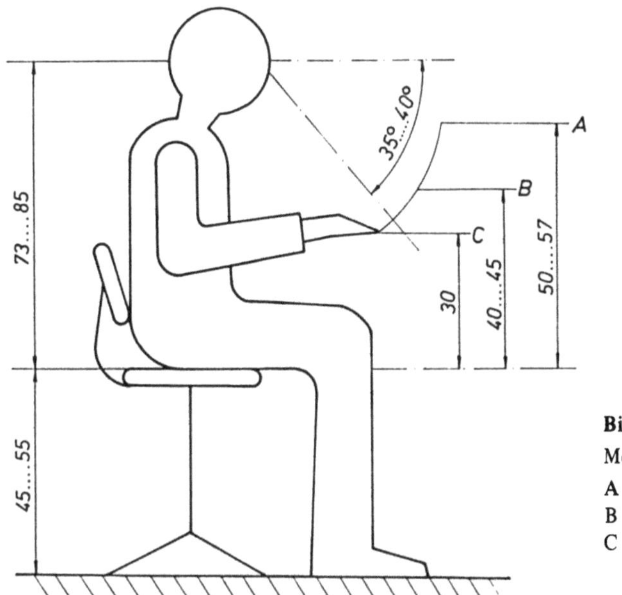

Bild 1.95

Menschliche Abmaße:

A Objekthöhe,
B Werkzeughöhe (Maschinenarbeit),
C Handarbeitshöhe.

Wichtig ist die Erfassung und Übertragung der menschlichen Körpermaße und -proportionen (Bild 1.95). Ruhe- und Bewegungsmaße des Körpers werden bestimmt durch

- Länge der Knochen,
- Stärke der Muskel- und Bewegungsschichten,
- Form und Mechanik der Gelenke.

Bei der Körperhaltung wird unterschieden zwischen

- Stehhaltung und
- Sitzhaltung.

Von Bedeutung sind

- Sehentfernung,
- Blickwinkel,
- Armhaltung,
- Arbeitsbewegungen,
- Greifraum.

Durch Festlegung von Maßen wird vermieden, daß ein zu schneller Kraftverbrauch an falsch gestalteten Arbeitsplätzen eintreten kann.

Daneben befaßt sich die Ergonomie aber auch z.B. mit

- Tretkräften am Bein,
- Stellungskräften am Arm in stehender oder sitzender Haltung,
- Energieverbrauch in Abhängigkeit der jeweiligen Arbeit,
- Reaktionszeiten,
- Richtwerten bei Gestaltung von Arbeitsmitteln und -plätzen.

1.9 Sonderfertigungen

1.9.1 Konkurrierende Verfahren der Großserienfertigung

Betrachtet man das gesamte Gebiet der Fertigungsverfahren nach DIN 8580, dann besteht da sehr wohl die Möglichkeit ein Werkstück von seiner Form her durch verschiedene Fertigungsverfahren zu gestalten. Alleine die Zahnform an einem Zahnrad oder ein Gewinde an einem Rotationsteil kann durch eine Vielzahl von Möglichkeiten gefertigt werden. Die Frage ist:

Wie stellt man das Werkstück am wirtschaftlichsten her?

In Bild 1.96 sieht man einige Einflußgrößen, die diese Frage möglicherweise leichter beantworten lassen. Zu diesen Einflußgrößen zählen unter anderem

– Verfahrenstemperatur,
– Stückzahl,
– Werkzeug …

1.9.2 Herstellung von Verzahnungen

Die Herstellung von Verzahnungen und die dabei erreichbare Genauigkeit sind in Bild 1.97 dargestellt. Trotzdem kann gesagt werden, daß die Methoden und Verfahren zumal man noch in

– Vorfertigung,
– Feinfertigung und
– Wärmebehandlung

unterscheiden muß, sehr stark variiert werden können. Nicht alle Verfahren in Bild 1.97 genügen allen industriellen Ansprüchen.

Sintern und Erodieren eignen sich nicht für die Massenfertigung, während sich Räumen, aufgrund der teueren Werkzeuge, nicht in Einzel- und Kleinserienfertigung einsetzen läßt. Festigkeitsmäßig sind z.B. gewalzte Verzahnungen, weil der Faserverlauf beibehalten wird, günstiger als zerspante. Das zeigt sich auch hinsichtlich der Oberflächengüte (Bild 1.98). Bei der Vorverzahnung werden in aller Regel, wegen der höheren Zerspanleistungen Verfahren mit geometrisch bestimmter Schneide angewendet. Wird das Zahnrad feinbearbeitet, kommen wieder spanende Verfahren mit definierter Schneide zum Einsatz, während bei gehärteten Zahnrädern spanende Verfahren mit nicht definierter Schneide benutzt werden.

Die Flankenform von evolventenverzahnten

– Stirnrädern,
– Kegelrädern,
– Schneckenrädern, gerad- oder schrägverzahnt sowie innen- oder außenverzahnt kann grundsätzlich spanend durch
– Profilverfahren oder
– Wälzverfahren hergestellt werden.

Bei den Profilverfahren (Bild 1.99) besitzt das Werkzeug genau die Form der zu fertigenden Zahnlücke und stellt jede Zahnlücke einzeln her. Dagegen findet bei den Wälzverfahren (Bild 1.100) zwischen Werkzeug und Werkstück eine relative Wälzbewegung statt, die die Zahnflanke als Einhüllende der einzelnen Werkzeugschnittflächen entstehen läßt.

	Verfahren	Verfahrens-temperatur °C	Stückzahl	Werkstückform	Werkzeug	Bemerkung	Genauigkeit
Urformen	Druckgießen	~ 700	10^6	sehr komplizierte 3-D Form	Form mehrteilig mit Ausstoßern und Stiften	Leichtmetall-legierungen	mittel
Umformen	Gesenkschmieden	~ 1200	$10^4 \ldots 10^{10}$	komplizierte 3-D Form, Grat und Aufmaß	Gesenk zweiteilig	Stahl, Aluminium	gering
	Kaltstauschen	20 … 200	$10^5 \ldots 10^{10}$	einfache rotations-symmetrische Form	Stempel und Zange	Stahl, Aluminium	sehr gering
	Fließpressen	20 … 200	$10^6 \ldots 10^{10}$	komplizierte 3-D Form mit Ansätzen	mehrteiliges Werkzeug	Stahl, Aluminium, Kupfer	groß
	Strangpressen Walzen	20, 1200 ~ 1200	$10^6 \ldots 10^{10}$ $> 10^{10}$	einfache 2-D Form rotationssymmetrische Form	Matrize, Stempel mehrere Form-walzen		gering sehr gering
Spanen	Drehen	20 … 100	$10^0 \ldots 10^6$	komplizierte rotations-symmetrische 3-D Form	Formwerkzeuge, einschneidig	Leichtmetalle, Stahl, usw.	groß
	Schleifen	20 … 150	$10^0 \ldots 10^7$	komplizierte rotations-symmetrische 3-D Form	Formwerkzeug, mehrschneidig		sehr groß

Bild 1.96 Einflußgrößen auf die konkurrierenden Fertigungsverfahren der Großserienfertigung.

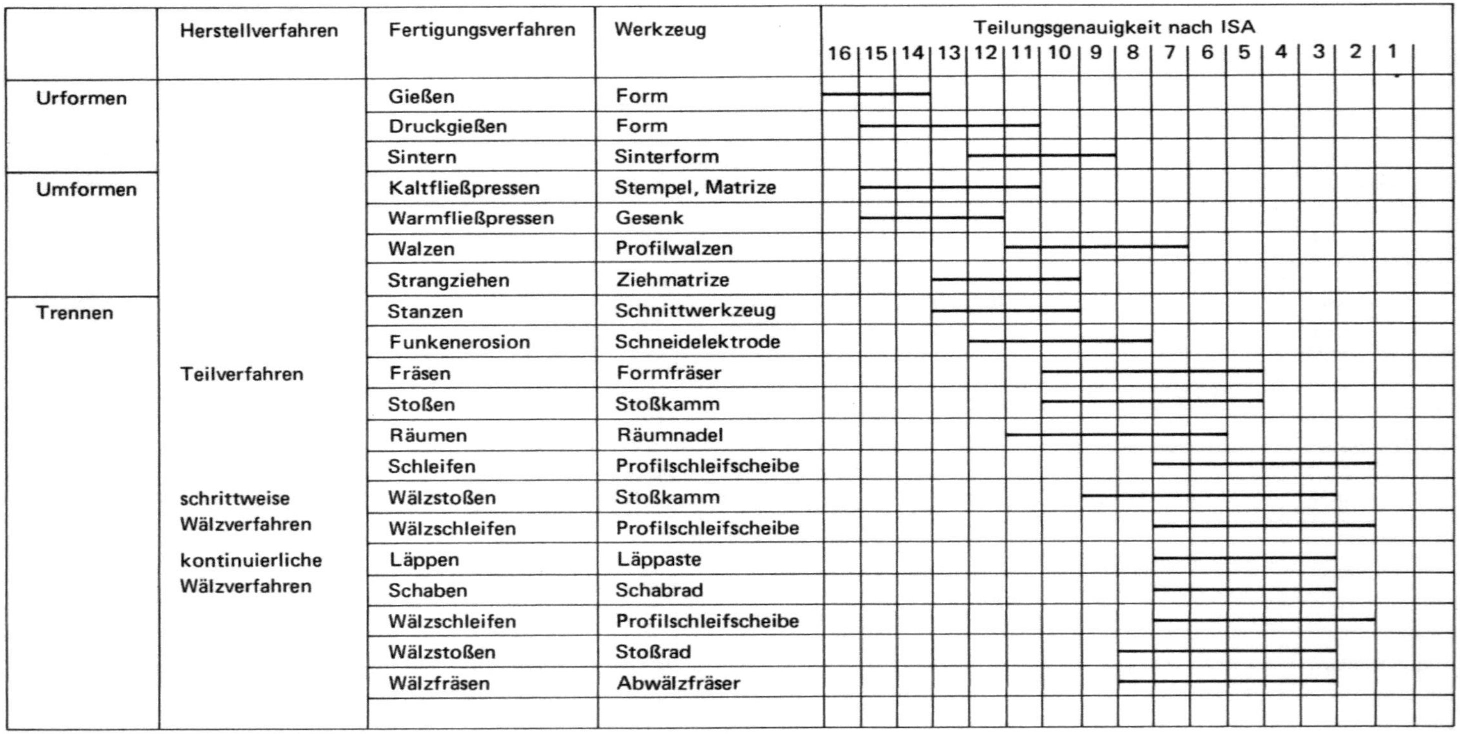

	Herstellverfahren	Fertigungsverfahren	Werkzeug	16	15	14	13	12	11	10	9	8	7	6	5	4	3	2	1
Urformen		Gießen	Form	×	×	×													
		Druckgießen	Form		×	×	×	×	×										
		Sintern	Sinterform					×	×	×	×	×							
Umformen		Kaltfließpressen	Stempel, Matrize		×	×	×	×	×										
		Warmfließpressen	Gesenk		×	×	×	×											
		Walzen	Profilwalzen								×	×	×	×	×				
		Strangziehen	Ziehmatrize				×	×	×	×									
Trennen	Teilverfahren	Stanzen	Schnittwerkzeug				×	×	×										
		Funkenerosion	Schneidelektrode					×	×	×	×								
		Fräsen	Formfräser								×	×	×	×	×				
		Stoßen	Stoßkamm								×	×	×	×					
		Räumen	Räumnadel								×	×	×						
		Schleifen	Profilschleifscheibe										×	×	×	×	×	×	
	schrittweise Wälzverfahren	Wälzstoßen	Stoßkamm									×	×	×	×	×	×	×	
		Wälzschleifen	Profilschleifscheibe										×	×	×	×	×		
	kontinuierliche Wälzverfahren	Läppen	Läppaste										×	×	×	×	×		
		Schaben	Schabrad										×	×	×	×			
		Wälzschleifen	Profilschleifscheibe										×	×	×	×	×	×	
		Wälzstoßen	Stoßrad											×	×	×	×		
		Wälzfräsen	Abwälzfräser										×	×	×	×	×		

Spaltenüberschrift der rechten Spalten: **Teilungsgenauigkeit nach ISA**

Bild 1.97 Herstellverfahren bei Verzahnungen mit Werkzeug und Herstellgenauigkeit.

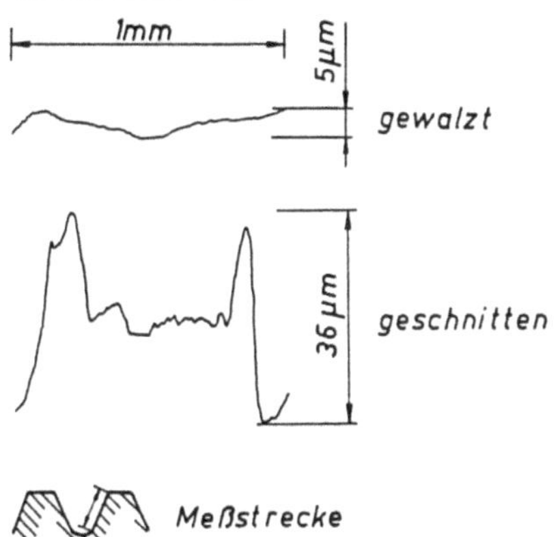

Bild 1.98 Oberflächengüte einer gewalzten und geschnittenen Verzahnung [3/4].

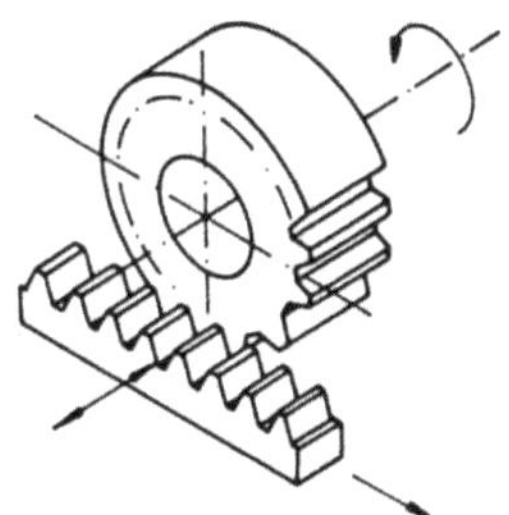

Bild 1.99 Profilstoßen.

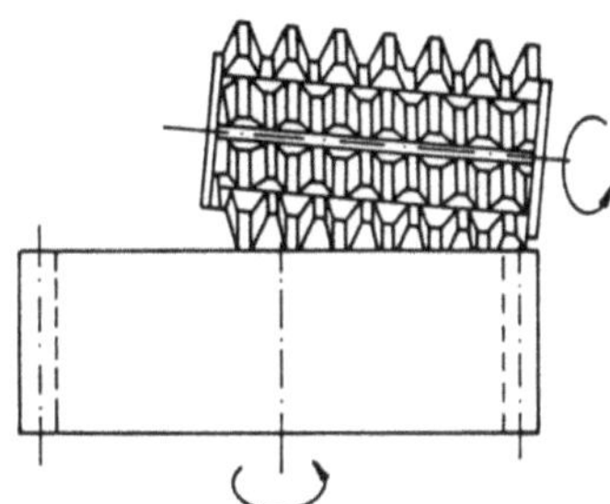

Bild 1.100 Diagonal-Wälzfräsen.

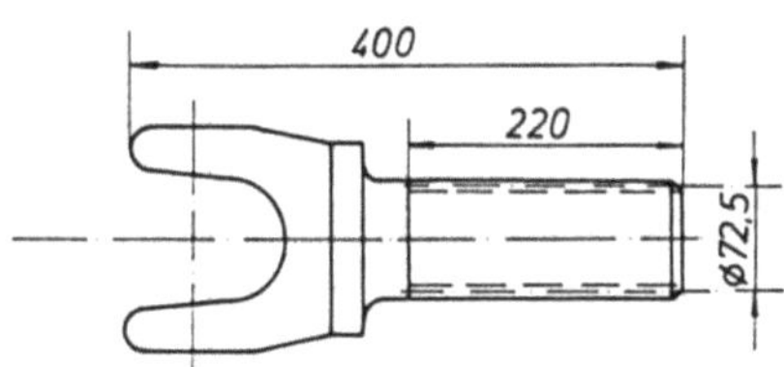

Bild 1.101 Werkstück Gelenkwelle.

Aufgrund der hohen Leistungsfähigkeit ist das Wälzfräsen das vorherrschende Verfahren zur Fertigung außenverzahnter Stirn- und Kegelräder. Allerdings benötigt der Wälzfräser einen Auslauf. Dagegen können mit einem Wälzfräser bei beliebiger Teilung und gleichem Eingriffswinkel sämtliche Zähnezahlen, Profilverschiebungen und Schrägwinkel hergestellt werden.

Kostenvergleich zwischen Fräsen und Walzen einer Verzahnung [1/33]

	Fräsen	Walzen
Anschaffungspreis TDM	2 100,– für 12 Maschinen	340,-- 1 Maschine
Grundzeit min t_g	35	3,1
Werkzeugkosten TDM	235,–	1 200,–
Standmenge (Stück)	2 000	1 200

Werkstück Gelenkwelle 42 CrMo4

Die Verzahnung an einer Gelenkwelle (Bild 1.101) wird im Vergleich gewalzt und gefräst.

Bei einem Modul m = 2,5 mm sind die auftretenden Umformkräfte noch zu beherrschen. Es zeigt sich, daß die Bearbeitungszeit beim Walzen kürzer ist, und die Werkzeugmaschine kostengünstiger ist. Dazu kommt noch, daß die Standzeit des Fräswerkzeuges erheblich kleiner ist.

Es ergeben sich die folgenden Kosten:

	Fräsen	Walzen
Stückkosten DM	13,5	3,2

Die Genauigkeit bei den gewalzten Werkstücken liegt in der 6 ... 7 Qualität (DIN 3960) und die Oberflächengüte der gewalzten Zahnflanken ergibt sich zu $R_t \sim 1\ \mu$m.

1.9.3 Gewindeherstellung

Man unterscheidet

- ISO   Zollgewinde,
         Grobgewinde,
         Feingewinde.

- metrische ISO Gewinde,
         Trapezgewinde,
         Sägengewinde,
         Rundgewinde.

Diese Gewinde können links- oder rechtsdrehend, Innen- oder Außengewinde sein, und sie können sowohl nur einen Gewindegang haben, als auch mehrgängig sein.

Die einschlägigen Bezeichnungen kann man Bild 1.102 entnehmen.

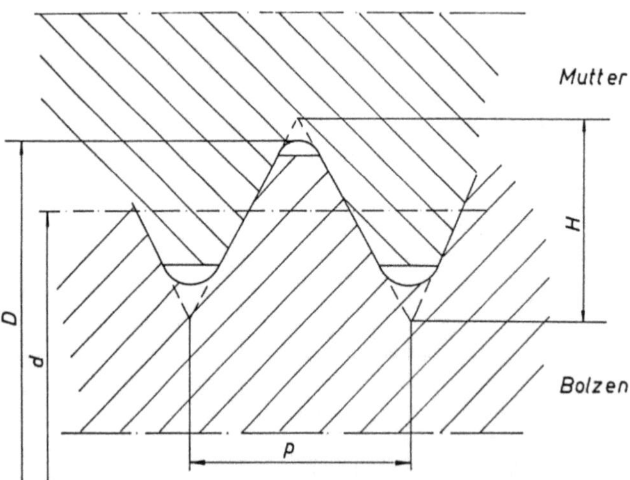

Bild 1.102 Bezeichnungen an einem Gewinde.

H Steigung, mm   d Außendurchmesser, mm   D Außendurchmesser, mm
Bei metrischen ISO-Gewinde nach DIN 13.

Bild 1.103 stellt die einzelnen Fertigungsverfahren sowie ihre Anwendung hinsichtlich Innen-, Außen- sowie Feinbearbeitung dar.

	Fertigungsverfahren	Schrupp-bearbeitung	Schlicht-bearbeitung	Außen-bearbeitung	Innen-bearbeitung
Urformen	Druckgießen	O		O	
	Sintern	O	O	O	
Um-formen	Walzen (Bild 1.104)	O	O	O	
	Eindrücken	O		O	O
	Drücken	O		O	
	Strangpressen	O		O	O
Trennen	Gewindeerodieren		O	O	O
	Gewindedrehen	O		O	O
	Gewindestrahlen	O		O	O
	Gewindeschneiden	O		O	
	Gewindebohren	O			O
	Gewindewirbeln	O		O	O
	Gewindefräsen	O		O	O
	Gewindeschleifen	O	O	O	
	Gewindeschaben		O	O	

Bild 1.103 Eignung der einzelnen Fertigungsverfahren für Schruppen, Schlichten bzw. Innen- oder Außenverzahnung.

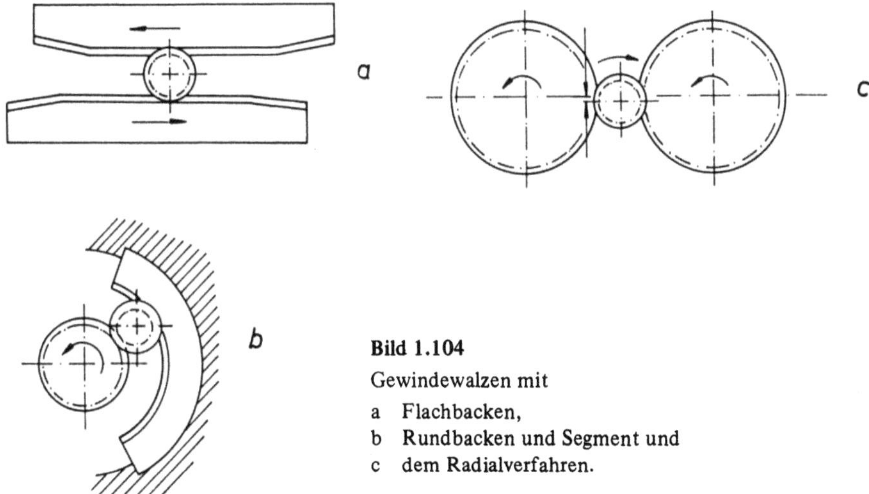

Bild 1.104
Gewindewalzen mit
a Flachbacken,
b Rundbacken und Segment und
c dem Radialverfahren.

2 Urformen

2.1 Allgemeine Verfahreneigenschaften

Das Urformen in seiner Form als Druckguß stellt ein sehr wirtschaftliches Fertigungsverfahren dar. Es eignet sich für größte Stückzahlen mit komplizierten 3D-Formen, hohen Genauigkeiten und guten Oberflächengüten.

Bei der Herstellung von

- Getriebegehäusen,
- Vergasergehäusen,
- Benzinpumpen usw.

ist das Verfahren konkurrenzlos.

Dagegen steht es in direkter Konkurrenz mit den warmen, halbwarmen bzw. kalten Verfahren der Umformtechnik bei der Herstellung von

- Kurbelwellen,
- Pleuel,
- Antriebswellen usw.

In beiden Fällen dient die Zerspanung als Verfahren der Weiterbearbeitung bei eng tolerierten Maßen oder besonders hohen Formgenauigkeiten.

Wesentlicher Teilschritt bei der Urformung ist die *Erstarrung*, bei der aus der zunächst gestaltlosen Schmelze ein fester Körper entsteht, der die gegebene Gestalt nach Entfernen der Gießform beibehält. Bei der Erstarrung ändern sich wesentliche physikalische und chemische Eigenschaften des Gießwerkstoffes. Die Erstarrung erfolgt über einen Kristallisationsprozeß, bei dem sich das Gefüge bildet. Unter *Gefüge* versteht man

- Gestalt,
- Größe und
- Anordnung der Kristalle.

Damit der Werkstoff durch Urformen in die gewünschte Gestalt gebracht werden kann, sind günstige *Gießeigenschaften* erwünscht.

Darunter versteht man

- Formfüllungsvermögen,
- Fließvermögen,
- Speisungsvermögen,
- Warmrißbildung,
- Lunkerverhalten u.a.m.

2.1.1 Einteilung des Verfahrens Urformen

Urformen unterteilt die DIN-Norm in

- Urformen aus dem flüssigen, breiigen oder pastenförmigen Zustand (Gießen),
- Urformen durch elektrolytische Abscheidung (Galvanoplastik),
- Urformen aus dem körnigen oder pulverigen Zustand (Sintern).

Bei den einzelnen Gießverfahren unterscheidet man

— Gießen mit verlorener Form
    Sandguß (Dauermodelle und verlorene Modelle),
    Croning Verfahren,
— Gießen mit verlorener Form und verlorenem Modell
— Gießen mit Dauerform
    Kokillenguß,
    Strangguß,
    Druckguß,
    Schleuderguß.

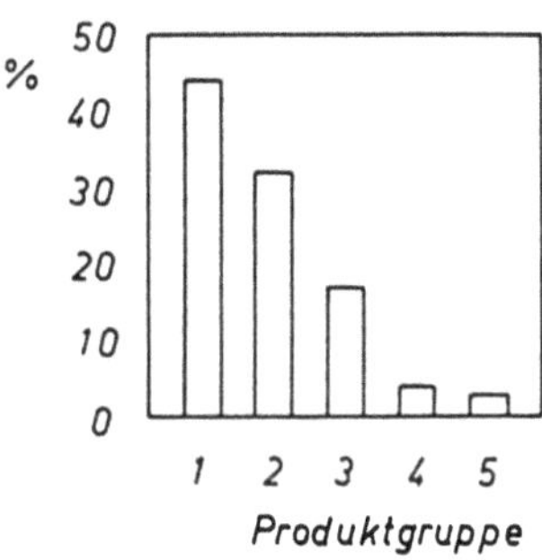

Bild 2.1 Angewandte Gießverfahren beim Nichteisen-Metallguß in der Bundesrepublik Deutschland:

Produktgruppe:
1 Druckguß,
2 Kokillenguß,
3 Sandguß,
5 Schleuderguß [5/5].

Das Gießen mit Dauerform hat vor allem im Hinblick auf die spätere Weiterbearbeitung durch Umformung die größte Bedeutung (Bild 2.1).

2.2 Gießverfahren mit Dauerform

2.2.1 Kokillenguß

Beim Kokillenguß (Blockguß) wird die Metallschmelze in vorgewärmte Dauerformen (Kokillen) aus Gußeisen oder Stahl vergossen.

Vorteile sind:

— hohe Maßhaltigkeit,
— glatte Oberfläche,
— feines Gefüge,
— häufiges Verwenden der Form.

Nachteilig ist die kleine Kantenhärte.

Die Anwendung führt heute bei kleinen Massen unter 100 kg zum Druckguß als eine Art automatisierter Kokillenguß. Das Vergießen großer Massen in Kokillen (Blockguß) zur Weiterverarbeitung in Walzwerken (Brammenstraße, Warm-Breitbandstraße, Kaltband-tandemstraße) führt heute zum Strangguß.

2.2.2 Strangguß

Annähernd 70 % der Rohstahlproduktion in der Bundesrepublik wird (1982) durch Strangguß erzeugt [2/12].

Beim Strangguß wird der Stahl oder die Schmelze kontinuierlich über Zwischenbehälter in wassergekühlte Kupferkokillen gegossen (Primärkühlung), Bild 2.2, und erstarrt in der Randzone. Der teilweise feste Strang wird unten aus der Kokille abgezogen, mit Rollen sorgfältig gestützt und direkt durch Spritzwasser (Sekundärkühlung) gekühlt. Nach seiner vollkommenen Erstarrung am Ende der Stranggußanlage wird der Strang auf die gewünschte Länge geschnitten.

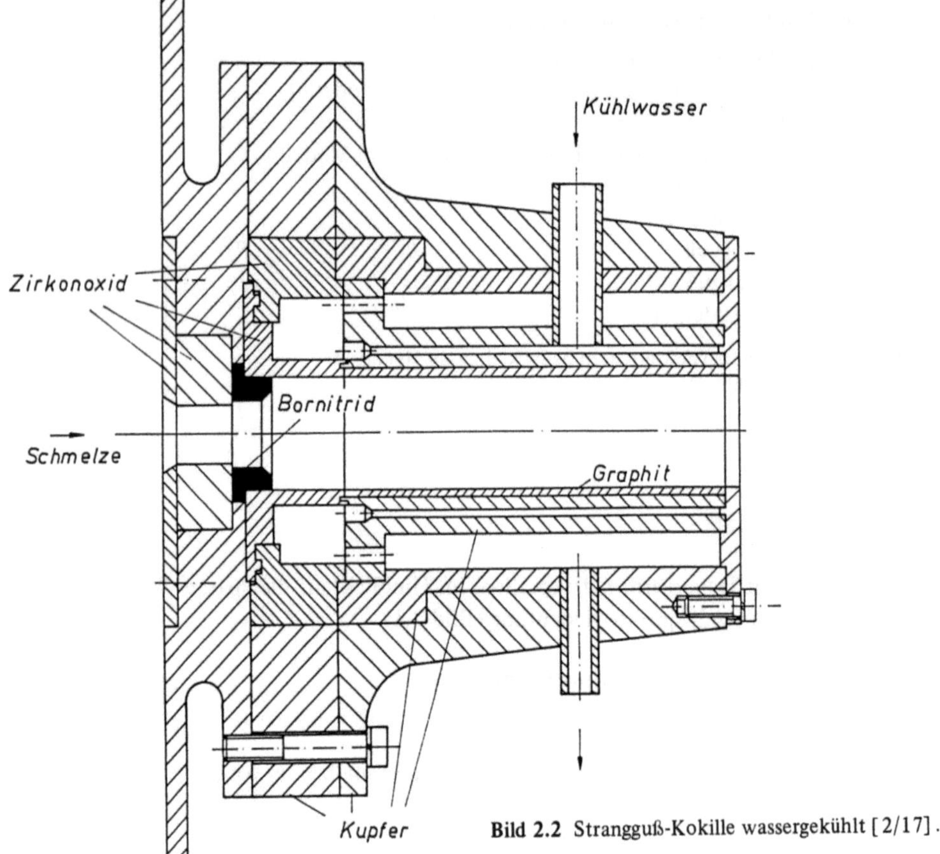

Bild 2.2 Strangguß-Kokille wassergekühlt [2/17].

Man unterscheidet:

- Gießen in Formen mit geschlossenem Querschnitt und stetig mitwandernden Wandungen,
- Gießen in feststehenden Wandungen,
- Gießen unter Verwendung anderer Formen mit mitwandernden Teilen,
- Gießen in Gleitkokillen.

Die Entwicklung führte aus wirtschaftlichen Gründen von der Senkrechtanlage mit ihrer großen Bauhöhe und geringen Gießleistung über Senkrechtbiegeanlage zu Kreis- und Ovalbogenanlage. Der überwiegende Anteil der Weltstranggußproduktion wird heute auf Bogenanlagen vergossen (Bild 2.3). Dagegen haben Horizontalanlagen den Vorteil kleiner Bauhöhe und dem Fehlen der Biegebeanspruchung des Stranges bei Bogenanlagen. Außerdem können sie kontinuierlich betrieben werden. Vorteile des Stranggußes gegenüber dem Blockguß liegen in der

- geringeren Anzahl der Arbeitsgänge, (keine Stripparbeit, Tiefofen, Blockstraße),
- makroskopischen Reinheit,
- einheitlichen Qualität, (keine Konzentrationsunterschiede wie Blockguß),
- feineren Ausbildung von oxidischen und sulfidischen Einschlüssen,

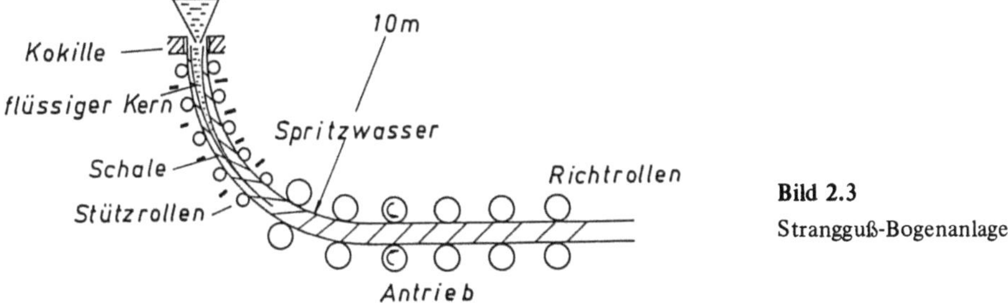

— direkten Weiterverarbeitungsmöglichkeit sowie dem
— geringeren Ausschuß (3 % gegenüber 25 % bei Blockguß) und
— kleineren Energieverbrauch.

Zu Beginn des Stranggießvorganges wird in die Kokille ein Stempel eingeführt, der sie so-lange abschließt, bis sich am Strang ein starrer Kopf gebildet hat. Die Kokille gibt dem Strang die gewünschte Querschnittsform (Voll- oder Hohlprofile). Bei Rechteckquer-schnitten stehen verstellbare Kokillen zur Verfügung. Man unterscheidet:

— ofenunabhängige,
— quasiofenunabhängige und
— ofenabhängige Kokillen.

Dabei erfolgt z.B. bei der quasiofenunabhängigen Kokille die Oszillationsbewegung von Kokille und Einlaufgefäß zusammen.

Rißentstehung kann von der

— Spritzwasserdosierung oder
— zu starker Krümmung herrühren.

Die Form des Stranges kann

— rund,
— quadratisch (rechteckig)
— beliebig, aber auch
— mehradrig sein.

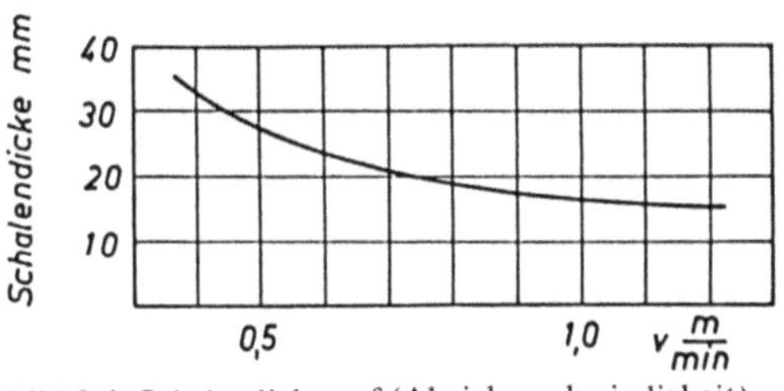

Bild 2.4 Schalendicke = f (Abziehgeschwindigkeit).

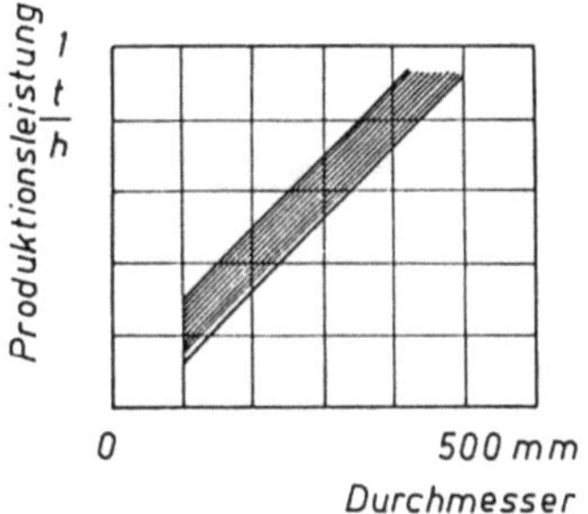

Bild 2.5 Ausstoß = f (Strangdurchmesser).

Strangguß hat eine mindere Zugfestigkeit im Kernbereich, aber gegenüber Sandguß eine höhere Härte und bessere Zerspanbarkeit.

Schalendurchmesser als Funktion der Abziehgeschwindigkeit ist in Bild 2.4 zu sehen und Bild 2.5 zeigt Ausstoß über dem Strangdurchmesser.

Beim Stranggießen können folgende Werkstoffe verarbeitet werden:
- Schwermetallwerkstoffe wie Kupfer,
- Leichtmetallwerkstoffe,
- Gußeisen und
- Stahl.

Maximal werden dabei Strangdurchmesser bis 500 mm und Abziehgeschwindigkeiten bis $5\,\frac{m}{min}$ erreicht.

Durch Koppelung von Stranggießanlage und Walzstraße läßt sich Energie einsparen. Schwierig ist die unterschiedliche Geschwindigkeit der beiden Anlagen. Dabei werden spezielle Walzgerüste entwickelt, die den Erfordernissen der Stranggußanlage Rechnung tragen, wie z.B. Planetenwalzwerke nach Platzer und Sendzimir [2/12].

2.2.3 Schleuderguß

Schleuderguß wird durch eine rotierende Dauerform realisiert. Auf diese Weise lassen sich achssymmetrische Werkstücke im
- Horizontal-Schleuderguß (kurze Werkstücke mit großem Durchmesser, Bild 2.6) und
- Vertikal-Schleuderguß (Rohre, Bild 2.7)

herstellen.

Es sind alle technischen Metalle und Legierungen verarbeitbar. Die Besonderheit des Verfahrens liegt darin, daß das Schmelzgut durch die Zentrifugalkraft gegen die Innenwandung der Kokille gedrückt wird. Dabei entsteht ein verdichtetes Gefüge mit erhöhter Festigkeit ohne Gasblasen oder Lunker.

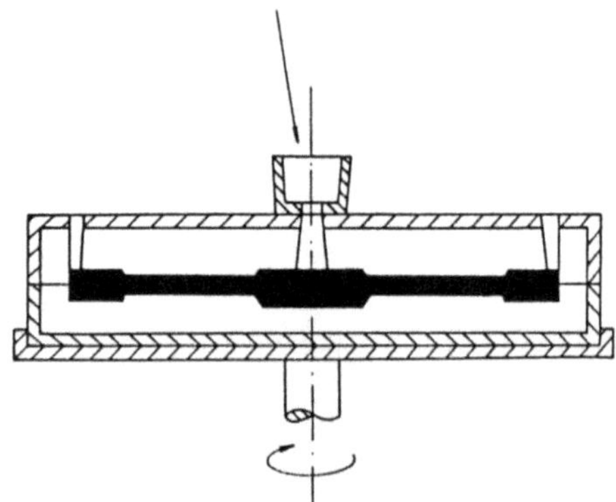

Bild 2.6 Horizontal-Schleudergußanlage.

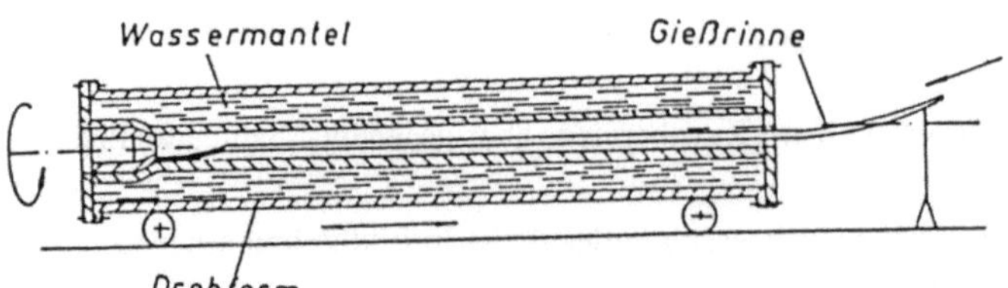

Bild 2.7
Vertikal-Schleudergußanlage.

Das Eingießen kann in

— gekühlter Kokille (z. B. bei Zylinderlaufbüchsen, Kolbenringen ...),
— ungekühlter Kokille (dünnwandige Sanitätsrohre),
— sandausgekleideter Form (Rohre ohne Karbidschicht),
— Verbundguß (Stahl- in Gußrohr)

stattfinden.

Die gebräuchlichste Anwendung erfolgt bei Herstellung von Gußrohren, die mit Muffen an einem Ende versehen sind, so daß sie dadurch ineinanderschiebbar werden. Für jede dieser Muffen ist ein Sandkern notwendig.

Da der Kokillenwerkstoff aus warmfestem Stahl besteht, hat er eine Standzeit von ca. 16 000 Werkstücken. Während in der Einfüllphase die Drehzahl etwa 50 1/min^{-1} beträgt, liegt der Arbeitsdrehzahlbereich je nach Kokillendurchmesser zwischen 200...1000 1/min^{-1}.

Die maximalen Rohrlängen liegen bei 6 m. Stückleistungen bis 90 $\frac{\text{Stück}}{\text{h}}$ sind möglich [2/4].

Nachteilig ist beim Schleuderguß:

— die hohe Investition,
— die nachfolgende Wärmebehandlung,
— daß das Verfahren nur hohe Stückzahlen zuläßt.

Dafür sprechen folgende Vorteile:

— hohe Festigkeit und Härte,
— große Gefügedichte,
— die Herstellung von Verbundguß,
— der hohe Automatisierungsgrad,
— die gute Formfüllung,
— die geringe Ausschußquote und
— der Fortfall von Eingüssen.

2.2.4 Druckguß

48 % der Aluminium- und 95 % der Magnesiumschmelze werden als Druckguß verarbeitet [2/13].

Druckgießen ist ein Verfahren, bei dem flüssiges Metall unter hohem Druck in geteilte Dauerformen gepreßt wird. Im Unterschied zum Sand- und Kokillenguß liegen die Vorteile in

— sehr dünnwandigen Teilen ($>$ 1,2 mm),
— genauen Teilen (Maß- und Formgenauigkeit),
— kurzen Taktzeiten,
— guter Automatisierbarkeit,
— Energieersparnis (Recyclingquote 80 %),
— Umweltfreundlichkeit (keine gecrackten Formbindemittel).

Beim Druckguß ist nicht nur die hohe Gieß- und Fülldruck, sondern auch die Strömungsgeschwindigkeit, mit der das teigige Metall in den Formhohlraum strömt, von Bedeutung. Normaler Druckguß ist daher auch nicht ganz porenfrei, da beim Einströmen des Metalles in die Form Lufteinschlüsse durch Schwall oder Überschlagswelle an der Kolbenstirnseite entstehen können. Gegenmaßnahmen sind:

- Vakuumgießverfahren,
- Parashotverfahren (Gießkammer bleibt an Stirnseite, bis zum Schluß geöffnet),
- Gegendruckgießverfahren (Gasdruck zu Beginn des Vorganges).

Nach Art der Spritzgießmaschine unterscheidet man in:

- Warmkammer-Verfahren (Bild 2.8) und
- Kaltkammer-Verfahren (Bild 2.9).

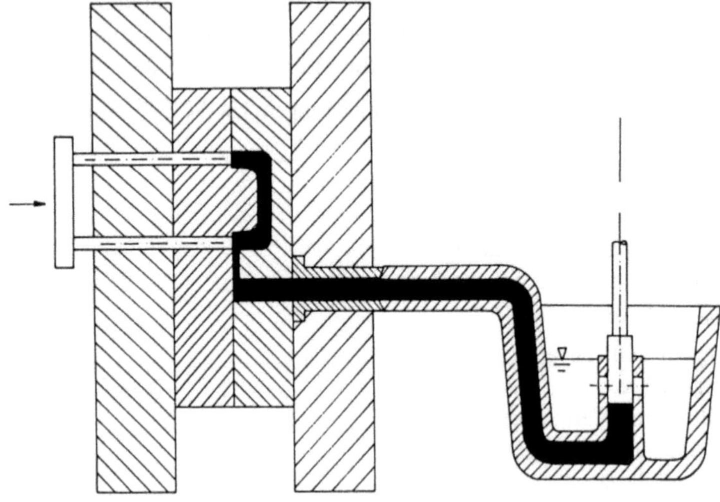

Bild 2.8 Warmkammer-Verfahren (p = 20 ... 200 bar)

Schmelz- und Warmhaltetiegel ist Maschinenbestandteil. Druckgußform aus warmfestem Stahl.

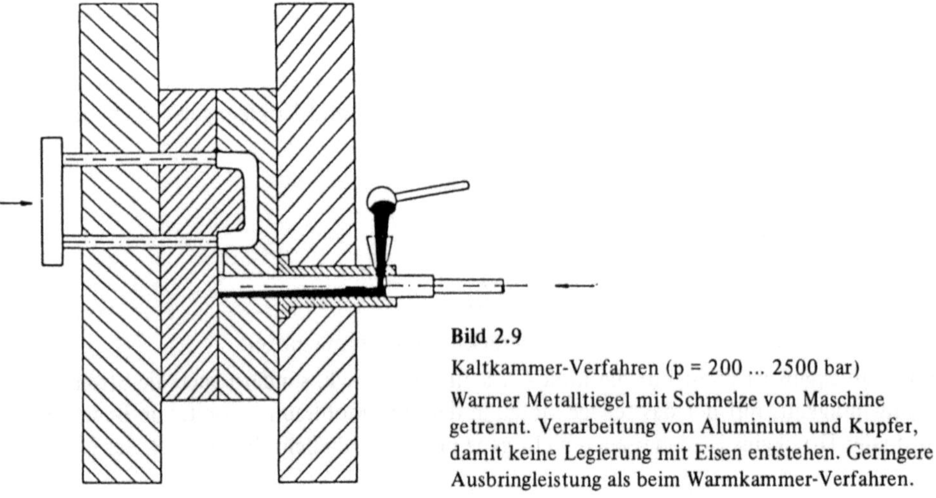

Bild 2.9

Kaltkammer-Verfahren (p = 200 ... 2500 bar)

Warmer Metalltiegel mit Schmelze von Maschine getrennt. Verarbeitung von Aluminium und Kupfer, damit keine Legierung mit Eisen entstehen. Geringere Ausbringleistung als beim Warmkammer-Verfahren.

Folgende Metalle lassen sich durch Druckgießen verarbeiten:

- Aluminium (sehr korrosionsbeständig),
- Zink (sehr gut vergießbar, aber unter Dauerbelastung Fließneigung),
- Magnesium (geringes spezifisches Gewicht, aber meist Oberflächenbehandlung wegen Korrosion nötig),
- Zinn (sehr gute Maßhaltigkeit und Verwendung als Ausgleichsgewichte in Auswuchttechnik).
- Kupfer.

Dabei ist die Volumensverminderung beim Erstarren reiner Metallschmelzen (ohne Legierungsbestandteile wie z.B. Kupfer) am größten.

Die Standmenge der zweiteiligen (entweder senkrecht oder waagerecht getrennten) Form liegt bei 100 000 (Kaltkammer-Verfahren) ... 200 000 Abgüssen (Warmkammer-Verfahren).

Nach DIN 1689 liegt die Maßgenauigkeit bei Werkstücken

$$< \ \ 18 \text{ mm} \pm \ \ 0,06 \text{ mm}$$
$$< 100 \text{ mm} \pm 10 \%$$
$$> 100 \text{ mm} \pm 15 \%.$$

Oberflächengüten bis $R_t = 10 \ \mu$m lassen sich einhalten.

2.3 Pulvermetallurgie

Bei den pulvermetallurgisch hergestellten *Sinterwerkstoffen* wird der konventionelle Schmelz-, Gieß- und Umformprozeß weitgehend umgangen. Durch das Sintern wird der Pulverpreßling hinsichtlich seiner Dichte, chemischen Zusammensetzung, Gefügeausbildung sowie seiner mechanischen, physikalischen und technologischen Eigenschaften homogenisiert. Die Höhe der *Sintertemperatur* und *-dauer* bestimmen den notwendigen Diffusionsablauf. Dabei sind die Volumen- und Korngrenzen sowie Oberflächendiffusion am Stofftransport beteiligt. Bild 2.10 zeigt die inneren Vorgänge eines Sinterprozesses rein schematisch. Durch den Preßvorgang werden die Pulverteilchen kalt verformt, so daß hier eine Rekristallisation einsetzt, wobei gleichzeitig der Berührungsquerschnitt durch Diffusion vergrößert wird. In einem anschließenden Glühprozeß (je nach Art des Sintervorganges), erfolgt ein Platzwechsel der Atome, so daß die Teilchen über ihre Berührungsflächen hinweg zusammen kristallisieren. Zur Vermeidung von unerwünschten Oberflächenreaktionen erfolgt der Sinterprozeß vielfach unter *Schutzgas* (H_2, H, NH_3, Koksgas, Edelgase) oder im Vakuum.

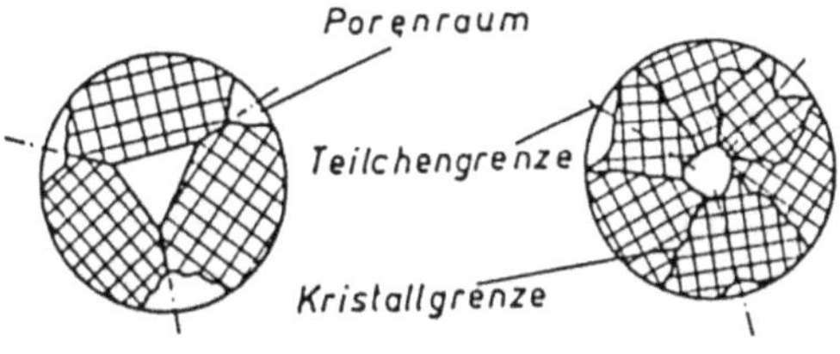

Bild 2.10
Schematische Darstellung des Sinterprozesses [2/1].

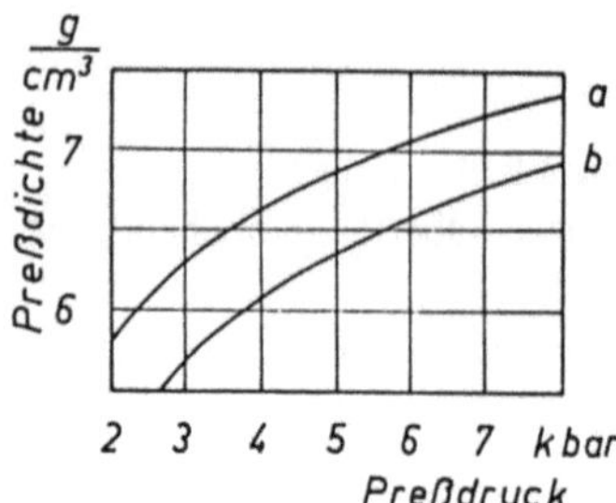

Bild 2.11

Preßbarkeitsschaubild von Pulver mit

a   Teilchen kompakt 60 ... 400 μm Größe und
b   Teilchen schwammartig 60 μm [2/1].

Folgende Herstellstufen sind bei der Pulvermetallurgie beteiligt:

- Pulvererzeugung durch Verdüsung,
    Elektrolyse,
    Carbonyl-Verfahren,
    mechanische Zerkleinerung,
    Reduktion aus Metalloxiden.
- Pressen zur Formteilen (Grünlinge) $\sim$ 60 kN/cm^2 (Bild 2.11).
    Koaxiales Pressen (ein oder zweiseitig),
    isostatisches Kalt- oder Heißpressen,
    Pulverwalzen,
    Strangpressen,
    Hochenergieumformen,
    Schlickergießen,
    Schüttsintern.
- Sintern der Grünlinge $\sim$ 1500 K, $\sim$ 60 min
    Banddurchlaufofen,
    Hubbalkenofen,
    Vakuumofen.
- Nachpressen (kalibrieren) $\sim$ 10 kN/cm^2
    Tränken (Öl),
    Galvanisieren,
- Nachbehandlung spanende, abtragende, spanlose Bearbeitung.

Die Sintertechnik findet Anwendung als

- Eisenpulver zu 61 % in der Pulvermetallurgie,
                  20 % in Schweißelektroden und
                  19 % in der chemischen Industrie oder als
- Fertigteile zu   63 % im Fahrzeugbau,
                  18 % in der Hausgerätetechnik,
                  12 % im Maschinenbau und
                   6 % bei Büromaschinen [2/1].

Gegenüber urformenden, umformenden, spanenden und abtragenden Fertigungsverfahren hat das Sintern

- Vorteile durch Zeit-, Arbeits- und Werkstoffersparnis,
- Nachteile durch hohe Werkzeugkosten, kleine Stückzahlen und Einschränkung in der Form des Werkstückes.

Sinterverfahren werden speziell dann angewandt, wenn

- Metalle mit hohen Schmelzpunkten an der Verbindung beteiligt sind,
- mehrere Metalle im flüssigen Zustand nicht löslich sind, so daß keine Legierung entsteht,
- Werkstoffe mit porigem Gefüge hergestellt werden sollen,
- mehrere Metalle stark unterschiedliche Schmelzpunkte haben,
- Gießen eines Werkstoffes schwierig ist,
- reine Metalle verlangt werden,
- Formkörper mit genauen Maßen verlangt werden.

Die Eigenschaften von Sinterwerkstücken sind hohe

- Verschleißfestigkeit,
- Härte,
- Temperaturbeständigkeit,
- Sprödigkeit (Zähigkeit).

Die Bezeichnung der Sinterwerkstoffe geschieht nach Dichteklassen mit fallendem Porenraum (DIN 30900)

SINT — B 10
└ Zählziffer
└ Grunwerkstoff
└ Dichteklasse

2.3.1 Sinterhartmetall

Sinterhartmetalle bestehen aus Karbiden der Metalle W, Ti, Ta, Nb, Cr, Mo und einer aus einem Metall der Eisengruppe bestehenden *Bindephase*, z.B. Kobalt. Während die Karbide Härte, Temperaturbeständigkeit, aber auch Sprödigkeit erzeugen, ist Kobalt ausschließlich für die Zähigkeit (Biegebruchfestigkeit) verantwortlich. Sinterhartmetalle aus WC, TiC, TaC, MoC in flüssiger Kobaltphase gesintert, haben höhere Härte als gegossene Hartmetallegierungen. Der Anteil an harten Karbiden kann dabei beliebig im Gegensatz zu den Gußwerkstoffen eingestellt werden, da deren Gefügebildung gesetzmäßig nach dem Zustandsschaubild erfolgt. Bei den gesinterten Hartmetallen und der Schneidkeramik besteht ein Einfluß der Korngröße dahingehend, daß mit abnehmender Korngröße die Härte in der Oxidphase steigt.

Analog dem allgemeinen Sinterherstellvorgang erfolgt die Hartmetallherstellung

- Pulvererzeugung (WC, TiC, TaC Hauptbestandteil $< 80\,\% \dots 95\,\%$
  Co   Bindemittel $< 20\,\%$)
- Mischen und Mahlen in Pulvermühlen,
- Vorpressen,
- Vorsintern $\sim 1300\,K$,
- Formgebung durch Schleifen,
- Formpressen $\sim 400\,bar$,
- Fertigsintern $\sim 1800\,K$.

Kostenbeispiel

Das in Bild 2.12 gezeigte Ausgleichskegelritzel wird im Ausgleichsgetriebe von Traktoren eingesetzt. Gegenüber der gegossenen und dann zerspanten Version ist das gesinterte Ritzel um 26 % preiswerter.

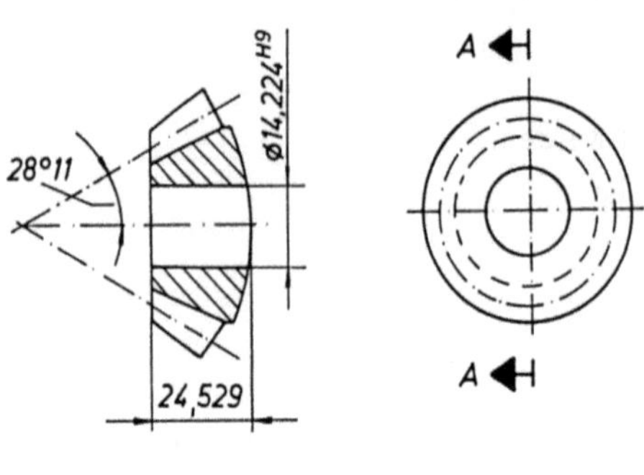

Bild 2.12
Kegelritzel gesintert:
z = 16 Zähne,
t = 9,4 mm,
α_b = 22° 30′
Verzahnungsqualität 7 [2/4].

3 Umformen

3.1 Allgemeine Verfahrenseigenschaften

Umformende Fertigungsverfahren führen in der Regel zu einem geringeren Materialabfall, einem nicht unterbrochenen Faserverlauf im Werkstück, einer guten Durchmischung des Werkstückwerkstoffes sowie im allgemeinen zu einer erhöhten Werkstoffestigkeit.

Hinsichtlich der Genauigkeit sind die Verfahren der Umformtechnik den Verfahren der Zerspantechnik nicht im Nachteil. Gegenüber den zerspanenden Fertigungsverfahren sind aber die Werkzeuge und Werkzeugmaschinen der Umformtechnik teurer. Das bedeutet, daß erst große Teilestückzahlen in der Umformtechnik zu wirtschaftlichen Stückkosten führen.

3.1.1 Begriffe aus der Plastizitätstheorie

Man unterscheidet:

- Kenngrößen der Formänderung,
- Formänderungsfestigkeit,
- Formänderungswiderstand,
- Formänderungskraft (Umformkraft),
- Formänderungsarbeit (Umformarbeit),
- Formänderungstemperatur.

Je nach den Erfordernissen kann man verschiedene *Kenngrößen der Formänderung* definieren (VDI 3137).

Es ist

- absolute Formänderung $\quad \Delta h = h_1 - h_0 ,\ \Delta l = l_1 - l_0 ,\ \Delta b = b_1 - b_0$

- bezogene Formänderung $\quad \epsilon_h = \dfrac{\Delta h}{h_0} ,\ \epsilon_l = \dfrac{\Delta l}{l_0} ,\ \epsilon_b = \dfrac{\Delta b}{b_0}$

- Formänderungsverhältnis $\quad \dfrac{h_1}{h_0} ,\ \dfrac{l_1}{l_0} ,\ \dfrac{b_1}{b_0}$

- logarithmisches Formänderungsverhältnis (Umformgrad)

$$\varphi_h = \ln \frac{h_1}{h_0} ,\quad \varphi_l = \ln \frac{l_1}{l_0} ,\quad \varphi_b = \ln \frac{b_1}{b_0} \quad \text{aus}$$

$$d\varphi_h = \frac{dh}{h} ,\quad d\varphi_l = \frac{dl}{l} ,\quad d\varphi_b = \frac{db}{b} \quad \text{und}$$

$$d\varphi_h = \int_0^1 \frac{dh}{h} \quad \text{ist} \quad \varphi_h = \ln \frac{h_1}{h_0}$$

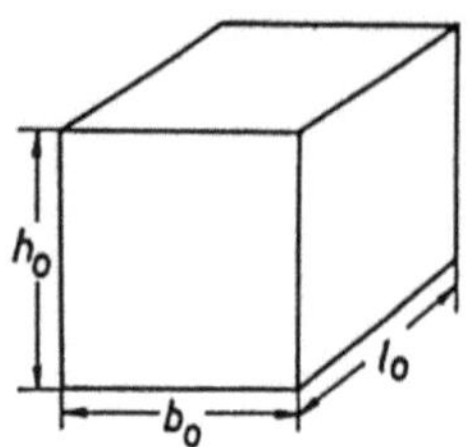
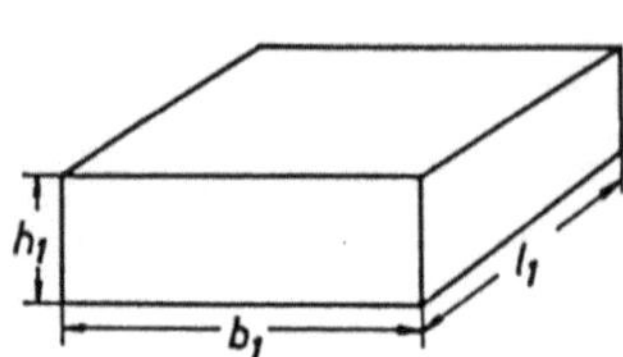

Bild 3.1

Volumengleichheit bei kristalliner Metallstruktur in der Umformtechnik

$V_0 = h_0 \cdot b_0 \cdot l_0 \qquad V_1 = h_1 \cdot b_1 \cdot l_1$

Es ist $V_0 = V_1$ bei Umformung.

Da sich die Umformung durch Gleiten in den verschiedenen Kristallgitterebenen eines metallischen Gitters vollzieht, bleibt das Volumen des umgeformten Körpers gleich:

V = konstant ergibt Bild 3.1

$V_1 = V_0$ oder

$$\frac{V_1}{V_0} = 1 \quad \text{also}$$

$$\frac{h_1}{h_0} \cdot \frac{l_1}{l_0} \cdot \frac{b_1}{b_0} = 1 \quad \text{oder} \quad \varphi_h + \varphi_l + \varphi_b = 0 \quad \text{durch Logarithmierung.}$$

Aus den vorhandenen Gleichungen folgert, daß bei jedem Umformvorgang eine Formänderung in mehreren Freiheitsgraden entsteht. Für die Berechnung der Umformkräfte und -arbeiten wird aber bevorzugt üblicherweise nur der maximale Umformgrad herangezogen.

Aus dem Spannungs-Dehnungs-Schaubild ergeben sich die *Formänderungsfestigkeit* sowie der Bereich der plastischen Formgebung (Bild 3.2). Ab $R_{p0,2}$ setzt das Gleiten der Kristallgitterebene bei Metallgittern und damit die Umformung ein. Ab σ_B bis σ_Z geht der Zusammenhalt dieser Kristallgitterebenen verloren. Das Material reißt.

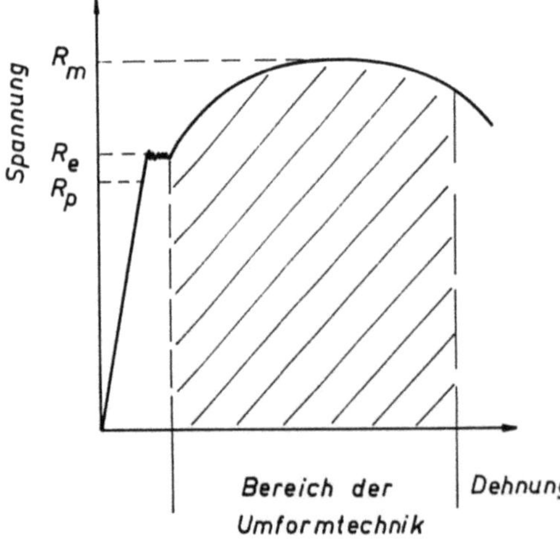

Bild 3.2

Spannungs-Dehnungs-Schaubild.

R_m = Zugfestigkeit
R_e = Streckgrenze
R_p = Dehngrenze

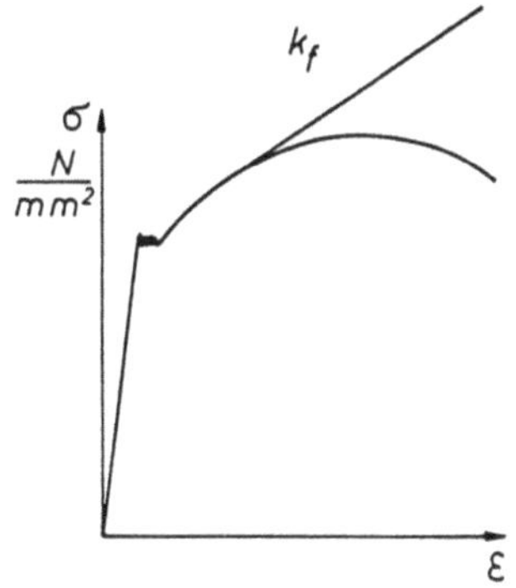

Bild 3.3 Formänderungsfestigkeit k_f im σ-ϵ Schaubild.

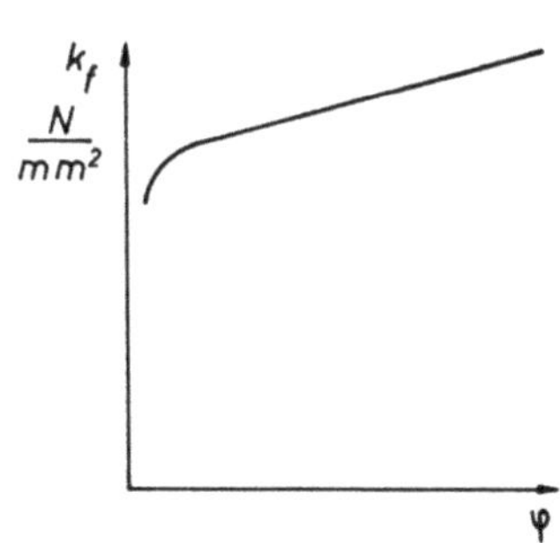

Bild 3.4 Fließkurve $k_f = f(\varphi)$.

Die Formänderungsfestigkeit tritt also zwischen R_p und σ_B bis σ_Z auf, ausgehend von R_p etwa linear Bild 3.3.

$$k_f = \frac{F_i}{A_i}$$

F_i jeweilige Kraft, N

A_i jeweils verformter Querschnitt, mm^2.

Weiter ist gebräuchlich zu schreiben

$k_f = f(\varphi)$ weil die Formänderung durch die physikalisch

mathematische Momentaufnahme der Differentialgeometrie auf den Umformgrad bezogen wird. Dadurch ergibt sich graphisch Bild 3.4.

$k_f = f(\varphi)$ bezeichnet man als *Fließkurve.*

Die Fließkurven sind

— materialspezifisch (Bild 3.5; Fließkurven der wichtigsten Werkstoffe) und
— temperaturabhängig (Raumtemperatur bei Kaltfließkurven).

Sie lassen sich bei vielen Werkstoffen im doppellogarithmischen System durch eine Gerade vom Typ

$$\boxed{k_f = C \cdot \varphi^n}$$

ersetzen.

Die Theorie der Massivumformung macht einen Versuch, die Formänderungsfestigkeit k_f mathematisch physikalisch zu definieren. Dabei ist nach der *Gestaltsänderungsenergiehypothese*

$$k_f \geqslant \sqrt{\frac{3}{2}} \cdot \sqrt{(p_1 - p_m)^2 + (p_2 - p_m)^2 \, (p_3 - p_m)^2} \quad \text{mit}$$

$$p_m = \frac{p_1 + p_2 + p_3}{3}.$$

Das entspricht genau der Anschauung des verminderten Spannungszustandes (Deviator).

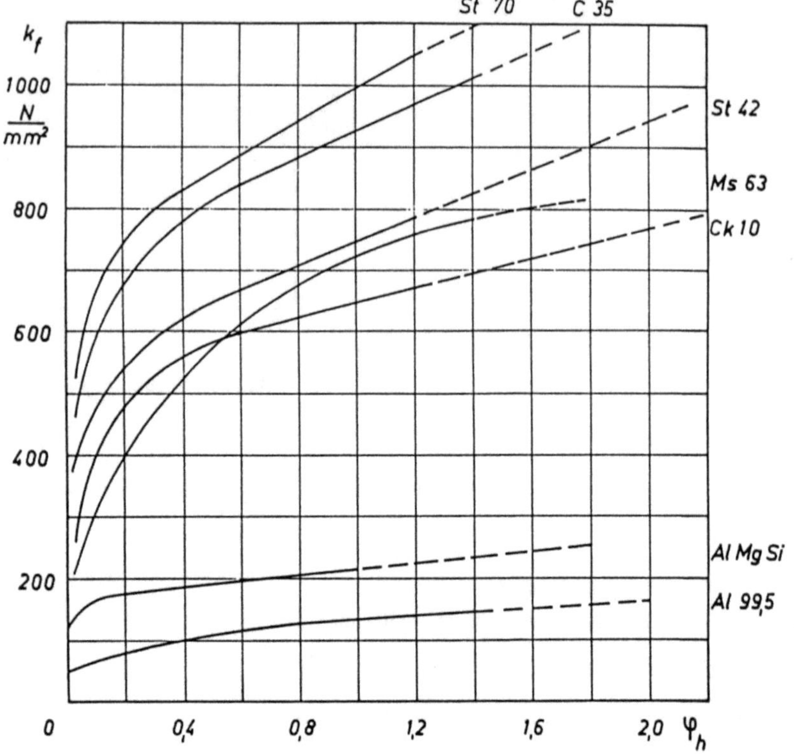

Bild 3.5 Fließkurven nach VDI 3200 (Metallische Werkstoffe) und VDI 3202 (Korrossionsbeständige Werkstoffe).

Diese Betrachtung ist zu kompliziert und durch Vereinfachungen wie

$$p_2 = p_3$$

und Anwendung der *Mohr'schen Schubspannungshypothese* wird

$$k_f \geqslant p_1 - p_3.$$

Wenn jetzt noch die Reibung vernachlässigt wird, dann ist

$$k_f \geqslant p_1.$$

D.h. es wird nur die Formänderung in der Hauptspannungsrichtung (Bild 3.6) betrachtet. Die Formänderung (innere Reibung) in den anderen Richtungen sowie die äußere Reibung werden vernachlässigt. Dieser „Fehler" wird durch den *Formänderungswirkungsgrad* bei Berechnung von Umformkraft und -arbeit vernachlässigt.

Es ist also

$$\eta = \frac{k_f}{k_w} \quad \text{mit} \qquad k_f \text{ Formänderungsfestigkeit, N/mm}^2$$
$$k_w \text{ Formänderungsarbeit, N/mm}^2$$

$$\eta = f \text{ (Reibung)}$$

$$\underline{\eta \sim 0{,}6}$$

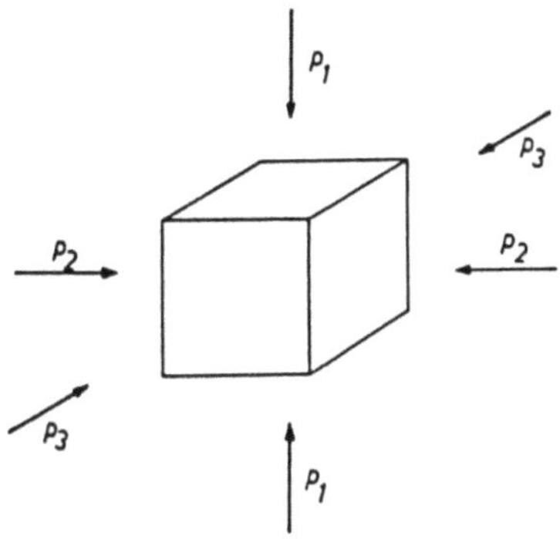
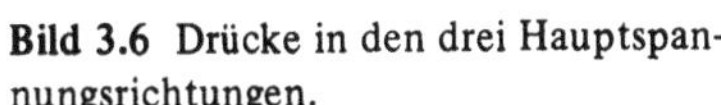

Bild 3.6 Drücke in den drei Hauptspannungsrichtungen.

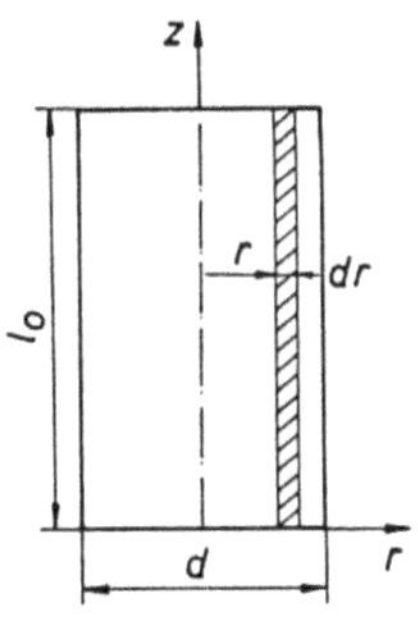

Bild 3.7 Zylinder mit kreisförmiger Grundfläche.

Dabei ist der *Formänderungswiderstand* keine Werkstoffkenngröße, weil er nicht nur allein von Werkstoffeigenschaften, sondern auch von Umweltbedingungen (Reibung) abhängt.

Mit Hilfe der elementaren Plastizitätstheorie können jetzt die Formänderungskräfte (Umformkräfte) bestimmt werden. Dazu ist der Verlauf der Normalspannung an der Stirnfläche eines Zylinders z.B. beim Kaltstauchen notwendig (Bild 3.7).

Aus $\quad \sigma_z = \dfrac{dF}{dA} \quad$ folgt

$$F = \int_A \sigma_z \, dA \quad \text{und mit}$$

$\sigma_z = \sigma_r - k_f \quad$ (Fließbedingung) und

$\dfrac{d\sigma_r}{dr} + \dfrac{2\mu}{l}\,\sigma_z = 0 \qquad$ (Kräfte vereinfacht an einem Volumenelement bei axialsymmetrischer Umformung nach der Röhrentheorie) [3/5].

Die Auflösung dieser linearen inhomogenen Differentialgleichung 1. Ordnung ergibt

$$\sigma_z = -k_f e^{\left[\frac{2\mu}{l}\left(\frac{d}{2} - r\right)\right]}$$

d.h., den Normalspannungsverlauf an der Stirnseite des Stauchkörpers. Damit wird jetzt nach Bild 3.8 je nach Betrachtung mit oder ohne Reibung

$\sigma_z = -k_f \quad$ (ohne Reibung)

$\sigma_z = -k_f\left[1 + \dfrac{2\mu}{l}\left(\dfrac{d}{2} - r\right)\right] \quad$ mit Reibung $e^{\left[\frac{2\mu}{l}\left(\frac{d}{2} - r\right)\right]}$ aufgelöst nach den ersten beiden Gliedern der Reihenentwicklung

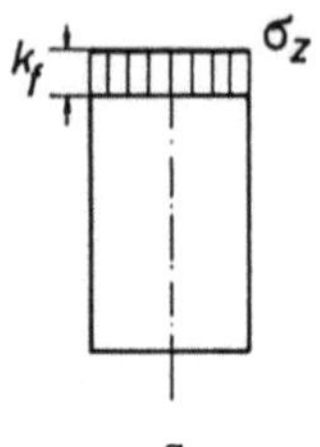
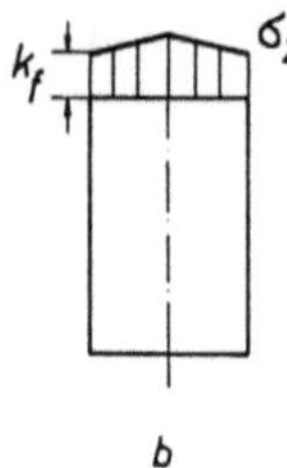
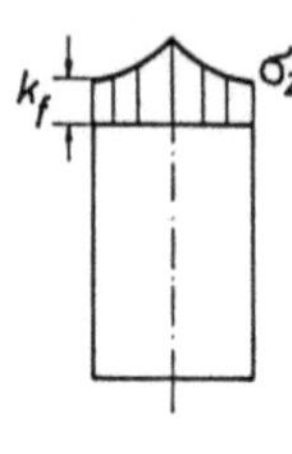

a   b   c

Bild 3.8

Normalspannungsverlauf unter Berücksichtigung der Reibungsverhältnisse:

a) $z = -k_f$

b) $z = -k_f \left[\dfrac{2\mu}{l} \left(\dfrac{d}{2} - r \right) \right]$

c) $z = -k_f \cdot e^{\left[\frac{2\mu}{l} \left(\frac{d}{2} - r \right) \right]}$.

Es ist also entweder

$$\boxed{F_{ideal} = k_f \cdot A} \qquad \text{(reibungsfrei) oder}$$

$$F_z = -k_f \cdot A \cdot \left(1 + \frac{1}{3} \mu \frac{d}{l} \right) \quad \text{für } r = \frac{d}{3} \text{ und mit}$$

$$\underline{\mu = 0{,}05 \ldots 0{,}15} \quad \text{kaltstauchen}$$

$$\underline{\mu = 0{,}25 \ldots 0{,}5} \quad \text{warmstauchen}$$

μ Reibungsbeiwert geschmiert

k_f $f(\varphi_{max})$ am Ende des Umformvorganges, N/mm²

F_z tatsächliche Umformkraft am Ende eines Umformvorganges, N

Daher wäre auch zu schreiben:

$$\mu = \frac{F_{id}}{F_z} = \frac{k_f}{k_w} \quad \text{mit}$$

$$k_w = k_f \cdot \left[1 + \frac{1}{3} \mu \frac{d}{l} \right]$$

Die *Formänderungsarbeit* beim reibungsfreien Stauchen ergibt sich nach Bild 3.9.

$$F = \frac{dW}{dz}$$

a   spez. Umformarbeit, $\dfrac{\text{N/mm}}{\text{mm}^3}$

$$dW = F \cdot dz$$

k_{fm} mittlere Formänderungsfestigkeit, N/mm² (Bild 3.9)

$$W = \int F \cdot d_z$$

Für F nehmen wir, da reibungsfrei

$$F = k_f \cdot A \quad \text{und}$$

$$A = \frac{V}{z} \, dz$$

$$W = k_f \cdot \frac{V}{z} \, dz = k_f \cdot V \cdot \ln \frac{z_1}{z_0} = k_f \cdot \varphi \cdot V$$

$$\boxed{W = a \cdot V} \qquad \text{mit}$$

$$a = k_{fm} \cdot \varphi.$$

Die Kurven der spezifischen Umformarbeit der wichtigsten Werstoffe, Bild 3.10.

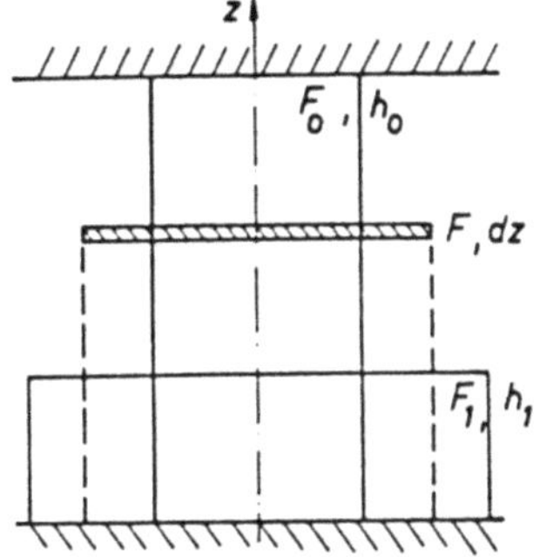 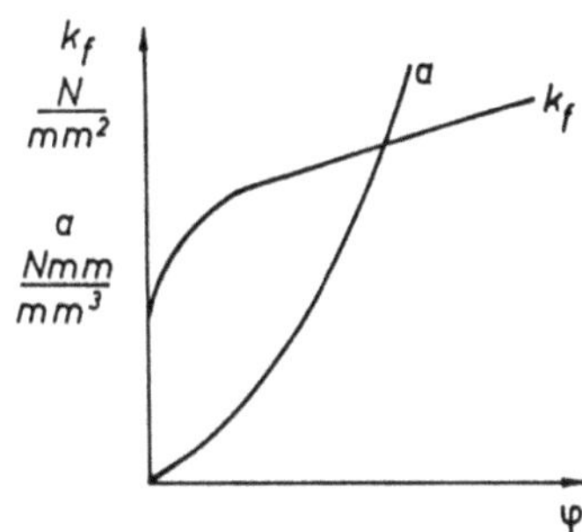

Bild 3.9 Formänderungsarbeit aus dW = F · dz.

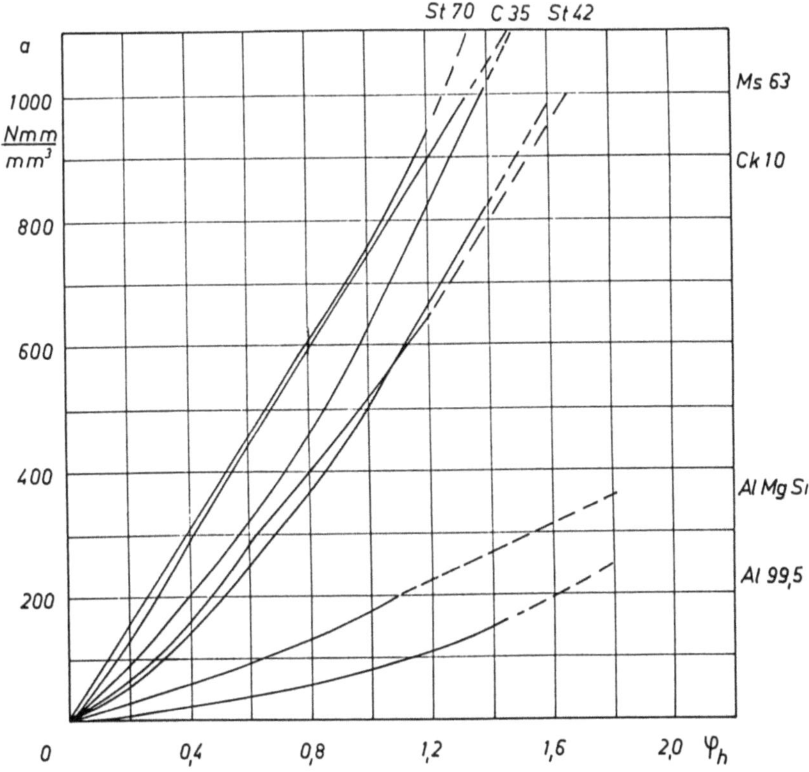

Bild 3.10 Spezifische Umformarbeit a = $k_{fm} \cdot \varphi$.

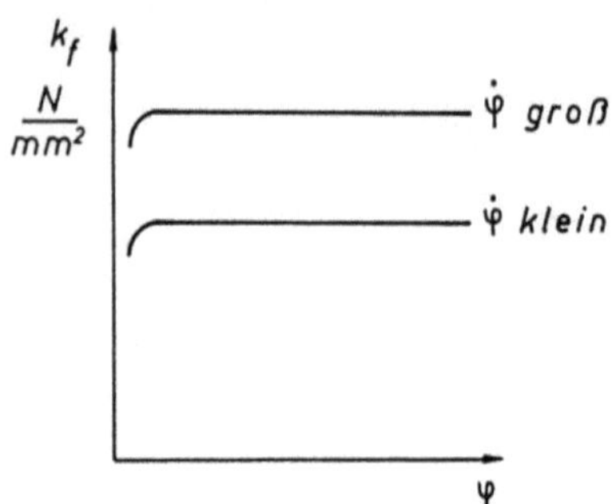

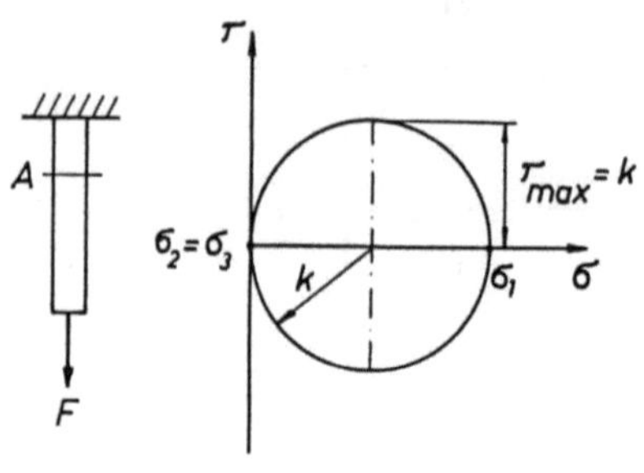

Bild 3.11 Formänderungsfestigkeit in Abhängigkeit der Umformgeschwindigkeit bei Warmumformung.

Bild 3.12 Spannungskreis für den einachsigen Spannungszustand.

Die Formänderungsfestigkeit ändert sich bei Warmumformung nicht mit dem Umformgrad sondern mit der Umformgeschwindigkeit (Bild 3.11).

3.1.2 Festigkeitshypothesen

Mit Hilfe der Festigkeitshypothese wird die Frage zu klären versucht, wann und unter welchen Umständen eine plastische Verformung am Werkstoff eintritt. Bekannt sind folgende Hypothesen:

- Hauptspannungshypothese (Fließen bei σ_{max}),
- Dehnungshypothese (Fließen bei ϵ_{max}),
- Gestaltänderungsenergiehypothese (Fließen für $\sigma_v > \sigma$ Fließgrenze),
- Schubspannungshypothese (Fließen für τ_{max}).

3.1.3 Fließbedingung

Der Eintritt des Fließens wird durch die

- Schubspannungshypothese (Mohr, Tresca) und
- Gestaltänderungsenergiehypothese (v. Mises)

sowie Praxisversuche gut bestätigt.

Für den einachsigen Zugversuch (Bild 3.12) mit

$$\sigma_2 = \sigma_3 = 0 \quad \text{gilt, wenn Fließen eintritt,}$$

$$\sigma_1 = \frac{F}{A} = k_f = 2k.$$

Die Schubspannungshypothese besagt, daß der Werkstoff an einer bestimmten Stelle des Werkstückes dann bleibende Formänderungen erleidet, wenn die größte an dieser Stelle wirkende Schubspannung einen kritischen Wert erreicht hat. Man erhält also die Fließbedingung

$$|\tau_{max}| = k.$$

Dabei ist k die (werkstoffabhängige) Schubfließgrenze.

Der Durchmesser des Mohr'schen Spannungskreises für den einachsigen Spannungsfall

$$\sigma_1 - \sigma_3 = 2\tau_{max} = 2k.$$

Spannungszustände, durch die der Werkstoff bleibende Formänderungen erleidet, werden also stets durch Mohr'sche Kreise mit dem Halbmesser k dargestellt.

3.1.4 Elementare Plastomechanik

Wenn ein Raumteil eines Körpers eine Beanspruchung erfährt, entsteht eine Spannung (Bild 3.13).

$$S = \lim_{A \to 0} \frac{\Delta F}{\Delta A}$$

F Beanspruchung, N

A Fläche, mm²

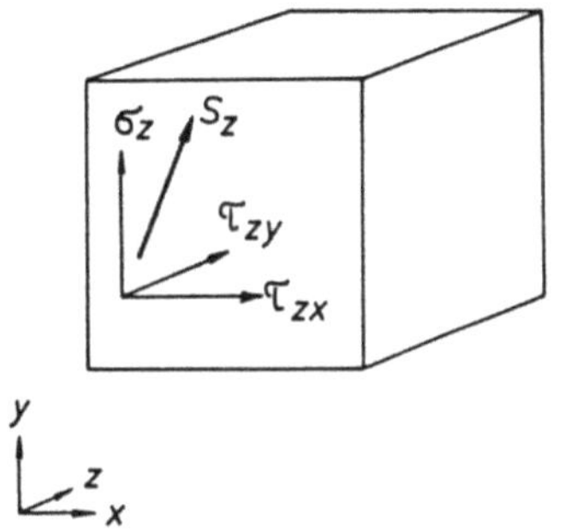

Bild 3.13

Darstellung einer Raumspannung.

Der Spannungszustand in einem bestimmten Punkt des Kontinuums ist dann durch die Spannungskomponenten σ_x, σ_y, σ_z (Normalspannungen) und τ_{xy}, τ_{xz}, τ_{yx}, τ_{yz}, τ_{zy}, τ_{zx} (Schubspannungen) eindeutig bestimmt. Diese neun Größen oder Komponenten einer Raumspannungen nennt man einen *Tensor*. Es ist

$$T = \begin{pmatrix} \sigma_x & \tau_{xy} & \tau_{xz} \\ \tau_{yx} & \sigma_y & \tau_{yz} \\ \tau_{zx} & \tau_{zy} & \sigma_z \end{pmatrix} \quad \sum_{i,\,k\,=\,1}^{3} b_{ik} \cdot u^{(i)} \cdot v^{(k)} = b_{11} \cdot u_1 \cdot v_1 + b_{12} \cdot u_1 \cdot v_2 + \dots \; [3/8]$$

Tensoren sind mathematisch *hyperkomplexe Zahlen* $\sum_{i,\,k\,=\,1}^{3} b_{ik} \cdot u^{(i)} \cdot v^{(k)}$ und können durch Matrizen (T_i) dargestellt werden. Sie stellen die Grundlage zur Berechnung allgemeiner Spannungszustände dar, auf die beliebige Raumkräfte wirken.

Tensoren werden auch *Dyaden* bezeichnet. (Nichtkommutativität der Multiplikation) Tensoren sind transformierbar (im Raum verschiebbar).

Außerdem ist

$$\tau_{xy} = \tau_{yx} \quad \text{aus Gleichgewichtsgründen.}$$

3.1.4.1 Tensorinvarianz

Invarianten eines Tensors ist die Lösung einer Tensormatrix für den Fall, daß die Spannung S parallel zu einer (Hauptebene) Hauptachse oder Hauptspannungsrichtung verläuft (Bild 3.14). Wenn das aber nicht der Fall ist, dann kann man den Tensor solange transformieren, bis er parallel zu einer Hauptspannungsrichtung liegt.

Wenn

$$S = \sigma \cdot n$$

σ Betrag von S

n Einheitsvektor

dann

$$S_x = \sigma \cdot n_x$$
$$S_y = \sigma \cdot n_y$$
$$S_z = \sigma \cdot n_z \qquad \text{und mit der Hesse'schen}$$

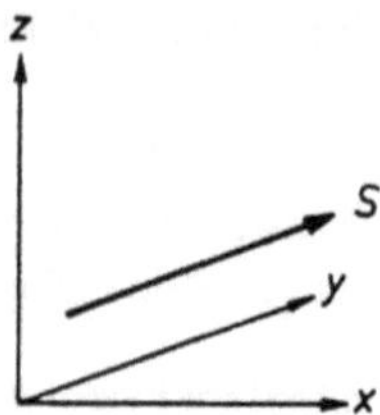

Bild 3.14 Raumspannung in Richtung einer Raumachse.

Normalform im Raum

$$n_x^2 + n_y^2 + n_z^2 = 1 \qquad \text{ergibt sich}$$

$$D = \begin{pmatrix} \sigma_x - \sigma & \tau_{xy} & \tau_{xz} \\ \tau_{yx} & \sigma_y - \sigma & \tau_{yz} \\ \tau_{zx} & \tau_{zy} & \sigma_z - \sigma \end{pmatrix} = 0 \qquad \text{die Koeffizientenmatrix.}$$

Die Berechnung dieser Determinante ergibt die kubische Gleichung

$$\boxed{\sigma^3 - I_1 \cdot \sigma^2 - I_2 \cdot \sigma - I_3 = 0}$$

mit den Koeffizienten

$$I_1 = \sigma_x + \sigma_y + \sigma_z$$
$$I_2 = -(\sigma_x \sigma_y + \sigma_y \sigma_z + \sigma_z \sigma_x) + \tau_{xy}^2 + \tau_{xz}^2 + \tau_{yz}^2$$
$$I_3 = \begin{pmatrix} \sigma_x & \tau_{xy} & \tau_{xz} \\ \tau_{yx} & \sigma_y & \tau_{yz} \\ \tau_{zx} & \tau_{zy} & \sigma_z \end{pmatrix}$$

als Invarianten (nicht veränderliche Faktoren) dieses Spannungszustandes. D.h. Invarianten sind Lösungskoeffizienten einer der Matrix zugehörigen Gleichung n-ter Ordnung [3/7].

3.1.4.2 Tensordeviator

I_1 des Spannungszustandes ist der mittleren Normalspannung proportional

$$I_1 \sim \sigma_m = \frac{1}{3}(\sigma_x + \sigma_y + \sigma_z) = -p. \qquad p \text{ hydrostatischer Druck, N/mm}^2$$

Die Tensorrechnung hilft bei Beantwortung der Frage, wann das Fließen eines Werkstoffes (Bauchingereffekt) eintritt.

$$\sigma_m = f(k_f).$$

Daher tritt für

$$T_0 = \begin{pmatrix} \sigma_m & 0 & 0 \\ 0 & \sigma_m & 0 \\ 0 & 0 & \sigma_m \end{pmatrix} \qquad \text{keine bleibende Formänderung ein.}$$

Damit ist für das plastische Verhalten eines Werkstoffes ein reduzierter Spannungszustand maßgebend, bei dem die Normalspannungen um die mittlere Spannung σ_m vermindert sind. Diesen verminderten Spannungszustand nennt man *Deviator*.

Es ist

$$T - \sigma_m \cdot E = \begin{pmatrix} \sigma_x - \sigma_m & \tau_{xy} & \tau_{xz} \\ \tau_{yx} & \sigma_y - \sigma_m & \tau_{yz} \\ \tau_{zx} & \tau_{zy} & \sigma_z - \sigma_m \end{pmatrix} = \begin{pmatrix} S_x & S_{xy} & S_{xz} \\ S_{yx} & S_y & S_{yz} \\ S_{zx} & S_{zy} & S_z \end{pmatrix}$$

mit

$$E = \begin{pmatrix} 1 & 0 & 0 \\ 0 & 1 & 0 \\ 0 & 0 & 1 \end{pmatrix} \quad \text{als Einheitsvektor.}$$

Der Deviator besitzt die Invarianten

$$I_1 = S_x + S_y + S_z = 0$$

$$I_2 = -(S_x \cdot S_y + S_y \cdot S_z + S_z \cdot S_x) + S_{xy}^2 + S_{xz}^2 + S_{yz}^2$$

$$I_3 = \begin{pmatrix} S_x & S_{xy} & S_{xz} \\ S_{yx} & S_y & S_{yz} \\ S_{zx} & S_{zy} & S_z \end{pmatrix}$$

Da die Fließbedingung koordinateninvariant ist, ergibt sich nach der Gestaltänderungsenergiehypothese dann

$$I_2 = k^2 \qquad k \quad \text{Schubfließgrenze}$$

$$\boxed{k_f = \sqrt{3}\, k} \quad [3/7].$$

3.1.5 Umformkraft – Umformarbeitberechnung

Die nachfolgenden Tabellen mit Berechnung der Kräfte und Arbeiten bei der Umformung führen zu Formeln, die Ergebnisse einer komplizierten physikalischen Theorie und ihrer anschließenden mathematischen Formulierung sind. Bis auf die Verfahren Biegen und Walzen steht am Anfang die Überlegung nach der Modellvorstellung und dem Fließverhalten der Gleitlinien. Diese Vorgänge werden dann mit Hilfe der differentiellen Tensortheorie in partiellen Differentialgleichungen ausgedrückt. Vereinfachungen führen zu gewöhnlichen Differentialgleichungen, deren Ergebnisse diese Formeln schließlich im einzelnen darstellen.

Grundlage der Berechnung sind Fließkurven und Kurven der spezifischen Umformarbeit $(k_f,\ a = f(\varphi))$. Während $a = f(\varphi)$ durch Integration aus $k_f = f(\varphi)$ entstanden ist, erfolgt die Fließkurvenaufnahme durch Stauch-, Zug- oder Torsionsversuche.

3.1.6 Werkzeugwerkstoffe

In Bild 3.15 werden in Abhängigkeit des Fertigungsverfahrens einige Beispiele für verwendete Werkzeugwerkstoffe in der Umformtechnik dargestellt. Dabei fällt auf, daß hauptsächlich der aus der Zerspantechnik bekannte HSS zur Anwendung kommt. Natürlich werden z. T. ganz andere Forderungen in der Umformtechnik gestellt, z. B.

— Temperaturelastizität,
— Rißunempfindlichkeit.

	Freiform-schmieden	Walzen	Rundkneten	Kaltstauchen	Strangpressen	Fließpressen vorwärts
Skizze						
Fläche, mm²	$A_0 = l_0 \cdot h_0$	$A_1 = h_1 \cdot b$	$A_0 = \frac{\pi}{4} d_0^2$	$A_1 = \frac{\pi}{4} D^2$	$A_1 = \frac{\pi}{4} D^2$	$A_0 = \frac{\pi}{4}(D_0^2 - d_0^2)$
Umformgrad [−]	$\varphi = \ln \frac{h_0}{h_1}$	$\varphi = \ln \frac{h_0}{h_1}$	$\varphi = \ln \frac{A_0}{A_1}$	$\varphi = \ln \frac{l}{h}$	$\varphi = \ln \frac{A_0}{z \cdot A_1}$	$\varphi = \ln \frac{A_0}{A_1}$
tatsächliche Umformkraft (maximal), N	$F = A_0 \cdot k_f \cdot \frac{1}{\eta}$	–	–	$F = A_1 \cdot k_w \cdot k_1$ $k_w = \frac{k_f}{\eta_1}$ $\eta_1 = \frac{1}{1 + \frac{\mu}{3}\frac{D}{h}}$	$F = F_{id} + F_R$ $F_{id} = A_0 \cdot k_f \cdot \varphi$ $F_R = k_f \cdot \pi \cdot D \cdot \mu$ $h - \frac{1}{2}(D - d)$	$F = F_{id} + F_R + {} + F_R' + F_0$ $F_{id} = A_0 \cdot k_f \cdot \varphi$ $F_R = \frac{\alpha}{2\varphi} \cdot F_{id}$ $F' = \frac{\mu \cdot F_{id}}{\sin \alpha \cdot \cos \alpha}$ $F_0 = \pi \cdot D \cdot l \cdot k_{f_0} \cdot \mu$
tatsächliche mittlere Umformkraft, N	–	$F = \frac{A_1}{2} k_{w_m} \cdot \varphi$	$F = \frac{W}{h}$	–	–	–
umgeformtes Volumen, mm³	$V = l_0 \cdot b_0 \cdot h_0$	$V = A_1 \cdot l_1$	$V = A_0 \cdot l_0$	$V = A_0 \cdot l$	–	$V = A_0 \cdot l_0$
mittlere tatsächliche Umformarbeit, Nm	$W = \frac{V \cdot a}{\eta}$	$W = 2F \cdot l_1$ $W = V \cdot a$	$W = \frac{V \cdot a}{\eta}$ $W = \frac{A_0 \cdot a}{\eta} \cdot \frac{s}{n}$	$W = \frac{V \cdot a \cdot k_2}{\eta_2}$ $\eta_2 = \frac{1}{1 + \frac{\mu}{6}\left(\frac{d}{l} + \frac{D}{h}\right)}$	–	$W = \frac{V \cdot a}{\eta}$

VDI 3185

Fließpressen rückwärts	Strangziehen	Tiefziehen	Abstreckziehen	Streckziehen	Biegen
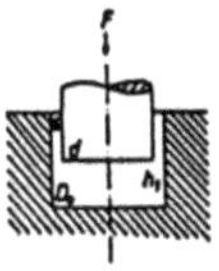	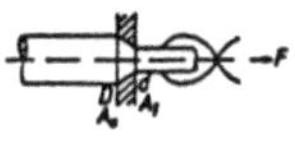	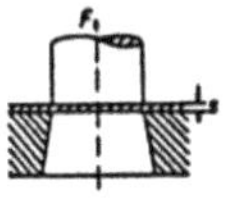	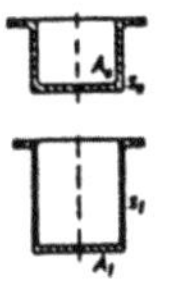		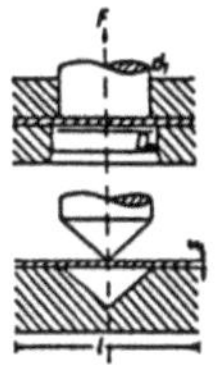
$A_1 = \frac{\pi}{4} d^2$ $\varphi_1 = \ln \frac{h_0}{h_1}$ $\varphi_2 = \varphi_1 \cdot \left(1 + \frac{d}{8 s}\right)$	$A_1 = \frac{\pi}{4} d^2$ $\varphi = \ln \frac{A_0}{A_1}$	$A = \pi \cdot d \cdot s$ $\varphi = \ln \beta$ $\beta = \frac{D}{d}$	$A_1 = \pi (d + s) s$ $\varphi = \ln \frac{A_0}{A_1}$	$A_1 = b \cdot l_1$ $\varphi = \ln \frac{A_0}{A_1}$	
$F = A_1 \cdot (p_1 + p_2)$ $p_1 = k_{f_1} \left(1 + \frac{\mu d}{3 h}\right)$ $p_2 = k_{f_2} \left(1 + \frac{h}{4 s} 1 + 2\mu\right)$	$F = A_1 \cdot k_f \cdot \varphi + F_s + F'_R$ $F_S = A_1 \frac{2}{3} \tan \alpha \, k_f$ $F'_R = \frac{\mu \cdot A_1 \cdot k_f \cdot \varphi}{\tan \alpha}$	$F = F_{id} + F_N$ $F_{id} = A \cdot \frac{k_f}{\eta} (\varphi - c)$ $F_N = \frac{\pi}{4} (D^2 - d^2) p$ $p = \left[(\beta - 1)^2 + \frac{d}{200 s}\right] \frac{R_m}{400}$ $F_B = \pi (d + s) s \cdot R_m$	$F = k_w \cdot A_1 \cdot \varphi$	$F = 2 b \cdot s \cdot k_w \cdot \varphi$ $F_z = 1{,}2 \, R_m \cdot b \cdot s \cdot \cos \gamma$	$F = \frac{2}{3} \frac{s^2 \cdot b}{l} R_m$
–	–	–	–	–	
$V = A_0 \cdot (h_0 - h_1)$	–	–	–	–	
$W_{maximal}$ $W = V \cdot (p_1 + p_2)$	–	–	–	–	

Stahlsorte	Kaltstauchen Stempel	Fließpressen Stempel Matrize	Abgraten	Ziehring	Warmumformen (Gesenkformen)	Strangpressen Stempel Matrize	Halbwarm-fließpressen Stempel Matrize	Werkstoff Nr. DIN 17007
S 6–5–2	○	○						1.3343
C 110 W1	○	○		○				1.1550
C 70 W2			○		○			1.1620
145 V12				○				1.2203
50 CrV 4				○				1.2241
X 210 CrV 12				○				1.2080
X 40 CrMoV 51		○						1.2344
X 165 CrMoV 12	○	○						1.2601
X 37 CrMoV 51					○	○		1.2606
81 MoCrV 4212							○	1.2369
X 60 WCrMoV 94							○	1.2622
X 210 CrV 12		○						1.2080
35 NiCrMo 77					○			1.2666
56 NiCrMoV 7							○	1.2714
50 NiCr 13	○							1.2721

Bild 3.15 Hauptanwendungsgebiete von HSS in der Umformtechnik.

Das drückt sich dann auch in der geänderten Zusammensetzung der Legierungsbestandteile aus, wie z.B. bei Stahl X 37 CrMoV 51, dessen Zusammensetzung in Bild 3.16 dargestellt ist.

3.1.7 Werkzeugmaschinen (Anlagen) Umformtechnik

Die Werkzeugmaschinen und Anlagen der Umformtechnik sind tabellarisch in Bild 3.18 zusammengefaßt. Dazu ist grundsätzlich zu sagen, daß die Einteilung in Klein- und Großserie nicht vergleichbar ist mit derselben Einteilung bei den Werkzeugmaschinen der Zerspantechnik. Begründet ist das alleine schon dadurch, daß die Werkzeugmaschinen der Umformtechnik Großserienmaschinen sind im Sinne der Herstellung von Halbzeug. Würde man hier versuchen einen direkten Vergleich zu den weitverarbeitenden Maschinen der Zerspantechnik zu ziehen, so käme man dabei leicht auf Teilelosgrößen, die in Bereichen von 10^{10} und mehr liegen. Man denke nur daran, wieviele Kilometer Tiefziehblech aus einer einzigen Kokille hergestellt werden können, und wieviele Blechtöpfe, Dosen oder sonstige Blechteile sich daraus fertigen ließen.

Dagegen ist der Begriff der Kleinserie bei beiden Arten von Werkzeugmaschinen sehr wohl vergleichbar.

Normen

VDI 3182 Riemen für Fallhämmer
VDI 3188 Maschinen zum Gesenkschmieden
VDI 3189 Hydraulikpressen
VDI 3190 Waagerecht-Stauchmaschinen
VDI 3191 Spindelpressen
DIN 55150 Schmiedehämmer
DIN 55151, 55152 Oberdruckhämmer
DIN 69651 Werkzeugmaschinen für die Metallbearbeitung

Schneidstoff	Einsatz (Verfahren)	Analyse %								Bemerkungen
		C	Ni	V	Cr	Mo	W	Si	Mn	
90 NiV 3	Präge- und Kaltschlag-werkzeug	0,9	0,75	0,2						< 62 HRC
54 NiCr 74	Hochbeanspruchtes Warmgesenk	0,54	1,7		1	0,6				< 50 HRC
X 45 CrNiW 1313	Preßmatrize Schwer-metallbearbeitung	0,45	13		13		1,3			< 53 HRC
130 W 19	Hochbeanspruchungs-Ziehwerkzeug	1,3					4,8			< 67 HRC
X 170 CrMo 12	Fließpreßwerkzeug	1,7			12	0,6	0,5			< 65 HRC [1/4]
X 37 CrMoV 51	Strangpressen, Stempel, Matrize	0,37		0,2	4,8	1,5	1,4	0,9	0,6	
C 110 W1	Ziehring	1,1						0,2	0,2	
145 V 12	Ziehring	1,45		1,2	0,2			0,3	0,3	Wasserhärter
	Walzen	0,35			1,5					
X 210 CrW 12	Dornstange, (Hohl-strangziehen)	2,1			12		0,7	0,3	0,3	Öl-, Lufthärter

Bild 3.16 Schneidstoffe und Richtanalysen für Werkzeuge in der Umformtechnik.

DIN 8582	Umformen		
Druckumformen DIN 8583	Walzen	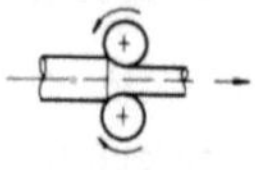	Längswalzen Querwalzen Schrägwalzen (Flach-, Profilwalzen an Voll- und Hohlkörpern)
	Freiformen	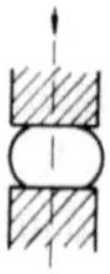	Recken (Vollkörper) Stauchen Anstauchen Rundkneten
	Gesenkformen	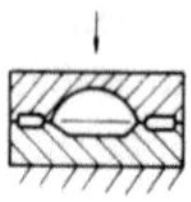	Reckstauchen Anstauchen im Gesenk Formstauchen Formpressen mit und ohne Grat
	Eindrücken	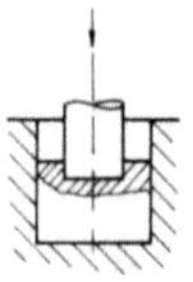	Kerben Einprägen Einsenken Hohldornen Prägerichten Wälzprägen Gewindefurchen
	Durchdrücken	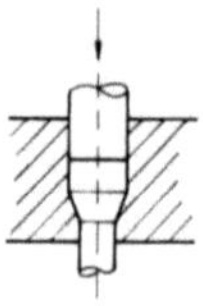	Verjüngen Strangpressen (mit und ohne Wirkmedium) Vorwärts-Strangpressen Rückwärts-Strangpressen Quer-Strangpressen Fließpressen (mit und ohne Wirkmedium) Vorwärts-Fließpressen (Voll-, Hohl-, Napf-) Rückwärts-Fließpressen Querfließpressen
Zugdruckumformen DIN 8584	Durchziehen	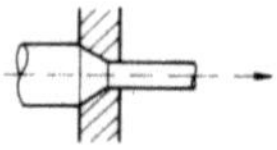	Gleitziehen Walzziehen
	Tiefziehen mit Werkzeug, Wirkmedien, Wirkenergien	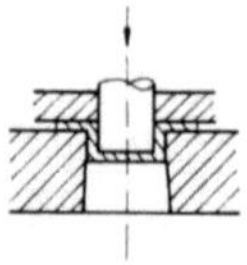	Tiefziehen mit Niederhalter Tiefziehen ohne Niederhalter Stülpziehen

Bild 3.17 Verfahren der Umformtechnik nach DIN.

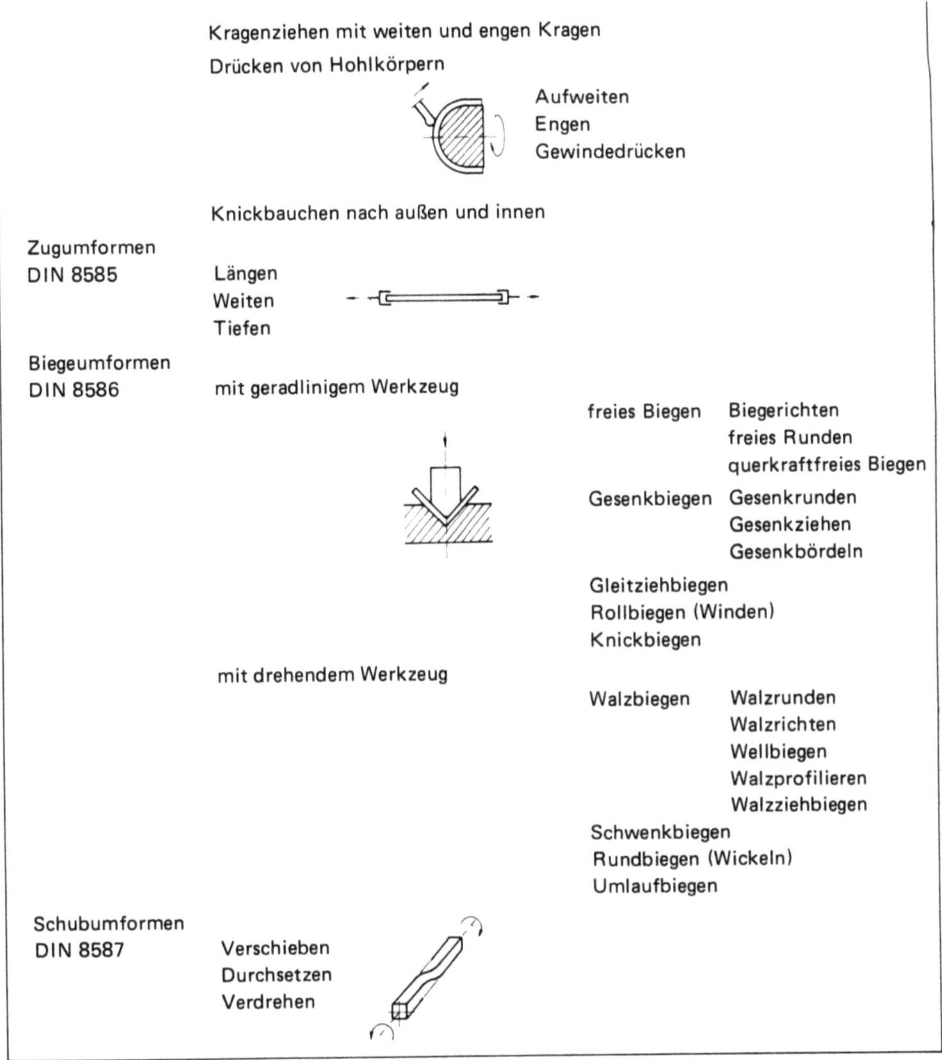

3.2 Einteilung der Verfahren der Umformtechnik

Nach den DIN Normen 8582–8587 werden die Verfahren der Umformtechnik eingeteilt nach Bild 3.17 hinsichtlich der im Werkstück auftretenden Beanspruchung beim Umformvorgang.

Weitere Systematisierungspunkte sind

- Temperatur (Kalt-, Warmumformung),
- Werkstückdicke (Blech-, Massivumformung),
- Werkstückform (Bleche, Rohre, Stangen).

Die Einteilung nach DIN hat den großen Nachteil, daß wirtschaftlich bedeutende Verfahren neben wirtschaftlich unbedeutenden auf gleicher Stufe stehen.

Anlage		
Verfahren	Kleinserie	Großserie
Halbzeug		
Blechherstellung	–	Walzwerk
Stangenherstellung	–	Walzwerk, Strangpresse
Rohrherstellung	–	Walzwerk, Strangpresse
Drahtherstellung	–	Walzwerk, Strangpresse, Strangziehanlage, Mehrdrahtziehanlage
Blechweiterverarbeitung		
Tiefziehen	–	Pressenstraße, Stufenpresse
Abstreckziehen	–	–
Streckziehen	Streckpresse	–
Biegen	CNC-Biegemaschine	Preßmaschine
Drücken	CNC-Drückmaschine	
Kleinteileverarbeitung		
Fließpressen	–	Preßmaschine
Kaltstauchen	–	Waagerechtstauchmaschine
Gesenkformen	–	Preßmaschine
Prägen	–	Preßmaschine
Großteileverarbeitung		
Freiformen	Preßmaschine	–

Bild 3.18 Werkzeugmaschinen und Anlagen der Umformtechnik.

Daher soll mit der Systematik

- Blechherstellung
- Rohr-Stangenherstellung
- Weiterverarbeitung

der Versuch unternommen werden, die wirtschaftlich wichtigsten Verfahren herauszugreifen und sie hinsichtlich

- Verarbeitung
- Werkzeug
- Werkstoffen

zu untersuchen.

3.3 Halbzeugherstellung

Unter Halbzeug versteht man Rohr-, Stangen-, Draht- und Blechmaterial.

Nahezu 90 % der schmelzmetallurgisch erzeugten Metalle werden heute durch *Walzverfahren* weiterverarbeitet [3/42].

Der Rest der direkten Halbzeugherstellung wird durch die Verfahren

- Strangpressen und
- Strangziehen abgedeckt.

Blech wird ausschließlich durch Walzen erzeugt.

Bild 3.19

Produkte der Europäischen Gemeinschaft Kohle und Stahl 1976:

1 Profil- und Rohrherstellung,
2 Kaltwalzbleche < 3 mm,
3 Warmwalzbleche ~ 3 mm,
4 Warmband und Röhrenstreifen,
5 Walzdraht [3/16].

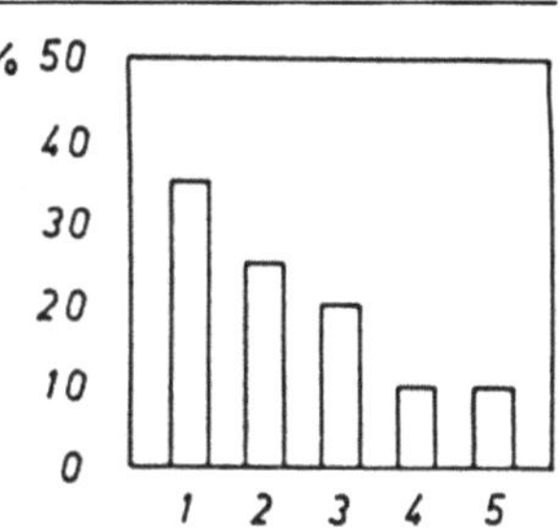

3.3.1 Walzanlagen

Walzanlagen werden zur

— Blechherstellung
— Profilherstellung und
— Rohrherstellung

eingesetzt. Den Anteil der einzelnen Produktgruppen für die EGKS in 1976 sieht man in Bild 3.19.

Walzsysteme für die *Blechherstellung* können nach verschiedenen Punkten systematisiert werden. Nach Anzahl der Walzen in einem *Walzgerüst* unterscheidet man

— Duo-,
— Trio-,
— Quarto-,
— Viel- und
— Planetenwalzgerüste (Bild 3.20).

An den Mehrwalzengerüsten müssen die Arbeitswalzen durch unterschiedliche Anordnung der Stützwalzen vor Durchbiegung bewahrt werden. Zusätzlich werden die Arbeitswalzen dagegen ballig ausgebildet und eine hydraulische Biegeeinrichtung ermöglicht ein Durchbiegen der Walzen entgegen der Arbeitsrichtung.

Hinsichtlich der *Arbeitsweise* unterscheidet man

— Einfach- und
— Reversiergerüste (in beiden Richtungen arbeitend).

Als *Walzenstraße* bezeichnet man die Kombination von einem oder mehreren Walzgerüsten mit Rollgängen, Umkehr- und Kantvorrichtungen, Entzunderstrecken, Abkühlstrecken, Scheren und Haspeln.

Nach der *Anordnung der Gerüste* unterscheidet man

— offene Straße (vielseitig) und
— kontinuierliche Straße.

Walzstraßen werden manchmal auch nach gewalztem *Halbzeug* eingeteilt

— Brammen (dicke Streifen oder Platten für Feinbleche),
— Knüppel (Vierkantmaterial von 40 ... 100 mm, Grob-, Mittel-, Feinbleche.)

Nach *Blechqualität* unterscheidet man

— Handelsblech (warmgewalzt),
— Qualitätsblech (Tiefzieh-, Kesselbleche zunderfrei)
— Sonderblech (bestimmte Festigkeitsangaben).

Hinsichtlich der *Temperatur* teilt man ein in

— Warm-Breitbandstraßen,
— Kaltbandtandemstraßen.

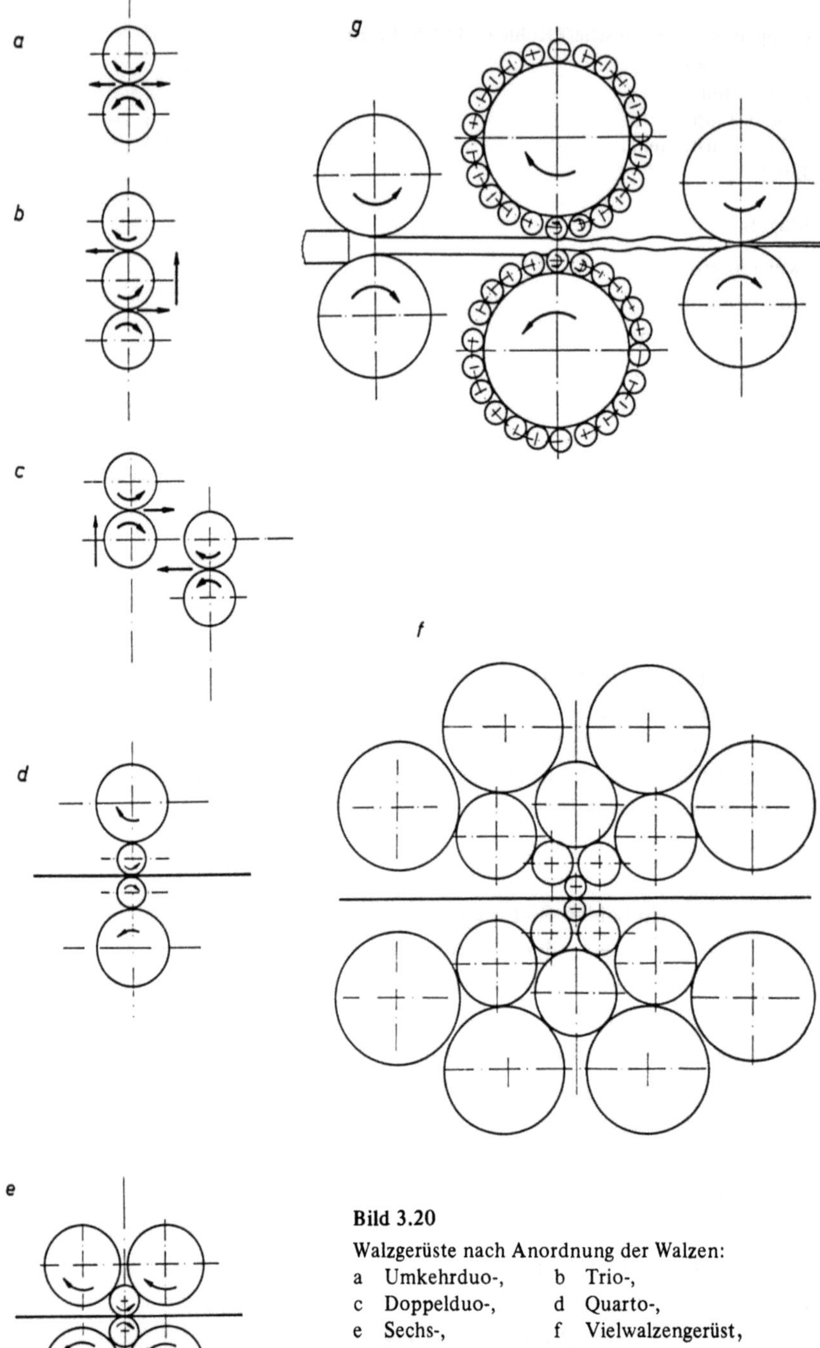

Bild 3.20

Walzgerüste nach Anordnung der Walzen:
a   Umkehrduo-,   b   Trio-,
c   Doppelduo-,   d   Quarto-,
e   Sechs-,   f   Vielwalzengerüst,
g   Planetenwalzgerüst (Sendzimir).

Nach *Blechart* teilt man ein in

- Grobblech ($> 4{,}75$ mm, warmgewalzt DIN 1543, 17100),
- Mittelblech (3 ... 5,75 mm, warmgewalzt und geglüht DIN 1542, 17100),
- Feinblech (< 3 mm DIN 1541, 1623, 1016, 1544),
- Kesselblech (besondere Festigkeit DIN 17155).

3.3.2 Blechherstellung

In der Blechherstellung ergeben sich z.B. bei Hoech folgende Bearbeitungsgänge:

Anlage	Endprodukt gleichzeitig Halbzeug für folgende Anlage
Stahlwerk	Kokille, Stranggußabschnitt
Block-Brammenstraße	Vorbramme
Tandemstraße	Grobbleche, Mittelbleche oder Warmbreit-
Warm-Breitbandstraße	band
Entzunderanlage	
Kaltbandtandemstraße	
Glühöfen	
Dressierwalzstraße	Feinblech (Tiefziehblech)
Entzunderanlage	
Glühöfen	
Dressierwalzstraße	
Elektrolytische Verzinnung und Verchromung	
Zerteilanlage	Weißblech

In der Folge soll kurz die Herstellung von Blechen an einer

- Warm-Breitbandstraße und
- Kaltbandtandemstraße gezeigt werden.

3.3.2.1 Warm-Breitbandstraße

Die Walzstraße zur Herstellung von Warm-Breitband − Westfalenhütte (Hoesch/Dortmund) − mit den Abmessungen 600 ... 1550 mm Bandbreite und 1,5 ... 20 mm Banddicke wurde 1958 erstellt und 1970 modernisiert auf den Stand in Bild 3.21. Als Halbzeug werden Vorbrammen verarbeitet. Die Warm-Breitbandstraße wird über einen Prozeßrechner vom Typ Siemens 306 mit 5000 kB Kernspeicher gesteuert. Die maximal mögliche Stahlblecherzeugung liegt bei ca. 3,2 Mio t. Dazu ist ein Wasserbedarf (Kühlung Rollgänge, Arbeitswalzen, Entzunderanlage, Abkühlstrecke) von jährlich 1,2 Mio m^3 Wasser und ein Energiebedarf von 80 000 kWh nötig.

Der Anschaffungspreis einer solchen Anlage liegt zwischen 1 und 1,5 Mrd DM. Das ergibt einen Stundensatz von ca. 20 000 DM. Das Produkt kostet dann ca. 650 DM/t (8/1982). Zur Steuerung, Instandhaltung, Verwaltung der Anlage sind ca. 500 Mann in 4 Schichten erforderlich.

Die 950 m lange Halle beherbergt noch Vorbrammenlager, Vorbrammenpaketförderer und Coilförderer, Abkühllager und Schopfschere hinter der Warm-Breitbandstraße (Bild 3.21).

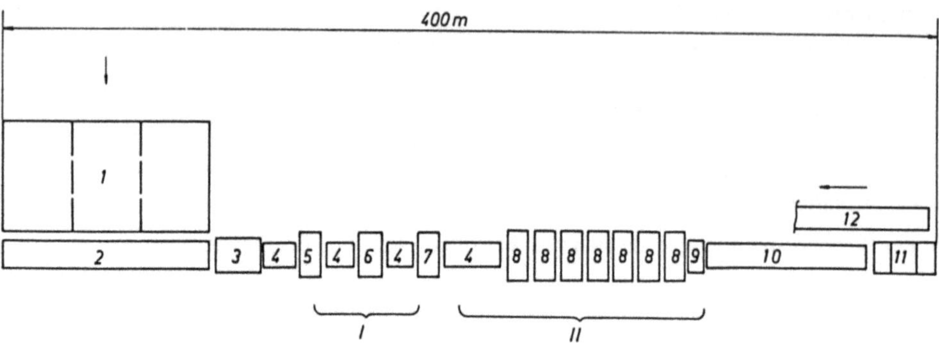

Bild 3.21 Warm-Breitbandstraße (Hoesch/Dortmund)

1 Drei Stoßöfen je 310 t bis 1470 ... 1550 K Stückgewicht der Vorbramme 30 t, Abmessungen
12,5 × 1,55 × 0,23 m, Energiebedarf 1 MJ/kg,
2 Warmrollgang (Einzelantrieb je Rolle),
3 hydraulischer Zunderwäscher,
4 Arbeitsrollgang (Gruppenantrieb).

I Vorstraße mit Breitensteuerung:

5 Duowalzgerüst mit Vertikalwalzen (1 Stich 230 ... 165 mm)
6 Reversierquartowalzgerüst mit Vertikalwalzen (3 Stiche 165 ... 55 mm)   je: P_a = 2 × 7 MW,
Twin-drive M_t = 3 MNm, F_{max} = 28 MN,
7 Reversierquartowalzgerüst mit Vertikalwalzen (1 Stich 55 ... 40 mm),

II Fertigstraße mit Dickenregelung:

8 je ein Quartowalzgerüst mit Schlingenheber (je 1 Stich 40 ... 2,5 mm) P_a = 7 MW,
9 Dickenmessung (Caesiumstrahler),
10 Abkühlstrecke (6 bar max 6000 m³/h Wasser),
11 Haspelanlage (3 Haspeln, Bandtemperatur 890 ± 10 K),
12 Coilförderanlage.

3.3.2.2 Kaltbandwalzwerk

Das Kaltbandwalzwerk 2 der Westfalenhütte (Hoesch/Dortmund) stellt Tiefziehblech her
und umfaßt:

- Entzunderanlage (Beizteil 127 × 2,3 × 1,1 m, Beizgeschwindigkeit 360 m/min,
  Schlingenwagen = Puffer 500 m)
  mit Einlauf, Schweißanlage, Schlingenwagen, Beizteil, Spülteil und Haspel
- 5-gerüstige Kaltbandtandemstraße (Banddicke 2,5 mm ... 0,8 mm)
  v_{max} = 1400 m/min bei Twin-drive mit 2 Motoren hintereinander
- $P_{A_{gesamt}}$ = 21 MW

- Glühofenanlage mit 48 Sockeln als Ofen und Kühler verwendbar, je 3 t Erwärmung auf 1000 K, je 60 h Glühen und Abkühlen.

- Dressierquartowalzgerüst mit je einem 5-Rollengerüst davor und dahinter zum
  konstanten Planzug sowie einer Haspel (1 % Formänderung)

- Coilinspektion mit Scherenlinie und Verpackung.

Der Betrieb ist diskontinuierlich. Zwischen den einzelnen Anlagen sind Zwischenlager mit Kranbahn und Hubbalkenförderern. Der Durchlauf beträgt dadurch ca. 3 Wochen. Entzunderanlage und Glühofenanlage werden durch Programmsteuerungen automatisch überwacht. Für die Kaltbandtandemanlage ist ein Prozeßrechner vom Typ AEG 60/10 mit 56 kB Kernspeicher eingesetzt. Zur Informationseingabe dienen Lochkarten, die vom Betriebsrechner erstellt werden. Der Betriebsrechner erhält seine Vorgabe vom Planungsrechner (Auftragsbestätigung, Kundenrechnungsstellung, Terminüberwachung). Zusätzlich wird die Anlage vor Ort und von einem zentralen Steuerstand überwacht. Der Anschaffungspreis liegt bei ca. 0,5 Mrd. DM. Daraus resultiert ein Stundensatz von ca. 8 000 DM allein für die Kaltbandtandemstraße. Das Kaltbandwalzwerk hat eine Kapazität von etwa 1,4 Mio t/Jahr. Die Belegschaft zur Steuerung, Instandhaltung und Verwaltung beläuft sich auf 650 Mann in 3 Schichten. Die Nutzungshauptzeit (Tandemanlage) liegt mit Einfädeln bei 75 % (1 % elektrische, 4 % mechanische Störungen). Walzenwechsel erfolgt automatisch und dauert (Arbeitswalzen) 5 min [3/10].

3.3.3 Profilstahlherstellung

Das Herstellen von Blöcken, Brammen, Knüppeln, Profilen, Mittel- und Feinstahl erfolgt auch wieder auf mehrgerüstigen Walzstraßen mit Vor- und Fertigstaffeln, verbunden durch Rollengänge, mit Entzunderanlagen und Scheren. Besonders gilt herauszustellen, daß gegenüber der Blechherstellung jetzt mit Kaliberwalzen gearbeitet wird. Diese Kaliberwalzen müssen in Reversiergerüsten in mehreren Durchgängen (Stiche) durchlaufen werden (Bild 3.22). Jedes Profil erfordert neue Profilwalzen.

3.3.4 Rohrherstellung

Die Stahlrohrerzeugung stieg in den letzten 2 Jahrzehnten um das Dreifache [3/23]. Dabei war der Anteil der geschweißten Rohre doppelt so groß, wie der der nahtlos herge-

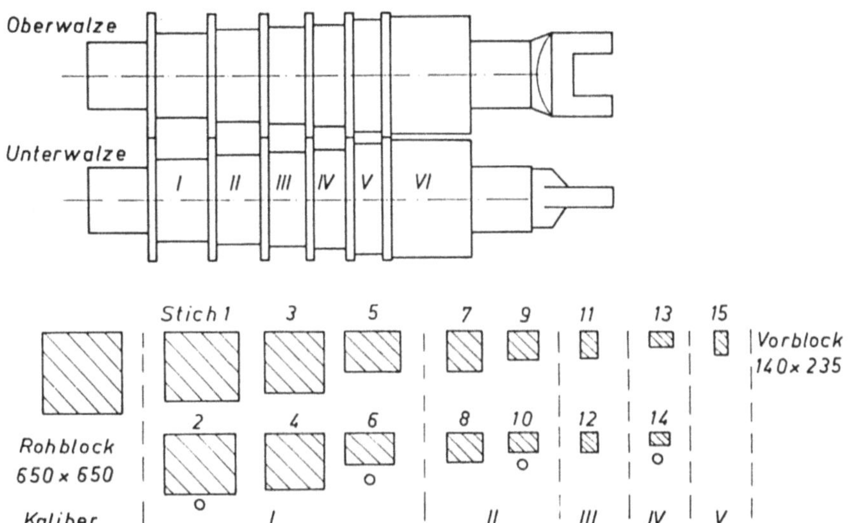

Bild 3.22 Kalibrierwalzen zur Profilstahlherstellung
o = wenden

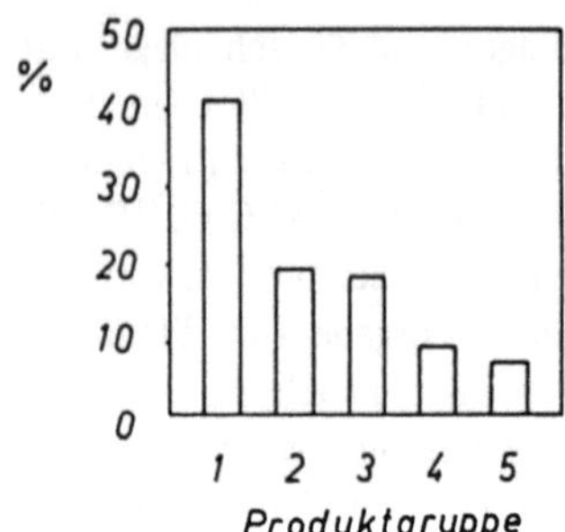

Bild 3.23
Nahtlose Stahlrohre [3/23]
Produktgruppe:
1 Stopfenstraße,
2 Pilgerstraße,
3 Kontistraße,
4 Strangpresse,
5 Stoßbank [3/15].

stellten. Nahtlose Rohre werden weltweit anteilig nach den folgenden Verfahren in Bild 3.23 erzeugt.

Die Leistungsfähigkeit dieser Anlagen ist abhängig von

    — den Kosten des einsatzfähigen Vormaterials,
    — der Stichfolge und damit
    — der Belastung der Innenwerkzeuge.

In Bild 3.24 sind eine Anzahl von Verfahren zur Herstellung nahtloser Stahlrohre dargestellt. Nahtlose Stahlrohre werden für bestimmte Installationen zwingend vorgeschrieben (Hochdruck, Kernenergietechnik usw.); sie unterscheiden sich aber qualitätsmäßig nicht mehr von geschweißten Stahlrohren. Gebräuchlich sind Durchmesser von 170 … 1 000 mm bei Rohrlängen von 10 … 30 m und Wanddicken zwischen 5 … 70 mm. Nach DIN 2448 sind Wanddickentoleranzen von ± 5 … ± 10 mm zugelassen. Taktzeiten von 20 s im Mittel sind bei den einzelnen Rohrherstellungsverfahren in der Vorstufe erreichbar.

In den jeweiligen DIN Normen sind folgende Festlegungen für nahtlose Stahlrohre getroffen:

DIN	Norm
1626, 1629	Hochdruck
2391, 2393	Kaltziehen nahtloser Rohre
2394	Kaltreduzieren
17014	Wärmebehandlung
17135, 17175	Kessel- und Apparatebau
1746	Aluminiumrohre.

Das wohl bekannteste Verfahren zur Herstellung von nahtlosen Stahlrohres ist das *Mannesmann Schrägwalzverfahren* (Bild 3.25). Varianten zu den Doppelkegelwalzen von Mannesmann sind Diescher-, Schutter-, Scheiben-, Kegel- und Tonnenwalzen. Beim Mannesmannverfahren wird der durch eine Auflage (Lineal) unterstützte volle Rundstrang zwischen die beiden doppelkegeligen Walzen eingeführt. Deren Achsen kreuzen sich unter einem Winkel von 3 … 6° im Raum und bewegen den Rundstrang schraubenförmig vorwärts. Dabei wird der Walzendurchmesser laufend quergestaucht und verringert. Dadurch werden starke Zugkräfte im Blockinneren erzeugt (Bild 3.26), die den Block aufreißen. Der Dorn dient nur zur Kalibrierung des Loches. In der Folge kann die so entstandene Hülse dann z.B. durch ein Pilgerwalzengerüst ausgewalzt werden (Bild 3.27). Dabei wird in die Hülse ein Dorn eingeführt, der im Durchmesser dem späteren Rohrinnendurchmesser ent-

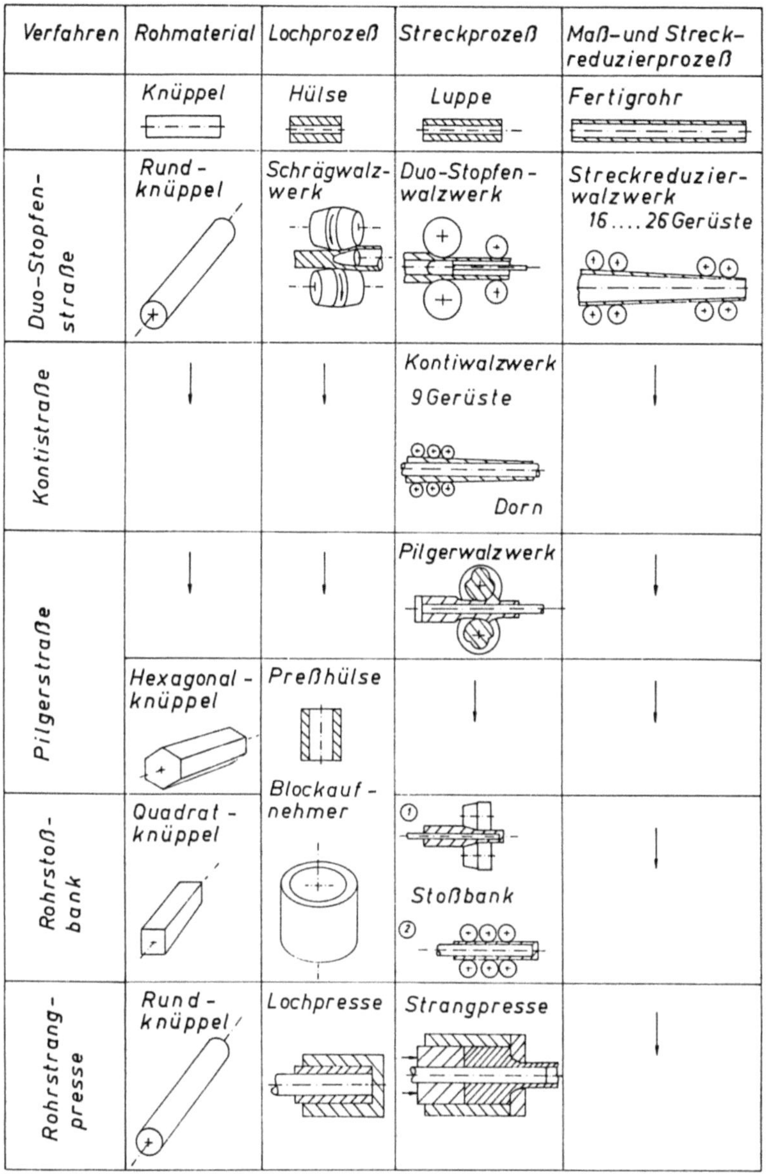

Verfahren	Rohmaterial	Lochprozeß	Streckprozeß	Maß-und Streck- reduzierprozeß
	Knüppel	Hülse	Luppe	Fertigrohr
Duo-Stopfen- straße	Rund- knüppel	Schrägwalz- werk	Duo-Stopfen- walzwerk	Streckreduzier- walzwerk 16....26 Gerüste
Kontistraße			Kontiwalzwerk 9 Gerüste Dorn	
Pilgerstraße			Pilgerwalzwerk	
	Hexagonal- knüppel	Preßhülse		
Rohrstoß- bank	Quadrat- knüppel	Blockauf- nehmer	Stoßbank	
Rohrstrang- presse	Rund- knüppel	Lochpresse	Strangpresse	

Bild 3.24 Rohrherstellverfahren [3/15].

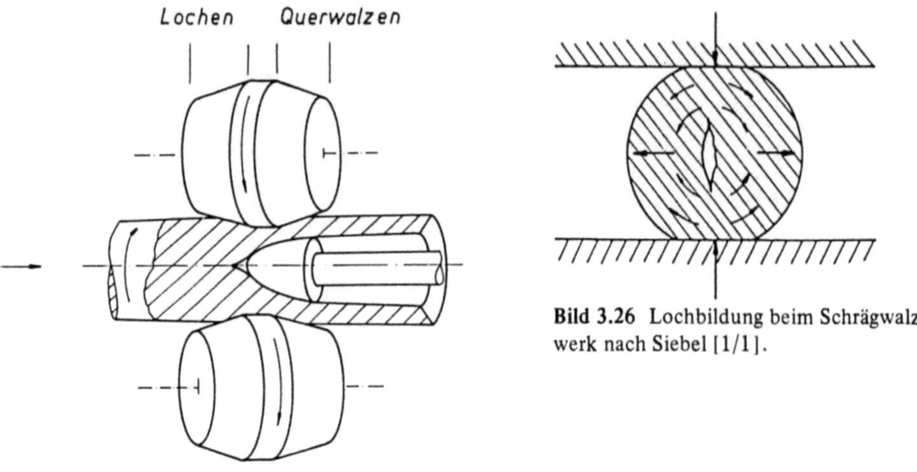

Bild 3.26 Lochbildung beim Schrägwalzwerk nach Siebel [1/1].

Bild 3.25 Mannesmann Schrägwalzwerk.

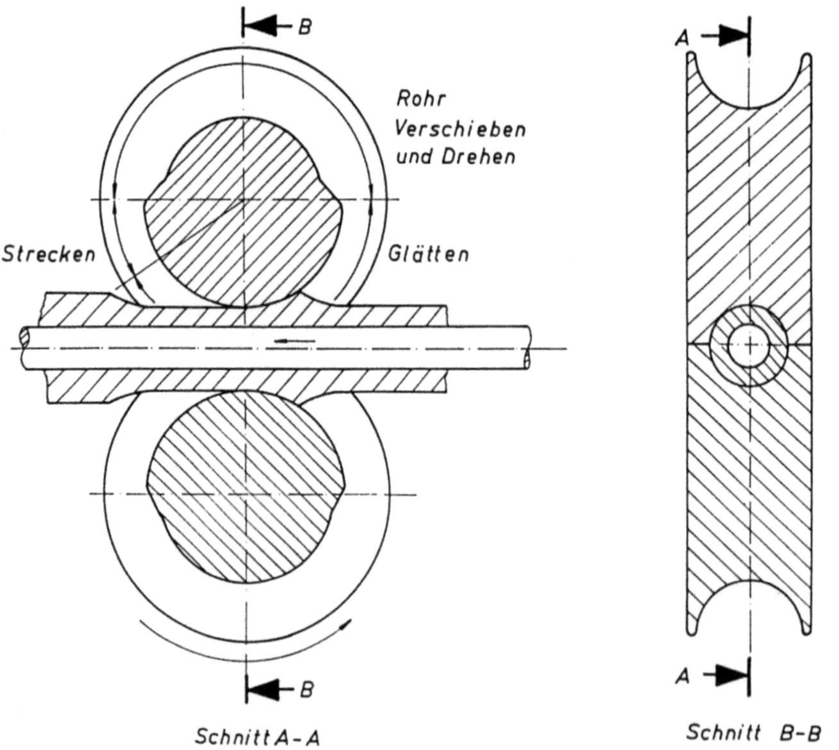

Bild 3.27 Pilgerschrittwalzwerk mit der typischen Maulkurve im Schnitt A−A.

Form	Art, Abmessung, Material	Kurzbezeichnung
	Tiefziehblech aus unberuhigt vergossenem Stahl mit bester, matter Oberfläche 1,5 × 1000 × 2000 mm	Tiefziehblech 1,5 × 1000 × 2000 DIN 1541 – USt 1305 m
	Kesselblech der Stahlsorte H III 45 × 1500 × 5000 mm	B l 45 × 1500 × 5000 DIN 1543 – H III
	warmgewalzter Vierkantstahl mit 110 mm Seitenlänge aus beruhigt vergossenem Siemens-Martinstahl St 42-2	□ 110 DIN 1014 MRSt 42-2
	U-Stahl mit 240 mm Höhe aus unberuhigt vergossenem Thomasstahl St 34-1	U 240 DIN 1026 TUSt 34-1
	Nahtloses Präzisionsstahlrohr ⌀ 60 mm, 4 mm Wandstärke aus St 45, normalgeglüht	Rohr 60 × 4 DIN 2391 St 45 N

Bild 3.28 Beispiele für Walzerzeugnisse.

spricht. Die *Pilgerwalzen* stecken am Rohrumfang eine gewisse Strecke ab und walzen diese anschließend zum gewünschten Außendurchmesser aus. Während der folgenden halben Walzenumdrehung wird das Rohr ruckartig vorgeschoben und gleichzeitig gedreht. Dann setzt die nächste Umformung ein. Im Anschluß daran durchläuft das Rohr Reduzier- und Maßwalzgerüste. Bild 3.28 gibt einen Überblick über Art und Abmessung von Walzerzeugnissen sowie ihre Bezeichnung nach DIN.

Walzen dient nicht nur zur Herstellung von Halbzeug sondern auch zu seiner Weiterbearbeitung Bild 3.29.

Normen

EUR 56   warmgewalzter Vierkantstahl
EUR 60   warmgewalzter Rundstahl
EUR 61   warmgewalzter Sechskantstahl
EUR 65   warmgewalzter Rundstahl für Schrauben und Nieten
EUR 66   warmgewalzter Halbrundstahl
DIN 1747   Stangen.

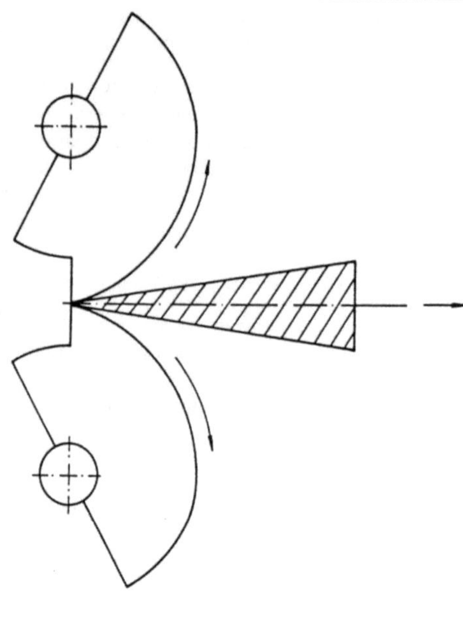

Bild 3.29
Reckwalzen zur Weiterbearbeitung von Walzgut.

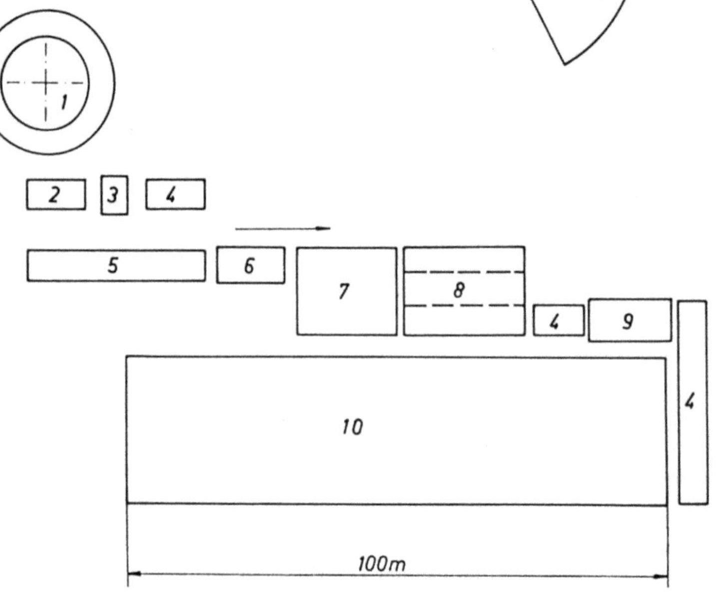

Bild 3.30 Rohrkontistraße (Mannesmann/Mühlheim)

1 Drehherdofen 1550 K (Rohbramme aus Strangguß
 mit Abmessungen ϕ 0,2 × 1,5 m, 500 kg),
2 Entzunderung und Rollengang,
3 Schrägwalzgerüst P_a = 4 MW, 4 Stück/min (ϕ 0,175 × 3 m),
4 Rollengang (Hubbalken),
5 Dorneinführanlage,
6 Kontistaffel (ϕ 0,75 × 22 m), 8 Duogerüste in X-Anord-
 nung je P_a = 1,4 MW, v = 5,5 m/s,

7 Rollengang und Dornabzugsein-
 richtung,
8 Nachwärmofen 1 250 K,
9 Streckreduzierwalzstaffel
 (ϕ 0,12 × 44 m) 24 Gerüste mit
 drei 120° versetzten Walzen je
 P_a = 175 kW,
10 Schneckenkühlbett (20 × 100 m).

3.3.4.1 Rohrkontistraße

Die Rohrkontistraße I (Mannesmann/Mühlheim) stellt nahtlose Rohre mit Durchmessern bis 12 cm her (Bild 3.30). Die Arbeitsfolge ist

- Loch,
- Wand,
- Durchmesser.

Dabei erfolgt die Toleranzsteuerung des Rohrdurchmessers über die Rohrlänge. Die Kapazität der Anlage liegt bei $4,5 \times 30$ Luppen m/min oder ca. 500 000 t/Jahr. Der Verbrauch an Elektrizität und Wärmeenergie ist dann 120 kWh/t bzw. 2000 MJ/t. Die Anschaffungskosten (1982) würden etwa 450 Mio DM betragen.

Rechenbeispiel

Eine Stange mit Rundquerschnitt $d_1 = 30$ mm aus St 70, das durch eine Glühbehandlung vorher weichgeglüht wird, soll auf einen kleineren Durchmesser $d_2 = 20$ mm gebracht werden ($\eta = 0,6$). Die Stange längt sich dabei auf insgesamt 15 m.

Wie groß sind Umformkraft und Umformarbeit?

$$\varphi = \ln \frac{F_0}{F_1} = \ln \frac{d_0^2}{d_1^2} = 0,8109$$

$$k_{fm} = \frac{a}{\varphi} = \frac{620}{0,8109} \frac{\text{Nmm}}{\text{mm}^3} = 765 \frac{\text{N}}{\text{mm}^2}$$

$$A_1 = \frac{\pi \cdot d_1^2}{4} = 314,2 \text{ kW}$$

$$F = \frac{A_1 \cdot k_{fm}}{2 \cdot \eta} \cdot \varphi = 162,4 \text{ kN} \qquad\qquad \text{Umformhaft}$$

$$W = 2F_1 \cdot l = 4872 \text{ kNm.} \qquad\qquad \text{Umformarbeit}$$

3.3.5 Vorgänge im Walzspalt

Unterschiedliche Drücke im Walzspalt bewirken unterschiedliche Werkstoffgeschwindigkeiten in der Umformzone. Dadurch ergibt sich beim Greifen und Walzen ein Zusammenhang zwischen

- Reibung,
- Walzguttemperatur,
- Greif- bzw. Walzwinkel,
- Walzenumfangsgeschwindigkeit,
  Dickenabnahme beim Walzgut und
- Walzenradius.

Für das *Greifen des Walzgutes* ist das Vorhandensein von Reibung eine wesentliche Voraussetzung. Wenn die Walzen das Walzgut in den Spalt hineinziehen sollen (Bild 3.31), dann muß

$$F_{N_w} \leqslant F_{R_w} \text{ sein.}$$

F_{N_w} waagerecht komponente Normalkraft, N

F_{R_w} waagerecht komponente Reibkraft, N

α_0 Greifwinkel

$\rho = \text{arc tan } \mu$

Das gilt für

$$\boxed{\alpha_0 \leqslant \rho}$$

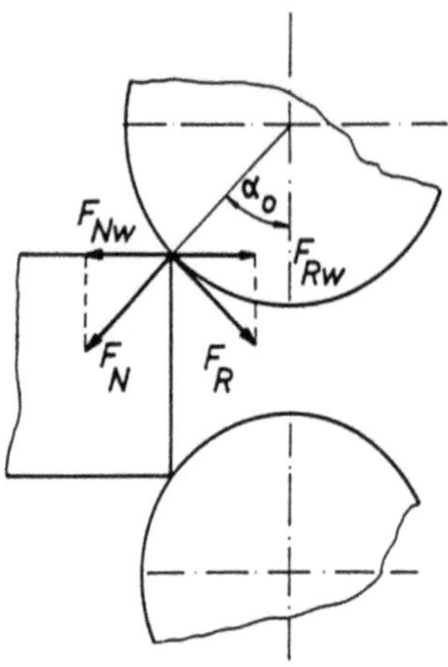

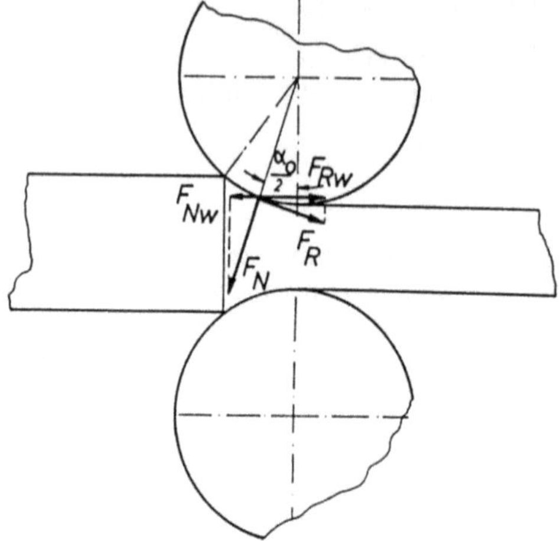

Bild 3.31 Greifbedingung.   **Bild 3.32** Walzbedingung.

Ist aus dem Anwalzen ein bleibender Walzvorgang geworden, dann ändern sich die Vorgänge nach Bild 3.32, wobei näherungsweise angenommen wird, daß die resultierende Normalkraft etwa bei $\frac{\alpha_0}{2}$ angreifen wird.

Dann ergibt sich aus

$$F_{N_w} \leqslant F_{R_w} \qquad\qquad\qquad F_{N_w} = F_N \cdot \sin\frac{\alpha_0}{2}$$

$$\tan\frac{\alpha_0}{2} \leqslant \mu = \tan\rho \ \text{ für die Durchwalzbedingung} \qquad F_{R_w} = F_R \cdot \cos\frac{\alpha_0}{2}$$

$$F_R = \mu \cdot F_N$$

$$\boxed{\alpha_0 \leqslant 2\rho}$$

Für das Warmwalzen von Stahl mit rauhen Gußeisenwalzen im Temperaturbereich 1 000 ... 1 500 K gilt

$$\mu = 1{,}05 - 0{,}5 \cdot 10^{-3}\,\vartheta - 0{,}056\,v$$

ϑ Walzguttemperatur, °C

v Walzgutgeschwindigkeit, m/s

Zwischen Dickenabnahme des Walzgutes und dem Eingriffswinkel ergibt sich

$$\boxed{\Delta h = h_0 - h_1 = 2r \cdot (1 - \cos\alpha_0) = 4r \cdot \sin^2\frac{\alpha_0}{2}}$$

h_0 Anfangshöhe Walzgut, mm

h_1 Endhöhe Walzgut, mm

r Walzenradius, mm

α_0 Eingriffswinkel.

Folgende Maßnahme können das Greifen erleichtern:

- Strang anspitzen,
- Strang mit Kraft einführen,
- Reibung vergrößern (Kühlung).

Rechenbeispiel

Ein Blechstreifen aus C 45 mit einer Breite von $b = 200$ mm wird mit einer Walzenumfangsgeschwindigkeit von $v = 1,5$ m/s ($w = 40 \frac{1}{s}$) auf eine Dicke $h_1 = 22$ mm kaltgewalzt ($\vartheta = 50\,°C$).

Der Formänderungswirkungsgrad soll mit $\eta = 0,6$ angenommen werden. Gesucht sind Umformkraft, Walzendrehmoment und Antriebsleistung, wenn mit dem größtmöglichen Eingriffswinkel α_0 gearbeitet wird. Was ändert sich, wenn mit $\vartheta = 1100\,°C$ warmgewalzt wird ($h_1 = 7$ mm)?

Aus

$$\mu = 1,05 - 0,5 \cdot 10^{-3}\,\vartheta - 0,056\,v = 0,94 \qquad\qquad \vartheta = 1100\,°C$$

$$\boxed{\mu = \arctan \rho} \qquad\qquad \mu = 0,416$$

$$\rho = 43,3° \quad \text{und} \qquad\qquad \rho = 22,59°$$

$$\alpha_0 = 86,6° \quad \text{für Walzen} \qquad\qquad \alpha_0 = 45,17°$$

$$r = \frac{v}{w} = 37,5 \text{ mm Walzenradius } (0,037 \text{ m})$$

$$h = 4\,r \cdot \left(\sin \frac{\alpha_0}{2}\right)^2 = 70,55 \text{ mm}$$

$$h_0 + h_1 = \Delta h \qquad\qquad \Delta h = 22,13 \text{ mm}$$

$$h_0 = 48,55 \text{ mm} \qquad\qquad h_0 = 15,13 \text{ mm}$$

damit ist

$$\varphi = \ln \frac{h_0}{h_1} = 0,79 \qquad\qquad \varphi = 0,771$$

und

$$k_f = 680 \,\frac{N}{mm^2} \qquad\qquad k_f = 160 \text{ N/mm}^2$$

$$A_1 = b \cdot h_1 = 3000 \text{ mm}^2$$

$$F = 0,5\,A_1 \cdot \frac{k_f}{\eta} \cdot \varphi = 1346 \text{ kN} \qquad F = 308 \text{ kN} \qquad \text{Umformhaft}$$

$$M_t = F \cdot r = 49,8 \text{ kNm} \qquad\qquad M_t = 11,4 \text{ kNm} \quad \text{Walzendrehmoment}$$

$$P = 2 M_t \cdot \omega = 3983 \text{ kW} \qquad\qquad P = 913 \text{ kW} \quad \text{Antriebsleistung.}$$

Man sieht, daß bei gleichem Umformgrad oder Warmumformung Kräfte, Momente und Leistungen um den Faktor 4 kleiner sind.

3.3.6 Strangpressen

Strangpressen dient vorwiegend zur Herstellung von asymmetrischem, nicht rotationssymmetrischem Halbzeug. Man unterscheidet

— mittelbares Strangpressen (Bild 3.33) und
— unmittelbares Strangpressen (Stempel = Matrize; Werkstofffluß entgegen der Stempelbewegung).

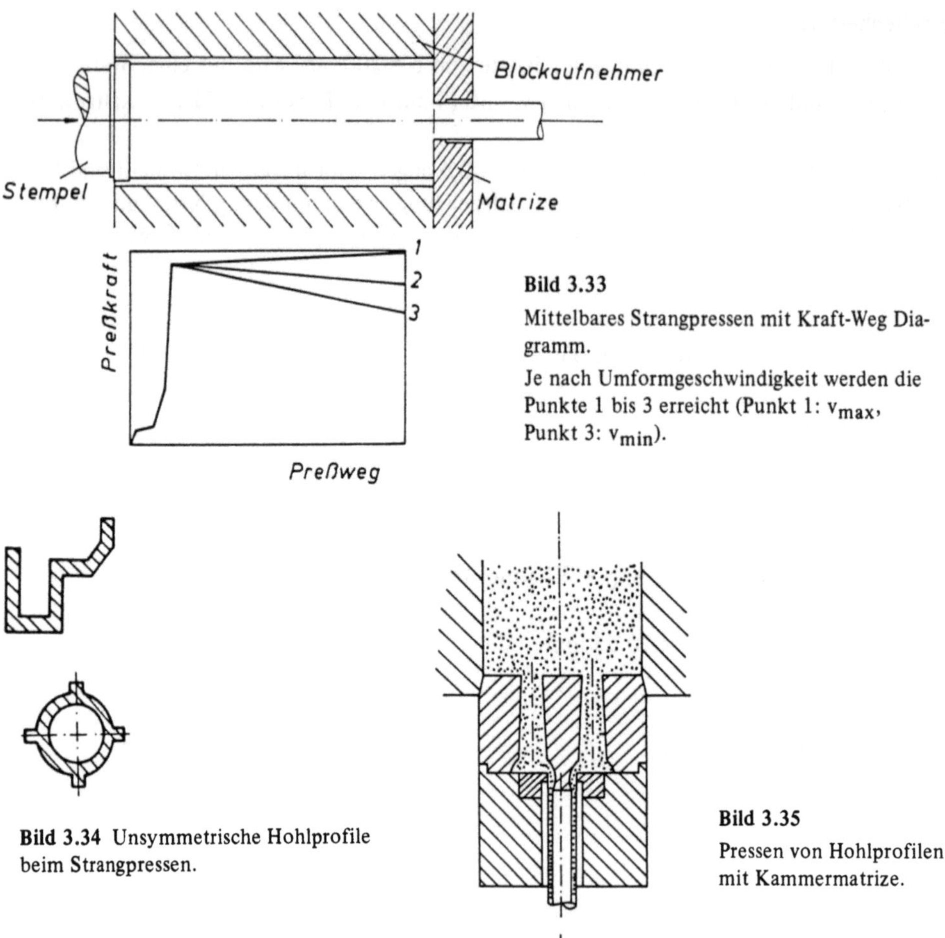

Bild 3.33
Mittelbares Strangpressen mit Kraft-Weg Diagramm.

Je nach Umformgeschwindigkeit werden die Punkte 1 bis 3 erreicht (Punkt 1: v_{max}, Punkt 3: v_{min}).

Bild 3.34 Unsymmetrische Hohlprofile beim Strangpressen.

Bild 3.35
Pressen von Hohlprofilen mit Kammermatrize.

Hohlprofile (Bild 3.34) können durch besonders ausgebildete Matrizen erzeugt werden wie z. B.

- Kammermatrizen (Bild 3.35) oder
- Bügelmatrizen.

Die *Kammermatrize* besitzt nierenförmige Einläufe, durch die das Material in den unteren Teil einläuft. Dabei wird es gut durchmischt und tritt als Rohr aus. Hinsichtlich der Reibungsverhältnisse im Blockaufnehmer unterscheidet man zwischen

- Pressen mit Schale ohne Schmierung und
- Pressen ohne Schale mit Schmierung.

Beim Pressen ohne Schale muß der Block vor dem Bearbeiten vom Zunder befreit (abgedreht) werden. Die Preßtemperaturen sind vom Werkstückwerkstoff (Al ~ 700, Cu ~ 1 100, St ~ 1 200 K) und der Preßgeschwindigkeit (4 … 360 m/min) abhängig. Dabei ist diese Temperaturführung beim Strangpressen von entscheidender Bedeutung. Zu hohe Temperatur fügt dem Werkstoff Schaden zu, zu geringe Temperaturen führen zu hohen Fließ-

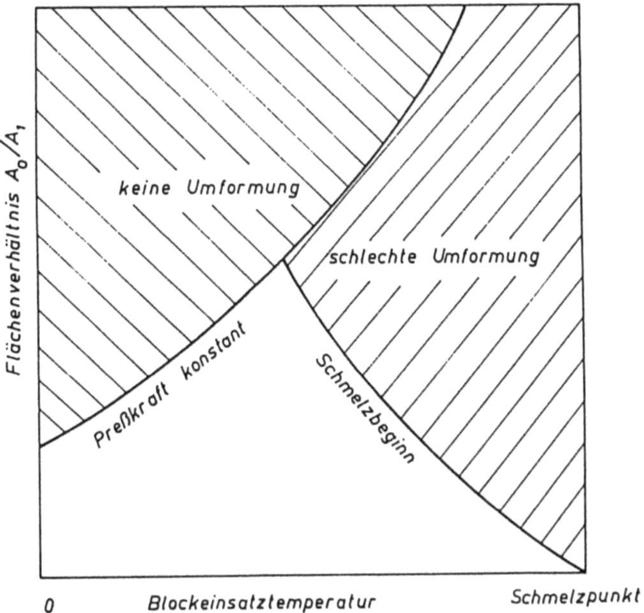

Bild 3.36 Das Flächenverhältnis über der Blockeinsatztemperatur zeigt die Grenzen des Strangpressens auf. Dabei spielen große Flächenverhältnisse und hohe Schmelzpunkte eine große Rolle [3/31].

spannungen. Zu kleine Preßkräfte (Bild 3.33 Fall 1) zeigt die Grenzen auf, innerhalb derer ein Strangpressen möglich ist (Bild 3.36 nicht schraffierter Bereich).

Zur Schmierung wird Glaspulver benutzt, das durch die hohen Temperaturen und Druck erwärmt, plastisch fließt und sich als Wärmeisolierung zwischen Werkzeug und Werkstückteil legt.

Normen

DIN 1748   Strangpreßprofile (Aluminium)
DIN 1770   Rechteckstangen gepreßt (Aluminium)
DIN 1799   Rundstangen gepreßt (Aluminium)
DIN 59700 Vierkantstangen gepreßt (Aluminium)
DIN 59701 Sechskantstangen gepreßt (Aluminium)
DIN 9711   Strangpreßprofile (Mg)

3.3.7 Strangziehen

Strangziehen gehört in der Drahtherstellung mit zu den ältesten bekannten Fertigungsverfahren. Die geringste durch Warmwalzen wirtschaftlich erreichbare Drahtdicke liegt für Stahl bei ca. 5 mm und für Aluminium bei ca. 12 mm. Darunter kühlt der Draht zu sehr ab. Gleichzeitig erhöht sich die Reibung wegen der Zunderbildung. Unter Verwendung von *Ziehdüsen* bei Raumtemperatur wird das Material nach Entfernung des Zunders und unter Schmierung gezogen (Bild 3.37).

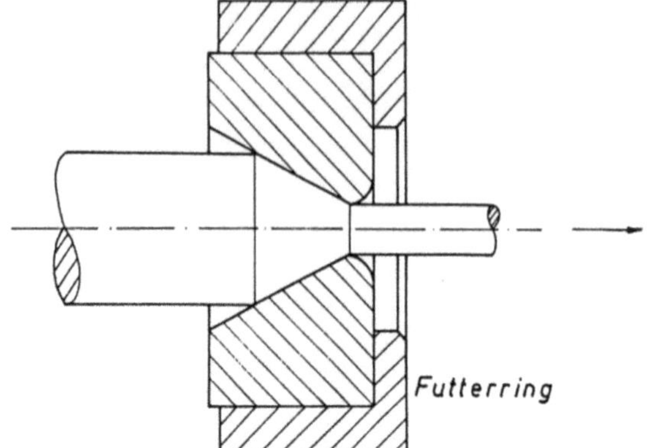

Bild 3.37
Werkzeugdarstellung beim Strangpressen
(schematisch).

Man unterscheidet

- Grobzüge   für $\varnothing$ von 16,0 ... 4,2 mm,
- Mittelzüge   für $\varnothing$ von   4,2 ... 1,6 mm,
- Feinzüge   für $\varnothing$ von   1,6 ... 0,7 mm sowie
- Kratzenzüge   für $\varnothing$ unter 0,7 mm.

Coils mit Draht bis 450 kg, geglüht und entzundert, werden angespitzt in das Ziehwerkzeug eingeführt und auf einer Ziehtrommel aufgewickelt. Dabei werden 5 ... 10 % Umformgrade bei Stahl erreicht.

Auf *Mehrdrahtziehanlagen* werden bei Ziehgeschwindigkeiten von 50 m/s mit bis zu 21 Züge erreicht [3/38].

Bei der Schmierung differenziert man hinsichtlich

- Trockenzug (Seife, Paraffine) und
- Naßzug (Öl).

Beim Strangziehen können beliebige Querschnitte hergestellt werden. Als Ziehwerkzeuge werden verwandt

- Zieheisen (HSS)
    englisches Zieheisen (12 ... 18 Löcher für harte Drähte),
    deutsches Zieheisen ($\sim$ 120 Löcher für dünne Drähte),
    Wiener Zieheisen (für sehr harte, extrem dünne Drähte),

  Ziehsteine (HM G 1 bis G 4)
    für Grobzüge,

- Diamantziehsteine
    für dünne Drähte an Mehrdrahtziehanlagen.

Da bei fortschreitendem Ziehen der Draht immer härter wird, muß er nach einer gewissen Querschnittsabnahme, um nicht zu reißen, einer *Glühbehandlung* unterzogen werden.

Man kennt folgende Glühverfahren:

- Vorglühen zur Schaffung eines günstigen Ziehgefüges,
- Blankglühen unter Verwendung von Schutzgas,
- Patentieren auf 1 000 ... 1 400 K und im Salzbad auf ca. 800 K (Federdraht),
- Schlußglühen wenn der Draht weich zur Ablieferung kommt.

Dafür werden Eintopf-, Topf-, Hauben-, Mulden-Glühöfen sowie Kanal- und Durchziehöfen eingesetzt.

Normen

DIN 1769   Rechteckstangen, gezogen mit scharfen Kanten (Aluminium)
DIN 1796   Vierkantstangen gezogen (Aluminium)
DIN 1797   Sechskantstangen gezogen (Aluminium)
DIN 1798   Rundstangen gezogen (Aluminium)
VDI 3173   Ziehen von Rohren aus NE-Metallen

Rechenbeispiel

Von einem Ausgangsquerschnitt D = 700 mm soll Stangenmaterial aus CK 10 mit einem Endquerschnitt d = 40 mm hergestellt werden. Durch Naßschmierung wird ein Reibungsbeiwert $\mu = 0,1$ erreicht. Der Ziehring hat den Einlaufwinkel $\alpha = 20°$.

Wieviele Arbeitsgänge müssen hintereinandergeschaltet werden? Wie groß ist der Kraftbedarf je Ziehstation?

φ_{max} bis R_m aus Fließkurve ist $\varphi = 1,25$

$$A_0 = \frac{\pi}{4} \cdot D^2 = 3,848 \cdot 10^5 \ mm^2$$

$$A_1 = \frac{\pi}{4} \cdot d^2 = 1,257 \cdot 10^3 \ mm^2$$

$$\varphi_{ges} = \ln \frac{A_0}{A_1} = 5,724$$

$$\varphi_{ges} = \varphi_1 + \varphi_2 + \varphi_3 \quad mit \quad \varphi_i = 1,25 \quad aus \quad \varphi = \ln \frac{A_0}{A_1} = 1,25 \quad jeweils \ A_i$$

$$A_1 = \frac{A_0}{e^\varphi} \qquad\qquad F = F_{id} + F_R' + F_S$$

$$F = A_1 \cdot k_f \varphi \cdot \left[1 + \frac{\mu}{\tan \alpha} + \frac{2}{3} \cdot \frac{\tan \alpha}{\varphi} \right]$$

	1	2	3	4	5
A_i mm^2	$1,1 \cdot 10^5$ 1,25	$3,15 \cdot 10^4$ 1,25	$9 \cdot 10^3$ 1,25	$2,59 \cdot 10^3$ 1,25	$1,26 \cdot 10^3$ 0,73
$k_f \ \frac{N}{mm^2}$	650				610
$\frac{\mu}{\tan\alpha}$	0,274				
$\frac{2}{3} \frac{\tan\alpha}{\varphi}$	0,194				0,33
F_{id} N	$95 \cdot 10^6$	$28 \cdot 10^6$	$77 \cdot 10^5$	$22 \cdot 10^5$	$58 \cdot 10^4$
F_R N	$26 \cdot 10^6$	$7,7 \cdot 10^6$	$21 \cdot 10^5$	$6 \cdot 10^5$	$16 \cdot 10^4$
F_s N	$18 \cdot 10^6$	$5,5 \cdot 10^6$	$15 \cdot 10^5$	$4 \cdot 10^5$	$19 \cdot 10^4$
F_i kN	$139 \cdot 10^3$	$41,2 \cdot 10^3$	$11,3 \cdot 10^3$	$32 \cdot 10^2$	$9,3 \cdot 10^2$

5 Arbeitsgänge mit Zwischenglühvorgängen müssen durchgeführt werden.

3.4 Halbzeugverarbeitung

Während sich für die Blechweiterverarbeitung eine Vielzahl von Verfahren anbietet, hinsichtlich Form und Losgröße unterschiedlich, geschieht die Halbzeugverarbeitung bei Stangen- und Rahtmaterial weitgehend durch

- Massivkalt-,
- Massivhalbwarm- und
- Massivwarmumformung.

3.4.1 Massiv-Kaltumformung

Bild 3.38 zeigt die Unterschiede zwischen der Massiv-Kaltumformung und der Halbwarm- und Warmumformung.

In Bild 3.39 sind die Bereiche der Halbwarm- und Warmumformung in Abhängigkeit der Temperatur dargestellt.

	Kaltmassivumformung: Kaltstauchen Prägen Kaltfließpressen	Halbwarmmassivum- formung: Warmfließpressen	Warmmassivumformung: Gesenkformen
Vorteile	sehr dünne Materialzugabe, hohe Genauigkeit, hohe Standmengen der Werkzeuge, gute Oberflächengüte	kleine Umformkräfte	kleine Umformkräfte
Nachteile	Phosphatieren, evtl. Glühvorgang, Strahlen, hohe Festigkeiten, hohe Umformkräfte	Erwärmung der Werk- stücke auf 1100 K	Erwärmung der Werk- stücke auf 1500 K, geringe Genauigkeit, hohe Materialzugaben (z.B. Grat), Gratbildung
Norm	DIN 1654 EUR 119 DIN 59604 VDI 3143 VDI 3128 VDI 3171 VDI 3138 VDI 3170 VDI 3186 VDI 3183 VDI 3176	VDI 3166	DIN 3131, 3132 DIN 3135 VDI 3180

Bild 3.38 Vorteile und Nachteile beim Gesenkformen sowie beim Kaltfließpressen und Halbwarmfließpressen mit den entsprechenden Normen.

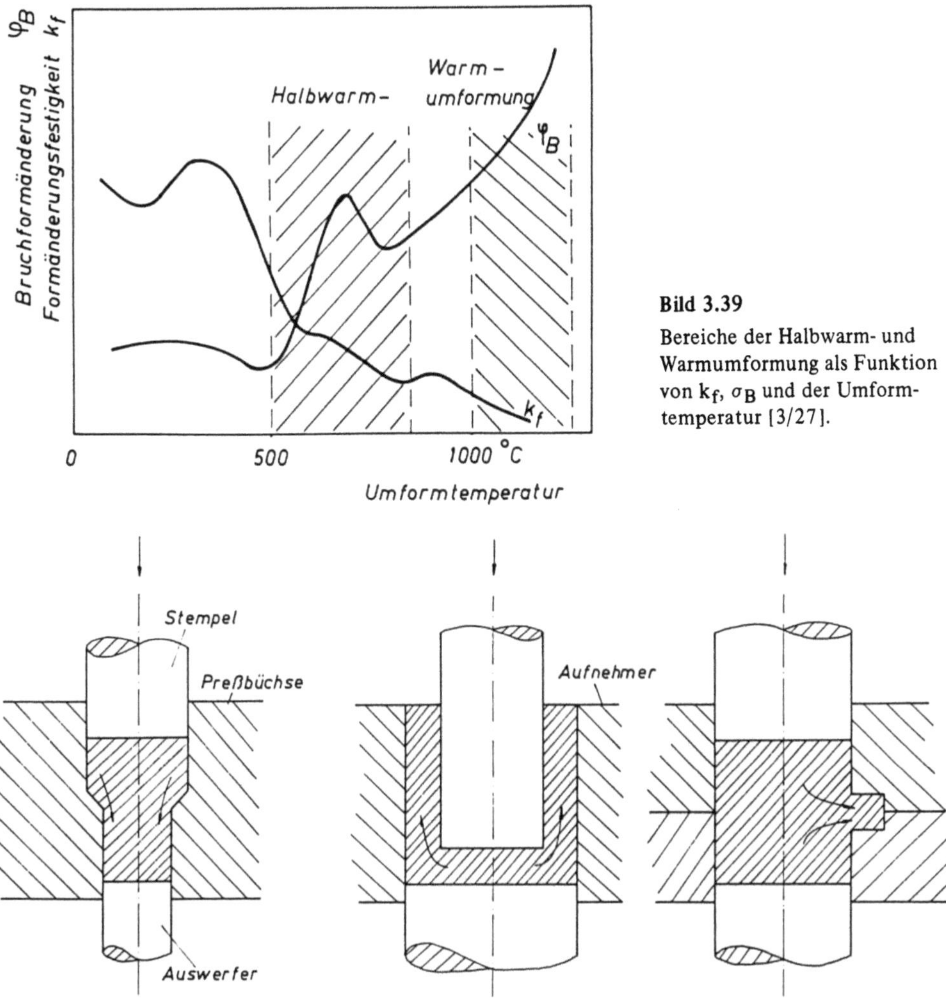

Bild 3.39
Bereiche der Halbwarm- und Warmumformung als Funktion von k_f, σ_B und der Umformtemperatur [3/27].

Bild 3.40 Stempelbewegung und Materialfluß beim Vorwärts-, Rückwärts- und Querfließpressen a bis c.

3.4.1.1 Fließpressen

Nach DIN 8582 gehört das *Fließpressen* zur Durckumformung. Man unterscheidet zwischen Voll-, Hohl- und Napffließpressen und vom Werkstofffluß zwischen

- Vorwärts-,
- Rückwärts- und
- Querfließpressen (Bild 3.40).

In der Regel wird das Fließpressen als Verfahren der Kaltmassivumformung angesehen. Dann muß für eine gute *Schmierung* gesorgt werden, so daß keine Kaltpreßschweißung zwischen Werkstück und Werkzeug eintritt. Bedingt durch die hohen Umformkräfte und die glatte Oberfläche gelangt erst Mitte der Dreißiger Jahre das Kaltfließpressen von Stahl durch Anbringen von einem *Schmiermittelträger*. Durch Erwärmen des Werkstückwerkstoffes können beim Halbwarm- oder Warmfließpressen die Umformkräfte begrenzt werden. Die Werkstückgenauigkeiten und Oberflächengüten beim Kaltfließpressen sind gut ($> IT\ 5$, $R_t > 10\ \mu m$) und das Aufmaß ist gering. Durch die verschiedenen Methoden ist fast jede beliebige Form mit dem Verfahren herstellbar. Diese Faktoren führen dazu, daß das Kaltfließpressen den spanenden Verfahren Drehen und eventuell Schleifen, aber auch dem Gesenkformen Konkurrenz macht. Begrenzt wird diese Konkurrenzfähigkeit durch das im allgemeinen teuere dreiteilige Werkzeug. Wegen der hohen Kaltverfestigung müssen die Werkstücke vor einer spanenden Weiterbearbeitung einem Glühvorgang unterworfen und danach durch Kugelstrahlen entzundert werden.

3.4.1.1.1 Wirtschaftlichkeitsvergleich Kaltfließpressen – Drehen

In einem Wirtschaftlichkeitsvergleich wird untersucht, ob ein zerspantes oder ein kaltfließgepreßtes Teil kostengünstiger ist. Dazu sind zunächst in Bild 3.41 Daten zusammengetragen. Bei dem Werkstück handelt es sich (Bild 3.42) um die Einlaufmutter für die Bremsleitungen in die Brems- und Hauptbremszylinder an einem Pkw (ca. 10 Stück/Fahrzeug). Dazu mußte das ursprünglich spanend hergestellte Teil (oben) umkonstruiert werden, um dem geänderten Verfahren angepaßt zu werden (unten).

Bild 3.43 zeigt eine Übersicht der Werte zur Berechnung der Stückkosten und in Bild 3.44 schließlich sind die einzelnen Stückkostenteile tabellarisch dargestellt.

Während Bild 3.45 den Werkzeugplan des Mehrspindeldrehautomaten (Sechskantmaterial) veranschaulicht, kann man in Bild 3.46 die vier Stufen in der Herstellung auf der Kaltfließpresse sehen. In Bild 3.47 sind Stückkosten als Funktion der Stückzahl aufgetragen.

		Stangenautomat	Kaltfließpresse
Anschaffungsjahr der Maschinen		1963	1968
Anschaffungswert der Maschinen (mit Werkzeugeinrichtungen)	DM	103.000	570.000
Wiederbeschaffungswert	DM	140.000	570.000
Kalkulatorischer Anlagerestwert	DM	17.167	–
Verkaufserlös ./. Abbruch	DM	10.000	–
nicht realisierter Maschinenrestwert	DM	7.167	–
Verrechneter Kapitaleinsatz		–	577.000
Restnutzungsdauer	Jahre	1	6
Stückkosten	DM/Stück	0,103	0,047
Kosten/Jahr	DM	978.500	446.500
Wirtschaftlichkeit des Verfahrens	DM/Jahr	–	532.000
– Abschreibung/Jahr der alten Anlage	DM/Jahr	–	– 188.698
+ Instandhaltungskosten der alten Maschine eingespart	DM/Jahr	–	+ 75.407
Maschine eingespart	DM/Jahr		+ 502
Wirtschaftlichkeit des Verfahrens pro Jahr	DM		419.211

Bild 3.41 Wirtschaftlichkeitsvergleich: Drehen-Kaltfließpressen [3/53] Zusammenstellung der Daten.

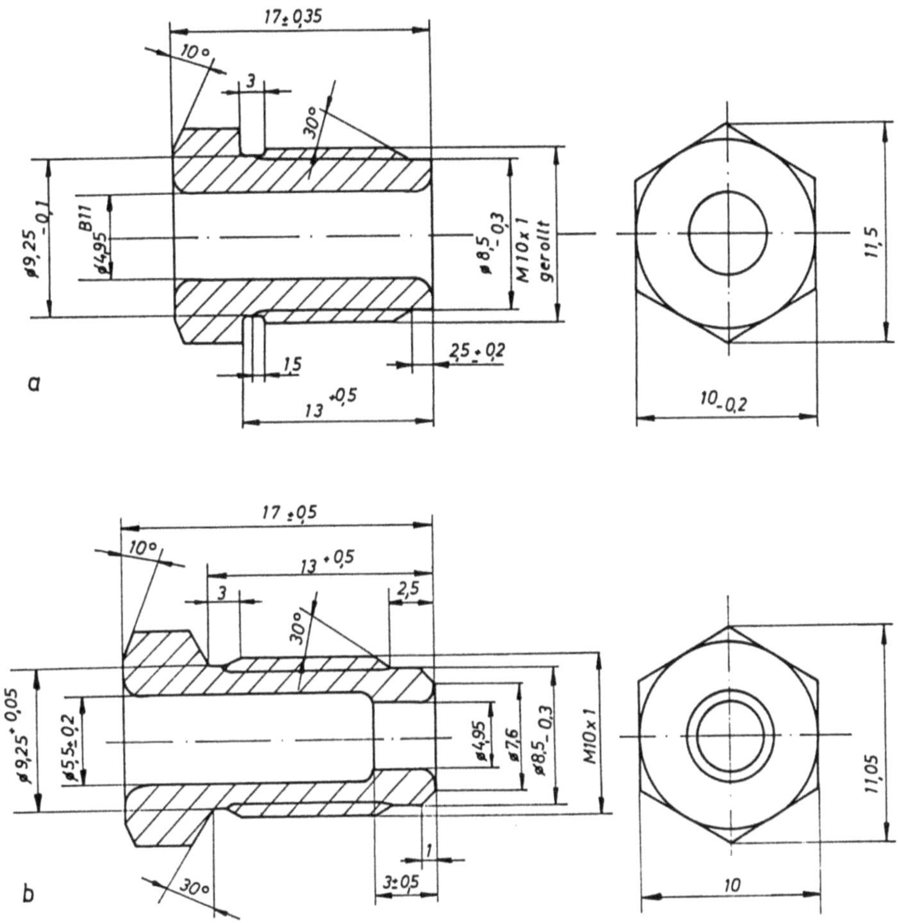

Bild 3.42 Werkstückumkonstruktion: Drehen (a), Kaltfließpressen (b).

		Stangenautomat	Kaltfließpresse
Anschaffungswert der Maschinen mit Werkzeugeinrichtungen	DM	je 103.000	570.000
Anzahl der Maschinen		11	1
Schichteinsatz		2-Schicht-Betrieb	2-Schicht-Betrieb
jährliche Nutzungszeit	h	je 3.280	3.280
Lebensdauer der Maschinen	Jahre	6	6
Anzahl der Arbeitskräfte pro Schicht (3-Masch.-Bedienung)		4	2
Maschinenausnutzungsgrad	%	86	65
Maschinennennleistung	kW	je 7,5	20
Preis pro KWh	DM	0,10	0,10
Maschinengemeinkosten nach BAB	DM/h	je 4,00	6,00
erforderliche Produktionsfläche	m^2	je 20	60
Quadratmeterpreis pro Monat	DM	3,40	3,40
Lohn- und Sozialkosten (70 %) pro Arbeitskraft	DM/h	11,00	11,00
Lohngemeinkosten (50 % v. Lohnk.)	DM/h	5,50	5,50
Zeitgrad 60/60 min/min		1	1
Prozentsatz v. Anschaffungswert	%	40	40
durchschnittl., jährl. Zinssatz	%	7	7
jährliche Losgröße	Stück	9,5 Mill.	9,5 Mill.

Bild 3.43 Berechnung der Stückkosten für die Verfahren Drehen und Kaltfließpressen.

		Stangenautomat		Kaltfließpresse
		1 Masch.	11 Masch.	
Kalkulatorische Abschreibung	DM/h	5,23	57,53	29,32
Kalkulatorische Zinsen	DM/h	1,10	12,10	6,16
Raumkosten	DM/h	0,25	2,75	0,75
Energiekosten	DM/h	0,65	7,15	1,30
Werkzeugkosten	DM/h	6,00	66,00	28,00
Instandhaltungskosten	DM/h	2,09	22,99	11,73
Maschinengemeinkosten	DM/h	3,50	38,50	6,50
Lohnkosten	DM/h	3,67	40,37	22,00
Lohngemeinkosten	DM/h	1,84	20,24	11,00
Maschinenstundensatz	DM/h	25,33	278,63	116,76
Fertigungskosten	DM/Stck		0,092	0,040
Materialkosten	DM/Stck		0.011	0,007
Stückkosten	DM/Stck		0,103	0,047

Bild 3.44 Tabellarische Übersicht der Stückkosten beim Wirtschaftlichkeitsvergleich: Drehen-Kaltfließpressen.

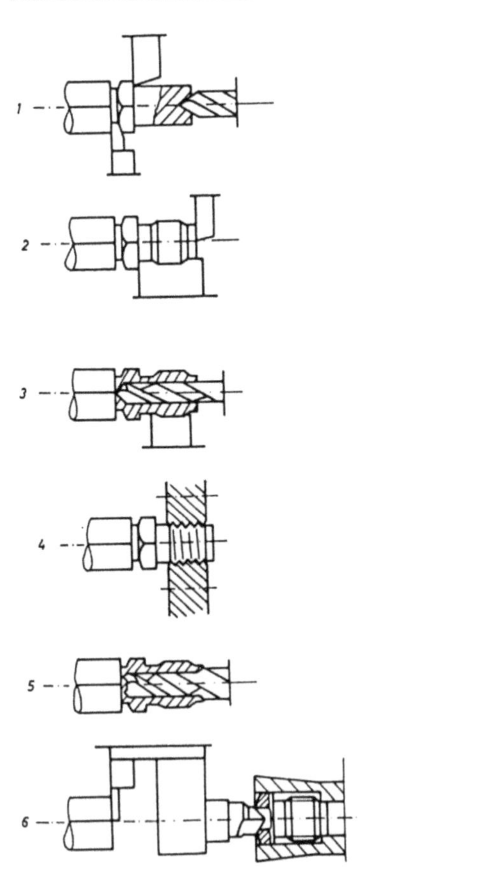

Bild 3.45 Werkzeugplan für die Herstellung des Werkstückes Hohlmutter auf einem Sechsspindel-Stangendrehautomaten aus Sechskantmaterial.

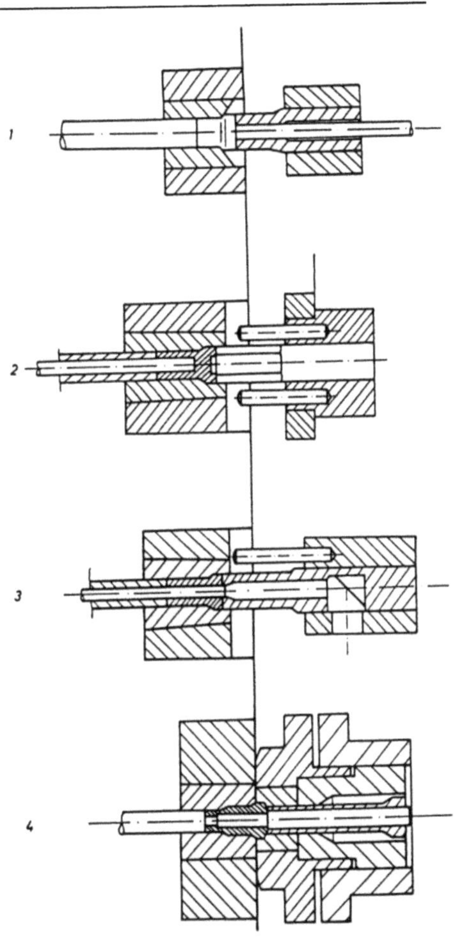

Bild 3.46 Werkzeugplan für die Herstellung des Werkstückes Hohlmutter durch Kaltfließpressen auf einer Vierstufen-Waagerechtkaltfließpresse.

Hier sieht man, daß sich nur bei größten Losgrößen $> 10^6$ Teile für die Kaltfließpreßfertigung gegenüber der Zerspanung durch Drehen eine Wirtschaftlichkeit ergibt. Das ist schließlich begründet in den kostspieligen Werkzeugmaschinen beim Kaltfließpressen.

Rechenbeispiel

Ein Werkstück aus AlMgSi mit den Abmessungen $\varnothing$ 15 mm $\times$ 20 mm wird nach Bild 3.40a durch Vorwärtskaltfließpressen bearbeitet.

Aus der Rechnung ergibt sich eine Umformkraft

$$F_{ges} = F_{id} + F_{sch} + F_R + F_R'$$

F_{id}	ideale Kraft
F_{sch}	Schubkraft am Rand der Verformungszone
F_R	Reibungskraft Stempel, Matrize
F_R'	Reibungskraft Wandung, Matrize

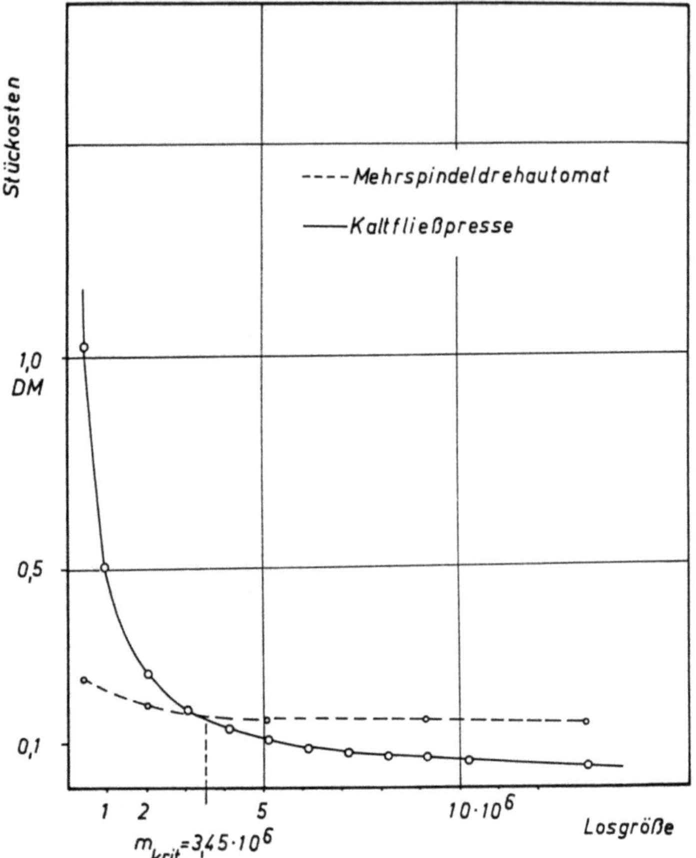

Bild 3.47 Wirtschaftlichkeitsvergleich Drehen-Kaltfließpressen in Abhängigkeit Stückkosten-Losgröße [3/53]. Kritische Stückzahl 3,45 Millionen Stück (Kostengleichheit).

$$F_{ges} = A_0 \cdot k_{fm} \cdot \varphi \cdot \left[1 + \frac{2}{3} \cdot \frac{\alpha}{\varphi} + \frac{\mu}{\sin\alpha \cdot \cos\alpha} + \pi \cdot D_0 \cdot l \cdot k_{f0} \cdot \mu \right]$$

$$A_0 = 176{,}7 \text{ mm}^2$$

$$A_1 = 78{,}5 \text{ mm}^2$$

$$\varphi = \ln \frac{A_0}{A_1} = 0{,}81$$

$$k_{fm} = 222 \text{ N/mm}^2$$

$$l = 8 \text{ mm}$$

$$k_{f0} = 190 \text{ N/mm}^2$$

$$\alpha = 30°$$

$$\mu = 0{,}2$$

$$F_{ges} = 74{,}4 \text{ kN} \quad \text{Umformhaft}$$

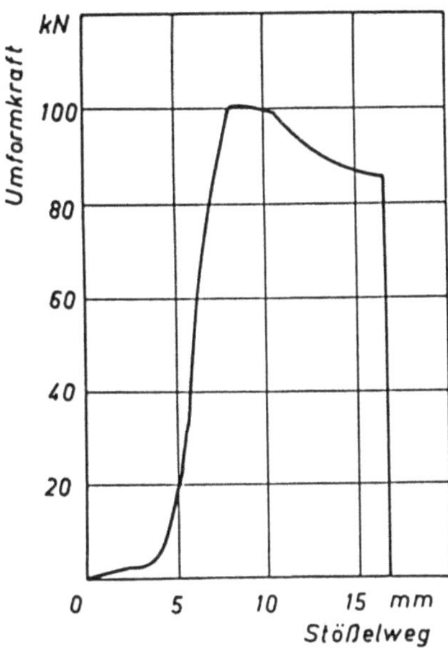

Bild 3.48
Kraft-Weg Diagramm beim Vorwärtskaltfließpressen
von AlMgSi ϕ 15 × 20 mm.

Bild 3.48 zeigt im Kraft-Weg Diagramm, daß diese errechnete mittlere Umformkraft in
guter Näherung mit dem Versuch übereinstimmt.

3.4.1.2 Rundkneten

Rundkneten ist ein maschinelles Streckschmieden. Es wird vorwiegend als Kaltumformverfahren zur Herstellung genauer Innenprofile ($>$ IT 7, $R_t > 1$ μm) angewandt (Gewehr-
rohre). Es werden Festigkeiten von 3000 N/mm^2 bei Formänderungen $\epsilon < 30$ % erreicht.

Die Formgebung wird durch umlaufende, austauschbare Formstößel vorgenommen, die
in einem umlaufenden Rollenkäfig (n < 3000 min^{-1}) über Kurven radial und kurz-
hubig auf das Werkstück auftreffen. Dabei erfährt das Werkstück einen Axialvorschub
(s $< 0{,}1$ mm/U) [3/49].

3.4.1.3 Prägen

Prägen gehört zu den Kaltumformverfahren. Unter Einwirkung hohen Druckes wird dabei
im wesentlichen nur die Werkstückoberfläche (Relief) verändert. Man unterscheidet zwischen

- Hohlprägen (Formstanzen von Blechen) und
- Massivprägen.

Das Massivprägen unterteilt nochmals [3/48] in

- Vollprägen (Münzherstellung),
- Kalibrieren (Maßprägen $>$ IT 8) und
- Glattprägen.

3.4.2 Massiv-Warmumformung

Das Schmieden wird, hinsichtlich der Werkzeugoberflächen, eingeteilt in

- Freiformen,
- Rundkneten (maschinelles Streckschmieden),
- Kaltstauchen,
- Gesenkformen und
- Prägen.

Während Kaltstauchen, Rundkneten und Prägen zur Massivkaltumformung zählen, gehören das Freiformen und Gesenkformen zur Massivwarmumformung.

Normen

DIN 7521

...

...

...

DIN 7529

3.4.2.1 Freiformen

Das Freiformschmieden wird neben der handwerklichen Herstellung heute nur noch bei größten Einzelteilen (Turbinenläufer, Generatorwellen usw.) angewandt. Man unterteilt

- Stauchen,
- Recken (nur ein Teil der Werkstücklänge wird verformt),
- Breiten,
- Sonstiges
    Lochen,
    Schlitzen,
    Erweitern,
    Schroten (Trennen),
    Absetzen.

3.4.2.2 Gesenkformen

Beim *Gesenkformen* wird in Ober- und Untergesenk die Kontur des späteren Werkstückprofils eingraviert.

Nach Form des Rohlings kann eine Einteilung in mehrere Verfahren vorgenommen werden. Man unterscheidet Gesenkformen von

- der Stange,
- dem Spaltstück.

Im Gesenk ist die Umformung durch die drei Grundarten

- Breiten,
- Steigen,
- Stauchen gekennzeichnet (Bild 3.49).

Ein großes Gratbahnverhältnis $\frac{b}{s}$ Bild 3.50 (breite Bahn, kleine Gratdicke) erfordert hohe Umformkräfte. Bild 3.51 zeigt in Phase 2 ein Breiten, in Phase 3 ein Steigen und in 4 füllt der Rückfluß aus dem Grat die letzte Rundung, wobei es hier u.U. zu Schmiedefehlern (Stiche) kommen kann.

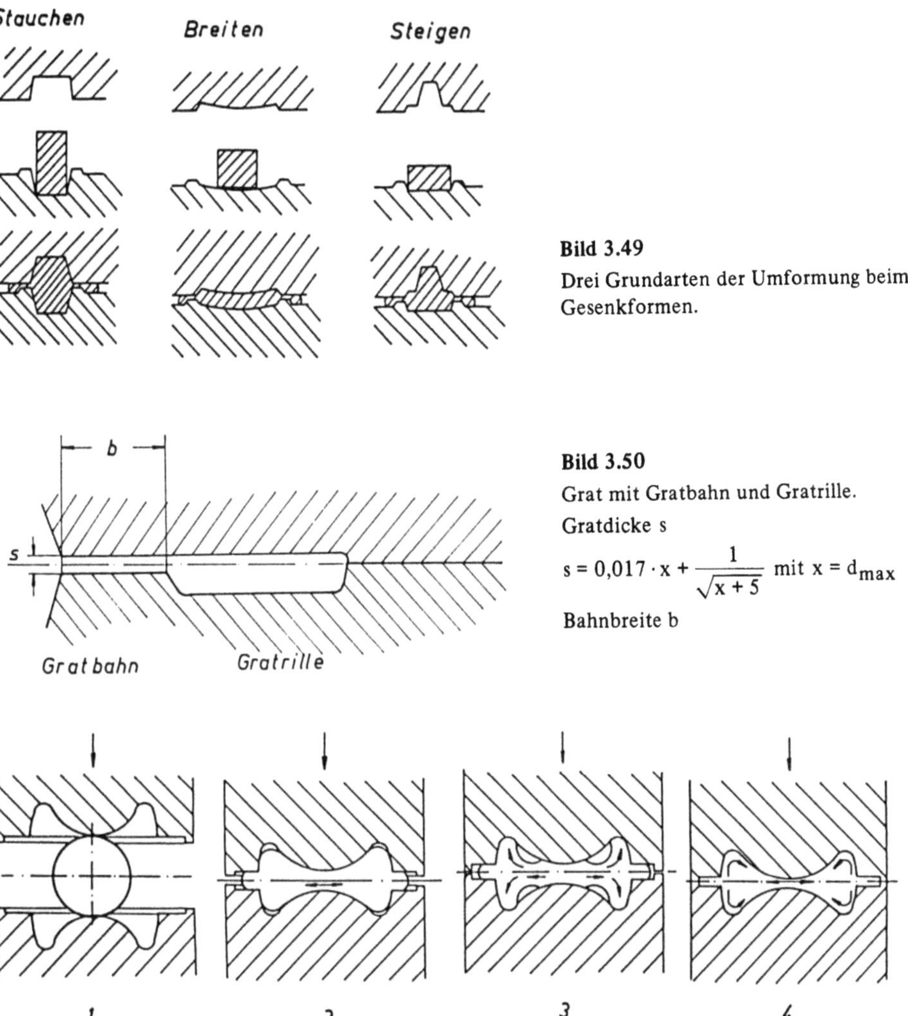

Bild 3.49
Drei Grundarten der Umformung beim Gesenkformen.

Bild 3.50
Grat mit Gratbahn und Gratrille.
Gratdicke s

$$s = 0,017 \cdot x + \frac{1}{\sqrt{x+5}} \quad \text{mit } x = d_{max}$$

Bahnbreite b

Bild 3.51 Umformphasen am Werkstück beim Gesenkformen mit Werkstofffluß.

Der Grat ist zur Aufnahme des überschüssigen Werkstoffes notwendig. Außerdem dient er zum Aufbau des Umformdruckes im Gesenk und zur Lenkung des Werkstoffflusses. Der Werkstofffluß kann

— begünstigt werden durch Vertiefen und Glätten der Gravur oder er wird
— erschwert durch Aufrauhen der Gratoberfläche.

Umformkräfte und Umformarbeiten werden nach den Schaubildern 3.52 bzw. 3.53 ermittelt. Dazu ist die Kenntnis der Gravurtiefe nach Bild 3.54 und die Umformgeschwindigkeit notwendig.

$$\omega_0 = \frac{v}{h_0} \frac{1}{s}$$

v Umformgeschwindigkeit, m/s
h_0 Werkstückanfangshöhe, m

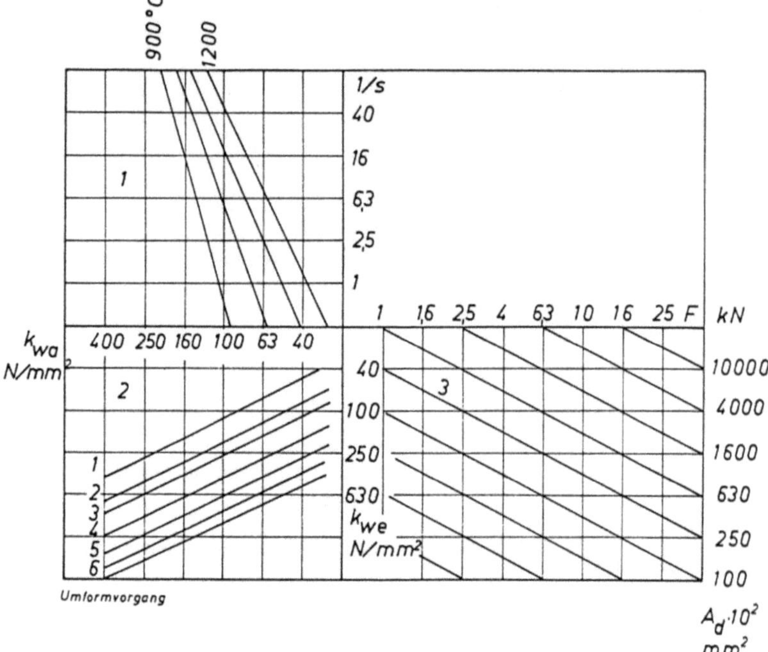

Bild 3.52 Nomogramm für die Umformkraft beim Gesenkformen [3/49].

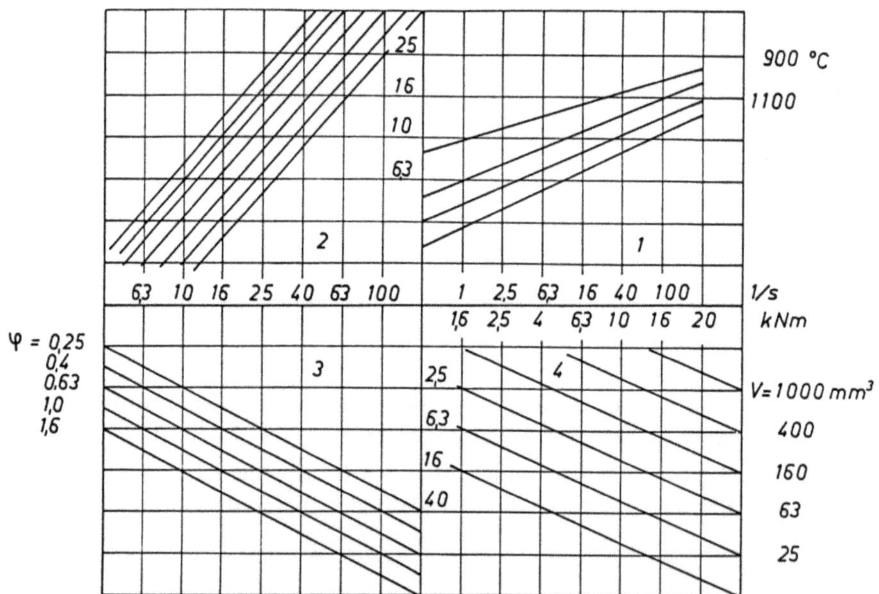

Bild 3.53 Nomogramm für die Umformarbeit beim Gesenkformen [3/49].

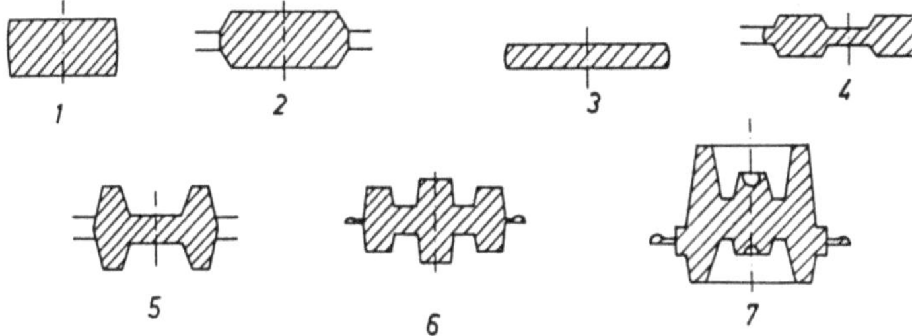

Bild 3.54 Gravurtiefe für die Benutzung der Nomogramme in 3.51 und 3.52 [3/49].

Preßmaschine	v m/s	ω_0 1/s
arbeitsgebunden (Hämmer)	5 ... 7	40 ... 160
kraftgebunden	0,2 ... 0,5	0,01 ... 10
weggebunden	0,4 ... 0,6	4 ... 25

Die Herstellung der Gesenke kann

- spanend, (s. Kapitel 4)
- abtragend oder
- spanlos erfolgen.

Durch die spezielle Bearbeitung glühender Werkstückwerkstoffe sind besonders warmfeste Gesenkwerkstoffe (siehe Kapitel 1) erforderlich. Zum Schutze des Gesenks gegen Verschleiß erfolgt Schmierung mit besonderen Kühlschmiermitteln (siehe Kapitel 1).

Die Genauigkeit hängt von der Steifigkeit der Preßmaschine (siehe Kapitel 1) und davon ab, ob es gelingt, vor allem bei Folgewerkzeugen den Umformvorgang mit dem höchsten Kraftbedarf in der Achse der Preßmaschine und den Rest der Vorgänge symmetrisch dazu einzuordnen.

Schmiedestücke können bei niedrigem Gewicht hohe dynamische Beanspruchungen ertragen. Sie zeichnen sich ferner durch gute Homogenität des Werkstoffes, beeinflußbaren Faserverlauf sowie gute Prüfbarkeit aus. Innere Fehler, wie z.B. Lunker und hohe Kerbwirkungen, entfallen völlig [3/45].

3.4.2.2.1 Wirtschaftlichkeitsvergleich Kaltfließpressen – Halbwarmfließpressen

		Kaltfließpressen	*Halbwarmfließpressen*
Anschaffungspreis Anlage	TDM	16 400	6 200
P_A	kW	277	440
A	m²	610	230
tg	s	6	4
Werkzeug	TDM	460	440
Standmenge (Teile)		32 000	25 000
Fabrikat		Mehrstufenpresse Schuler	

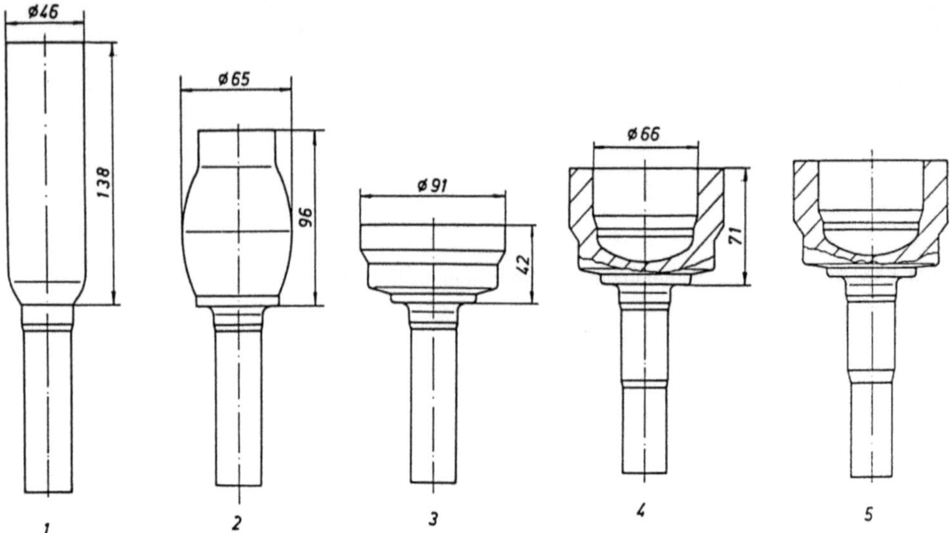

Bild 3.55 Arbeitsfolgen des Werkstückes Radzapfen
1 Vorwärtsfließpressen,   2 Stauchen,   3 Stauchen,   4 Rückwärtsfließpressen,   5 Vorwärtsfließpressen [3/52].

Werkstück Radzapfen Antriebswelle Cf 53 (1.1213) (Bild 3.55)
Rohmaterial $\varnothing$ 45 mm $\times$ 180 mm

Folgende Fertigungsstufen durchlaufen die Werkstücke im einzelnen beim

Kaltfließpressen		*Halbwarmfließpressen*	
		Trennanlage ($\pm$ 8 g)	
Phosphatieranlage,		Induktionsofen (1013 K $\pm$ 5 K)	
Mehrstufenkaltfließpresse,		Mehrstufenwarmfließpresse ($k_{fm} \sim 370$ N/mm^2)	
Entfettung,		Bild 7.16	
Rekristallisationsglühung,			
Phosphatierung,			
Mehrstufenkaltfließpresse,			
Normalglühung,			
		Rißprüfung	
Stückkosten	DM/Stück 11,83	9,4	
Materialkosten	DM/Stück 3,83	3,08	
Fertigungskosten	DM/Stück 8,–	6,32	

bei einer Stückzahl von $7{,}2 \cdot 10^5$ und Zweischichtbetrieb.

Der Kostenvergleich (5/1983) fällt zugunsten des Halbwarmfließpressens aus, weil hier
entscheidende Vor- und Nachbereitungsarbeitsgänge nicht notwendig sind.

3.4.2.2.2 Wirtschaftlichkeitsvergleich Kaltfließpressen – Halbwarmfließpressen – Gesenkformen

		Kaltfließpressen	*Halbwarmfließpressen*	*Gesenkformen*
Anschaffungspreis Anlage	TDM	8 120	6 200	6 130
P_A	kW	250	440	310
A	m²	610	230	300
tg	s	12	6	6
Werkzeug	TDM	215	385	154
Standmenge (Teile)		35 000	25 000	7 000
Fabrikat		Eitel	Eumuco	Eumuco

Werkstück Antriebskegelrad (Bild 3.56) Gesenkschmiedeteil mit Fertigkontur.

Zusätzliche Arbeitsgänge
zur Umformung

Phosphatieren,   Erwärmen auf 800 … 1 100 K   Erwärmen auf 1 500 K
Glühen   Entgraten
Strahlen.

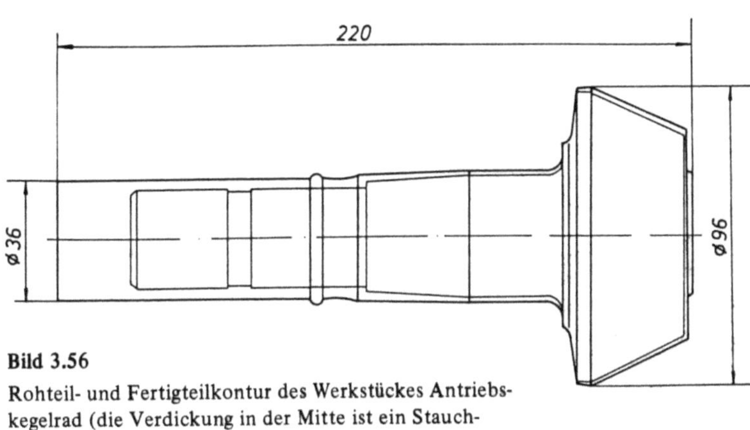

Bild 3.56
Rohteil- und Fertigteilkontur des Werkstückes Antriebskegelrad (die Verdickung in der Mitte ist ein Stauchwulst) [3/51].

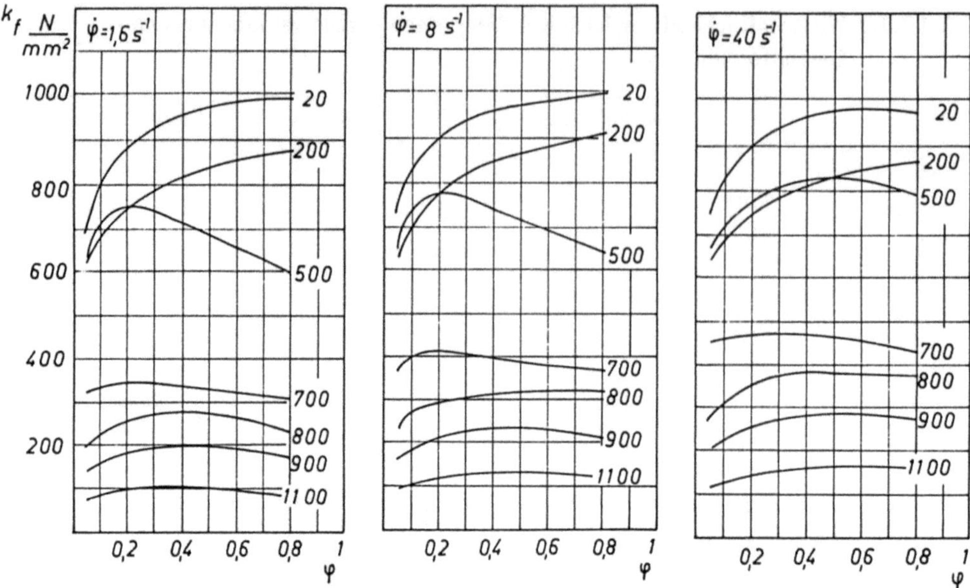

Bild 3.57 C45 normalgeglüht (1.0503) Warmfließpreßkurven. Die Erstellung der Kurven erfolgte mit dem Plastometer. Formänderungsfestigkeit als Funktion vom Umformgrad mit dem Einfluß der Temperatur in °C sowie der Umformgeschwindigkeit.

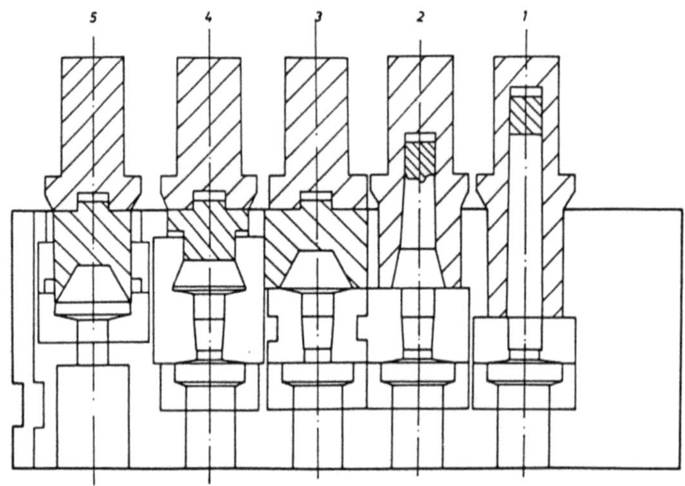

Bild 3.58 5-Stufenwerkzeug für das Werkstück Antriebskegelrad. Oberer Teil (schraffiert) stellt die Stempel dar. Unterer Teil des Werkzeuges (nicht schraffiert) ist die Zange, zur Entnahme der fertigen Werkstücke [3/51].

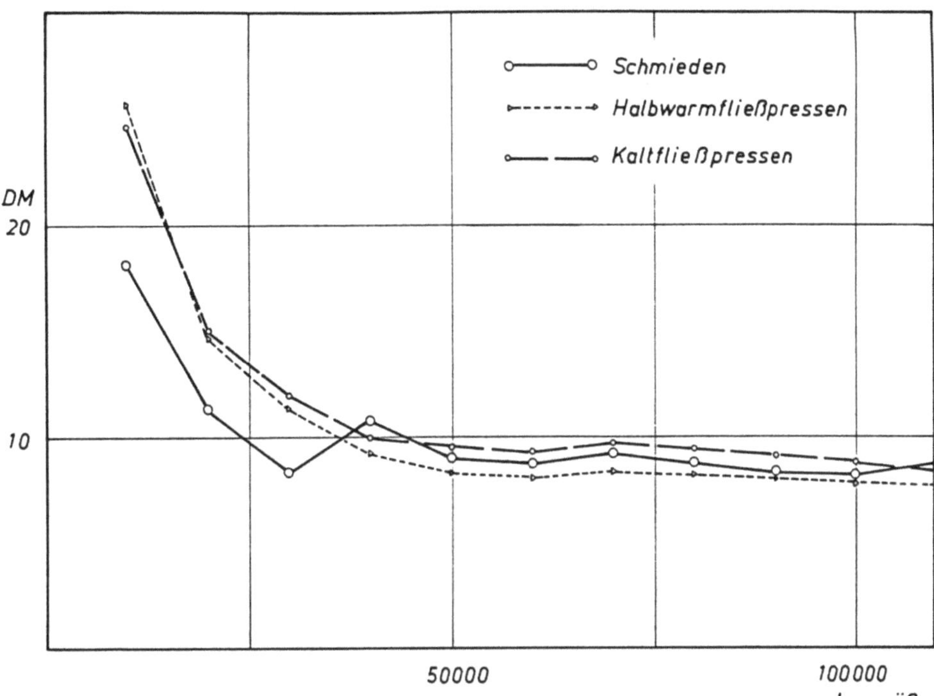

Bild 3.59 Stückkosten über der Stückzahl im Zweischichtbetrieb für das Werkstück Antriebskegelrad unter Berücksichtigung der Oben angegebenen Fertigung [3/51].

Durch die Warmumformung wird (Bild 3.57) gegenüber der Halbwarmumformung und dem Kaltfließpressen keine Bearbeitungsstufe Bild 3.58 eingespart. In Bild 3.59 sieht man Stückkosten in Abhängigkeit der Losgröße. Während im unteren Stückzahlbereich die Schmiedefertigung am preiswertesten ist, ergibt sich im Bereich großer Stückzahlen eine günstigere Produktion durch Halbwarmfließpressen (6/1983).

3.5 Blechverarbeitung

Neben der Massivwarm- und -kaltumformung unterscheidet man die Blechverarbeitung. Die spanlosen Verfahren der Blechverarbeitung sind in Bild 3.60 dargestellt. Dabei wird unterschieden nach der Werkstückform, der Stückzahl, der Kompliziertheit des Werkstückes usw. Ein wichtiges Unterscheidungsmerkmal ist die Stückzahl, denn sie bestimmt neben der Anforderung der Werkstückform die Kosten hinsichtlich der Komplexität des Werkzeuges.

3.5.1 Tiefziehen

Beim Tiefziehen erfolgt die Umwandlung eines ebenen Blechzuschnittes in einen Hohlkörper mit komplizierter Form durch einen (Anschlagzug) oder mehrere (Weiterschläge)

Verfahren	Stückzahl	Werkstückform	Werkzeug	Bemerkung
Tiefziehen	10^6	beliebige 3D-Form kompliziert	3teilig — teuer	geeignet für Anschlagzug
Abstreckziehen	10^6		2teilig	geeignet für Weiterzug nach Tiefziehen
Stülpziehen	10^6		2teilig	Anschlagzug
Streckziehen	10^2	beliebige 3D-Form einfach	1teilig, evtl. Holz, Kunststoff	wie Tiefziehen, nur billiger für Kleinserie
Drücken	10^2	rotationssymm. 3D-Form	1teilig	CNC-Werkzeugmaschine
Biegen	$10^2 \ldots 10^6$	beliebige 2D-Form	2teilig	CNC-Werkzeugmaschine
Hochgeschwindigkeitsumformung (Explosionsumformung)	10^0	beliebige 3D-Form kompliziert	1teilig, Kunststoff, Beton	Druckwelle in Wasser verstärkt

Bild 3.60 Übersicht über die spanlosen Verfahren der Blechverarbeitung.

Züge. Dabei verändert sich die Blechdicke des bearbeiteten Werkstoffes nicht. Es ist nach der Schubspannungshypothese

$$\sigma_v = \sigma_z - \sigma_d = 2\tau_{max} = k_f$$

σ_v Vergleichsspannung, $\dfrac{N}{mm^2}$

σ_z Zugspannung, $\dfrac{N}{mm^2}$

σ_d Druckspannung, $\dfrac{N}{mm^2}$

τ Abscherspannung, $\dfrac{N}{mm^2}$

Formänderung tritt ein, wenn die Formänderungsfestigkeit überschritten wird.

Das Werkzeug beim Tiefziehen ist dreiteilig (Bild 3.61).

Die Aufgabe des Niederhalters ist es, Faltenbildung im Hohlkörper zu vermeiden. Neigung zur Faltenbildung ist bei dünnem Blech stärker als bei dickem. Entstehen bei dem Umformvorgang Schwierigkeiten, so ist es durch folgende Änderung der Ziehbedingungen möglich, Abhilfe zu schaffen:

- Form und Anordnung von Ziehstärken,
- Form und Anordnung von Ziehwülsten (Bild 3.62),
- Ziehradius,
- Spalt zwischen Niederhalter und Ziehmatrize,
- Schmierung,
- Werkstoff,
- Werkstückform,
- Niederhalterkraft.

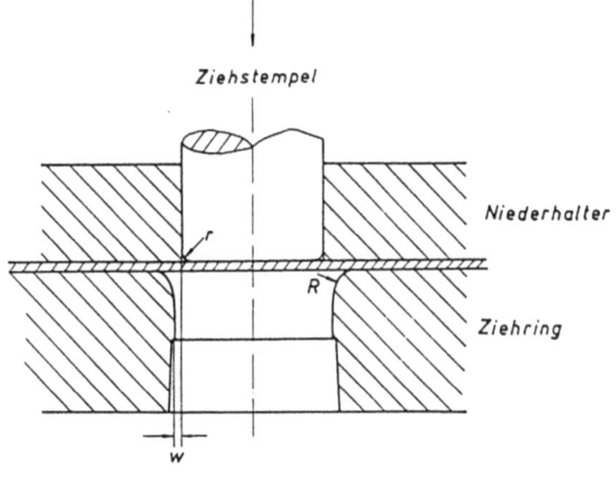

Bild 3.61
Tiefziehwerkzeug

Ziehspaltweite w

$w = s \cdot \sqrt{\beta_0}$

Stempelradius r

$r \cong 0,2 \cdot d - 4\,s$

Matrizenradius R

$R \sim 7 \cdot s, \quad R > r$

nach VDI 3175/AWF 5790.

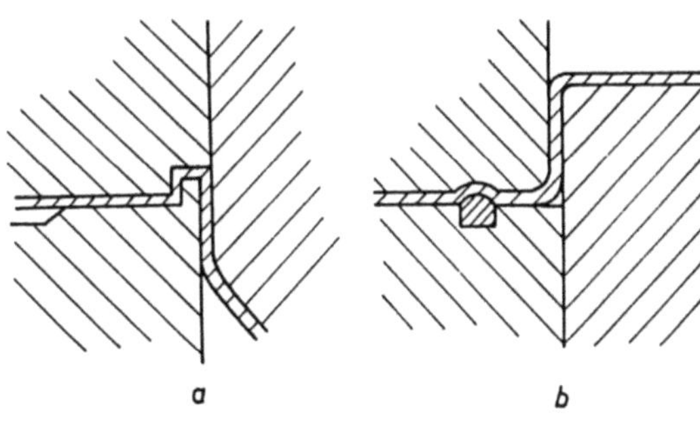

Bild 3.62
Anordnung von
Ziehwülsten a (zweimaliges Umlenken)
und
Ziehstäben b (dreimaliges Umlenken)
[3/26].

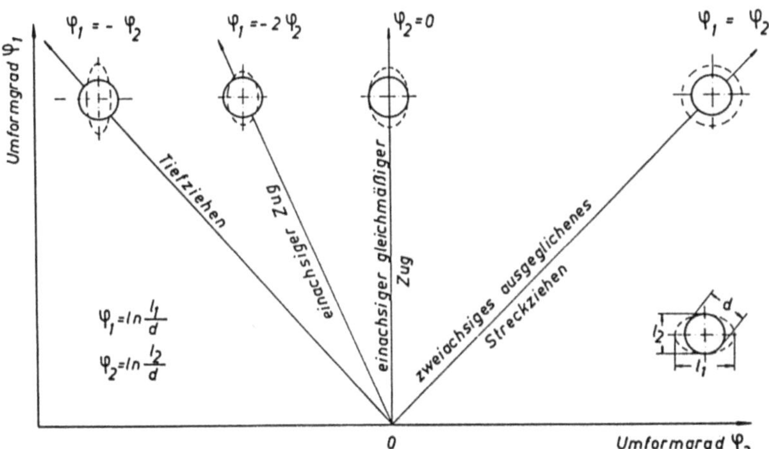

Bild 3.63 Formänderungen eines Liniennetzes. Das Bild zeigt die Grenzen der einzelnen Fertigungsverfahren der Blechweiterverarbeitung.

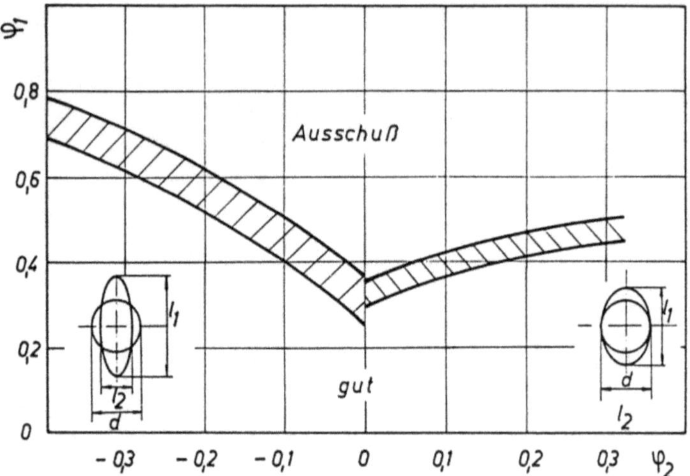

Bild 3.64 Grenzformänderungsschaubild.

Fehler	Ursache	Abhilfe
Eckrisse	Ziehbeanspruchung zu groß	
Risse am Rand	Mängel am Werkzeug	
Bodenrisse	Werkstofffehler	Blechqualität erhöhen
Bodenreißer	Ziehverhältnis zu groß	Zugabstufung wählen
Bodenabriß	Bodenreißkraft F_B Reibung am Niederhalter F_N.	Werkzeug ändern
Ziehriefen	Verschleiß am Ziehwerkzeug	Standzeiterhöhung der Werkzeugteile durch Oberflächenbehandlung

Bild 3.65 Fehler beim Tiefziehen, Ursachen und Abhilfe.

Sehr viel schwieriger als die Herstellung von rotationssymmetrischen Hohlkörpern ist das Tiefziehen kompliziert geformter Blechteile. Solche Werkstücke werden schon seit längerem bei Kraftfahrzeugen in Karosserie, Fahrwerk und Antrieb (Ölwanne) verwendet. Eine Möglichkeit zur Ermittlung örtlicher Formänderungen an Ziehteilen stellt die Meßrastertechnik dar [3/27]. Bild 3.63 zeigt die Veränderung eines Liniennetzes bei verschiedenen Beanspruchungsmöglichkeiten. Die Grenze der Umformbarkeit zeigt Bild 3.64. Auftretende Fehler sind in Bild 3.65 dargestellt.

Kenngröße der Umformung beim Tiefziehen ist

$$\beta = \frac{D}{d}$$

β Ziehverhältnis

e Beiwert Oberflächenbeschaffenheit (e = 0,05, $\mu \ll 0$, e = 0,15, $\mu < 1$)

$$\beta_{max} = (\beta + e) - \frac{e \cdot d_1}{100 \cdot s_0}$$

$$d_1 = \frac{D}{\beta_1}$$

β ist abhängig von

- Werkstückwerkstoff (spröder Werkstoff reißt leicht),
- Werkstückform (je größer Rundungen, desto besser),
- Blechdicke (je kleiner, desto schneller Falten),
- Schmierung,
- Niederhaltekraft,
- Ziehgeschwindigkeit,

Die Schmierung soll

- Werkzeugabnutzung,
- Werstückoberflächengüte und
- Umformkräfte

verkleinern.

Besondere Bedeutung kommt der Ermittlung des Zuschnittsdurchmessers durch Bestimmung des Linienschwerpunktes nach der Guldin'schen Regel zu (AWF 5791).

$$D = \sqrt{8\, l_{ges} \cdot x_0}$$

D Rundendurchmesser, mm

l_{ges} Summe der Teillängen, mm

x_0 Abstand Schwerlinie zu Symmetrieachse, mm

Zur besseren Unterscheidung sind in 3.1.5 die einzelnen Kräfte zusammengefaßt.

3.5.2 Abstreckziehen

Da meist die geforderte Form durch Tiefziehen im Anschlagzug nicht erreichbar ist, kombiniert man das Tiefziehen mit dem Abstreckziehen. Dabei wird die Wanddicke des zylindrischen Teils (gegenüber der Bodendicke) verringert. Das Werkzeug kommt ohne Niederhalter aus. Der prozentuale Betrag des Abstreckens kann bei gut tiefziehfähigem Stahl bis 50 % der größten Wanddicke betragen, wenn vorher geglüht wurde (ca. 95 % Wanddickenabhnahme ohne Zwischenglühen).

3.5.3 Streckziehen

Das Streckziehen benutzt einfache Werkzeuge. Als Verfahren mit 3 D-Möglichkeit eignet es sich dadurch für die Kleinserie. Es wird hauptsächlich im Lkw- und Omnibusbau bei der Herstellung kompliziert geformter Blechteile des Aufbaus verwendet (Bild 3.66).

Rechenbeispiel

Eine Blechronde aus St 12 (R_m = 300 N/mm^2) mit den Abmessungen $\varnothing$ 110 mm $\times$ 1 mm wird durch Tiefziehen zu einem Napf mit den Abmessungen $\varnothing$ 80 mm $\times$ 10 mm. Nach den Beziehungen

$$F_N = \frac{\pi}{4}(D^2 - d^2) \cdot p \qquad\qquad \text{Niederhaltekraft}$$

$$p = \left[(\beta - 1)^2 + \frac{d}{200\,s}\right] \cdot \frac{R_m}{400} \qquad \text{Niederhaltedruck}$$

$$F_u = A \cdot \frac{k_f}{\eta} \cdot (\varphi - c) \qquad\qquad \text{Umformkraft}$$

$$A = \pi \cdot d \cdot s.$$

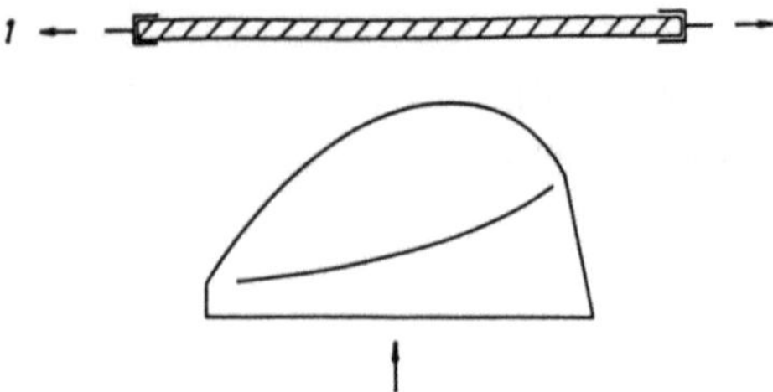

Bild 3.66 Beim Streckziehvorgang wird das Blech zunächst bis $R_{0,2}$ beansprucht (1) und dann (2) der Stempel dagegengepreßt.

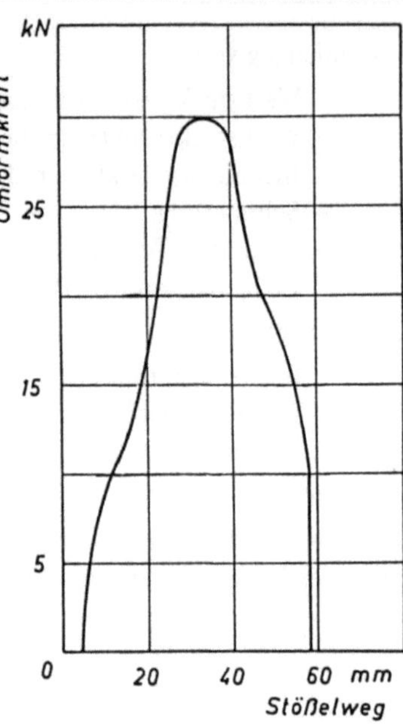

Bild 3.67 Kraft-Weg Diagramm für einen Tiefziehvorgang: Material St 12 ϕ 110 mm × 1 mm.

Es ergibt sich mit

$$k_f = f(\varphi) = 580 \text{ N/mm}^2$$

und $c = 0,18$

$$\eta = 0,6$$
$$p = 0,3792 \text{ N/mm}^2$$
$$F_N = 2161 \text{ N}$$
$$F_u = 29\,666 \text{ N}$$
$$F_s = 31,8 \text{ kN.}$$

In Bild 3.67 ist ein Kraftwegdiagramm auf einer hydraulischen 400 kN C-Gestellpresse mit elektrischen Kraft- und Wegaufnehmern aufgenommen. Der gemessene Wert stimmt in guter Näherung mit dem errechneten Wert überein.

3.5.4 Stülpziehen

Bei großen Zieverhältnissen $\beta = \dfrac{D}{d} \geqslant 2$ D Rondendurchmesser, mm

d Napfdurchmesser, mm

(Bild 3.68) ist die Herstellung von Dosen mit Anschlagzug im Tiefziehverfahren nicht mehr möglich. In der Ziehtechnik sind mehrere Verfahren bekannt, mit denen sich in einem Arbeitshub der Preßmaschine ohne Zwischentransport Ziehverhältnisse von $\beta > 2$ erreichen lassen. Eines dieser Verfahren ist das Stülpziehen. Dabei wird im Stülpziehen zunächst durch einen Hohlstempel der erste Zug hergestellt, dem unmittelbar darauf der zweite Zug in entgegengesetzter Richtung folgt. Der Hohlstempel dient dann als Ziehmatrize. Es liegt also beim Stülpziehen eine Umkehr der Bewegungsrichtung des Werkstoffes vor, wobei die außen befindliche Oberfläche des ersten Zuges nach innen gestülpt wird. Die Grenzen der Verformbarkeit liegen mehr in der Lochbeschichtung der Dose, als im Trägermaterial aus Stahlblech.

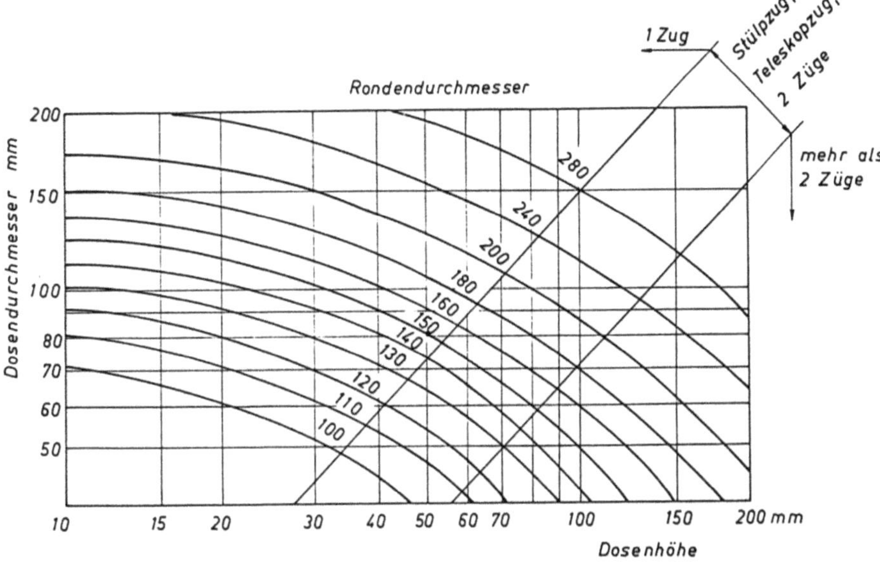

Bild 3.68 Nomogramm zur Ermittlung der Zügeanzahl für Dosen mit Bördelrand.

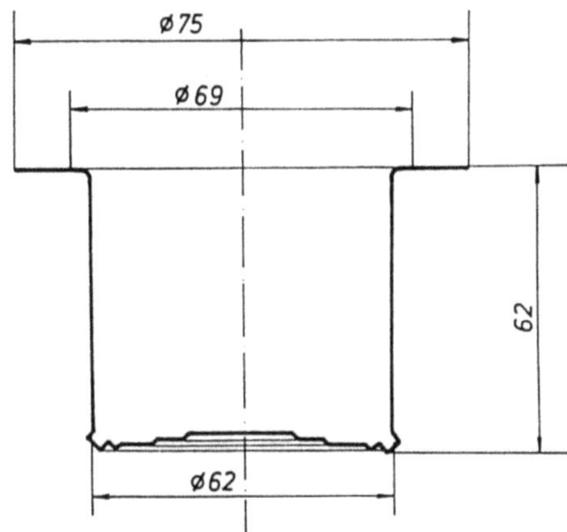

Bild 3.69

Dose aus Blechstreifen b = 276 mm,
Rondendurchmesser d = 144 mm.

Auf einer mechanischen C-Gestell-Exzenterpresse mit 630 kN Nennpreßkraft wird mit einer Hubzahl von 30 1/min aus einem Blechstreifen von 280 mm Breite jeweils zwei Blechdosen nach Bild 3.69 hergestellt. Die Folgebearbeitung ist in Bild 3.70 dargestellt mit

Arbeitsgang	Bearbeitung
1	Ronde von Ø 144 mm ausstanzen,
2	Napf vorziehen,
3	Stülpziehen,
4	Rand beschneiden und prägen,
5	fertige Dose (pneumatisch) auswerfen

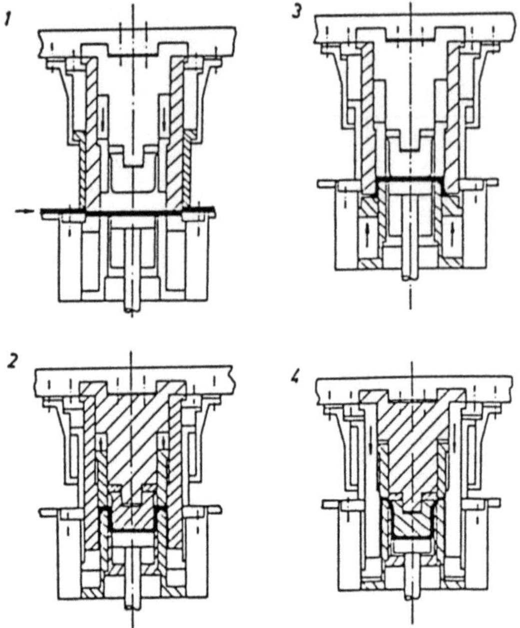

Bild 3.70
Bearbeitung und Werkzeug
beim Stülpziehen.

3.5.5 Hochenergie- und Hochleistungsumformung

Neben Erhöhung des Grenzumformungsgrades bieten die Verfahren der Hochenergieumformung (W groß) und der Hochleistungsumformung ($\frac{dW}{dt}$ groß) Erleichterung des Werkstoffflusses, Ausnutzung des Werkstoffverhaltens, Erhöhung der Arbeitsgenauigkeit, Einsparung von Arbeitsgängen und Werkstoffkosten.

Verfahren	Explosionsumformung	el. hydr. Verfahren	Magnetverfahren	pneum. med. Verfahren
Schema				Dynapak-Maschine
Medium	Flüssigkeit (Wasser)	Wasser	el. Feldlinien	Gas (Stickstoff)
Umformgeschwindigkeit m/s	300	300	300	20
Umformzeit s	10^{-3}	10^{-3}	10^{-4}	10^{-2}
Leistung kNm/s	10^{6}	10^{4}	10^{5}	10^{4}
Druck bar	60	10	4	10
Anwendung	Einzelteilfertigung	Rohrbearbeitung		

Bei der Hochenergieumformung wird ein Medium durch eine plötzliche Explosion zu einer Schockwelle veranlaßt, die auf das Werkstück auftrifft und Arbeit leistet.

3.5.6 Drücken

Man unterscheidet beim Drücken:

- gleichbleibende Wanddicke (Zugdruckumformen) und
- gestreckte Wanddicke (Druckumformen durch Walzen).

Nur für leichte Druckarbeiten können einfache Stabwerkzeuge verwandt werden, während man bei schweren Arbeiten umlaufende Rollen aus gehärtetem Stahl benutzt (Bild 3.71). Dabei können bei Kaltumformung Temperaturen bis 100 °C auftreten. Bei hohen Umformgraden sind Zwischenglühvorgänge angebracht.

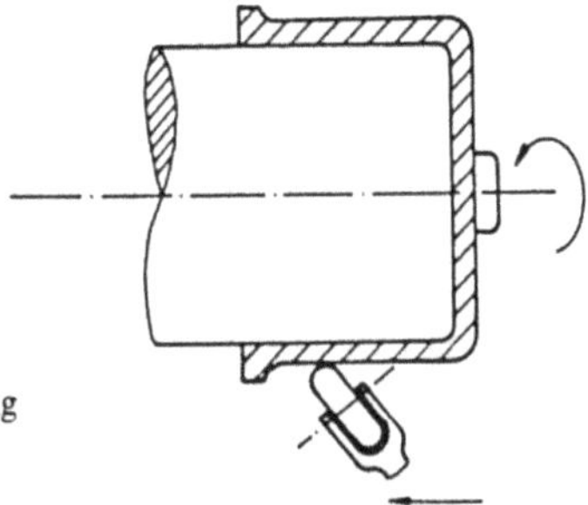

Bild 3.71
Schematische Darstellung
eines Drückprozesses.

Bei dickwandigen Werkstücken kann die Umformkraft durch Erwärmen vermindert werden. Die Druckgeschwindigkeiten liegen zwischen 500 ... 2000 m/min bei Werkstücksdurchmesser von 500 ... 2000 mm.

In allen Fällen ist das Drücken ein Verfahren der Klein- und Mittelserie und die entstehende Form ist rotationssymmetrisch.

3.5.7 Biegen

Das Biegen gibt dem Werkstück meist einfache 2-D-Formen. Es ist ein Verfahren der Kaltumformung. Man unterscheidet:

- Biegen mit geradliniger Werkzeugbewegung, z.B.
    Biegen im V-Gesenk,
    Biegen im U-Gesenk,
    Abwärtsbiegen,
    Schwenkbiegen,
    Rollbiegen,
- Biegen mit drehender Werkzeugbewegung, z.B.
    Rundbiegen,
    Biegen mit Walzen.

Die Spannungsverteilung in einem gebogenen Werkstück ist in Bild 3.72 dargestellt. Dabei wird die größte auftretende Zugspannung am äußeren Rand größer als die Druckspannung am Innenrand und ist gleichzeitig größer als die Druckfestigkeit des Werkstückwerstoffes. Beim Übergang von der Zugfließgrenze zur Druckfließgrenze bleibt ein Teil des Werkstückwerkstoffes im elastischen Bereich und federt nach Entlastung zurück.

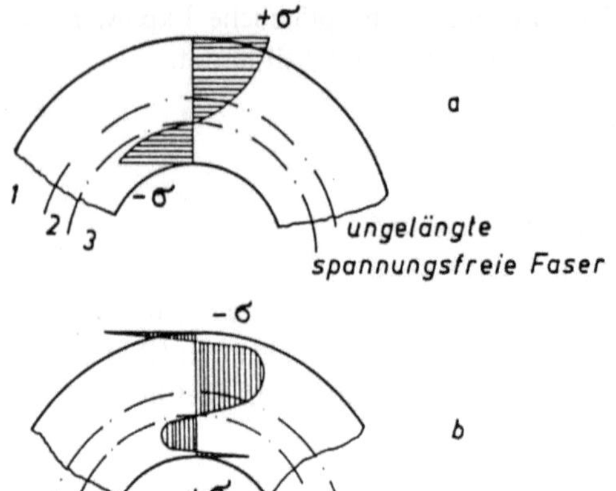

Bild 3.72

Spannungen beim Biegen vor der Entlastung (a)

Zone 1 reine Zugebeanspruchung
Zone 2 Druck-Zugbeanspruchung
Zone 3 reine Druckbeanspruchung

Spannungen beim Biegen nach der Entlastung (b).

Dabei ist

$$F_{\text{Rückfederung}} \sim k_f, r;$$

$$r_{\text{min}} = s \cdot c$$

    r   Biegeradius, mm

    s   Blechdicke, mm

    c   Werkstoffaktor

Wird r zu klein, reißt der Werkstoff.

r	Werkstoff
0,5	USt 14
1,8	St 37
2	St 42

Rechenbeispiel

Ein Werkstück aus Al 99,5 ($R_m = 390\,\text{N/mm}^2$) mit den Abmaßen 100 mm $\times$ 35 mm $\times$ 5 mm wird in einem V-Gesenk (Bild 3.73) auf einen Winkel von 90° gebogen.

In Bild 3.74 sieht man dazu das Kraft-Weg Diagramm, aufgenommen über einen Druckaufnehmer und einen induktiven Weggeber auf einer hydraulischen C-Gestellpresse mit $F_N = 400$ kN.

Eine Berechnung der Biegekraft durch Auflösung von

$$F = \frac{M_b}{W_b} \quad \text{ergibt}$$

$$F = \frac{b \cdot s^2}{w} \cdot R_m \left(1 + \frac{4s}{w}\right) \quad \text{nach Oehler}$$

$$F = 4\,266\ \text{N}. \qquad \text{Biegekraft}$$

Es zeigt sich also eine erhebliche Differenz zwischen dem errechneten „Momentanwert" der Biegekraft und dem gemessenen Kraft-Wegverlauf. Diese Differenz weisen alle Rechenverfahren (Mäkelt, Scharringhausen usw.) auf. Eine bessere Approximation wird durch Nomogramme auch nicht erreicht (Bild 3.75).

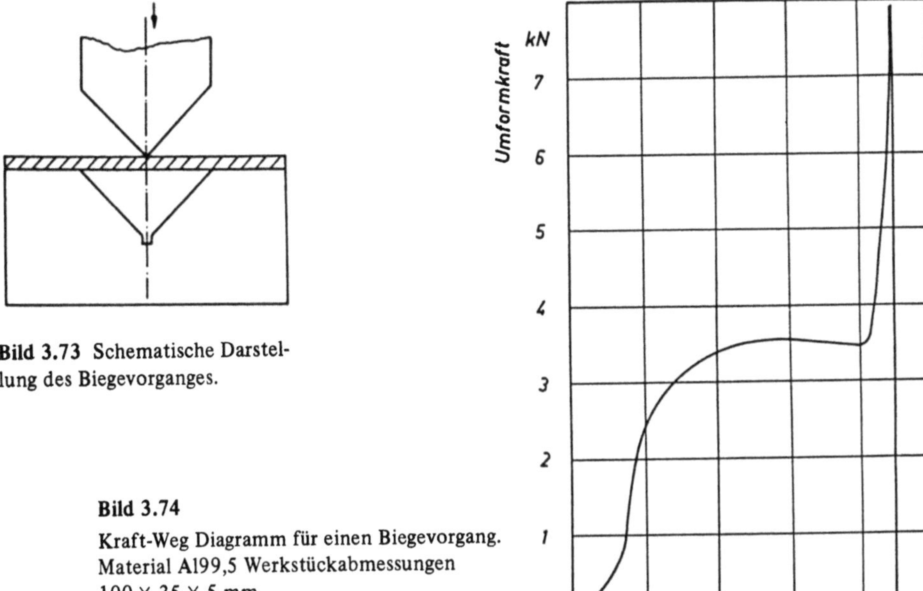

Bild 3.73 Schematische Darstellung des Biegevorganges.

Bild 3.74

Kraft-Weg Diagramm für einen Biegevorgang.
Material Al99,5 Werkstückabmessungen
100 × 35 × 5 mm.

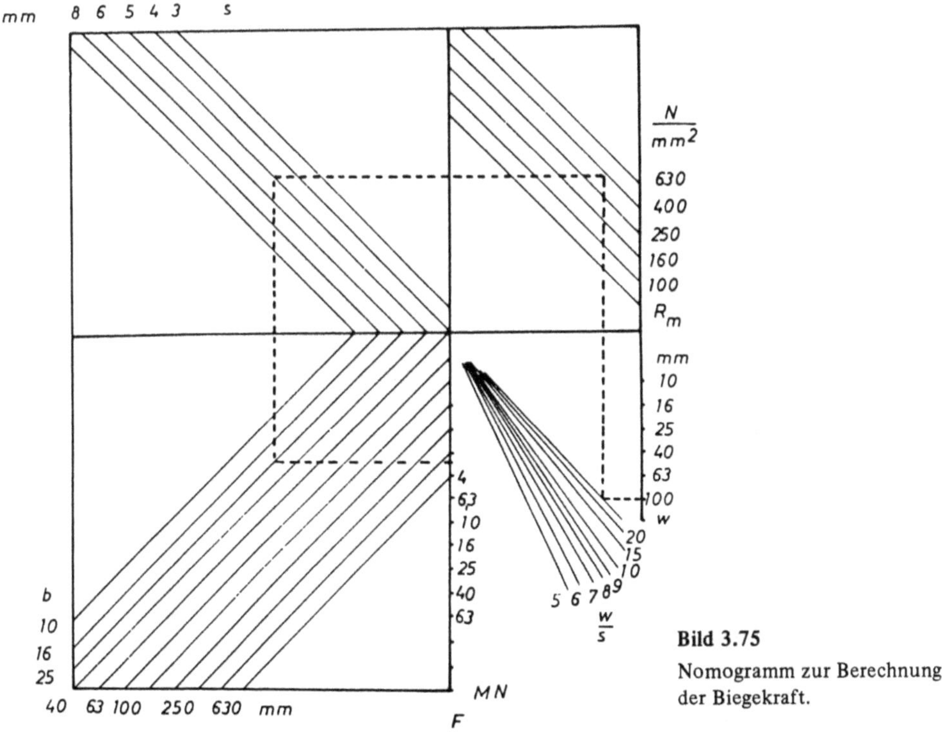

Bild 3.75

Nomogramm zur Berechnung der Biegekraft.

4 Trennen

4.1 Allgemeine Verfahrenseigenschaften

Zu den allgemeinen Verfahrenseigenschaften des Trennens gehört, daß Stoffpartikel durch einen

- mechanischen,
- elektrischen,
- chemischen

Vorgang oder eine Kombination davon aus dem Werkstückwerkstoff herausgelöst werden. Es entsteht dabei Abfall in Form von

- Spänen,
- Lösungsschwamm,
- Blechreststücken.

Das Fertigungsverfahren Trennen wird nach der DIN 8580 unterteilt in

- Zerteilen,
- Zerlegen,
- Spanen,
- Abtragen,
- Reinigen,
- Evakuieren.

Aus der Fülle der Verfahren sind das

- Zerteilen
- Spanen und
- Abtragen

für die Fertigungstechnik von größter Bedeutung. Durch Urformen und Umformen hergestellte Werkstücke oder Halbzeuge werden in aller Regel durch trennende Fertigungsverfahren weiter- und fertigbearbeitet.

4.2 Zerteilen

4.2.1 Einteilung des Verfahrens Zerteilen

Nach DIN 8588 wird bei dem Zerteilen unterschieden in

- einhubiges Scherschneiden
- schrittweises Scherschneiden
      Scheren
      Schlitzen
      Nibbeln
- kontinuierliches Scherschneiden
- Messerschneiden
- Beißschneiden
- Spalten
- Reißen
- Brechen (Bild 4.1).

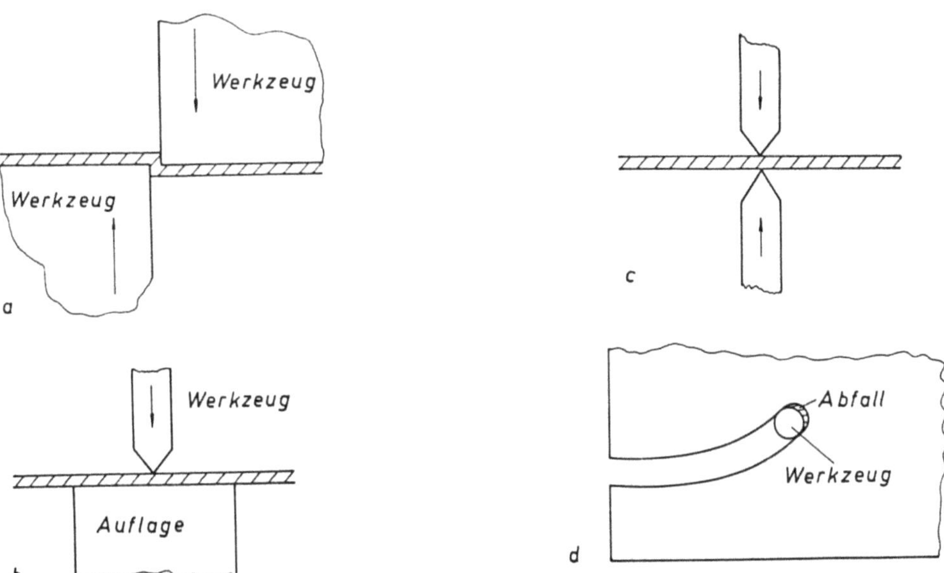

Bild 4.1 Verschiedene Verfahren des Zerteilens nach DIN 8588
a Scherschneiden, b Messerschneiden, c Beißschneiden, d Nibbeln.

Dazu kommen noch die zum Zerteilen und Abtrennen verwendbaren Fertigungsverfahren der spanenden und abtragenden Fertigungstechniken, von denen hier lediglich das

— Abtrennsägen,
— Lochsägen und
— Formsägen des Spanens mit geometrisch bestimmter Schneide

genannt sein sollen.

Bild 4.2 zeigt verschiedene Rollenschnitte.

Einsatzgebiete aus dem Bereich der abtragenden und fügenden Fertigungsverfahren zeigt Bild 4.3.

4.2.2 Schneiden

Das Trennen durch Zerteilen ist dadurch gekennzeichnet, daß dabei kein formloser Stoff (Späne, Partikel) entsteht. Es werden entweder benachbarte Teile eines Werkstückes (z.B. Beschneiden, Lochen Bild 4.4) oder ganze Werkstücke voneinander (z.B. Zerteilen eines Stranges durch Scherneiden) getrennt. Der beim Lochen entstandene Abfall kann u.U. weiterverwendet werden.

Beim Arbeiten mit Messerschneidwerkzeugen darf der Pressenhub nicht größer als 8 mm sein. In Bild 4.5 sind Begriffe (ähnlich Zerspanung) dargestellt. Bild 4.6 gibt Werte der Abscherfestigkeit τ_B in Abhängigkeit des jeweiligen Materials an. Annähernd kann gelten

$$\tau_B \sim 0.8\,R_m \qquad R_m \text{ Zugfestigkeit, N/mm}^2$$

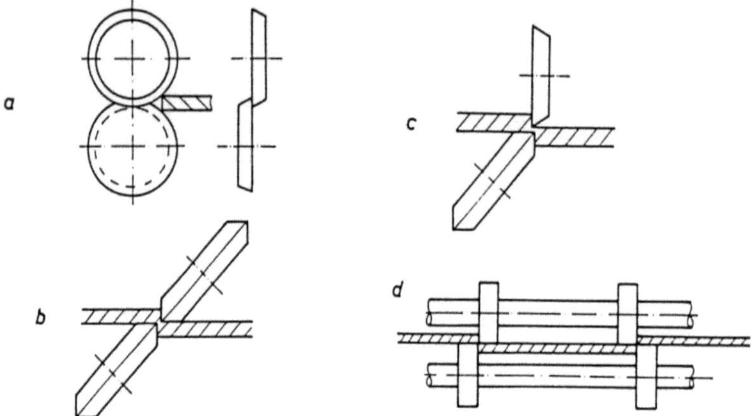

Bild 4.2 Verschiedene Rollenschnitte mit

	Rollendurchmesser	s mm
a parallele Achsen	40 s	30
b parallel geneigte Achsen	20 s	20
c nicht parallelen Achsen	27 s	50
d Mehrrollenschnitt	80 s	10

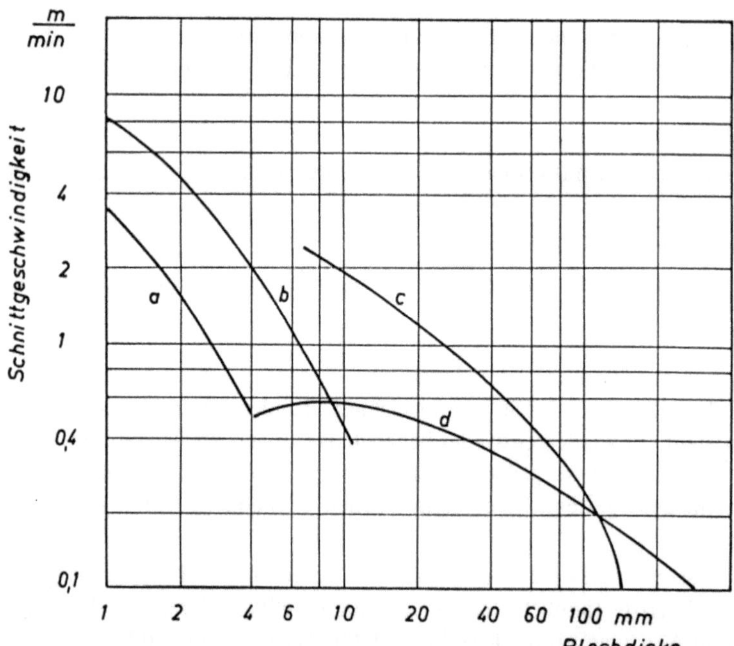

Bild 4.3 Zerteilende Fertigungsverfahren aus den Bereichen der abtragenden und fügenden Fertigungstechnik:

a 0,25 kW CO_2 Laserschneiden, b 1 kW CO_2 Laserschneiden, c Brennschneiden, d Plasmaschneiden [3/14].

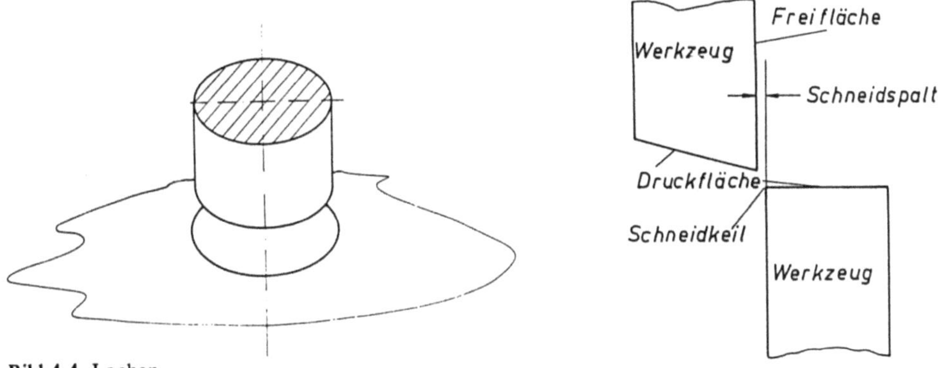

Bild 4.4 Lochen.

Bild 4.5 Definitionen am Schneidwerkzeug.

Werkstoff	τ_B N/mm^2
St 34, St 37	300
St 42	350
St 50 (0,3 % C)	450
St 60	550
16MnCr5	600
St 70	650
Ms58 weich	280
Ms63 weich	400
Cu weich	250
AlCu	250
AlMg	200
Al99,5 weich	80
Al99,5 gewalzt	150

Bild 4.6 Scherfestigkeit als Funktion des Materials.
Dabei ist die Schnittkraft

$$F_s = \tau_B \cdot U \cdot s$$

Und für geneigte Schneidkanten

$$F_s = \tau_B \cdot \frac{s^2}{2} \cot \alpha$$

Schneidarbeit

$$W_s = (0,3 \ldots 0,6)\, F_s \cdot h_s$$

U   Umfang Schnittlinie mm

s   Werkstoffdicke mm

α Neigungswinkel

h_s Schneidweg (s bei ebenen Schneidkanten) mm

Die einzelnen Phasen eines Schneidvorganges sind in Bild 4.7 dargestellt.

Phase	Vorgang
1	Stauchvorgang, Material wird elastisch verformt,
2	plastische Verformung des Materials, Gleiten der Kristallgitterebenen,
3	Entstehen von Rissen und Materialabtrennung.

Neben Maßnahmen der aktiven und passiven Lärmminderung an Preßmaschinen vermindern spezielle konstruktive Auslegungen des Schnittstempels entstehende Geräusche (Bild 4.8).

Für die Schneidspaltbestimmung gilt:

Schneidspalt = f(Werkstoffeigenschaften, Blechdicke).

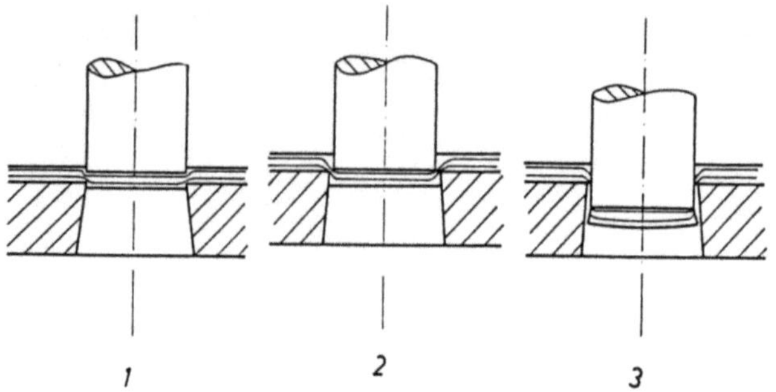

Bild 4.7

Vorgänge beim Stanzen

1 Stauchen
2 Umformen
3 Trennen

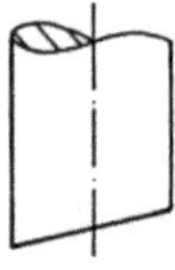 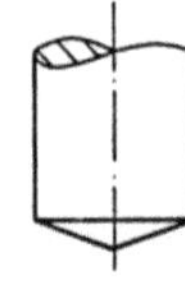 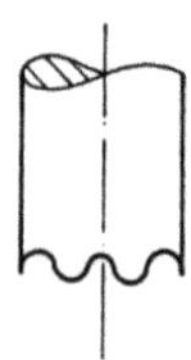

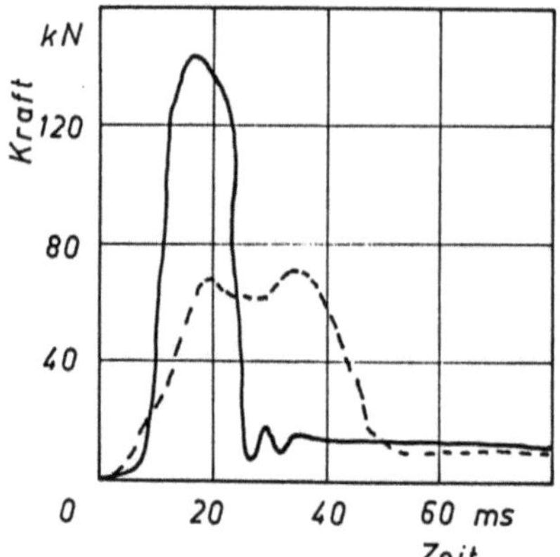

Bild 4.8

Ausbildung von Schnittstempeln zur Lärmminderung

—— gerader Stempel

--- Schräger Stempel für $\alpha = 4°$, St 37,
s = 3 mm.

Überschlägig ist:

$$U = \frac{s\sqrt{\tau_B}}{150}$$

U Schneidspalt, mm
s Blechdicke, mm
τ_B Abscherfestigkeit, N/mm²

Bei komplizierten Formschnitten ist ein Berechnen des Linienschwerpunktes und das Angreifen der Pressennennkraft in seiner Richtung für die Preßmaschine schonender.

Die Ermittlung der günstigsten Lage eines Schnittes zur Minimierung des Abfalles geschieht heute bereits weitgehend maschinell über EDVA mit CAD-Programmen.

Man unterscheidet Schneidwerkzeuge

 – ohne Führung (Freischnitt),
 – Plattenführungsschnitt,
 – Säulenführungsschnitt.

Freischnitte eignen sich wegen der Pressenaufbiegung nur bei kleinsten Schnittkräften und geringen Genauigkeiten. Von der Steifigkeit des Pressengestelles unbeeinflußt bleibt der Säulenführungsschnitt (Bild 4.9).

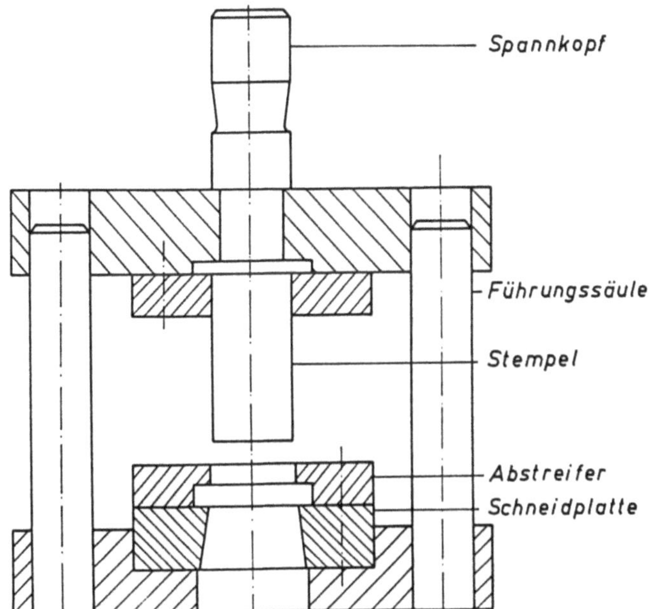

Bild 4.9
Vorrichtung für einen
Säulenführungsschnitt.

4.2.3 Rohteilherstellung für die Massivumformung

Die Rohteilmassivumformung ist fester Bestandteil jeder Fertigungsfolge für die Kalt-, Halbwarm- und Warmmassivumformung. Dabei gibt es grundsätzlich folgende wirtschaftlich realistischen Möglichkeiten zu Stangenabschnitten zu kommen

- abscheren (Mittel-Großserie) und
- sägen (Kleinserie) mit HM- oder HSS-Werkzeug.

Das HM-Sägeblatt, das bei 2 mm Breite größeren Abfall erzeugt, ist im Bereich von Rohteildurchmessern > 70 mm gegenüber HSS wirtschaftlicher (1977).

Wie das Bild 4.10 zeigt, ist Abscheren im Mittel- und Großserienbereich gegenüber dem Sägen überlegen.

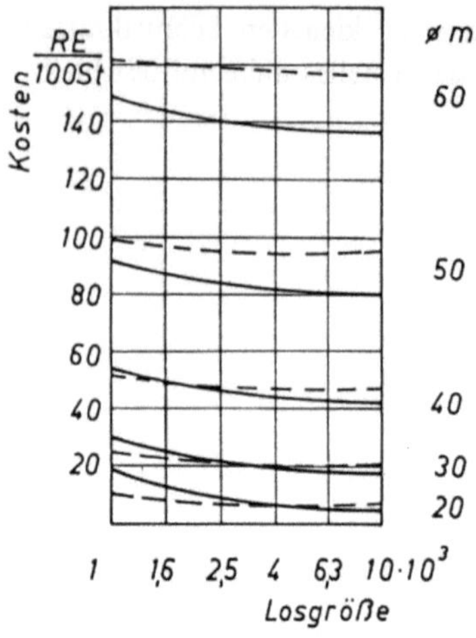

Bild 4.10

Gegenüberstellung der Herstellkosten für das Trennen von Abschnitten QSt 32-3.

Abscheren unter Exzenterpresse mit Einzelwerkzeug, Sägen mit HSS Kreissägeblatt [4/60]:

—— Sägen,

– – Abscheren.

4.3 Spanen

Nach DIN 8580 wird bei den spanenden Verfahren unterschieden in

- Spanen mit definierter Schneide und
- Spanen mit nicht definierter Schneide.

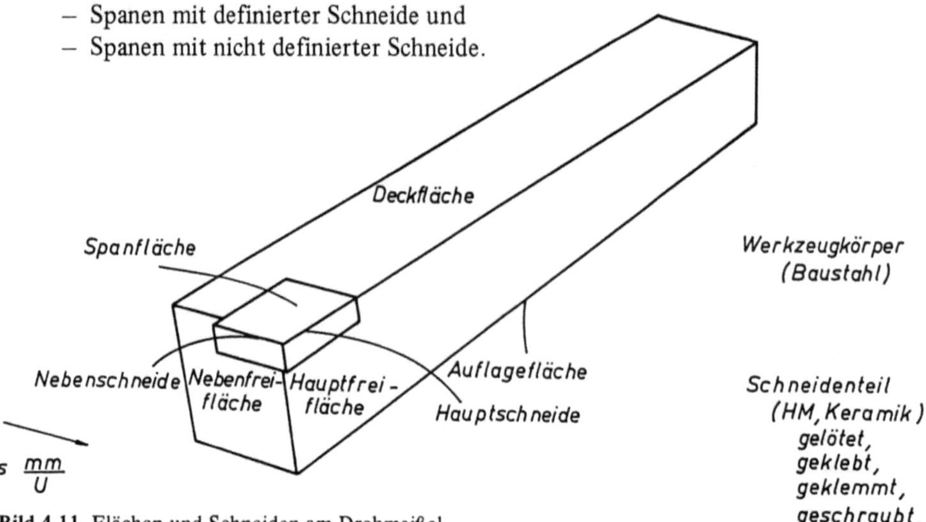

Bild 4.11 Flächen und Schneiden am Drehmeißel.

4.3.1 Aufbau, Flächen, Kanten, Winkel am Drehstahl

Nach DIN 6581 ergibt sich folgender Aufbau eines Drehmeißels:

Werkzeugkörper und Schneidenteil bestehen aus unterschiedlichen Werkstoffen. Aus Gründen der Wirtschaftlichkeit wird heute der Schneidenteil in Form einer Wendeschneidplatte nicht mehr nachgeschliffen, sondern die Platte wird, wenn sich eine Abnutzungserscheinung zeigt, gewendet oder gewechselt. Dazu ist der Schneidenteil so ausgebildet, daß die Schneidplatte geklemmt oder geschraubt werden kann (Bild 4.11). Die Winkel am Drehstahl nach DIN 6581 in der Werkzeugbezugsebene und Schneidebene sind in Bild 4.12 dargestellt.

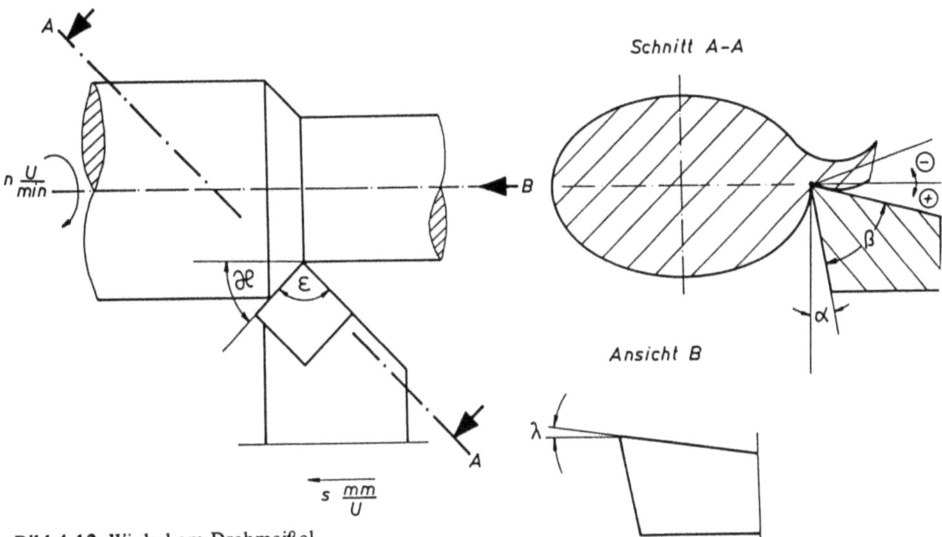

Bild 4.12 Winkel am Drehmeißel.

Winkel	Bezeichnung	Größe	Bedeutung
α	Freiwinkel	$0 \ldots 15°$	Je größer α, desto kleiner die Reibung an der Freifläche.
β	Keilwinkel	$70°$	Je kleiner β, desto geringer die Werkzeugstabilität.
γ	Spanwinkel	$+15 \ldots -15°$	Je größer (+ Bereich) γ, desto kleiner die Reibung an der Spanfläche (Schnittkraft).
δ	Schnittwinkel	$\alpha + \beta$	
λ	Neigungswinkel	$+10 \ldots -20°$	Spanwinkel in Ansicht B projeziert.
ϵ	Spitzenwinkel	$30°, 60°, 90°$	Werkzeugstabilität, Oberflächengüte, Spanform.
κ	Einstellwinkel	$30° \ldots 90°$	Je kleiner κ, desto größer ist die Reibung an der Hauptfreifläche (Schnittkraft).

Die DIN 6580 unterscheidet Werkzeugwinkel α, β, $\gamma \ldots$ und Wirkwinkel α', β', $\gamma' \ldots$. Dabei kann die Wirkgeometrie am Meißel durch Verdrehen (vorwiegend bei runden Querschnitten) verändert werden.

Eine untermittige Meißelstellung führt zu

$\alpha' > \alpha$ geringe Reibung Freifläche,
        große Schnittkraft. (Bild 4.13)

Eine übermittige Meißelstellung führt zu

$\alpha' < \alpha$ große Reibung Freifläche,
$\gamma' > \gamma$ kleine Schnittkraft.

Der Meißelquerschnitt und die ursprüngliche Meißelgeometrie werden nicht verändert. Eine Veränderung des Einstellwinkels κ, $\kappa \lessgtr \kappa'$ führt zu einer Veränderung am Werkstück.

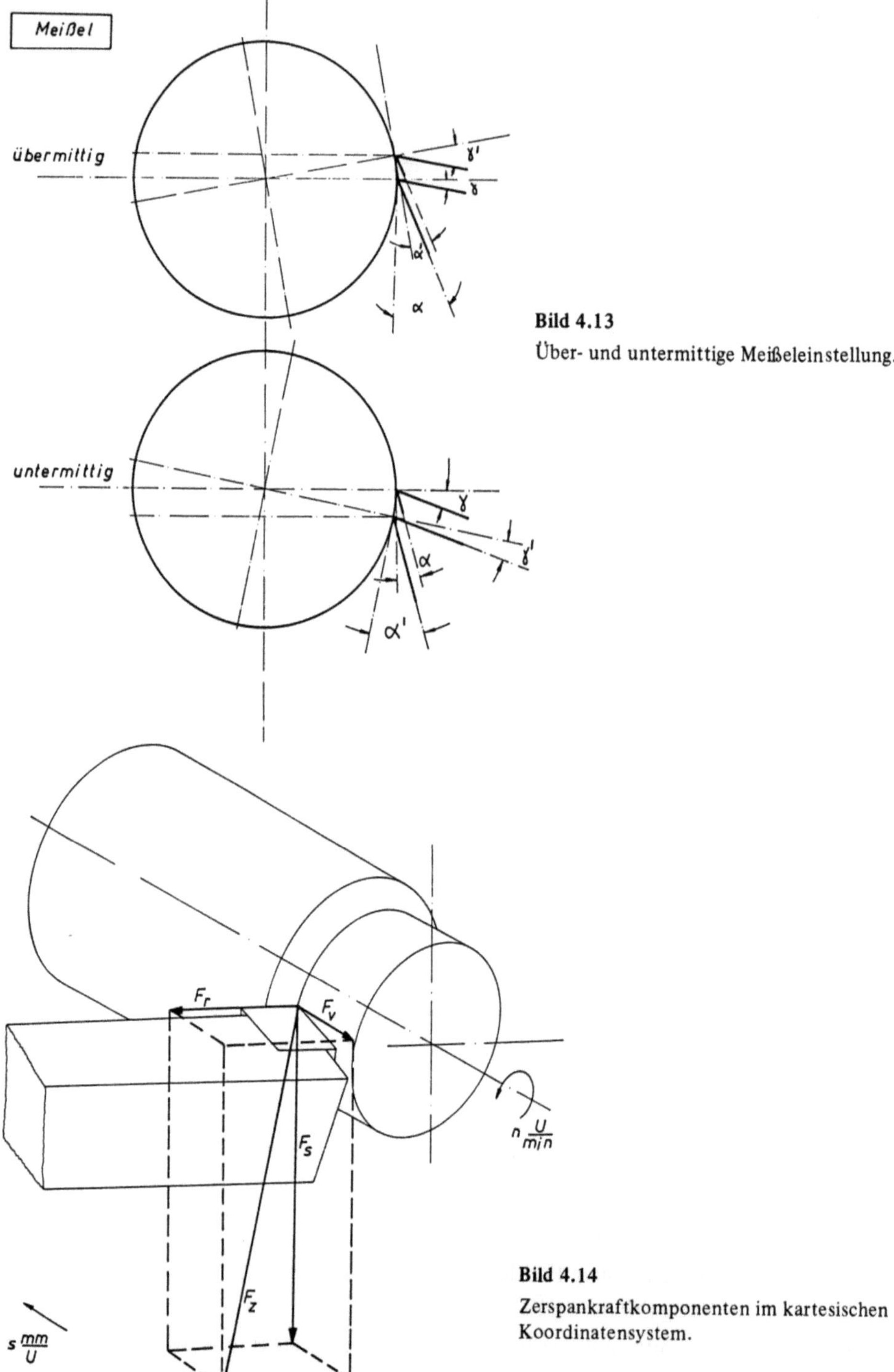

Bild 4.13
Über- und untermittige Meißeleinstellung.

Bild 4.14
Zerspankraftkomponenten im kartesischen
Koordinatensystem.

4.3.2 Kräfte am Werkzeug

Entsprechend der Geometrie am Werkzeug und der vorhandenen Leistung bilden sich Reaktionskräfte am Drehmeißel heraus (Bild 4.14).

Diese Reaktionskräfte liegen in einem kartesischen Koordinatensystem. Dabei stellen sich

F_s Schnittkraft

F_R Rückstellkraft

F_v Vorschubkraft

als Zerspankraftkomponenten der Zerspankraft F_z dar.

Es ist

$$\boxed{F_z = \sqrt{F_s^2 + F_R^2 + F_v^2}} \qquad \text{mit}$$

$F_s : F_R : F_v = 5 : 2 : 1$ bei arbeitsscharfem Werkzeug und

$F_s : F_R : F_v = 5 : 4 : 3$ bei abgestumpftem Werkzeug und durch

durchschnittlichen Arbeitsverhältnissen [4/7] (HM, Baustahl, Kühlschmierung, normale Werkzeuggeometrie, kleine Spanfläche).

Bei einem orthogonalschnitt (Einstechvorgang) entfällt die Rückstellkraft. Die wichtigste Zerspankraftkomponente F_s ergibt sich direkt aus

$$P_s = F_s \cdot v = T_s \cdot \omega$$
$$v = \pi D \cdot n$$
$$P_s = P_A \cdot \eta$$
$$\eta \sim 0{,}6$$
$$P_e = P_s + P_v = F_s \cdot v + F_v \cdot u$$

P_s	Schnittleistung, kW
v	Schnittgeschwindigkeit, m/min
T_s	Drehmoment am Werkzeug, Nm
P_A	Antriebsleistung, Werkzeugmaschine, kW
η	Maschinenwirkungsgrad
$\eta = f$ (Reibung, Führungen, Lagern …)	
P_e	Wirkleistung, kW
u	Vorschubgeschwindigkeit, mm/min

Daraus ergibt sich

$$\boxed{F_s = \frac{P_A \cdot \eta}{v}}$$

Einflußgrößen auf die Schnittkraft F_s sind

    — Meißelgeometrie,

    — Schnittgeschwindigkeit (Schneidstoff),

    — Werkstückwerkstoff,

    — Spanquerschnitt,

    — Kühlschmierung,

    — ….

4.3.3 Schnittkraftberechnung

In der Praxis werden die Zerspankraftkomponenten mit einer 3-Komponentenmeßplattform aufgenommen, die auf Piezoquarzbasis arbeitet. Dabei gibt der Quarz unter Druck eine definierte Ladung ab. Diese Ladung wird geeicht einem Trägerfrequenzmeßverstärker zugeführt. Es ist

$$F_s \sim k_s \qquad\qquad k_s \text{ spezifischer Schnittkraftkoeffizient, N/mm}^2.$$

Außerdem ist aus Gründen der Dimensionsbereinigung

$$k_s \sim \frac{1}{A}.$$

Diese Funktion ist graphisch in Bild 4.15 dargestellt als $k_s = f(h)$.

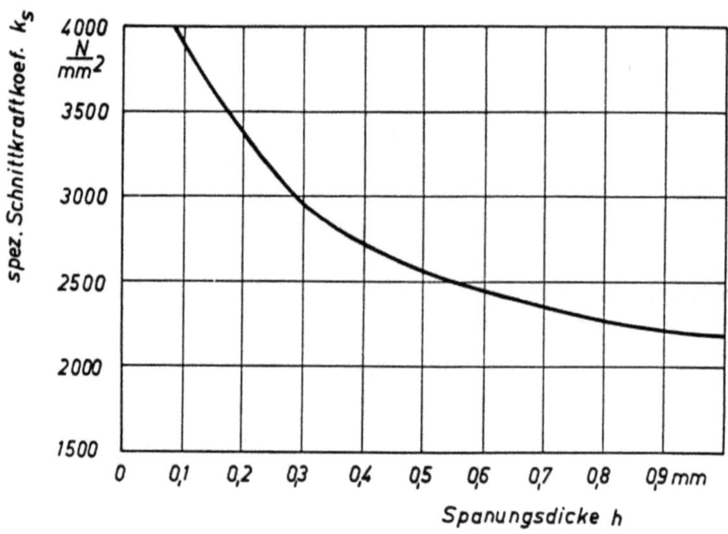

Bild 4.15 $k_s = f(h)$ aus der Messung mittels 3-Komponentenmeßplattform.

Rechnerisch ergibt sich mit

$$\boxed{F_s = k_s A}$$

eine Form der Schnittkraftberechnung. Dabei wirkt sich ungünstig aus, daß der Schnittkraftkoeffizient k_s nicht nur materialabhängig sondern auch vorschubabhängig ist. Aus der Kurve $k_s = f(h)$ kann ein vorschubunabhängiger Schnittkraftkoeffizient bestimmt werden. Dabei wird die Kurve in ein doppellogarithmisches Achsenkreuz gezeichnet (Bild 4.16). Auf die so entstandene Gerade wird die mathematische Beziehung der Geraden angewandt

$$y = ax + b \qquad\qquad z = \tan \alpha \text{ Geradensteigung}$$

$$\log k_s = -z \log h + \log k_{s_{1.1}} \qquad b = \log k_{s_{1.1}} \text{ Ordinatenabschnitt}$$

zwischen Ursprung und Schnittpunkt der Geraden mit der Ordinate.

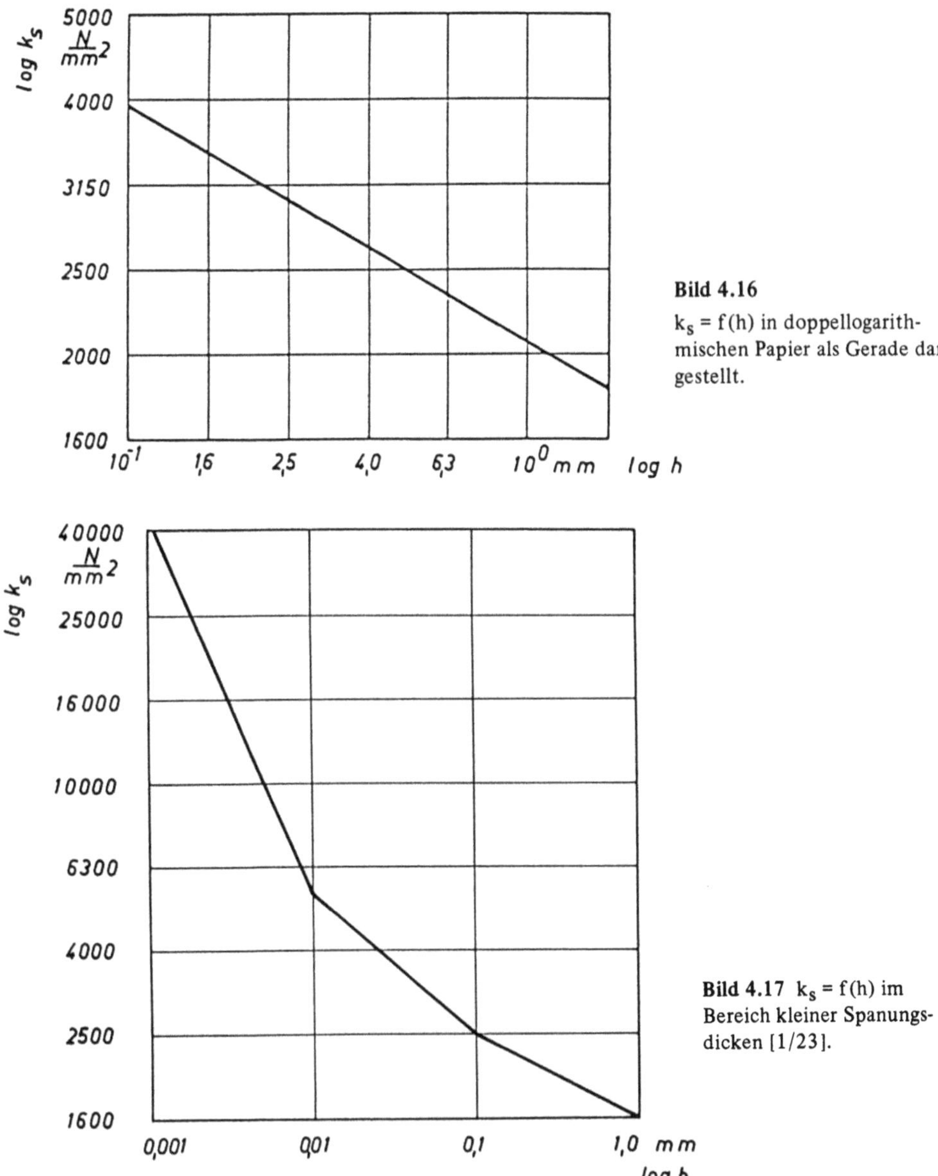

Bild 4.16
$k_s = f(h)$ in doppellogarithmischen Papier als Gerade dargestellt.

Bild 4.17 $k_s = f(h)$ im Bereich kleiner Spanungsdicken [1/23].

Im Bereich kleiner Spanungsdicken h steigt $k_{s1.1}$ besonders stark an (Bild 4.17).

$$\log \frac{k_s}{k_{s1.1}} = -z \log h$$

$$\frac{k_s}{k_{s1.1}} = h^{-z} \quad \text{oder}$$

$$\boxed{k_s = k_{s1.1}\, h^{-z}}$$

$k_{s1.1}$ ist der k_s-Wert bei $b = 1$ mm und $h = 1$ mm, N/mm² tabelliert in Bild 4.18.

Werkstoff	$k_{s_{1.1}}$ N/mm^2	z
St-37, St-42	1780	0,17
St-50	1990	0,26
St-60	2110	0,17
St-70	2260	0,3
C15, Ck15	1820	0,22
C35, Ck35	1860	0,2
C45, Ck45	2220	0,14
C60, Ck60	2130	0,18
16 MnCr 5	2100	0,26
25 CrMo 4	2070	0,25
GS-45	1600	0,17
GG-20	1020	0,25
Messing	780	0,18
Gußbronze	1780	0,17

Bild 4.18
Der unkorrigierte k_s-Wert und der Spanungsdickenexponent sind materialabhängig.

Diese Werte gelten im Bereich von Spanungsdicken in der Größe 0,05 ... 2,5 mm und für einen Spanwinkel bei Stahl $\gamma = 6°$, Guß $\gamma = 2°$.

Damit ist die Form der Schnittkraftberechnung nach Kienzle/Victor

$$F_s = b\, h^{1-z}\, k_{s_{1.1}}$$

z Spandickenexponent

b Spanungsbreite, mm

h Spanungsdicke, mm

Die Berechnung in dieser Form stammt von Professor Kienzle/Braunschweig. Untersuchungen in den 70er Jahren haben ergeben, daß der spezifische Schnittkraftkoeffizient verschiedener Korrekturen bedarf (Victor/König) [1/13]. Man findet z.B.

$$k_s = \frac{k_{s_{1.1}}}{h^z}\, k_\gamma k_v k_{ws} k_{wv} k_{ks} k_f.$$

Anzahl, Art und Indizierung der Faktoren ist nicht einheitlich. Hier soll nur der Versuch einer zusammenfassenden Darstellung gegeben werden. Dabei ist festzustellen, daß immer mehr Faktoren Berücksichtigung finden und die ursprüngliche Rechnung dadurch immer komplexer wird. Es stellt sich die Frage, ob man für eine einfachere Rechnung vielleicht lieber einen geringfügigen Fehler in Kauf nimmt und deshalb diese verschiedenen Faktoren vernachlässigt. (siehe Rechenbeispiel)

In Bild 4.19 sind die Abhängigkeiten und der Bereich dieser Faktoren angegeben.

Diese dargestellte Schnittkraftberechnung enthält alle Einflußgrößen der Schnittkraft:

$$\text{Einfluß der Meißelgeometrie } \left(F_s \sim \frac{1}{\kappa}, \frac{1}{\gamma}, \frac{1}{\lambda}\right).$$

Dieser Einfluß ist im Bild 4.20 dargestellt. Es ergibt sich eine umgekehrte Proportionalität. Die Kurven lassen sich unter den Verhältnissen Werkstückwerkstoff C 45, Kühlschmierung, HM, A = 1,5 mm^2, reproduzieren.

$$\text{Einfluß der Schnittgeschwindigkeit } (F_s \sim 1/v)$$

Faktor	Korrektur	Abhängigkeit, Bereich
k_v	Schnittgeschwindigkeit $v = 20 \ldots 600$ m/min	$k_v = \dfrac{2{,}033}{v^{0{,}153}}$ $v < 100$ m/min $k_v = \dfrac{1{,}38}{v^{0{,}07}}$ $v > 100$ m/min $k_v = 1$ $v = 100$ m/min
k_γ	Spanwinkel	$k_\gamma = 1{,}09 - 0{,}015\,\gamma$ St-langspanend $k_\gamma = 1{,}03 - 0{,}015\,\gamma$ St-kurzspanend
k_{ws}	Schneidstoff	$k_{ws} = 1{,}05$ HSS $k_{ws} = 1$ HM $k_{ws} = 0{,}9$ SK
k_{wv}	Verschleiß	$k_{wv} = 1{,}3 \ldots 1{,}5$ drehen, hobeln, räumen $k_{wv} = 1{,}25 \ldots 1{,}4$ bohren, fräsen $k_{wv} = 1$ scharfe Schneide
k_{ks}	Kühlschmierung	$k_{ks} = 1$ trocken $k_{ks} = 0{,}85$ Schneidöl $k_{ks} = 0{,}9$ Bohröl
k_f	Werkstückform	$k_f = 1$ außen $k_f = 0{,}85$ eben $k_f = 1{,}2$ innen

Bild 4.19 Abhängigkeiten weitergehender Korrekturfaktoren.

Die Kurve $F_s = f(v)$ zeigt bei $v = 50$ m/min (Bild 4.21) eine Unstetigkeit. Das Maximum hat folgende Gründe:

— Aufbauschneidenbildung,
— Übergang vom Scherspan zum Fließspan (Spanstauchung).

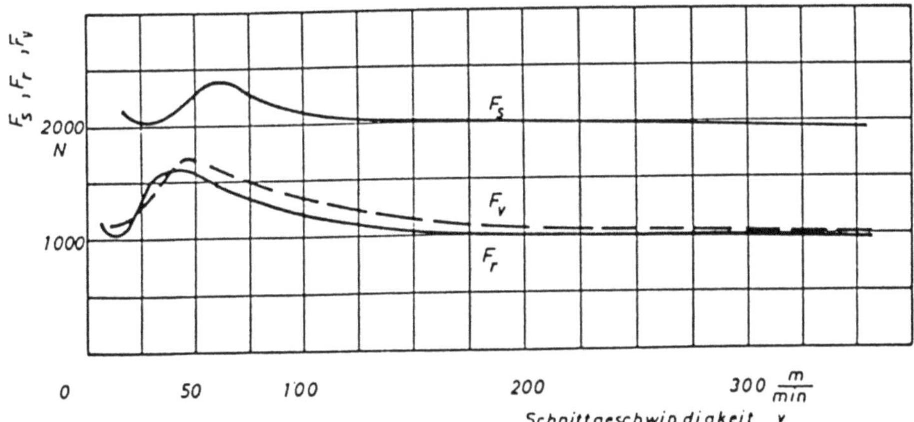

Bild 4.21 Zerspankraftkomponenten F_s, F_r, F_v in Abhängigkeit der Schnittgeschwindigkeit v. [4/7]

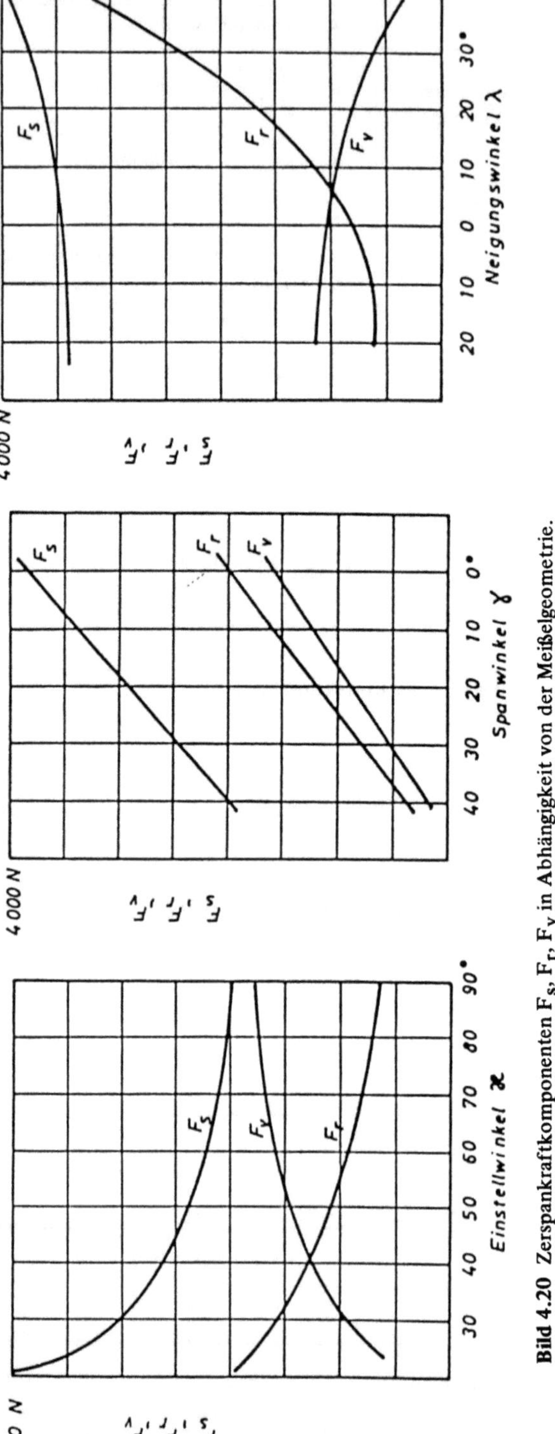

Bild 4.20 Zerspankraftkomponenten F_s, F_r, F_v in Abhängigkeit von der Meißelgeometrie.

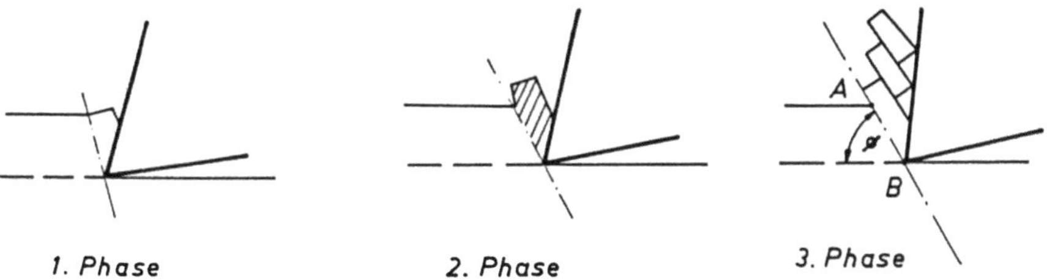

Bild 4.22 Phasen der Zerspanung nach der Zerspanungstheorie.

Eine *Aufbauschneide* ist eine Kaltpreßschweißung zwischen Schneidstoff und abgeschertem Werkstückwerkstoff. Diese Kaltpreßschweißung auf der Spanfläche entsteht begünstigt unter folgenden Bedingungen:

- niedrige Schnittgeschwindigkeit,
- großer Spanwinkel,
- unzureichende Kühlschmierung,
- weiche Werkstückwerkstoffe,
- grobporige Schneidstoffe usw.

Eine Aufbauschneidenbildung sollte vermieden werden, weil

- hohe Schnittkräfte,
- Schwingungen und
- Verunreinigungen an der Werkstückoberfläche entstehen.

Entsprechend der Theorie der *Spanstauchung* [4/2] wird das Material solange gestaucht, bis der Formänderungswiderstand erreicht ist. Der Werkstoff schert entlang einer Scherebene ab und setzt sich bei kleinen Schnittgeschwindigkeiten, großen Spanwinkeln und plastischen Materialien an der Spanfläche ab. Wird der Spanwinkel zu stark negativ, dann wächst die Schnittkraft und die Aufbauschneide schert ab. Damit wird der Spanwinkel wieder größer und die Schnittkraft kleiner (Schwingung). Gleichzeitig wandern die abgescherten Teile in die Werkstückoberfläche.

Es ergibt sich folgender Zusammenhang zwischen Spanart, Schnittgeschwindigkeit und Spanwinkel:

Spanart	Spanwinkel	Schnittgeschwindigkeit
Fließspan Scherspan Reißspan		

Die Schnittgeschwindigkeit wird im einfachsten Fall als Multiplikationsfaktor x (Bild 4.23) in die Schnittkraftberechnung eingebracht.

Einfluß des Werkstückwerkstoffes ($F_s \sim R_0$)

Mit zunehmender Werkstoffestigkeit des Werkstückes erhöht sich die Schnittkraft. Durch die zunehmende Spanstauchung in Verbindung mit dem Spanwinkel ist diese Zunahme nicht proportional. Bei gleichem Spanwinkel ergibt sich eine Erhöhung der Spanstauchung.

Fertigungsverfahren	Multiplikator	
	Hartmetall	Schnellstahl
Außendrehen	1,0	1,2
Innendrehen	1,2	1,44
Hobel, Stoßen	1,18	1,42
Räumen	–	1,3
Bohren	–	1,0
Senken	–	1,1
Fräsen	1,3	1,56
Schleifen	3,5	

Bild 4.23
Multiplikator für Verfahren
und Schneidstoff.

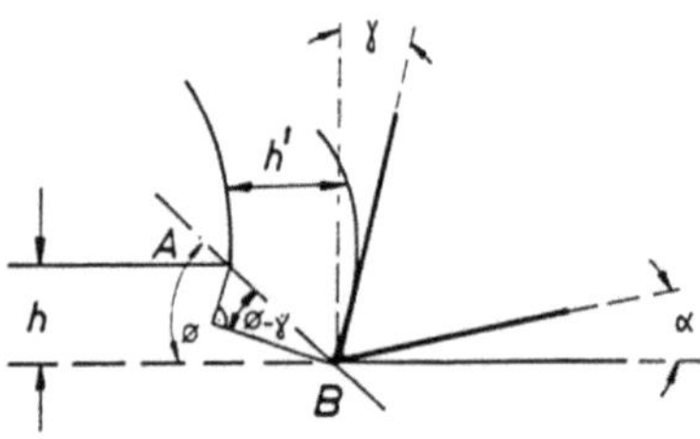

Bild 4.24
Zusammenhang zwischen Scherebene, Scherwinkel
und Spanungsdicke.

Es ist

$$\lambda = \frac{h'}{h}$$

λ Stauchfaktor

h' erreichte Spanungsdicke mm

h eingestellte Spanungsdicke mm

$$\underline{\lambda = 2 \dots 7.}$$

Dem Bild 4.24 liegt die Beziehung

$$\lambda = \frac{h'}{h} \quad \text{mit} \quad h' = \cos(\phi - \gamma)\,\overline{AB} \quad \text{und} \quad h = \sin\phi\,\overline{AB}$$

eingesetzt

$$\boxed{\lambda = \frac{\cos(\phi - \gamma)}{\sin\phi}}$$

ϕ Scherwinkel $\hat{=}$ Werkstückwerkstoff

$\overline{AB}$ Scherebene

zugrunde.

Zum Beispiel wäre auch eine Schnittkraftberechnung in der Art

$$F_s = R_0\,A^a\lambda^b$$

möglich.

Einfluß des Spanquerschnittes ($F_s \sim A$)

Je größer der Spanquerschnitt, desto größer wird die Schnittkraft (Bild 4.25). Wegen der
Spanstauchung steigt die Schnittkraft nicht proportional zum Spanquerschnitt, wie man
an den Verhältnissen $a:s = 10:1$ und $a:s = 2:1$ sieht.

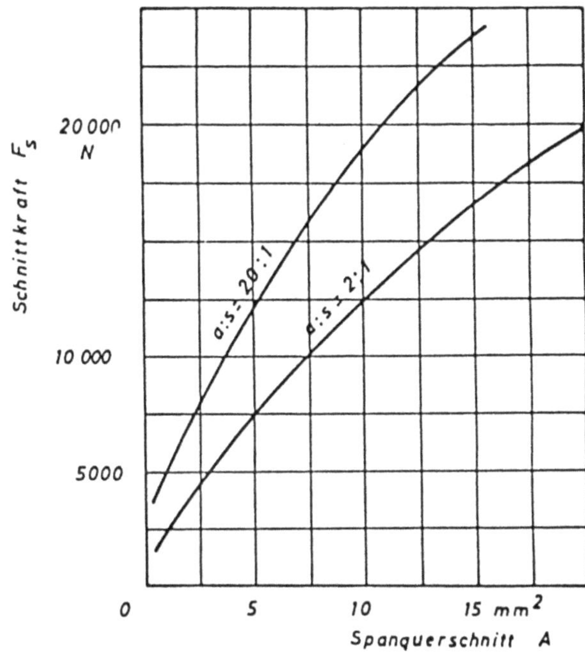

Bild 4.25

Schnittkraft als Funktion des Spanungsquerschnittes A. [4/7]

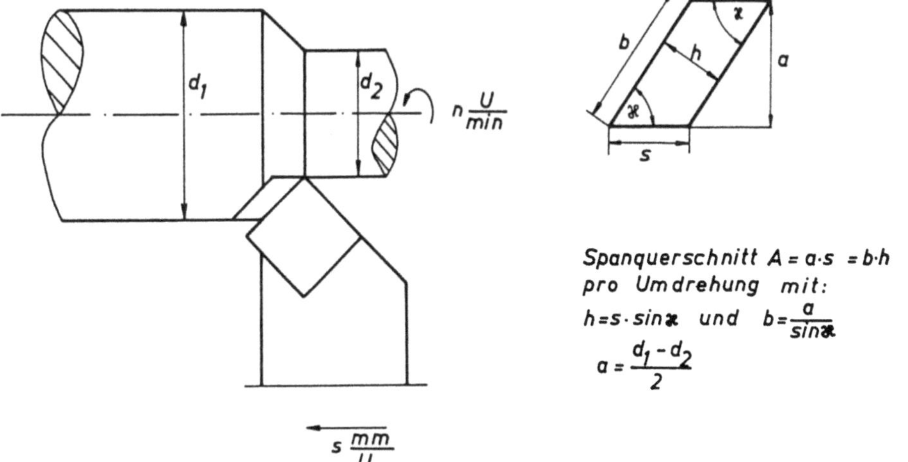

Bild 4.26 Spanungsquerschnitt A bei einem Vorschub s von einer Umdrehung.

Der Spanquerschnitt ergibt sich aus dem Bild 4.26 bei einem Vorschub von einer Umdrehung.

In der nachfolgenden Tabelle Bild 4.27 sind alle Schnittkraftberechnungen für sämtliche
spanenden Fertigungsverfahren mit definierter und nicht definierter Schneide aufgeführt.

	Drehen	Bohren	Räumen
Verfahren			
Span			
Spantiefe, mm	$a = \dfrac{D-d}{2}$	$a = \dfrac{D}{2};\ a = \dfrac{D-d}{2}$	a
Spanbreite, mm	$b = \dfrac{a}{\sin \kappa}$	$b = \dfrac{a}{\sin \kappa_w};\ \kappa_w = \dfrac{\delta}{2}$	$b = \dfrac{a}{\cos \lambda}$
Spandicke, mm	$h = s \cdot \sin \kappa$	$h = s_z \cdot \sin \kappa_w$ $s_z = \dfrac{s}{z}$	$h = s_s$
Schnittkraft, N (pro Schneide)	$F_s = b \cdot h^{1-z} \cdot k_{s1.1\gamma} \cdot x$ $k_{s1.1\gamma} = \dfrac{k_{s1.1}}{100}(106 - \gamma)$	$F_{s_z} = b \cdot h^{1-z} \cdot k_{s1.1} \cdot x$	$F_s = b \cdot h^{1-z} \cdot k_{s1.1} \cdot x$
Gesamtschnittkraft, N	F_s	$F_s = F_{s_z} \cdot z$	$F_{s_g} = F_s \cdot z_e$
Eingriffszähnezahl			$z_e = \dfrac{l}{2\sqrt{l}} + 1$

	Drehen	Bohren	Räumen
Allgemein gilt:	$P_a = \dfrac{P_s}{\eta}$ kW Antriebsleistung	$P_s = F_s \cdot v$ kW Schnittleistung	$v = \pi \cdot d \cdot n\ \dfrac{m}{min}$ Schnittgeschwindigkeit

Bild 4.27 Schnittkraftberechnung für alle spanenden Fertigungsverfahren.

Walzfräsen 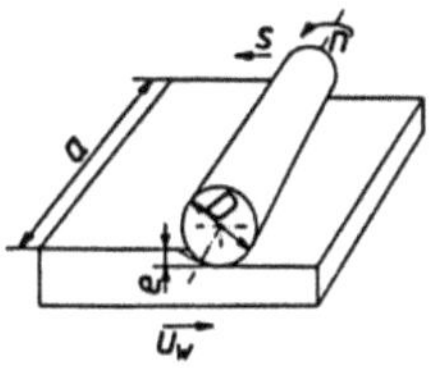	Stirnfräsen 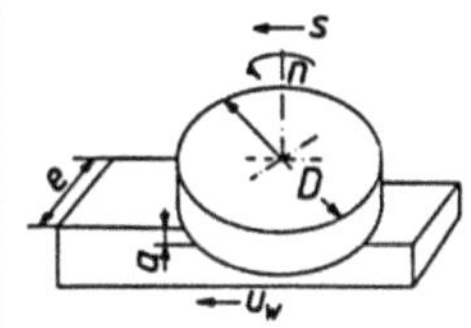	Rundschleifen 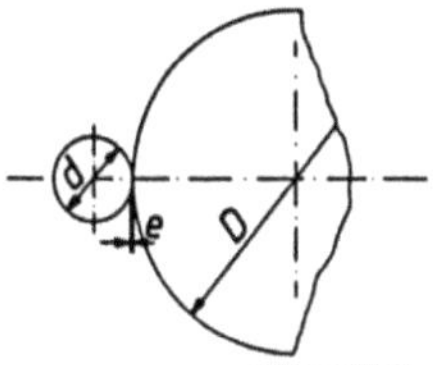	Flachschleifen 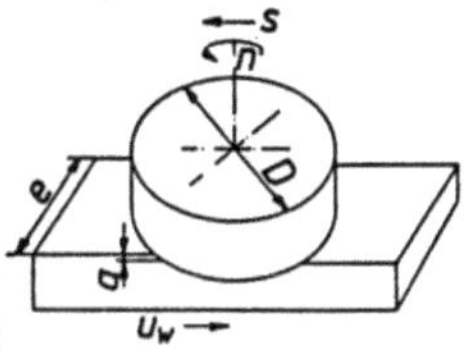
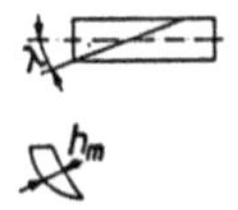 $\cos \Delta\varphi = 1 - \dfrac{2e}{D}$	$\sin \dfrac{\Delta\varphi}{2} = \dfrac{e}{D}$	$\Delta\varphi = \dfrac{360°}{\pi} \sqrt{\dfrac{e}{D\left(1 \pm \dfrac{D}{d}\right)}}$ Außenrundlängsschleifen $a = b = s$ Außenrundeinstech- schleifen $a = b$	$\Delta\varphi = \dfrac{360°}{\pi} \sqrt{\dfrac{e}{D}}$
a	a	a	a
$b = \dfrac{a}{\sin \kappa}; \ \kappa = 90° - \lambda$	$b = a$		$b = a$
$h_m = \dfrac{360°}{\pi \cdot \Delta\varphi} \cdot \dfrac{e}{D} \sin \kappa \cdot s_z$	$h_m = \dfrac{360°}{\pi \cdot \Delta\varphi} \cdot \dfrac{e}{D} \cdot \sin \kappa \cdot s_z$	$h_m = \dfrac{\lambda_{ke}}{q} \sqrt{e\left(\dfrac{1}{D} \pm \dfrac{1}{d}\right)}$	$h_m = \dfrac{\lambda_{ke}}{q} \sqrt{\dfrac{e}{D}}$
$F_{s_{zm}} = b \cdot h_m^{1-z} \cdot k_{s_{1.1}} \cdot x$	$F_{s_{zm}} = b \cdot h_m^{1-z} \cdot k_{s_{1.1}} \cdot x$	$F_{s_{zm}} = b \cdot h_m^{1-z} \cdot k_{s_{1.1}} \cdot x$	$F_{s_{zm}} = b \cdot h_m^{1-z} \cdot k_{s_{1.1}} \cdot x$
$F_{s_m} = F_{s_{zm}} \cdot z_e$ $z_e = \dfrac{\Delta\varphi}{360°} \cdot z$	$F_{s_m} = F_{s_{zm}} \cdot z_e$ $z_e = \dfrac{\Delta\varphi}{360°} \cdot z$	$F_{s_m} = F_{s_{zm}} \cdot z_e$ $z_e = \dfrac{\pi \cdot D \cdot \Delta\varphi}{\lambda_{ke} \cdot 360°}$ $q = \dfrac{D \cdot ns}{d \cdot n_w} = \dfrac{v}{u_w}$ $u_w = n \cdot s_z \cdot z$	$F_{s_m} = F_{s_{zm}} \cdot z_e$ $z_e = \dfrac{\pi \cdot D \cdot \Delta\varphi}{\lambda_{ke} \cdot 360°}$ $q = \dfrac{v}{u_w}; \ u_w = n \cdot s_z \cdot z$
$t_g = \dfrac{L \cdot i}{n \cdot s}$ min Bearbeitungszeit	$A = a \cdot s = b \cdot h \ \text{mm}^2$ Spanquerschnitt	$Q = A \cdot v \ \dfrac{\text{mm}^3}{\text{s}}$ Spanvolumen/Zeit	

Die *Anwendung der Schnittkraftberechnung* in der Zerspantechnik erfolgt z.B. bei Berechnung von

> Schnittgeschwindigkeitstabellen,
> Vorschubwerten,
> Grundzeitberechnungen,
> Werkzeugoptimierungen,
> Lochstreifenerstellung mithilfe der EDVA,
> optimaler Werkzeugmaschinenbelastung ...

Rechenbeispiel

Eine Welle aus St 50 mit einer Länge von $l = 1000$ mm wird mit einem arbeitsscharfen Werkzeug in einem Schnitt von $d_1 = 80$ mm auf $d_2 = 60$ mm abgedreht. Das Werkzeug ist aus HM ($v = 100$ m/min) und hat die Meißelgeometrie $\gamma = 4°$, $\kappa = 85°$, $s = 0{,}8$ mm/U. Die Kühlschmierung besteht aus einer 5 % Bohremulsion.

Wie groß sind im ungünstigsten Falle die Biegespannungen, die in dem zwischen den Spitzen aufgenommenen Werkstück auftreten (Vorschubkraft klein)?

1) *Vereinfachte Schnittkraftberechnung*

allgemein

$$\sigma_{b\,max} = \frac{M_{b\,max}}{W_{b\,min}}$$

$$M_{b\,max} = \frac{F_b}{2} \cdot \frac{l}{2}$$

$$F_b = \sqrt{F_R^2 + F_S^2} \quad \text{wegen } F_V \sim 0 \text{ und } F_S : F_R = 5 : 2$$

$$F_b = \sqrt{1{,}16\,F_S^2}$$

$$F_S = b \cdot h^{1-z} \cdot k_{s1.1\gamma} \cdot x$$

$$W_{b\,min} = \frac{\pi \cdot d_2^3}{32}$$

eingesetzt

$$b = \frac{a}{\sin \kappa}$$

$$a = \frac{d_1 - d_2}{2} = 10 \text{ mm}$$

$$
\left.
\begin{aligned}
b &= 1{,}0038 \text{ mm} \\
h &= s \cdot \sin \kappa = 0{,}797 \text{ mm} \\
h^{1-z} &= 0{,}8454 \text{ mm} \\
k_{s1.1} &= 2029{,}8 \ \frac{N}{mm^2} \\
x &= 1 \quad \text{(Bild xxxx)}
\end{aligned}
\right\}
\quad
\begin{aligned}
F_S &= 1723 \text{ N} \\
F_b &= 1856 \text{ N} \\
M_{b\,max} &= 464 \cdot 10^3 \text{ Nmm} \\
W_{b\,min} &= 21{,}2 \cdot 10^3 \text{ mm}^3 \\
\sigma_{b\,max} &= 21{,}9 \ \frac{N}{mm^2}
\end{aligned}
$$

2) *Berechnung mit sämtlichen Korrekturfaktoren (Bild 4.19)*

   2.1 $k_v = 1$ 100 m/min

   2.2 $k = 1{,}09 - 0{,}015$ (langspanend) $k_\gamma = 1{,}15$

   2.3 $k_{ws} = 1$ HM

   2.4 $k_{wv} = 1$ scharfe Schneide

   2.5 $k_{ks} = 0{,}9$ Bohröl

   2.6 $k_f = 1$ außendrehen

   $F_s = b \cdot h^{1-z} \cdot k_{s1.1} \cdot k_i = 1592 \cdot 1{,}035 \text{ N} = 1648 \text{ N}.$

Die vereinfachte Berechnung brachte $F_{S_1} = 1723 \text{ N}$,
während die Berechnung mittels Faktoren $F_{S_k} = 1648 \text{ N}$ ergab.

Differenz $\Delta F_S = 75 \text{ N} \,\hat{=}\, 4\,\%$

Da außerdem von der Antriebsleistung zur Schnittleistung eine 30 %ige Unsicherheit (Maschinenreibung) vorliegt, ist der ca. 4 % betragende Fehler vernachlässigbar, und es wird diese vereinfachte F_S — Berechnung angewandt.

Grundlage ist

— die Berechnung $F_S = b \cdot h^{1-z} \cdot k_{s1.1\gamma} \cdot x$

$$k_{s1.1\gamma} = \frac{k_{s1.1}}{100}\,(106 - \gamma)\ \text{Stahl}$$

$$k_{s1.1\gamma} = \frac{k_{s1.1}}{100}\,(102 - \gamma)\ \text{Guß}$$

x Multiplikationsfaktor für Fertigungsverfahren,
Schneidstoffe (Bild 4.23)

— Tabelle der unkorrigierten k_s-Werte
für *alle* spanenden Fertigungsverfahren.

Errechnet man weiter aus

$$\sigma_{zul} = \frac{\sigma_{ND_{bW}} \cdot b_1 \cdot b_2}{\beta_k \cdot v}$$

ergibt sich bei nebenstehenden Werten

$$\sigma_{zul} = 62 \text{ N/mm}^2$$

$\sigma_{ND_{bW}}$ Biegewechselfestigkeit
$\sigma_{ND_{bW}} = 260 \text{ N/mm}^2$
β_k Kerwirkung
$\beta_k = 1{,}65\ (r = 1 \text{ mm})$
v Sicherheit
$v = 1{,}5$
b_1 Oberflächenbeiwert
$b_1 = 0{,}78\ (R_t = 40\ \mu\text{m})$
b_2 Größenbeiwert
$b_2 = 0{,}76$
Werte nach [1/35].

Da $\sigma_{b\,max} \leqslant \sigma_{zul}$ sein muß, ergibt sich daraus, daß diese Bearbeitungsoperation nicht möglicht ist, weil sie die zulässige Biegespannung des Werkstückes überschreitet.

4.3.4 Spanbildung

Der Schneidkeil dringt in das rotierende Werkstück ein. Dabei wird zunächst der Werkstückwerkstoff gestaucht. Nach Überwindung des Formänderungswiderstandes wird das Werkstückmaterial längs einer Scherebene abgeschert. Die Scherebene AB verläuft unter dem Winkel ϕ von der Schneidspitze bis zur Werkstückoberfläche. Es erfolgt eine Veränderung der Spannungsdicke h in Abhängigkeit von γ und dem Werkstückwerkstoff.

Man definiert den Stauchfaktor

$$\lambda_h = \frac{h'}{h}$$

h′ erreichte Spannungsdicke, mm

h eingestellte Spannungsdicke, mm

Dabei ist $\lambda_h > 1$ wegen $\phi < 45°$

Man kann leicht sehen, daß

$$\lambda = \frac{\cos(\phi - \gamma)}{\sin\phi}$$

mit $\quad h' = \overline{AB} \cdot \cos(\phi - \gamma)$ und

$\qquad h = \overline{AB} \sin\phi$ oder durch Umwandlung

$$\tan\phi = \frac{\cos\gamma}{\lambda - \sin\gamma}$$

ist.

Das Diagramm 4.28 $\lambda = f(\gamma, \phi)$ zeigt, daß mit zunehmender Werkstückfestigkeit die erreichte Spannungsdicke und damit λ durch Aufgleiten der Scherebene größer werden.

Dagegen ist

$$\lambda_b = \frac{b'}{b} \sim 1.$$

Damit erklärt sich die Abhängigkeit von

$$k_s \sim \frac{1}{h} \quad \text{und}$$

$$k_s \sim b$$

Bild 4.28

Stauchfaktor λ in Abhängigkeit des Spanwinkels γ und dem Werkstückwerkstoff.

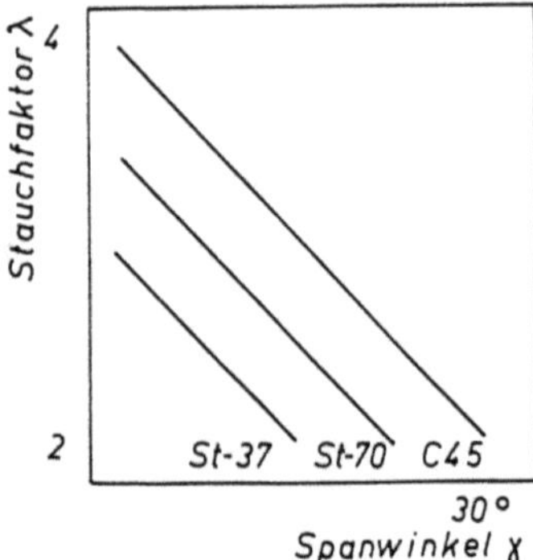

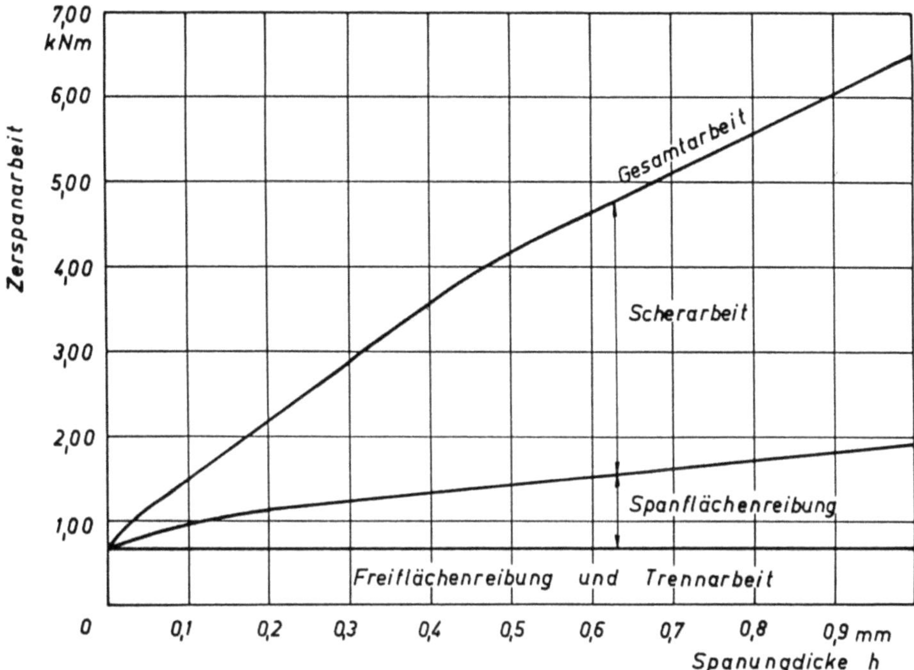

Bild 4.29 Zerspanarbeit als Funktion der Spanungsdicke unter den Bedingungen:
Werkstückwerkstoff: 55 NiCrMoV 6, Schnittgeschwindigkeit: 100 m/min, Meißelgeometrie: $\gamma = 10°$,
$\alpha = 6°$, Spanungsbreite: b = 4 mm [4/8].

4.3.5 Energieumwandlung beim Zerspanen

Die von der Werkzeugmaschine aufgebrachte *Schnittarbeit* $P_s \cdot t$ wird an Werkzeug und
Werkstück in *Verformarbeit* und *Reibungsarbeit* umgesetzt (Bild 4.29).

$$\boxed{P_s \cdot t = F_s \cdot v \cdot t = E_s + E_t + E_{rf} + E_{rs}}$$

P_s Schnittleistung, kW

t $= \dfrac{l \cdot i}{n \cdot s}$ Bearbeitungszeit, s

v Schnittgeschwindigkeit, $\dfrac{m}{min}$

E_s Scherarbeit, Nm

E_t Trennarbeit, Nm

E_{rg} Reibungsarbeit (Freifläche), Nm

E_{rs} Reibungsarbeit (Spanfläche), Nm

4.3.6 Zerspanungswärme

Die Reibungsarbeit wird an der Wirkstelle in Wärme umgesetzt. Bild 4.30 zeigt die *Gesamtwärme* eines Zerspanungsprozesses (Werkzeug, Werkstück, Späne) in Abhängigkeit
der Schnittgeschwindigkeit.

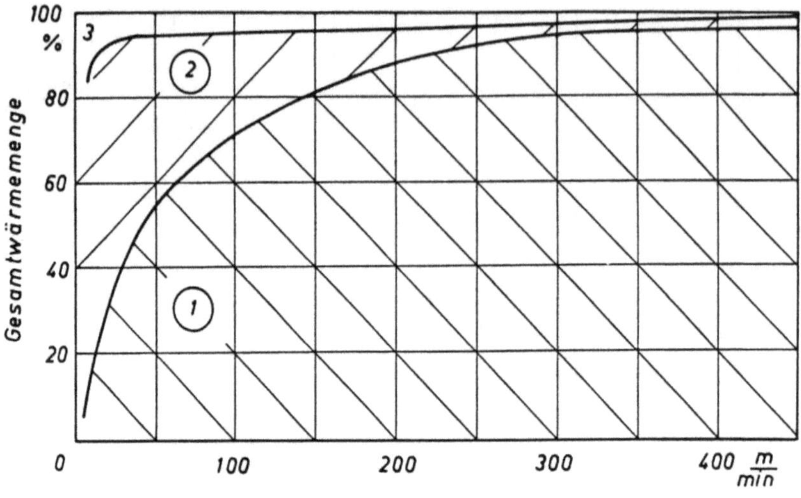

Bild 4.30 Gesamtwärme auf Späne, Werkzeug und Werkstück aufgeteilt in Abhängigkeit der Schnittgeschwindigkeit: 1 Späne,   2 Werkzeug,   3 Werkstück.

Dieses Diagramm stellt deutlich die Entwicklungsrichtungen moderner Werkzeugmaschinen dar, wie

- Schrägbettkonstruktion,
- hohe Kühlmittel- und Späneförderung
- umfassende Schutzeinrichtungen sowie
- hohe Drehzahlen,

damit bei Einsatz moderner Schneidstoffe (beschichtete Hartmetall – Wendeschneidplatten) der hohe Anteil der Wärme in den Spänen sofort mit den Spänen abgeführt werden kann.

4.3.7 Werkzeug (Drehstahl)

4.3.7.1 Drehstahl – Werkzeugform

In der Vergangenheit oder wenn Formstähle z.B. bei Stangenbearbeitung zum Einsatz kommen, waren Werkzeugkörper und Schneidenteil aus einem Werkstoff. Drehlinge aus HSS oder mit gelöteten HSS oder HM-Platten hatten folgende Querschnitte und Formen (Bild 4.31).

Die Querschnittsabmessungen ergeben sich über

$$W_0 = \frac{\pi \cdot d^3}{32} = \frac{M_b}{\sigma_{b\,zul}} = \frac{F_s \cdot l}{\sigma_{b\,zul}}.$$

Daraus: $F_{s_{zul}} \doteq \dfrac{d^3 \cdot \sigma_{b\,zul}}{10 \cdot 1}$ da für Durchbiegungen von

$f > 0{,}1$ mm Schwingungen entstehen können.

Schneidplatten HM	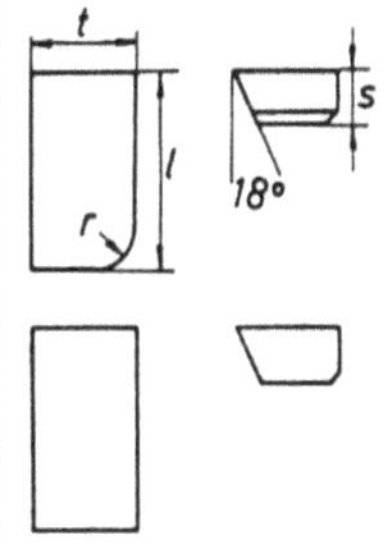	A	DIN 4950, 4966
		D	
Schneidplatten HSS	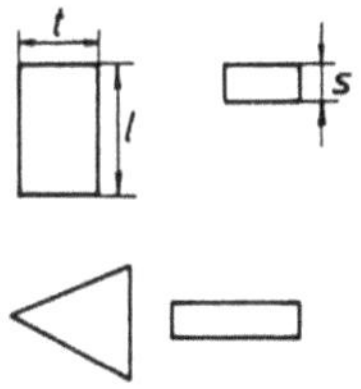	A	DIN 771
		D	
Drehlinge HSS	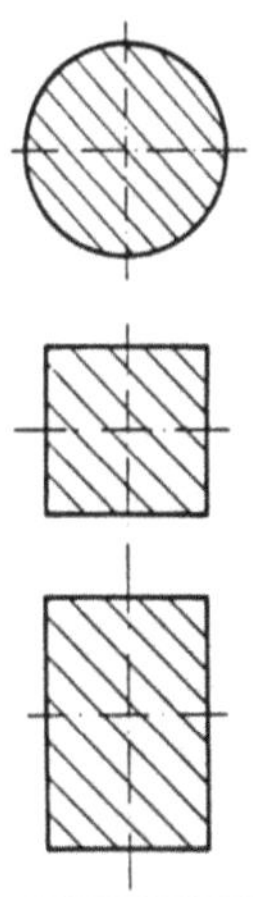	A	DIN 4964, 770
		B	
		D	

Bild 4.31 Auszüge aus DIN Normen von HSS und HM Schneidplatten (gelötet) sowie HSS-Drehlingen.

Gilt:

$$f = \frac{F_s \cdot l^3}{3E \cdot J} < 0,001 \text{ mm}$$

F_s Schnittkraft, N

l Ausspannlänge Meißel, mm

E E-modul Stahlhalter, $\dfrac{N}{mm^2}$

$J = \dfrac{\pi \cdot d^4}{64}$, mm^4.

Der Einsatz von HSS-Drehlingen oder -Stahlhaltern mit HM-Lötplatten tritt seit 2 Jahrzehnten kontinuierlich durch die neue Wendeschneidplattentechnik in den Hintergrund. Nur noch vereinzelt werden die im Bild 4.32 dargestellten Innen- und Außendrehstähle mit fest am Werkzeugkörper befestigten (gelöteten) Platten eingesetzt.

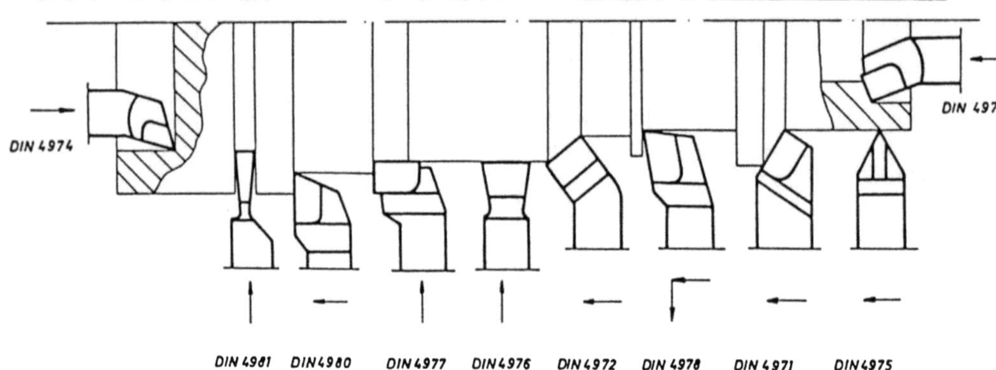

Bild 4.32 Mit gelöteten HM-Platten besetzte Innen- und Außendrehmeißel. Die unten angeführten DIN-Normen gelten für die entsprechenden HSS-Drehlinge:

Von links:

Drehmeißel	DIN-Norm	Drehmeißel	DIN-Norm
innen Eckdrehmeißel	4954	gebogener Drehmeißel	4952
Stechdrehmeißel	4961	abgesetzter Eckdrehmeißel	4965
abgesetzter Seitendrehmeißel	4963	gerader Drehmeißel	4951
abgesetzter Stirndrehmeißel	4960	spitzer Drehmeißel	4955
breiter Drehmeißel	4956	Innendrehmeißel	4953

Die neue Technik hat den Vorteil, daß eine abgestumpfte Schneide nicht mehr nachbearbeitet werden muß (Einsammeln der Drehstähle, Rückführung und Sortieren in der Schleiferei, Schleifen der Werkzeuggeometrie nach Werkzeugkarte, Einsortieren der geschliffenen Werkzeuge). Die Platte wird gewendet oder gedreht, bis sämtliche Schneiden verbraucht sind (Sammeln der verbrauchten Platten und Rückführung zum Hersteller). Durch konsequente Anwendung dieser Technologie wurden z.B. bei der Firma Ford in den 60er Jahren 40 000 verschiedene Drehstähle durch mehrere hundert Wendeschneidplattenhalter und Wendeschneidplatten ersetzt. Form und Bezeichnung der Wendeschneidplatte sind nach DIN 4968, 4959, 4982, 4983 und 4987 genormt (Bild 4.33). Kodierung von Spannsystem (Wendeschneidplattenhalter) und Wendeschneidplatte sind nach ISO in Bild 4.34 zusammengefaßt. Wendeschneidplatten werden als Klemm- oder Lochplatten geliefert.

Die Wendeschneidplattenhalter (Bild 4.35) haben dann

- Keilklemmung
- Kniehebelklemmung,
- federgespannte Wendeplatten oder
- Kassettenwerkzeug.

An ihnen sind möglichst wenig verschleißende Teile [4/26].

Mit stark vereinfachter Schneidengeometrie sind sie (Form S) bis maximal achtfach zu wenden. Spanleitstufen (Bild 4.36) sind sowohl in Wendeschneidplatten eingearbeitet als auch durch den Spanformer zwischen Klemmfinger und Wendeschneidplatte simulierbar.

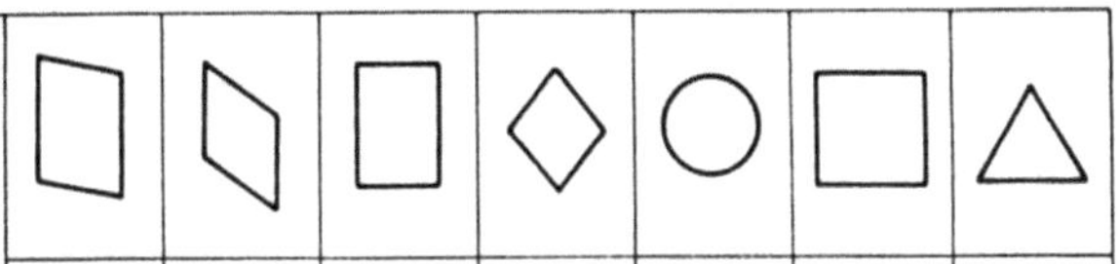

Form	[Parallelogramm]	[Parallelogramm]	[Rechteck]	[Rhombus]	[Kreis]	[Quadrat]	[Dreieck]
	A	K	L	M	R	S	T
ε	85°	55°	90°	86°	—	90°	60°
α	3	5	7	15	20	25	30
	A	B	C	D	E	F	G
Toleranzen	Maß	A	C	E	G	M	U
	m(±mm)	0,005	0,013	0,025	0,025	0,05...0,12	0,13...0,37
	s(±mm)	0,025	0,025	0,025	0,13	0,13	0,13
Besonder-heiten			A	F	G	N	X
	Befestigung		x		x		
	Zerspanung			x	x		
	andere						x

Plattengröße	Schneidenlänge in mm
Plattendicke	Angabe in mm ohne Dezimalstelle
Eckenradius	Angabe in 1/10 mm

Schneidenecke	A : 45°	D : 30°	E : 15°	F : 5°

Schnittrichtung	R: rechtsschneidend, E: Schneidenabrundung ....

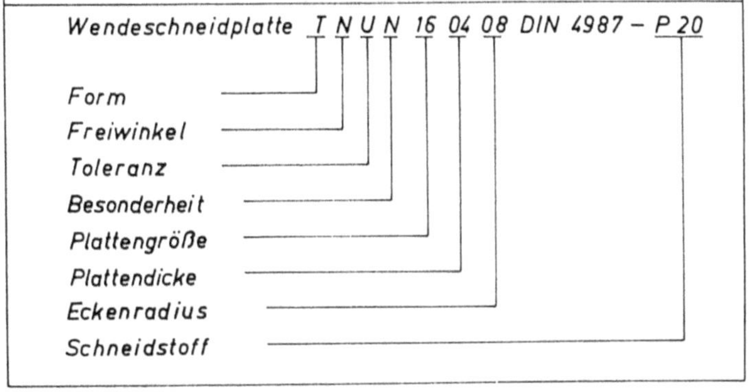

Wendeschneidplatte T N U N 16 04 08 DIN 4987 – P 20

- Form
- Freiwinkel
- Toleranz
- Besonderheit
- Plattengröße
- Plattendicke
- Eckenradius
- Schneidstoff

Bild 4.33 Auszug aus der DIN 4987 für die Bezeichnung der Wendeschneidplatten (DIN 4988 für Wendeschneidplatten mit Bohrung).

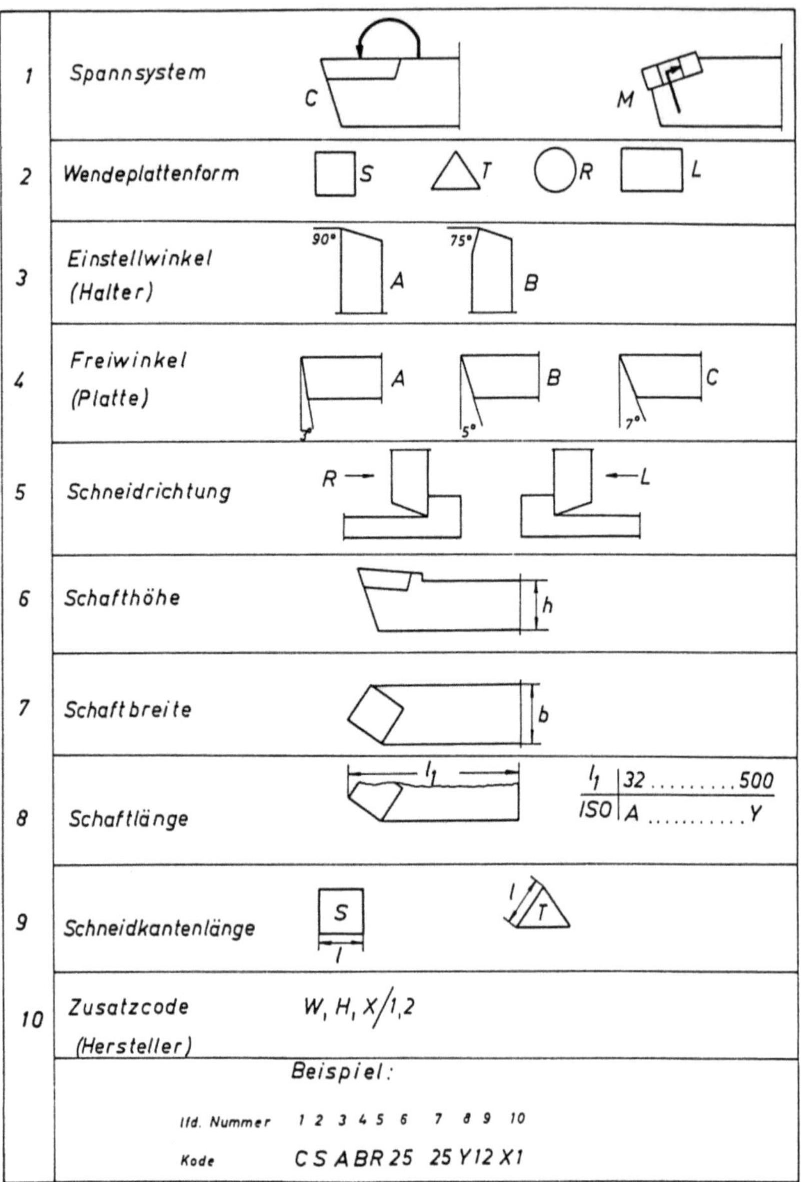

Bild 4.34 ISO Bezeichnung für Spannsysteme und Wendeschneidplatten.

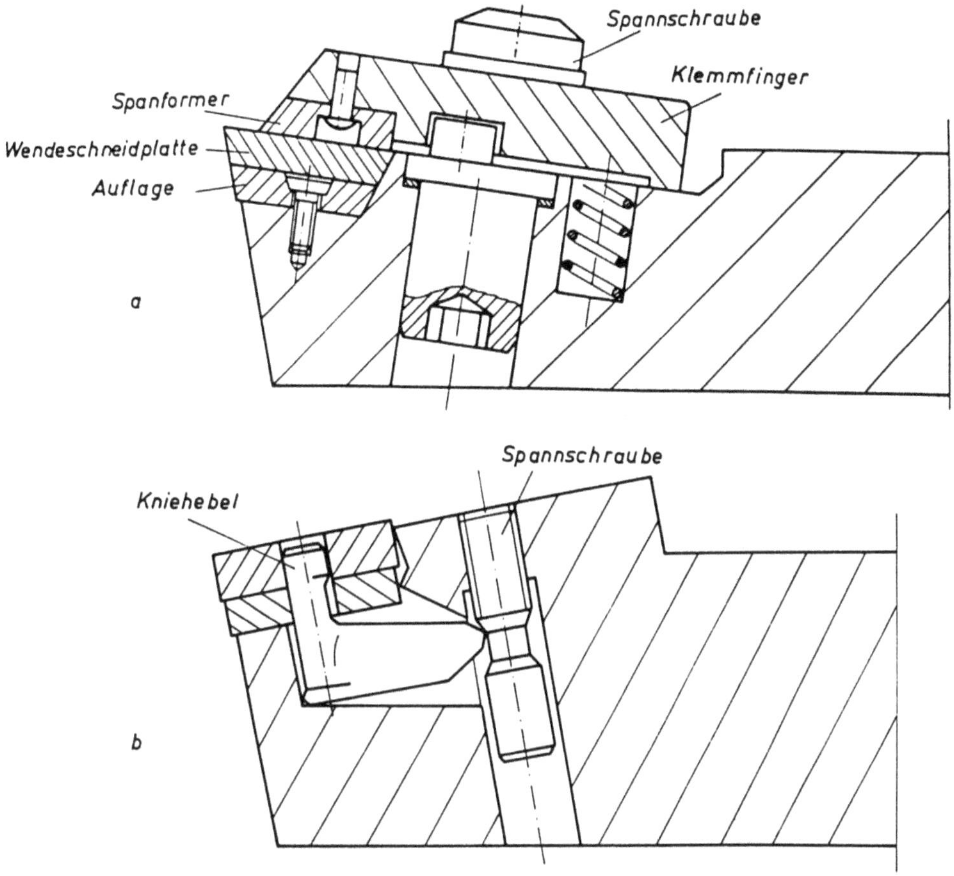

Bild 4.35 Wendeschneidplattenhalter nach DIN 4983, 4984, 4985 mit positiver (a) und negativer (b) Schneidengeometrie.

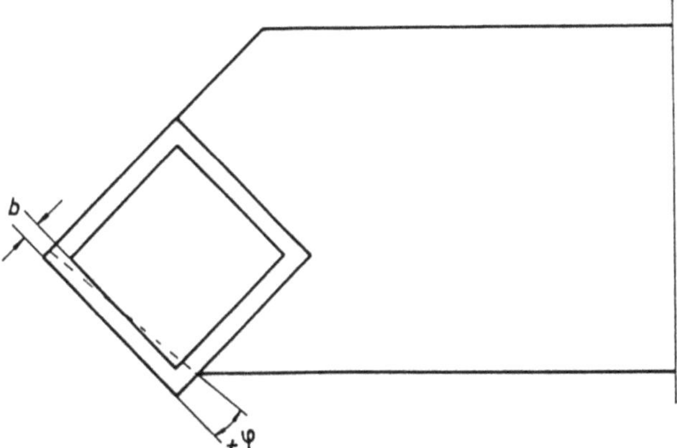

Bild 4.36 Spanleitstufen.

Sie erleichtern die Spanformbildung. Dabei kann diese Spanleitstufe (Spanformstufe) winkelig oder parallel zur Hauptschneide angeordnet sein. Dem Öffnungswinkel φ kommt folgende Bedeutung zu:

φ positiv (Schlichten, Innendrehen – erschwert das Spanbrechen)

φ negativ (Schruppen – Späne brechen gut, laufen aber gegen die Werkstückoberfläche, die sie beschädigen)

φ null (Außendrehen).

Nach VDI 3332 unterscheidet man die folgenden Spanformen hinsichtlich Transport und Spanvolumen

Spanform	Spanraumzahl R	
Bandspan	100	
Wirrspan	100	unerwünscht
Wendelspan	60	
kurzer Wendelspan	30	bedingt brauchbar
Spiralspan	10	brauchbar
kurze Spanstücke	3	gut

Es ist

$$\boxed{\dot{V}_{sp} = R \cdot \dot{V}_w}$$

$$\dot{V}_w = a \cdot s \cdot v$$

$\dot{V}_{sp}$ Volumen ungeordnete Spanmenge, $\dfrac{mm^3}{min}$

$\dot{V}_w$ Werkstoffvolumen $\dfrac{mm^3}{min}$

e Schnittiefe, mm

s Vorschub, mm

v Schnittgeschwindigkeit, $\dfrac{m}{min}$

R $\dfrac{\text{Raumbedarf ungeordnete Spanmenge}}{\text{Werkstoffvolumen der gleichen Spanmenge}}$

4.3.7.2 Schneidstoffe für spanende Fertigungsverfahren mit definierter Schneide

Die Anforderungen, die an Schneidstoffe gestellt werden, ergeben sich aus dem Diagramm Bild 4.37. Darüber hinaus muß der Schneidstoff zäh sein und Widerstand gegen Biegung aufweisen.

Unter den gegossenen Schneidstoffen kommt dem HSS besondere Bedeutung zu. Seine Hauptanwendungsgebiete bei den spanenden Fertigungsverfahren mit definierter Schneide kann man Bild 4.38 entnehmen. Einfache Werkzeugstähle haben nur eine engbegrenzte Schnittgeschwindigkeit und haben damit wirtschaftlich genausowenig Einfluß, wie die durch ihre wertvollen Legierungsbestandteile sehr teueren Stellite. Der wesentliche Einfluß der Legierungsbestandteile bei HSS und sein maximaler Prozentsatz ist in Bild 1.34 zusammengefaßt. Obwohl hierzu natürlich zu sagen ist, daß die einzelnen Legierungsbestandteile sich gegenseitig beeinflussen und durch Hinzukommen neuer Elemente neue Interdependenzen entstehen können. Man kann aber die Hauptabhängigkeit zusammenfassen nach 4.39. Dabei verhalten sich Kobalt einerseits und Karbidbildner andererseits wie Antagonisten zueinander, d.h. ihre Einflüsse werden gegenseitig aufgehoben. Das ist nicht nur bei HSS, sondern kann in dieser Form auch bei HM beobachtet werden.

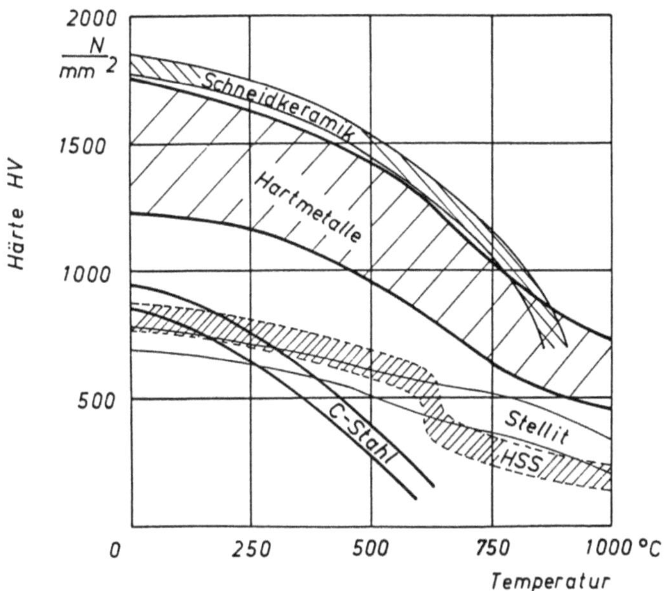

Bild 4.37
Härtebereiche von Schneid-
stoffen in Abhängigkeit der
Temperatur. [4/8]

Stahlsort	Dreh-meißel	Fräser	Gewinde-bohrer	Kreis-säge	Räum-nadel	Reib-ahle	Spiral-bohrer	Werkstoff Nr. DIN 17007
S 6-5-2		O	O	O	O	O	O	1,3343
S 6-5-3			O			O		1,3344
S 6-5-2-5		O	O			O	O	1,3243
S 7-4-2-5		O				O		1,3246
S 10-4-3-10	O	O						1,3207
S 12-1-4-5	O	O						1,3202
S 18-1-2-5	O	O						1,3255
S 2-10-1-8		O						1,3247
S 2-9-2			O					1,3348

Bild 4.38 Anwendungsgebiete des HSS in der Zerspantechnik. [1/14]

Wesentliche physikalische Eigenschaften von Hartmetall, Schneidkeramik und Diamant
sind in Bild 4.40 dargestellt. Außer bei höchsten Schnittgeschwindigkeiten, höchsten
Standzeiten mit bester Werkstückoberfläche (Bremszylinderfertigung) hat der Diamant
bei spanenden Fertigungsverfahren mit definierter Schneide keine Anwendungschance.
In neuerer Zeit werden polykristalline Diamanten (PKD) verwendet [4/23]. Dies sind
kleine, künstlich hergestellte Diamanten, die zu einem größeren Körper gesintert werden.
Die dabei erzielte Härte entspricht dem Naturdiamant, aber die Bruchempfindlichkeit ist
wesentlich geringer. Anwendung im Automobilbau bei Bearbeitung von Leichtmetall-
zylinderköpfen mit hohen Standzeiten und Schnittgeschwindigkeiten bis 3000 m/min.

	Härte	Hochtempe-raturfestig-keit	Widerstand gegen Verkleben	Biegebruch-festigkeit
zunehmender TiC-,TaC-Gehalt	↑	↑	↑	↓
zunehmender Co-Gehalt	↓	↓	↓	↑

Bild 4.39 Hauptbestandteile bei HM und ihr Einfluß.

Eigenschaften	HM	Al_2O_3 weiß	Al_2O_3 + TiC schwarz	Bornitrid	Diamant
Härte HV N/mm^2	1300 ... 2000	~ 2200	~ 2900	4500	7000
Erweichungs-temperatur K	~ 1500	2000	1600	1800	−
Dichte g/cm^3	6 ... 15	~ 3,9	~ 4,2	~ 2,5	352
E-modul 10^3 N/mm^2	620 ... 430	380	330	~ 300	900
Biegebruchfestig-keit N/mm^2	800 ... 2200	~ 500	~ 600	600	300
Wärmeleitfähig-keit $10^2 \cdot$ J/m$^2 \cdot$ s $\cdot$ K	18 ... 80	21	38	40	150

Bild 4.40 Vergleich der Eigenschaften einiger Schneidstoffe. [1/13]

Schneidkeramik (Sk) wird in der Regel bei Gußbearbeitung und ohne Kühlschmiermittel verwendet (Schmierung nur, wenn für Werkstückoberfläche notwendig).

Hartmetall und Keramik sind weitgehend wärmeunempfindlich und haben geringe Wärmeleitfähigkeit. Bei plötzlichen Temperaturveränderungen und zu intensiver und schroffer Kühlung neigen Hartmetalle zu Rißbildung, daher sollte beim Einsatz von Emulsion dafür gesorgt werden, daß die Zerspanstelle kräftig überflutet wird und zu starker Temperaturwechsel vermieden wird [4/11].

Damit sind sie über ein breites Band der Schnittgeschwindigkeit $100 > v < 1000$ m/min einsetzbar. Ihre Zusammensetzung ist der jeweiligen Fertigungsaufgabe anzupassen. Nach DIN 4990 werden die Hartmetalle in drei Zerspanungshauptgruppen eingeteilt (Bild 4.41).

Farbe	Verschleiß-festigkeit	Zerspanungs-hauptgruppe	Zerspanungs-anwendungs-gruppe	Anwendung F Feinzerspanung Sch Schlichtzerspanung Sp Schruppzerspanung	Bemerkungen
blau		P langspanend	P 01.1 P 10 P 20 P 40	F – St, GS F + Sch – St, GS Sch + Sp – St, GS, GT Sp – St, GS	Kopierdrehen, Feinfräsen auch auf nach- giebiger Werk- zeugmaschine
gelb		M lang- oder kurzspanend	M 10 M 30 M 40	Sch – St, GS, GT Sp – hochwarmfester St, GS, GG Automatenstahl NE-Metall	für Werkzeuge, die kaltver- festigen groß
rot		K kurzspanend	K 01 K 10 K 30	F + Sch – Hartguß, GG, St. gehärtet, NE Metall Sch + Sp – GG, Hart- NE Metall Sp – GG, NE Metall	Drehautomaten Werkstoffe mit Klebneigung Holz
	Zähigkeit				

Bild 4.41 Auszug aus der DIN 4990.
Mit zunehmender Verschleißfestigkeit können höhere Schnittgeschwindigkeiten und mit zunehmender Zähigkeit können höhere Vorschübe gefahren werden.
GG – Grauguß,   GS – Stahlguß,   GT – Temperguß,   St – Stahl,   NE Metall – Nichteisenmetall.

Beispiele für die einzelnen Schneidstoffe, die Zusammensetzung iher Bestandteile und die Schnittgeschwindigkeit sind in Bild 4.42 dargestellt.

In Bild 4.43 sind die einzelnen Schneidstoffe nochmals mit der Abhängigkeit der Biege-bruchfestigkeit als Funktion der Härte dargestellt.

4.3.7.3 Wirtschaftlichkeitsvergleich: Hartmetall – Schneidkeramik

Bild 4.44 zeigt die Fertigungskosten je Werkstück bei der alternativen Verwendung von

- Hartmetall und
- Schneidkeramik für die Bearbeitung von Ck 45.

Dabei stellt sich die große Leistungsfähigkeit der Keramikplatte über dem gesamten Schnittgeschwindigkeitsbereich heraus, gegenüber der die Hartmetallplatte lediglich bei 200 m/min ein Optimum aufweist (1979).

Herstellung verschiedener Schneidstoffe

Schnellstahl

HSS wird z.B. durch Elektroschlacke-Umschmelzen hergestellt. Dadurch wird eine voll-kommen gleichmäßige Karbidverteilung erreicht. Weitere Vorteile dieses Verfahrens liegen in der geringen Maß- und Formänderung beim Härten. Durch eine Vielzahl von legierungs-technischen Maßnahmen kann man die späteren Eigenschaften dieses Schneidstoffes er-

Schneidstoff		Beispiel	Legierungsbestandteile %	$\dfrac{v\ m}{min}$	Wirtschaftliche Bedeutung (Einsatz)
gegossene Werkstoffe	Werkzeugstahl	C 110 W 1	C P + S 1,1 < 0,04	10	engbegrenzte Schnitt- geschwindigkeit
	HSS	S 18-1-2-10	C Cr W V Mo Co 0,75 4,2 18 1 2 9,5	50	hoher Verschleiß- widerstand, großer Formände- rungswiderstand hohe Zähigkeit
	Stellit	Akrit [4/30]	Cr W Co 30 20 50	80	eisenfreie Legierun- gen, sehr teuer, keine Wärmebehand- lung, sehr spröde, da geringere Warmhärte, als HM haben sie keine technische Be- deutung mehr.
Sinterwerkstoffe	HM	P 0.11 M 10 K 01	WC TiC, TaC Co 30 64 6 84 10 6 91 4 5	100	Stahl, Stahlguß St, GT, GS Hartguß
	beschichtete HM	Oxidkeramik SN 60	Al_2O_3 Mo WC MoC TiC	200 (400)	St
	Schneidkeramik		90 10	1000	GG
		Oxidmetall- keramik	60 40		
		Oxidkarbid- keramik SH 1	75 25		
Diamant	Synthetischer oder Naturdiamant mit mono- oder polykristalliner Struktur	Compax T	C 100 auf HM-Unterlage gesintert	> 1000	Drehbearbeitung glasfaserverstärkter Kunststoffe, Titan, Edelmetalle, Leichtmetalle mit guten Oberflächen — teuer wegen Nachschliff

Bild 4.42 Beispiele für Zusammensetzung und Eigenschaften von Schneidstoffen.

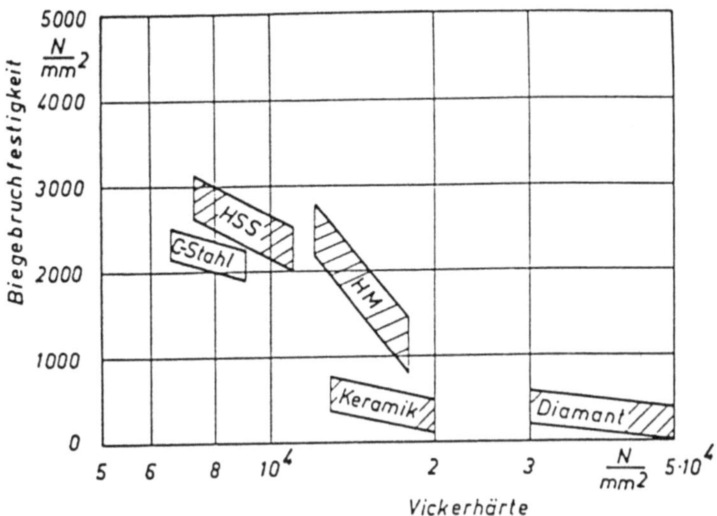

Bild 4.43 Biegebruchverhalten in Abhängigkeit der Vickerhärte einiger Schneidstofftypen.

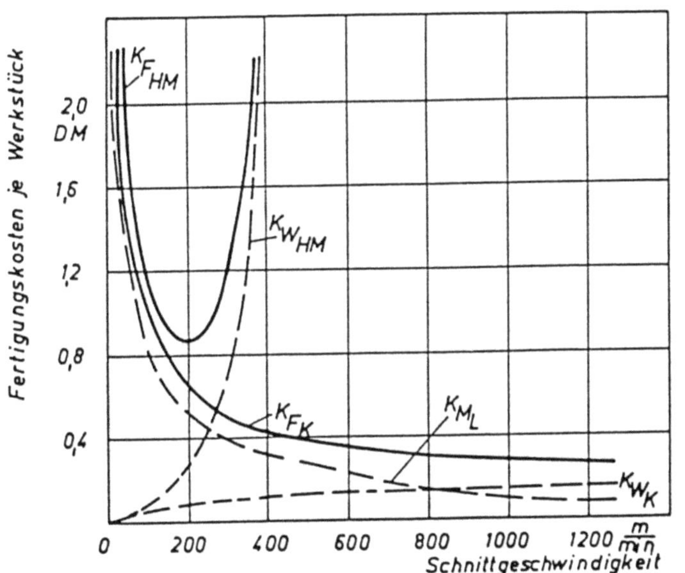

Bild 4.44 Fertigungskosten in Abhängigkeit der Schnittgeschwindigkeit

$K_{F_{HM}}$ Kosten HM je Werkstück, K_{F_K} Kosten Keramik je Werkstück, K_{M_L} Maschinen- und Lohnkosten, $K_{W_{HM}}$ Werkzeugkosten HM je Werkstück, K_{W_K} Werkzeugkosten Keramik je Werkstück, Material: Ck45, Abmessungen: $\varnothing$ 100 × 275 mm, Schnittwerte: b = 2 mm, s = 0,45 mm/U [4/25].

heblich beeinflussen (steigender C-Gehalt bei CO, V, Mo Stählen — Feinheit und Gleich-
mäßigkeit des Gefüges, erhöhter S-Gehalt — weniger Klebneigung, aufkohlen — erhöhen
der Abriebhärte, Warmhärte usw.).

Die Warmbehandlung von HSS ist sehr umfangreich: zunächst eine zweistufige Vorwärmung bis 873 K, Erwärmung auf Härtetemperatur bis 1 573 K, dann Abschrecken in Öl,
Reinigen bei 423 K, sowie zweimaliges Anlassen bei 873 K.

Hartmetall

Für die Herstellung gesinterter Hartmetalle stehen mehrere Möglichkeiten zur Verfügung:
1. Formpressen und Sintern,
2. Pressen, Vorsintern, mechanische Formgebung, Fertigsintern,
3. Strangpressen und Sintern,
4. Heißpressen.

Als Hauptbestandteile wird

WC Pulver durch Reduktion von Wolframsäure WO_2 zu Pulver. Danach erfolgt eine Reaktion mit Graphit unter Schutzgas bei 1 800 K zu WC.

WC wird zerkleinert und gesiebt,

Co Pulver durch Reduktion von Kobaltoxid in H-Gas bei 1 000 K,

WC, Co werden dann in Kugelmühlen gemischt und naßgemahlen, damit man gleiche
Korngrößen und gute Durchmischung erhält.

Beschichtete Schneidstoffe

Schnellstahl

Die Beschichtung von HSS stellt nur einen Schneidkantenschutz an der Freifläche dar.
Die Spanfläche ist meist unbeschichtet und wird nachgesetzt. Beschichtung erfolgt bei
Bohrern und Fräsern. Die Schichten sind aus WC und haben Dicken von 0,1 ... 8 μm
(Standzeiterhöhungen um den Faktor 4 sind möglich) und 8 ... 13 μm Tiefe im Schneid-
stoff.

Hartmetall

Auf eine HM-Wendeschneidplatte P 20, P 40, M 10 (zäher Grundkörper) wird eine oder
mehrere Schichten aus verschleißfestem TiC, TiN, Titankarbonitrid oder Keramik von
4 ... 6 μm aufgebracht. Hierfür sind mehrere Verfahren bekannt.
1. CVD (Chemical Vapor-Deposition) — dabei wird eine Hartstoffschicht bei 1 300 K aus
   der Gasphase am Grundwerkstoff abgeschieden.
2. Kathodenzerstäubung,
3. Glimmentladung.
Zur Zeit werden folgende Beschichtungsarten für HM-Wendeschneidplatten verwandt:
    − Titankarbid gegen hohen Freiflächenverschleiß,
    − Titannitrid gegen hohen Kolkverschleiß,
    − Aluminiumoxid gegen hohe Wärmeentwicklung und starken Kolkverschleiß
      [4/12].

4.3.8 Werkzeugmaschinen Zerspantechnik

Die Werkzeugmaschinen der Zerspantechnik sind in Bild 4.45 tabellarisch nach Einsatz in Klein- bzw. Mittelserie sowie Mittel- bzw. Großserie zusammengefaßt. Klein-, Mittel- und Großserie sind nicht genau definierbar. Sicher hängt die Anzahl der gefertigten Werkstücke und damit die Einteilung in Klein- oder Großserie von der Art der Industrie ab. Letztlich ist eine Kleinserie in der Automobilindustrie anders definiert als in der Werkzeugmaschinenindustrie.

Möglicherweise kann gesagt werden, daß die Kleinserie bei 10 ... 100 Teilen, die Großserie ab 10^4 ... 10^5 Teilen liegt. Da in zunehmendem Maße NC-, DNC- und CNC-Automaten in den Bereich der Mittelserie eindringen, wurde darauf verzichtet, diesem Bereich eigene Werkzeugmaschinen zuzuordnen.

4.3.9 Spanende Fertigungsverfahren mit definierter Schneide

Spanende Fertigungsverfahren mit definierter Schneide sind nach DIN 8580

- Drehen,
- Hobeln,
- Bohren,
- Räumen,
- Fräsen.

Dabei ist die wirtschaftliche Bedeutung des Hobelvorganges zurückgegangen. Das hängt damit zusammen, daß z.B. das mehrschneidige Stirnfräsen diese Aufgabe wesentlich kostengünstiger übernommen hat. Das Hobeln beschränkt sich heute hauptsächlich auf das Stoßen von Zahnrädern an unzugänglichen Stellen (Abwälzfräsen ist wegen zusätzlichem Zahnrad unmöglich).

Werkzeugmaschine	Klein / Mittel - Serie	Mittel / Groß - Serie
Verfahren		
Drehen	CNC-Drehautomat, Universaldrehmaschine, Kopierdrehmaschine, Revolverdrehmaschine.	elektro-hydraulisch gesteuerter Mehrspindeldrehautomat, 4-6-8 Spindel { Stangen / Futter } drehautomat, Langdrehautomat (kurvengesteuert).
Bohren	NC-Bearbeitungszentrum, NC-Bohrwerk, NC-Senkrechtbohrmaschine.	Mehrspindelbohrautomat
Räumen	Senkrechträummaschine	Waagerecht-Kettenräummaschine, Mehrfachräummaschine.
Fräsen	NC-Bearbeitungszentrum, Universalfräsmaschine.	Mehrspindelfräsautomat, Kopierfräsmaschine, elektro-hydraulisch gesteuerter Fräsautomat.
Schleifen	CNC { Rund / Flach } Schleifmaschine.	Spitzenloser Rundschleifautomat

Bild 4.45 Werkzeugmaschinen der Zerspantechnik.

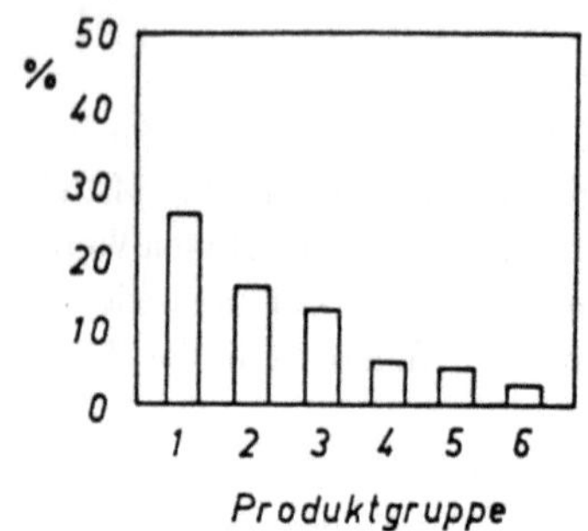

Bild 4.46
Verteilung der spanenden Fertigungsverfahren auf Produktgruppen:

Produktgruppe	Verfahren
1	Drehmaschinen,
2	Schleif-, Läpp-, Honmaschinen,
3	Fräsmaschinen,
4	Bohrmaschinen,
5	Hobel-, Stoß-, Räummaschinen .

Nach einer Aufstellung des Statistischen Handbuches für Maschinenbau haben die einzelnen spanenden Verfahren wertmäßig im Jahre 1978 Anteil nach Bild 4.46.

4.3.9.1 Drehen

Nach DIN 8589 ist das *Drehen* ein Spanen mit geschlossener, meist kreisförmiger Schnittbewegung und beliebiger, quer zur Schnittrichtung liegender Vorschubbewegung. Dabei behält die Drehachse der Schnittbewegung ihre Lage zum Werkstück unabhängig von der Vorschubrichtung bei.

Die DIN 8589 definiert entsprechend der Vorschubrichtung (parallel oder quer zur Werkstückachse)

- Längsdrehen,
- Plandrehen.

Zu den Längs- oder Runddrehverfahren zählt man:

- Längs-Runddrehen,
- Quer-Runddrehen,
- Schäldrehen,
- Profildrehen.

Die Plandrehverfahren umfassen:

- Quer-Plandrehen,
- Längs-Plandrehen,
- Quer-Abstechdrehen,
- Quer-Unrunddrehen.

Daneben kennt man noch die Schraubdrehverfahren:

- Gewindedrehen,
- Gewindestrählen,
- Gewindeschneiden.

Rechenbeispiel

Auf einem Mehrspindelstangendrehautomaten mit 6 Spindeln wird unter vorgegebenen Werkzeugbedingungen κ, γ und bei angegebener Spantiefe a und Vorschub s eine Büchse nach Bild 4.47 hergestellt.

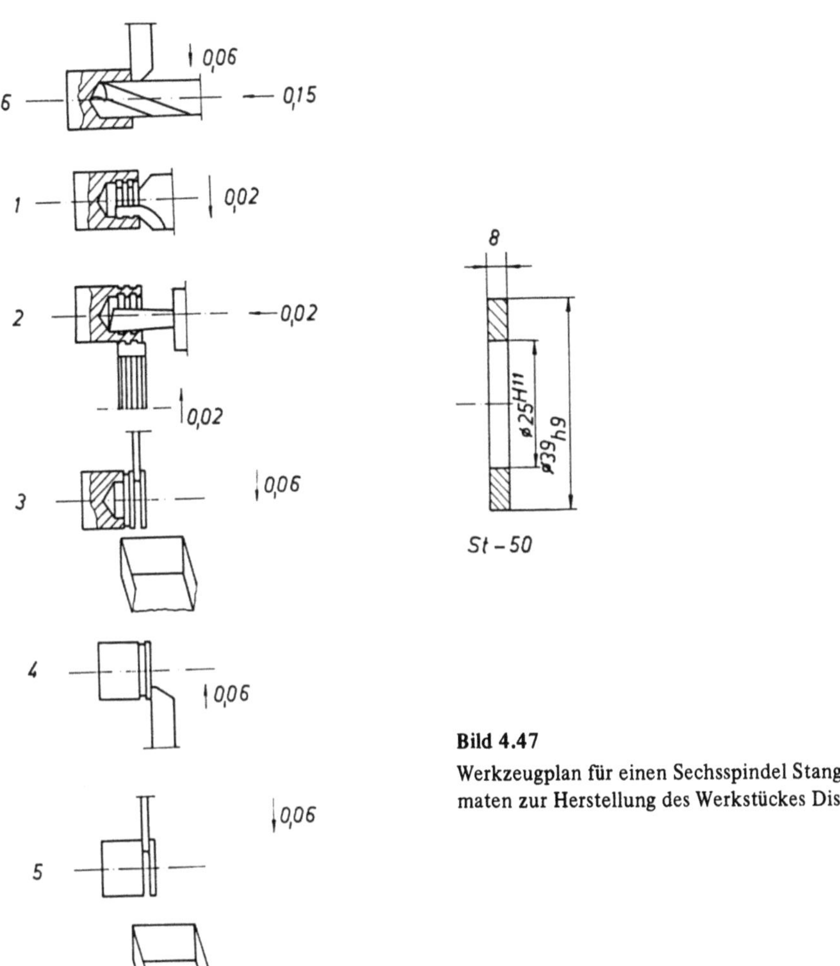

Bild 4.47
Werkzeugplan für einen Sechsspindel Stangendrehauto-
maten zur Herstellung des Werkstückes Distanzscheibe.

Die einzelnen Bearbeitungsvorgänge sind im Werkzeugplan dargestellt. Eine Schnittkraft-
nachrechnung der jeweiligen Arbeitsphasen ergibt eine

- Antriebsleistung $P_A = 14{,}35$ kW,

- Spanvolumen $\quad Q_s = 0{,}7\,\dfrac{t}{\text{Tag}}$ und

- Grundzeit $\quad t_g = 31{,}6$ s/2 Stück aus Bild 4.48.

4.3.9.2 Bohren

Das Fertigungsverfahren *Bohren* wird entsprechend DIN 8589 nach Bild 4.49 eingeteilt.
Bei den einzelnen Verfahren sind die entsprechenden DIN-Blätter der Werkzeuge miter-
wähnt. Während beim Plansenken (Bild 4.50a) senkrecht zur Drehachse der Schnittbewegung liegende ebene Flächen erstellt werden, ist das Rundbohren (Bild 4.50b) ein Vor-

		Lage		Lage 1	Lage 2		Lage 3	Lage 4	Lage 5
		Plandrehen	Bohren	Inneneinstechen	Reiben	Außenein-stechen	Abstechen	Plandrehen	Abstechen
κ	[°]	90	60	90	60	90	80	90	80
γ	[°]	4	5	10	0	10	4	4	4
a	mm	3	$\left(a = \dfrac{D}{2}\right)$ 12	28	0,5	28	6	1	6
i			0,15/2 2						
$h = s \cdot \sin\kappa$	mm	0,06	0,065	0,02	0,0173	0,02	0,0592	0,06	0,0592
h^{1-z}	mm	0,125	0,132	0,055	0,0497	0,055	0,124	0,125	0,124
$b = \dfrac{a}{\sin\kappa}$	mm	3	13,86	28	0,58	28	6,09	1	6,09
x		1	1	1,2	1,2	1	1	1	1
$k_{s_1 \cdot 1\gamma}$	$\dfrac{daN}{mm^2}$	203	199	191	211	191	203	203	203
$F_s = b \cdot h^{1-z} \cdot k_{s_1 \cdot 1\gamma} \cdot x$	N	746,8	3571,6	3462,6	71,6	2885,5	1503,9	248,9	1503,9
$P_A = \dfrac{F_s \cdot v}{\eta \cdot 60 \cdot 1000}$	kW	0,85	2,44	3,96	0,08	3,297	1,72	0,28	1,72
$Q_s = a \cdot s \cdot v$	$\dfrac{mm^3}{min}$	8640	43200 × 2	26880	480	26880	17280	2880	17280
$v = 4800$	$\dfrac{mm}{min}$								

Bild 4.48 Tabelle mit den errechneten Schnittkraftwerten für die jeweilige Drehlage auf dem Mehrspindeldrehautomaten für das Werkstück Distanzscheibe.

gang zur Erzeugung kreisrunder Innenflächen. Beim Schraubbohren (Bild 4.50c) ergibt sich ein Loch mit Innenschraubflächen. Hierzu gehört das Gewindebohren von Innengewinden. Beim Profilbohren schließlich werden hauptsächlich Zentrierbohrungen erzeugt (Bild 4.50d). Beim Bohrvorgang wird die hergestellte Öffnung vom Werkzeug also *voll* ausgefüllt. Dreh- und Vorschubbewegung sind deutlich erkennbar. Die normale Bohrbearbeitung ist eine Schruppoperation. Für größere Genauigkeiten muß die Bohrung mit einer Reibahle bearbeitet werden.

Besondere Fortschritte wurden beim Tieflochbohren (Rundbohren) im Durchmesserbereich 50 ... 350 mm gemacht. Hierzu eignen sich speziell 3 ... 4 schneidige Aufbohrwerkzeuge (Bild 4.50e). Der gefürchtete Spänestau wird vermieden durch:

— große, lange Späne,
— großen Spannutenquerschnitt,
— große Bohrung,
— hohe Kühlschmierungszufuhr.

Bohren		DIN-Blätter für Werkzeug aus	
Haupt- und Unterverfahren		HSS	HM
Plansenken	Planansenken	373, 375, 222	8057, 8058, 8059, 8060, 8022
	Planeinsenken	334, 335, 347, 1866, 1867	
	Bohren ins Volle	338, 339, 340, 341, 345, 346, 1861,	8036, 8038, 8039, 8041
Rundbohren	Kernbohren Aufbohren Reiben	1869, 1870, 1897 343, 344, 1864 206, 208, 209, 210, 211, 212, 214, 219, 220, 221, 311, 859, 2179, 2180, 1899, 2171, 8089, 8080	8037, 8043, 8050, 8051, 8054, 8093, 8094
Schraubbohren	Gewindebohren	223, 311, 351, 352, 353, 356, 357, 371, 374, 376, 2181, 2182, 2183, 2197, 5158	
	Profilsenken Profilbohren ins Volle Profilengbohren Profilreiben	320, 333 1862, 1863 9, 204, 205, 1895, 859, 8374, 8375, 8376, 8377, 8378, 8379	
Unrundbohren			
Handbohren			

Bild 4.49 Einteilung des Fertigungsverfahrens Bohren nach DIN mit Normen für die jeweiligen Werkzeuge.

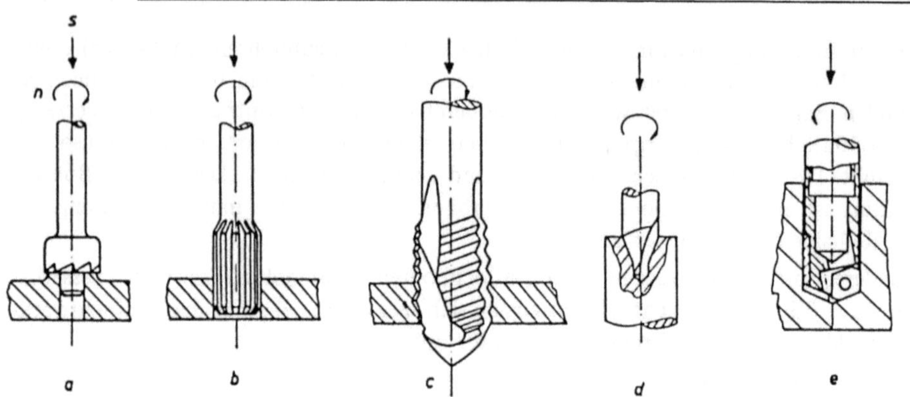

Bild 4.50 Bohrwerkzeuge: a Plansenken,   b Rundbohren, Reiben,
c Schraubbohren,   d Profilbohren,   e Tieflochbohren.

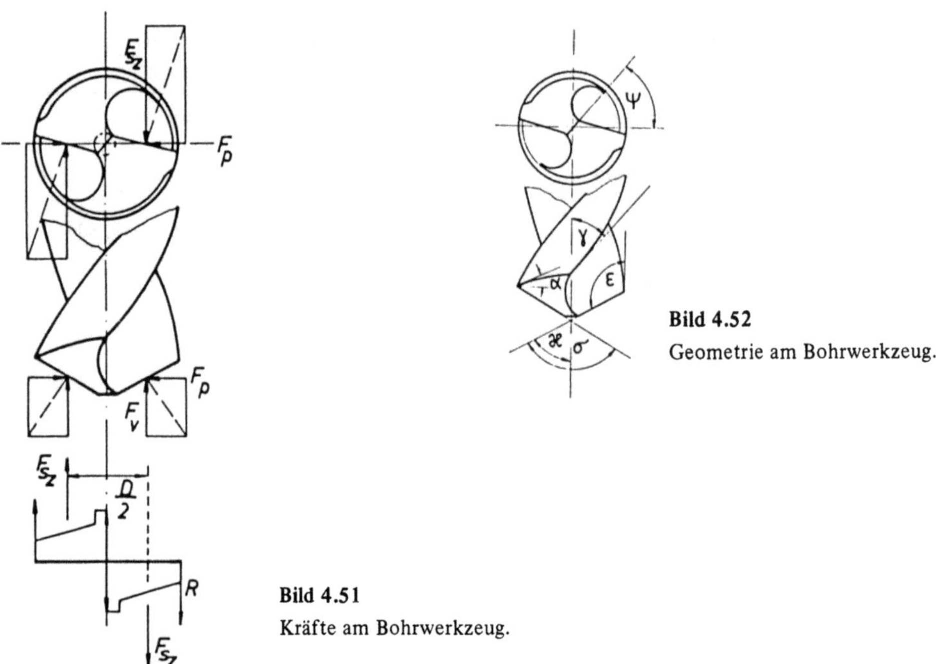

Bild 4.52
Geometrie am Bohrwerkzeug.

Bild 4.51
Kräfte am Bohrwerkzeug.

Die Kräfte am Spiralbohrer (Wendelbohrer) ergeben sich nach Bild 4.51. Dabei addieren sich die Vorschubkräfte F_v ($2F_v = F_A$) zur Axialkraft. Sie beansprucht das Werkzeug auf Knickung. Im Extremfall führt bei ungleichen Passivkräften diese Beanspruchung (Bohren an schräger Ebene) zum Bruch. Zusammen mit der Schnittkraft pro Schneide F_{sz} ergeben F_p und F_v die Zerspankraft F_z. Aus dem Verlauf der spezifischen Schneidkantenbelastung errechnet sich mit einem Hebelarm von $\frac{D}{2}$ (0,64 D) das Schnittmoment. Die Winkel am Spiralbohrer sind vereinfacht nach DIN 1412 und 6581 in Bild 4.52, Werkzeug-

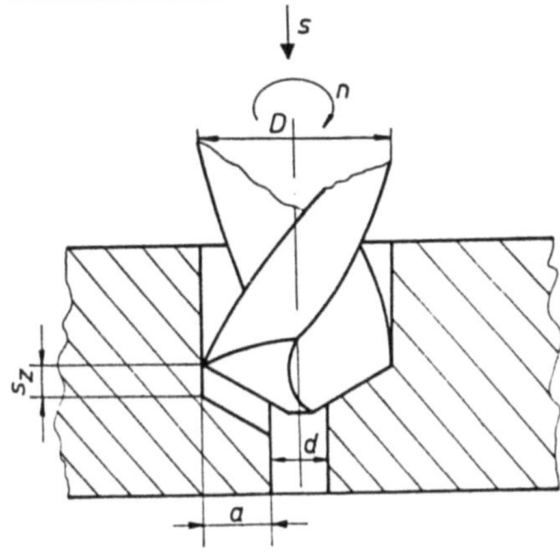

Bild 4.53

Spanungsquerschnitt A beim Bohren.

Bohrertyp	Werkstoff	Werkzeuggeometrie		
		α	γ	σ
N	normal St, GG, GGG, GS, GTW, GTS	6 ... 15	16 ... 30	118°
H	hart Ms, Bz, Mg	8 ... 18	10 ... 30	118° ... 140°
W	weich Al, Zn, Cu	8 ... 18	35 ... 40	140°

Bild 4.54 Bohrertyp, Werkstoff und Werkzeuggeometrie.

geometrie und zerspanbare Werkstoffe sind in Abhängigkeit des Bohrtypes in Bild 4.53, 4.54 dargestellt.

Vom einwandfreien Anschliff eines Bohrwerkzeuges hängt seine Standzeit (Standlänge) ab. Folgende Schleifkorrekturen finden in besonderen Fällen Anwendung:

- Doppelkegelmantelschliff (Gußbearbeitung)
- Kreuzschliff, Vierflächenschliff (kleine Vorschubkräfte)
- Oliver-Anschliff, (kleine Axialkräfte, gute Zentrierung)
- Zentrierschliff (gute Zentrierung).

Schleiffehler wirken sich auf die Maßgenauigkeit der Bohrung und die Standzeit des Bohrers ungünstig aus. Dabei ergeben sich folgende Zusammenhänge:

Schneiden ungleich — Bohrung zu groß,

Schneidenwinkel ungleich — nur eine Schneide ist eingesetzt und stumpft daher schneller ab,

Schneiden und Schneidenwinkel ungleich — Bohrung zu groß und einseitig Abstumpfung.

Bild 4.55 stellt die Standlänge über der Lochtiefe dar. Dabei zeigt sich, daß kleine Bohrer (Durchmesser) einem schnelleren Verschleiß unterliegen [4/1].

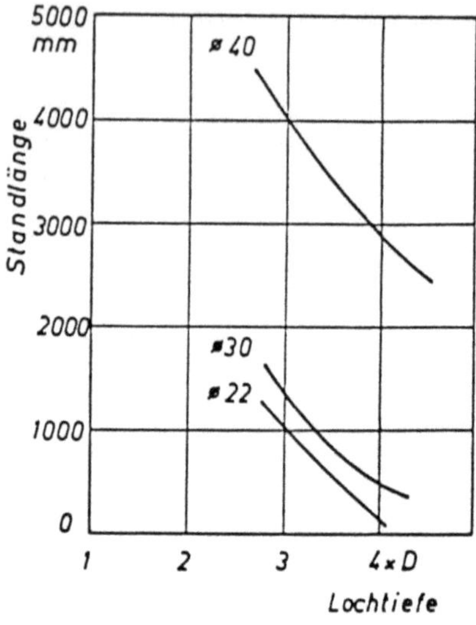

Bild 4.55

Standlänge eines Bohrers als Funktion der Lochtiefe in Abhängigkeit des Bohrdurchmessers.

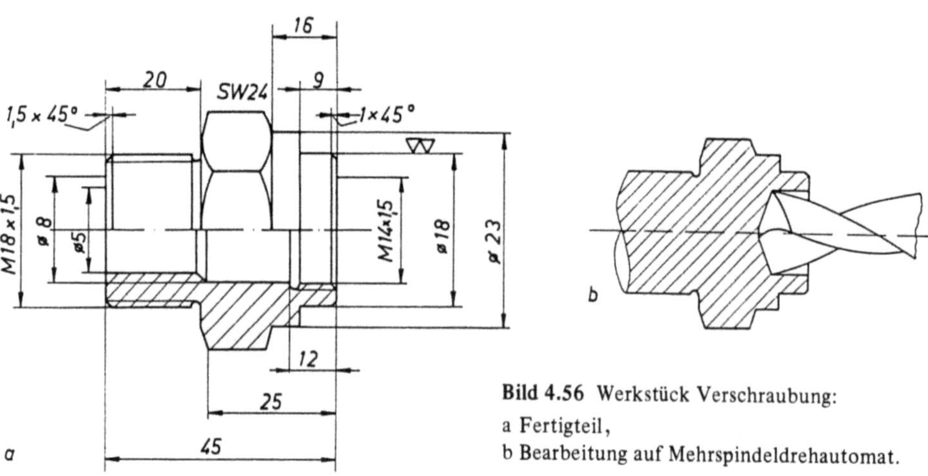

Bild 4.56 Werkstück Verschraubung:
a Fertigteil,
b Bearbeitung auf Mehrspindeldrehautomat.

Beispiel: Ausbohren Werkstück „Verschraubung" (Bild 4.56)
Rohteil: Stangenmaterial Sechskant SW 24
Werkstückwerkstoff: 9 S 20 k
Losgröße: 10^5 Stück

Maschinentyp:	Sechsspindel-Stangenautomat (AS-32 Gildemeister)
Bohrbearbeitung:	Schneidstoff HSS, $\varnothing$ 11,5 mm DIN 338
	v = 25,3 m/min
	s = 0,0643 mm/U
	n = 700 min^{-1}
Gesamtbearbeitung:	tg = 0,2 min [4/28]

4.3.9.2.1 Wirtschaftlichkeitsvergleich: Stufensenker — Aufbohrwerkzeug mit HM Wendeschneidplatte

Eine über 90 %ige Kostensenkung wurde bei der Firma Daimler Benz nach Umstellung der Bearbeitung einer Radnabe aus 28 Cr4V ($R_m \sim 1000 \, N/mm^2$) von einem HSS-Stufensenker auf ein mit HM-Wendeschneidplatten bestücktes Aufbohrwerkzeug erreicht (1977). Die Wendeschneidplatten sind aus P 25 beschichtet mit Spanformrillen versehen [1/19].

	HSS Stufensenker	Aufbohrwerkzeug mit HM-Wendeschneidplatten
Schnittgeschwindigkeit m/min	15	64
Vorschub mm/min	64	144
Standmenge %	100	575
Werkzeugkosten für 100 Teile %	100	6,3

4.3.9.3 Räumen

Kennzeichnend für das Zerspanverfahren *Räumen* ist im allgemeinen die im Werkzeug liegende geradlinige Hauptschnittbewegung sowie die Notwendigkeit, das Werkzeug nach dem Schnitt in einem Leer-Hub in seine Ausgangslage zurückzuführen. Verwendet wird ein vielschneidiges Werkzeug, dessen Schneiden nacheinander zum Eingriff kommen. Das Verfahren Räumen wird im allgemeinen in der Massenfertigung angewendet. Die Schneiden am Werkzeug sind jeweils um eine Spanungsdicke versetzt (h = 0,04 ... 0,5 mm), dadurch kann die Vorschubbewegung entfallen. Sie ist gewissermaßen im Werkzeug eingebaut (h = s_s) [4/31], Bild 4.57.

Je nach Lage der zu bearbeitenden Fläche unterscheidet man in

- Außenräumen und
- Innenräumen.

Dabei sind Außenräumwerkzeuge oft mit HM-Wendeschneidplatten bestückt, während in der Regel Innenräumwerkzeuge aus HSS sind (Lufthärter!).

Ebene Flächen können durch Planräumen (in Konkurrenz zum Fräsen siehe Wirtschaftlichkeitsrechnung) Bild 4.58a hergestellt werden. Vielkeilprofile, Nuten, Polygone werden durch Innen-Rundräumen oder Innen-Profilräumen gefertigt. Tubusräumen (Bild 4.58d) wird z.B. bei Verzahnungen angewandt.

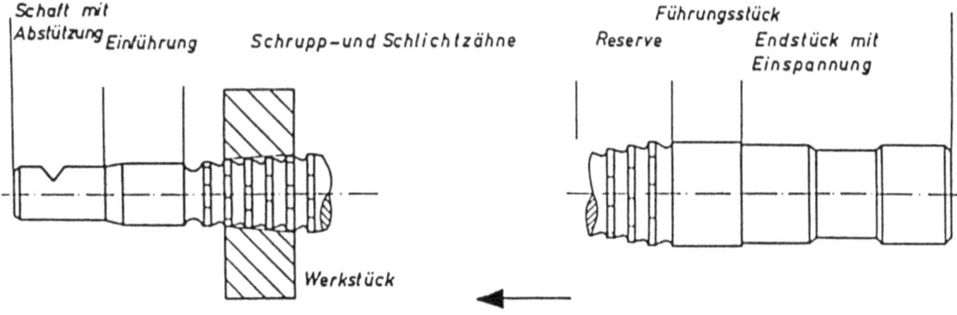

Bild 4.57 Definitionen am Räumwerkzeug.

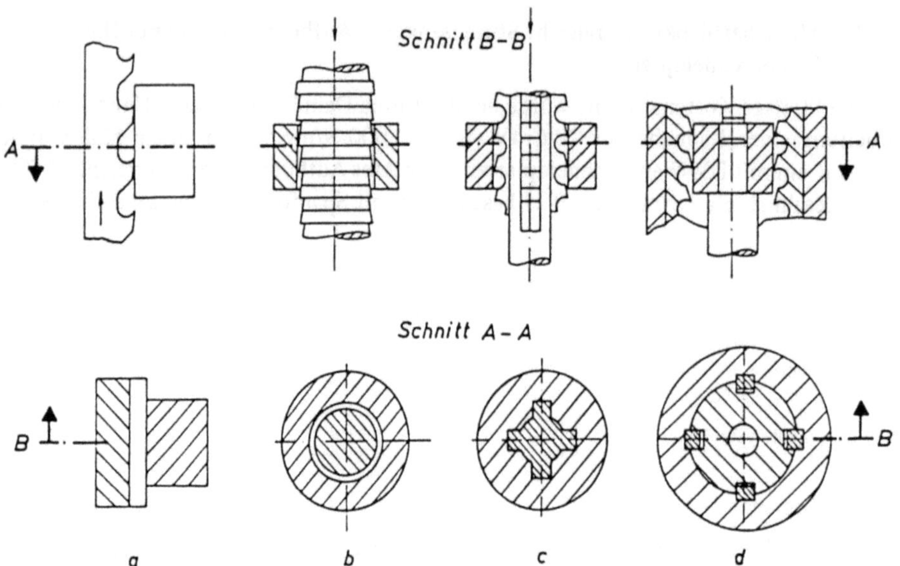

Bild 4.58 Räumwerkzeuge: a Planräumen,   b Innen-Rundräumen,   c Innen-Profilräumen,
d Tubusräumen.

Eine Sonderform des Außenräumens ist das *Kettenräumen*. Dabei werden die Werkstücke in Vorrichtungen aufgenommen, die an einer Endloskette befestigt sind. Mit Hilfe der Kette werden die Werkstücke am feststehenden Werkzeug ($v < 10$ m/min) vorbeigezogen. Das Verfahren eignet sich besonders zur Automatisierung.

Die Winkel am Werkzeug (nach DIN 1415) sind in Bild 4.59 dargestellt. Um einen günstigen Zerspankraftverlauf zu erzielen, werden die Schneiden schräggestellt (Überdeckung größer bei gleicher Teilung). In Bild 4.60 sieht man, daß der Eingriff weicher wird.

Beim Räumen ist wegen der kleinen Schnittgeschwindigkeiten (*Schnellräumen*, HM, v_{max} = 40 m/min) kein Kolkverschleiß zu erwarten. Dagegen führt der Freiflächen-

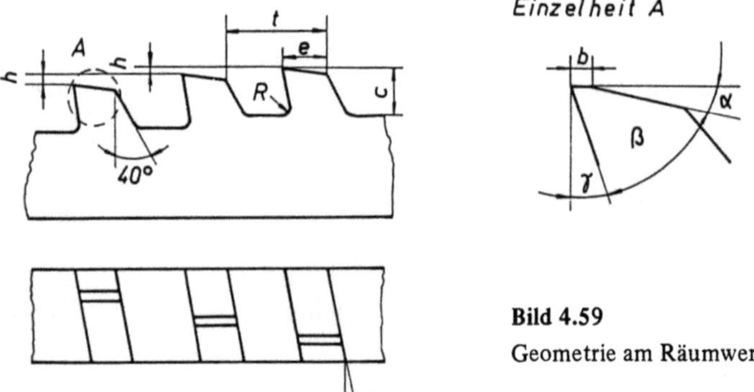

Bild 4.59
Geometrie am Räumwerkzeug.

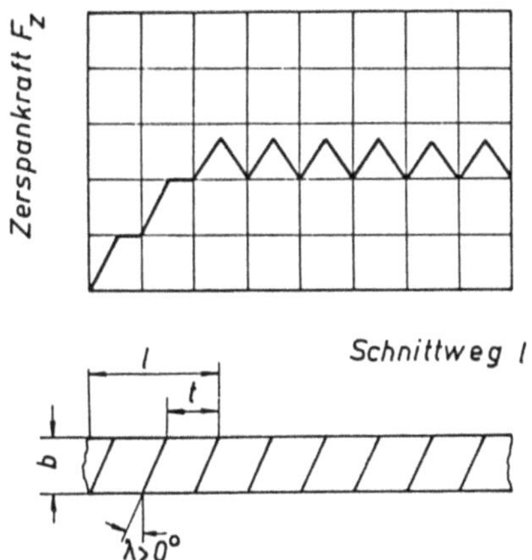

Bild 4.60 Zerspankraft beim Räumen als Funktion des Schnittweges (Werkstücklänge) l. Je größer die Schrägstellung der Schneiden, desto größer ist die Schneidenüberdeckung und desto kleiner die Schnittkraftoszillation.

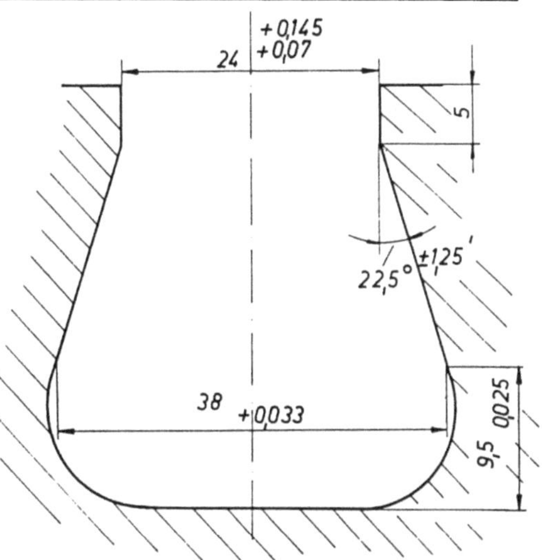

Bild 4.61 Geräumte Nut im Werkstück Verdichterscheibe.

verschleiß durch Schneidkantenversatz zu einer Maßveränderung am Werkstück. Bei $V_B = 0{,}2 \ldots 0{,}4$ mm muß ein Nachschliff erfolgen. Verschiedene Schleifarten sind möglich:

- Steigungsschleifen (ganzes Werkzeug),
- Freiflächenschliff (Verschleiß an Freifläche),
- Spanflächenschliff (Schneidkantenrundungen).

Der durch das Werkzeugschleifen entstandene Maßverlust wird beim Innenräumwerkzeug vornehmlich durch Reservezähne ausgeglichen (Bild 4.57). Standwege zwischen 125 und 600 m [1/13] sind bei Räumwerkzeugen möglich. Während bei den Kettenräummaschinen eine waagerechte Bewegung erfolgt, wird die Räumnadel ausschließlich in Senkrechträummaschinen vertikal bewegt. Dabei können diese Maschinen mehrere Bearbeitungsstationen nebeneinander besitzen.

Wichtig sind beim Räumwerkzeug folgende Konstruktionsgesichtspunkte:

- Teilung möglichst groß, damit Spanraum möglichst groß wird,
- Teilung wegen Schnittkraftschwankungen (Schwingungsneigung des Zerspanprozesses) möglichst klein,
- λ bei Außenräumwerkzeug $\lambda > 0°$ zur besseren Überdeckung der Schneiden,
- keine Überbeanspruchung des gefährdeten Querschnittes $\sigma_{zul} \sim 400$ N/mm^2,
- z_e ungerade (Ratterneigung), ,
- $t > \dfrac{l}{z}$ damit mindestens 2 Zähne im Eingriff.

Beispiel: Räumbearbeitung Werkstück „Verdichterscheibe" Bild 4.61

Rohteil: Verdichterscheibe $\varnothing$ 800 mm

Werkstückwerkstoff: X 22 CrMoV 12

Losgröße: 200 Stück

Maschinentyp: Hydraulische Senkrecht-Außen-Schnellräummaschine mit Verschiebe- und Schwenkvorrichtung, Zustellschlitten, 16 000 mm maximale Räumwerkzeuglänge, Programmsteuerung.

Bearbeitung: v_{max} = 25 m/min
HSS (S 6–5–2–5)
Gesamträumzeit (49 Nuten/Werkstück) 147 min
s_s = 0,03, α = 3°, γ = 16°, geradverzahnt

Rechenbeispiel

Bei einem Räumvorgang soll zur Optimierung der Fertigung das Werkstück so umkonstruiert werden, daß eine ideale Werkstücklänge gewährleistet wird.

Senkrecht-Innenräummaschine P_A = 14,5 kW, η = 0,72

Werkstückmaterial EC Mo80

Die Nut hat die Abmessungen a = b = 3 mm

Werkzeug h_s = 0,1 mm, v = 15 m/min

allgemein

$$z_e = \frac{l}{2\sqrt{l}} + 1 = \frac{P_A \cdot \eta}{v \cdot b \cdot h^{1-z} \cdot k_{s1.1} \cdot x}$$

eingesetzt

$$z_e = \frac{14{,}5 \cdot 1\,000 \cdot 0{,}72 \cdot Nm \cdot 60\ s\ mm^2}{15\ m \cdot 3\ mm \cdot s \cdot 0{,}1^{0{,}83}\ mm \cdot 2290\ N \cdot 1{,}3} = 31{,}38\ mm$$

l_1 = 0
l_2 = 60,76 mm.

Die Lösung l = 60,76 mm ist die einzige reale Lösung.

4.3.9.4 Fräsen

Fräsen ist ein spanendes Fertigungsverfahren zum Erzeugen fast beliebiger Werkstückoberflächen. Dabei liegt eine kreisförmige Schnittbewegung mit senkrechter oder schräg zur Drehachse des Werkzeugs verlaufender Vorschubbewegung vor. Im unterbrochenen Schnitt werden kommaförmige Späne, zum Teil ungleicher Spanungsdicke erzeugt. Der unterbrochene Schnitt verursacht zwar hohe dynamische Belastungen an Werkzeug, Werkstückspannung und Werkzeugmaschine, ergibt aber auch bei langspanenden Werkstoffen kurze Späne.

Die DIN 8589 teilt die Fräsverfahren ein in

- Umfangsfräsen und
- Stirnfräsen.

Beim *Umfangsfräsen* erzeugen die Hauptschneiden am Umfang des Werkzeugs und beim *Stirnfräsen* die Nebenschneiden an der Stirnseite die neue Werkstückoberfläche.

Nach Zuordnung von Werkzeugdreh- und Vorschubrichtung unterscheidet man *Gleich- und Gegenlauffräsen* (Bild 4.62). Vor- und Nachteile der beiden Verfahren sind im Bild 4.63 dargelegt.

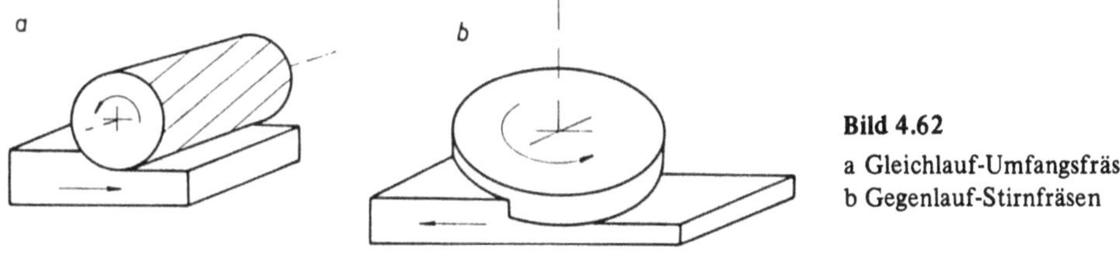

Bild 4.62
a Gleichlauf-Umfangsfräsen
b Gegenlauf-Stirnfräsen

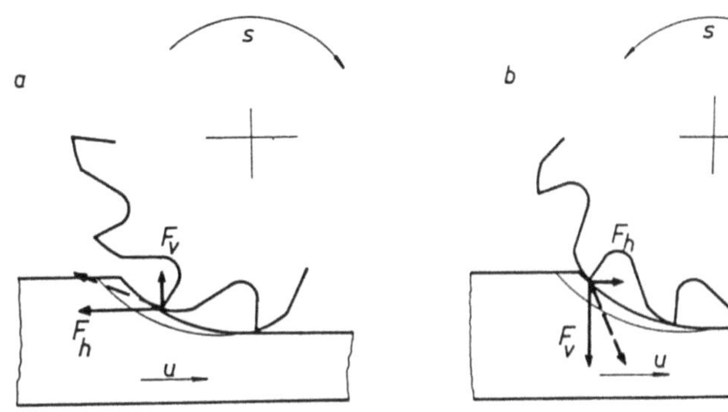

Bild 4.63 Vor- und Nachteile bei Gleich- und Gegenlauffräsen:

a Gegenlauffräsen

Schneide gleitet und
quetscht den Werkstoff.

Die Vertikalkraft (F_V)
hebt das Werkstück aus
der Werkstückspannung heraus.

F_G Schnittkraft

b Gleichlauffräsen

Schnittkraft beginnt an harter
Werkstückoberfläche und mit größter
Schnittkraft. Horizontalkraft (F_H)
zieht das Werkstück horizontal an.

Hinsichtlich der Art der erzeugten Oberfläche differenziert man

- Planfräsen,
- Rundfräsen,
- Schraubfräsen,
- Wälzfräsen,
- Profilfräsen,
- Formfräsen.

Grundsätzlich kann man die Werkzeuge systematisieren in

- Walzenfräser,
- Stirnfräser und
- Formfräser.

Eine Übersicht über Werkzeugform, DIN-Blatt und Mitnahme gibt Bild 4.64.

Fräser	Form	DIN-Blätter für Werkzeug aus		Bemerkungen
		HSS	HM	
Walzenfräser		884, 1892		Paßfedernutmitnahme gekuppelte Fräser — dadurch keine Axialkräfte
Walzenstirnfräser, Winkelfräser, Winkelstirnfräser		841, 842, 1823, 1880	8056	Seitliche Mitnahme
Scheibenfräser		885, 1831	8047, 8048	Schneiden auch auswechselbar
Metallsägeblatt		1837, 1838		fein-, grobverzahnt, Einsatz: b = 6 mm, kraftschlüssige Mitnahme
Prismenfräser		847		Fräswinkel 45° 60°, 80°
Kreisformfräser		849, 855, 856		hinterdreht
Schlitzfräser, Nutenfräser		850, 1890, 1891		Mitnahme: Schaft-Bohrung Schaft (DIN 6360, 6361, 6362, 6367) Zähne gefräst oder hinterdreht
Langlochfräser		326, 327	8026, 8027, 8028	Zyl. Aufnahme — Morsekegel, normal: 2-schneidig
Schaftfräser, Gesenkfräser		844, 845, 1889	8044, 8055	Zyl. Aufnahme (DIN 6364) Morsekegel (DIN 2086) Steilkegel (DIN 6355)
Schaftfräser		851		Kreuzverzahnt, Schnitt an drei Seiten
Gewindefräser		887, 888, 1893		Trapezgewinde, kleine Genauigkeit

Bild 4.64 Auszüge aus der DIN-Norm und Fräserformen.

Über die Anwendung der Werkzeugtypen gibt DIN 1836 Auskunft.

Typ	Form	Anwendung
N	grobverzahnt	St, GG, NE-Metalle
H	feinverzahnt	harte, zähe Werkstoffe
W	besonders grobverzahnt	weiche, zähe Werkstoffe

Die verschiedenen Schneidenformen zeigt Bild 4.65. Profil-, Form-, Abwälz- und Gewindefräser sind an der Freifläche hinterdreht oder hinterschliffen. Dadurch bleibt auch beim Nachschleifen (nur an der Spanfläche) das Profil vollständig erhalten.

Flächen, Schneiden und Winkel am Umfangsfräser stellt Bild 4.66 und am Stirnfräser (*Messerkopf*) stellt Bild 4.67 (DIN 6581) dar.

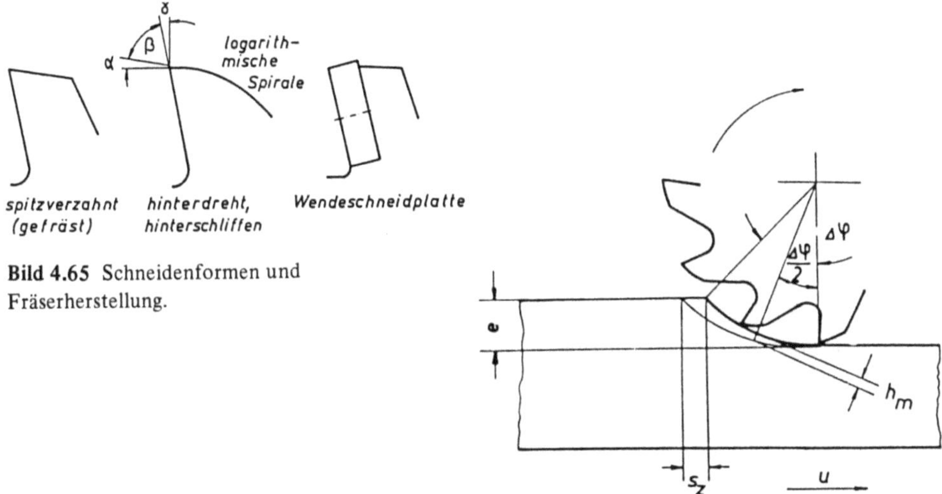

Bild 4.65 Schneidenformen und Fräserherstellung.

Bild 4.66 Eingriffsverhältnisse am Umfangsfräser.

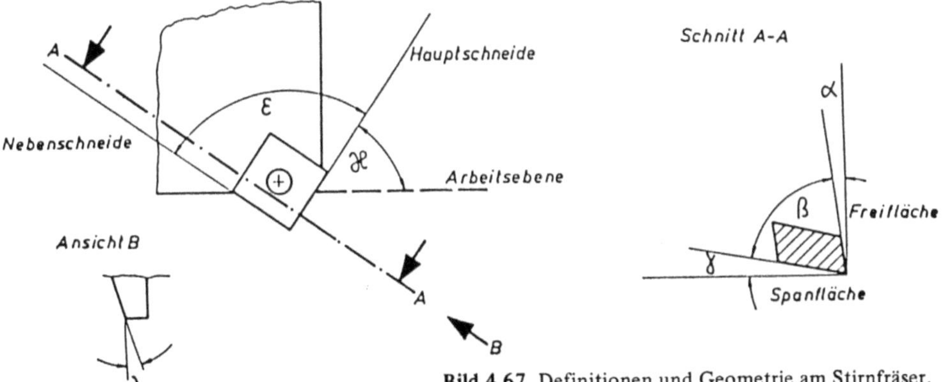

Bild 4.67 Definitionen und Geometrie am Stirnfräser.

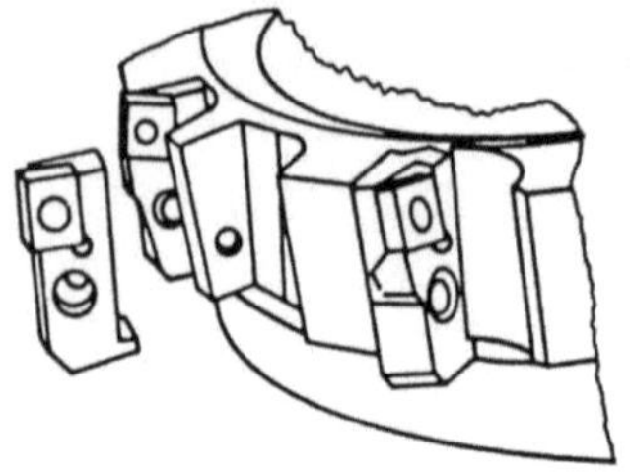

Bild 4.68 Voreinstellbare Wendeschneidplatten in Kassetten bei einem Stirnfräser.

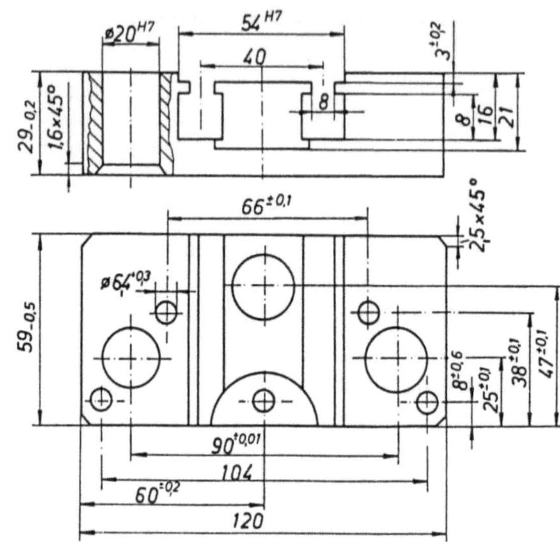

Bild 4.69 Werkstück Halteplatte.

Nach Möglichkeit ist Stirnfräsen dem Umfangsfräsen vorzuziehen. Vorteile sind
- größere Genauigkeit (IT6 gegenüber IT8),
- Ersatz der Schneide durch WSP oder Kassetten mit WSP (Bild 4.68),
- bessere Oberflächengüte ($R_t = 10\ \mu m \ldots R_t = 30\ \mu m$) [4/5],
- geringerer Verschleiß (kleinere Belastung wegen größerem Durchmesser),
- größere Schnittgeschwindigkeiten (HM, SK Einsatz – HSS).

Von besonderer wirtschaftlicher Bedeutung ist das Abwälzfräsen bei der Herstellung von Verzahnungen und speziell von Evolventenverzahnungen. Standzeiten liegen bei ca. 500 Werkstücken. An Freiflächen beschichtete Abwälzfräser (TiC, TiN) erreichen 3 … 4fach größere Standzeiten.

Beispiel: Fräsbearbeitung – Werkstück „Halteplatte" (Bild 4.69)

Rohteil: 60 × 30 × 125 mm

Werkstückwerkstoff: Aluminium (kalt gehärtet)

Losgröße: 10 Stück

Maschinentyp: CNC-Fräs- und Bohrmaschine (Typ E 2 Deckel) 116 800,– DM
       $P_A = 2{,}2\ kW$
       4 Achsen Streckensteuerung

Bearbeitungsfolge: Oberflächen auf Maß $3^{+0,2}$ und $29_{-0,2}$ fräsen,
       R 18 fräsen,
       T-Nuten fräsen,
       zentrieren,
       bohren $\varnothing\, 6{,}4^{+0,3}$,
       vorbohren und ausdrehen $\varnothing\, 20^{H7}$

	Zeit h	Kostensatz DM/h	Kosten DM
Rüsten	0,33	42,07	13,9
Bearbeiten	3,67	49,39	181,9
Werkzeug voreinstellen	0,5	25,–	12,5
Programmieren:			
Programmplatz		25,–	62,5
Maschine		49,39	24,49
			295,49

Bearbeitungswerte für 1. Arbeitsvorgang, Oberfläche auf Maß $29_{-0,2}$ fräsen,
Messerkopf $\varnothing$ 80, z = 5, K 10, $\alpha = 10°$, $\gamma = 15°$,
$s_z = 0,12$ mm, v = 400 m/min, (1980).

4.3.9.4.1 Wirtschaftlichkeitsvergleich: Fräsen – Räumen

		Fräsmaschine	Räummaschine
Anschaffungspreis	TDM	180	320
P_A	kW	15	55
A	m²	8,4	7,86
t_g	min	0,133	0,4
t_H	s	12	14
t_N	s	20	10
Werkzeug	TDM	1,6	14
Standzeit	Teile	360	1 000
Fabrikat		Heller	Hoffmann
v	$\dfrac{m}{min}$	22	8

Werkstück Lenkzahnstange 9 S MnPb 28
Rohmaterial: $\varnothing$ 22 mm × 580 mm

Bei den konkurrierenden Fertigungsverfahren Fräsen und Außenräumen wurde für das Werkstück Lenkzahnstangen (Bild 4.70) eine Wirtschaftlichkeitsrechnung auf Stückkostenbasis aufgestellt. Untersucht wurde die Herstellung des Teiles auf einer elektrisch-hydraulisch gesteuerten Universalfräsmaschine (Heller) einerseits und einer hydraulischen Senkrecht-Räummaschine mit Vier-Stationen-Teiltisch (Hoffmann).

Dabei können auf dem Fräsautomaten jeweils sechs Teile gleichzeitig bearbeitet werden. Das Ergebnis der Wirtschaftlichkeitsrechnung aus den obigen Werten sind zwei Kurven, die sich bei Dreischichtbetrieb etwa bei 10^6 Teilen annähern.

	Fräsen	Räumen
Stückkosten	4,24	5,01
Materialkosten DM/Stück	3,5	3,5
Fertigungskosten	0,74	1,51

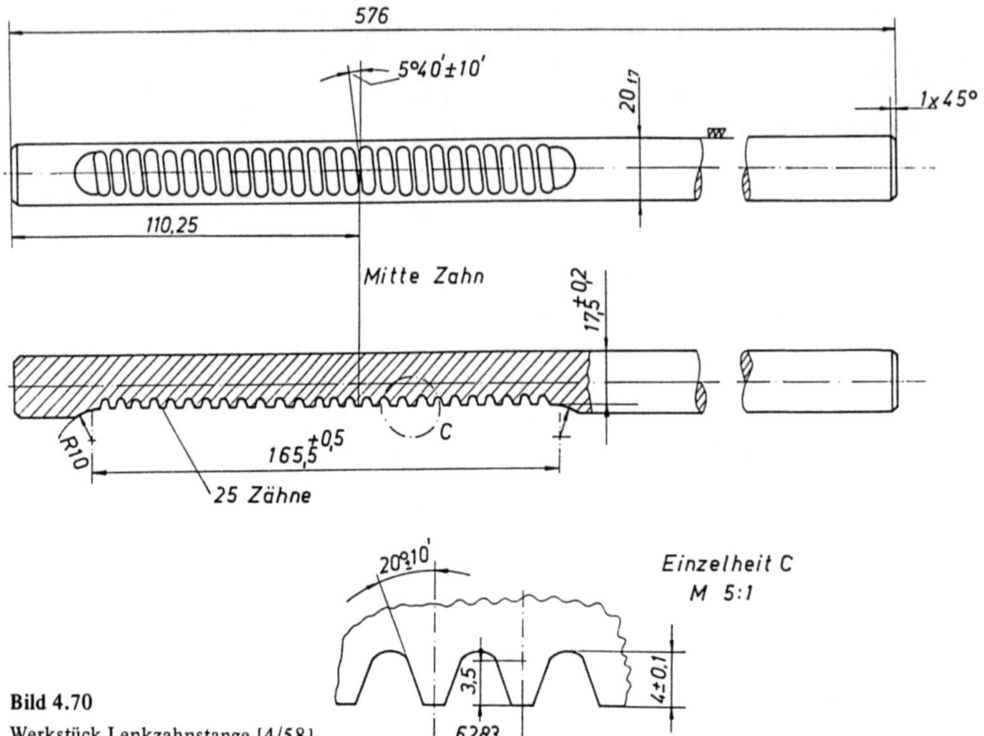

Bild 4.70
Werkstück Lenkzahnstange [4/58].

Rechenbeispiel

Für einen Walzfräsvorgang steht eine CNC-gesteuerte Universalfräsmaschine mit $P_A = 10\,kW$ und $\eta = 0{,}75$ zur Verfügung.

Als Werkzeug wird ein Walzenfräser vom Typ N nach DIN 884 aus HSS ($v = 50$ m/min) mit den Abmessungen $\varnothing$ 160×100 mm, $z = 12$ Zähnen ($\alpha = 7°$, $\gamma = 10°$, $\lambda = 20°$) benutzt.

Das Werkstück hat die Größe $70 \times 70 \times 800$ mm, ist aus CK 60 und soll an der Deckfläche um $e = 4$ mm abgespant werden.

Wie groß kann der Vorschub eingestellt werden, um die Werkzeugmaschine optimal auszulasten?

$$u = s \cdot n$$

$$s = s_z \cdot z$$

$$s_z = \frac{hm \cdot \pi \, \Delta\varphi \cdot D}{360° \cdot e \cdot \sin \kappa_w}$$

$$h_m = \left[\frac{P_A \cdot \eta}{ze \cdot b \cdot x \cdot v \cdot k_{s1.1}} \right]^{\frac{1}{1-z}}$$

eingesetzt ergibt:

$$n = \frac{v}{\pi \cdot d} = 99{,}47 \text{ min}^{-1}$$

$$\cos \Delta\varphi = 1 - \frac{2e}{D} = 1 - \frac{8}{160}$$

$$\Delta\varphi = 18{,}195°$$

$$z_e = z \cdot \frac{\Delta\varphi}{360} = 0{,}606$$

$$\kappa_w = 90° - \lambda = 70°$$

$$b = \frac{a}{\sin \kappa_w} = \frac{70}{\sin 70°} = 74{,}492 \text{ mm}$$

Ck 60 $k_{s1.1}$ = 2130 N/mm² $\quad z = 0{,}18$

$$h_m = \left[\frac{10000 \cdot 0{,}75 \cdot 60}{0{,}606 \cdot 74{,}492 \cdot 1{,}56 \cdot 50 \cdot 2130} \right]^{1{,}2195} \text{ mm}$$

$$h_m = 0{,}0324 \text{ mm}$$

$$s_z = \frac{0{,}324 \cdot \pi \cdot 18{,}195° \cdot 160}{360° \cdot 4 \cdot \sin 70°}$$

s = 2,624 mm/U **Werkzeugvorschub**

$u = n \cdot s$

u = 99,47 · 2,624 mm/min = 261 mm/min Tischvorschub

Betrachtet man die Fertigungskosten alleine, dann ergibt sich eine Wirtschaftlichkeit klar für das Fräsen. Das resultiert aus der gleichzeitigen Bearbeitung von 6 Teilen, den kleineren Werkzeug- und Energiekosten (1976).

4.3.10 Spanende Fertigungsverfahren mit nicht definierter Schneide

Nach DIN 8589 werden die spanenden Fertigungsverfahren mit nicht definierter Schneide eingeteilt in

- Schleifen,
- Honen,
- Läppen,
- Abtrennen mit Schleifmittel,
- Gleitschleifen,
- Strahlspanen.

4.3.10.1 Schleifen

Schleifen ist ein Fertigungsverfahren mit nicht definierter Schneide. Das Werkzeug ist vielschneidig, die Schneidengeometrie ist allenfalls statistisch definiert. Die wirksamen Spanwinkel liegen bei $\gamma = 80°$. Für das Schleifen sind kleine Spanungsdicken, hohe Schnittgeschwindigkeiten, hohe Werkstoffestigkeiten, große Genauigkeit am Werkstück und eine gute Oberflächengüte kennzeichnend. Durch große Leistungssteigerungen wurde in letzter Zeit das Schleifen von einer reinen Genauigkeitsbearbeitung auch in den Bereich der Schruppbearbeitung gedrängt.

Nach DIN 8559 unterteilt man das Schleifen in

- Planschleifen,
- Rundschleifen,
- Schraubschleifen,
- Wälzschleifen,
- Profilschleifen,
- Formschleifen,
- Unrund-Ungeradschleifen,
- Handschleifen.

Von der Schnittgeschwindigkeit her kann man unterscheiden

	$v\,\frac{m}{s}$	Bemerkung
Normalschleifen	< 40	Steigerung der Schnittgeschwindigkeit, um die Vorteile des HGS zu erreichen.
Hochgeschwindig-keitsschleifen (HGS)	< 100	kleine Schnittkräfte, hohe Werkstückgenauigkeit, große Oberflächengüte, kleine Ratterneigung, Nachteil – Explosionsneigung der Scheibe durch hohe Zentrifugalkräfte.

Von großer wirtschaftlicher Bedeutung sind beim *Planschleifen* (Bild 4.71)

- Umfangsflachschleifen,
- Stirnflachschleifen

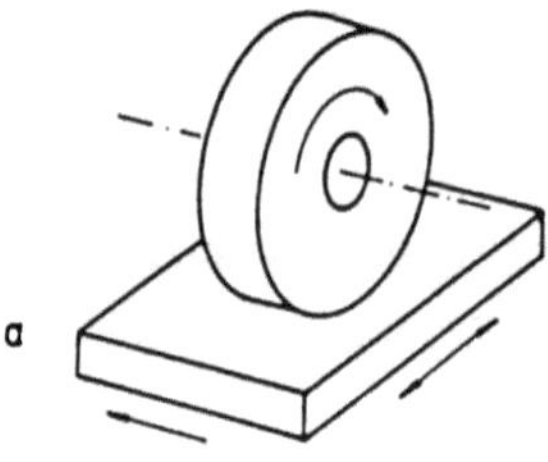
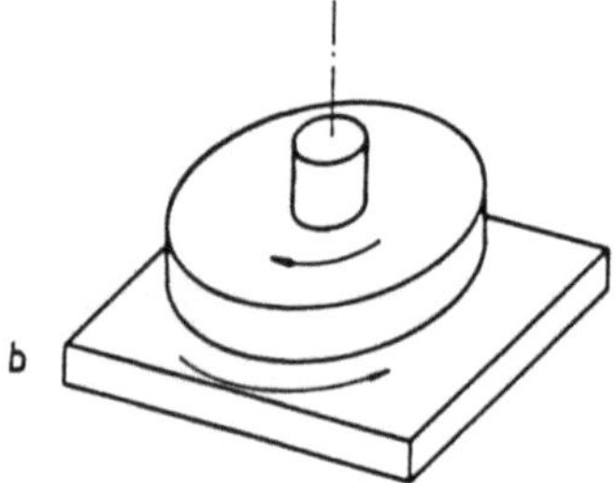

Bild 4.71 Planschleifen
a Umfangsflachschleifen,
b Stirnflachschleifen.

sowie beim *Rundschleifen* (Bild 4.72)

- Außenrundlängsschleifen,
- Außenrundeinstechschleifen,
- Innenrundschleifen,
- Spitzenloses Rundschleifen.

Schleifkörperformen und einschlägige DIN Normen sind im Bild 4.73 enthalten.

Die Funktionsweise des Fertigungsverfahrens Schleifen erklärt sich durch die Zusammensetzung des Werkzeugs aus

- Schleifmittel,
- Bindung,
- Gefüge,
- Korngröße und
- Härte.

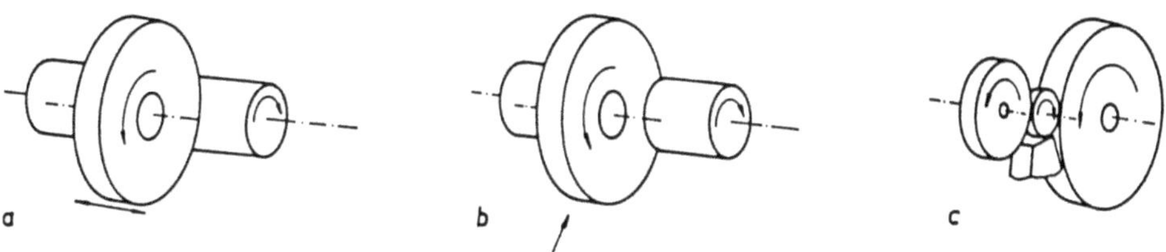

Bild 4.72 Rundschleifen, a Außenrund-Längsschleifen, b Außenrund-Einstechschleifen, c Spitzenloses Rundschleifen.

Form/Randform		DIN-Blatt	Bemerkungen
gerade Schleifscheiben		69120, 69100, 69125, 69104, 69126	Mitnahme kraftschlüssig, Einsparungen abgesetzt
konische und verjüngte Schleifscheiben		69146, 69147, 69153	
Topf- und Tellerschleifscheiben		69139, 58741, 69148, 69142, 69149, 69143	
Schleifkörper auf Tragscheiben		69138, 69140, 69173, 69185	Mitnahme durch Aufpratzen
Schleifstifte		58744, 69170, 69171, 69183	
gerade Schleifscheibe mit Diamant		69806, 69800, 69807, 69805, 69808, 69812, 69811, 69816	Trägermaterial, z.B. Duroplast, faserverstärkt
Topfscheiben mit Diamant		69819, 58742, 69820, 69823, 69824, 69826	
Tellerscheiben, Trennscheiben und Schleifstifte aus Diamant		69829, 69810, 69830, 69834, 69835, 69836	
Trennscheiben (mit Diamant)		58743, 69191, 69159, 69161	
Plättchen mit Diamant		58745	

Bild 4.73 Auszüge aus der DIN-Norm und Schleifkörperformen [6/64].

Wenn eine Schneide (mit im wesentlichen statistischer Schneidengeometrie) abstumpft, dann erwärmt sie sich durch Reibungswärme. Bindung, Gefüge, Härte der Scheibe müssen dann so auf Schleifmittel, Härte und Größe des Kornes abgestimmt sein, daß diese abgestumpfte Schneide aus dem Schleifscheibenverbund entlassen wird. Die Bindung übernimmt zusätzlich Kühlaufgaben. Ein eines scharfes Korn tritt zur Bearbeitung an.

Rechenbeispiel:

Für eine Inneneinsteckschleifoperation steht ein Schleifautomat mit einer Leistung von $P_A = 5$ kW zur Verfügung.

Ein Werkstück aus 42 CrMo 4 soll auf einer Breite von 200 mm in einer Bohrung von $\varnothing$ 458 mm bearbeitet werden.

Die Schleifscheibe hat folgende Werte: $\varnothing$ 50 mm, $\lambda_{ke} = 40$ mm, $n_s = 4585$ min^{-1}, $n_w = 7,5$ min^{-1}, $e = 0,005$ mm (A 50 × 200, DIN 69120 A 150 F 4 V 12).

Unter Berücksichtigung eines Maschinenwirkungsgrades $\eta = 0,7$ soll der Fertigungsfachmann ermitteln, ob die vorhandene Werkzeugmaschine benutzt werden kann.

Verhältniszahl $\qquad q = \dfrac{50 \cdot 4585}{458 \cdot 7,5} = 66,74$

Eingriffswinkel $\qquad \Delta\varphi = \dfrac{360°}{\pi} \sqrt{\dfrac{0,005}{50\left(1 - \dfrac{50}{458}\right)}} = 1,214°$

Eingriffsschneidenzahl $\qquad z_e = \dfrac{\pi \cdot 50 \cdot 1,214}{40 \cdot 360} = 0,0132$

Mittenspanungsdicke $\qquad h_m = \dfrac{40}{66,74} \sqrt{0,005\left(\dfrac{1}{50} - \dfrac{1}{458}\right)} = 0,00566$ mm

$$h_m^{1-z} = 0,02172 \text{ mm}$$

Schnittgeschwindigkeit $\qquad v_s = \dfrac{\pi \cdot 50 \cdot 4584}{1\,000 \cdot 60} = 12$ m/s

mittlere Schnittkraft pro Schneide $\qquad F_{s_{zm}} = 200 \cdot 0,002172 \cdot 2500 \cdot 3,5 = 38010$ N

mittlere Schnittkraft $\qquad F_{s_m} = 502$ N

Schnittleistung $\qquad P_S = 6022$ Nm/s

Antriebsleistung $\qquad P_A = 8,6$ kW.

Damit wird klar, daß unter den gegebenen Verhältnissen die Leistung des vorhandenen Automaten nicht ausreicht.

In Bild 4.74 sind Zusammensetzung und Bezeichnung eines Schleifkörpers zusammengestellt. Bekannte natürlich und künstlich hergestellte Schleifmittel, ihre Analyse, Eigenschaften und ihr Einsatz kann Bild 4.75 entnommen werden. Schleifmittel müssen

  – sehr hart,
  – thermisch beständig und
  – chemisch beständig sein, damit der Werkstoffabtrag über längere Zeit stattfinden kann.

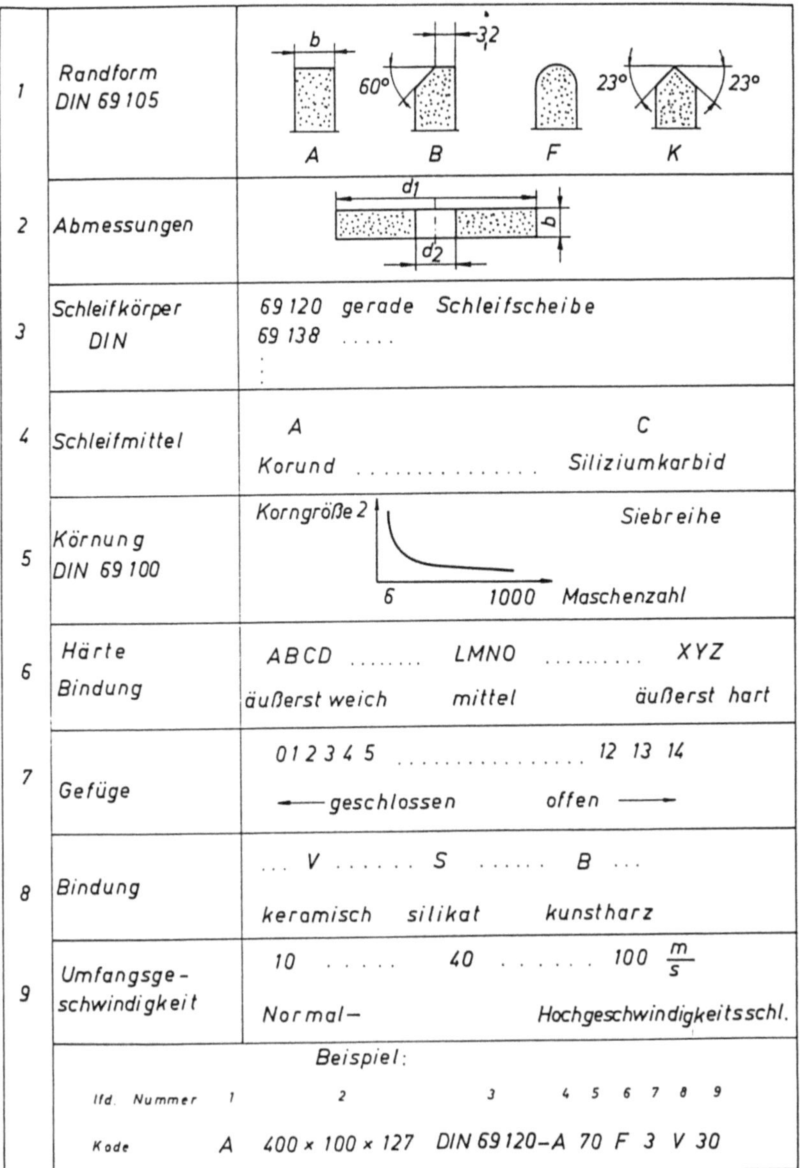

Bild 4.74 Auszüge aus DIN-Normen für die Zusammensetzung von Schleifkörpern.

Die *Körnung* ist ein Maß für die Größe der Schneiden von Schleifmitteln. Körnungen von 6 ... 220 werden durch Sieben ermittelt. Die Zahl der Maschen des Siebes in Zoll entspricht der Zahl der Körnung. Feine Körnungen werden durch Fotosedimentation bestimmt (DIN-Normen 848, 69101, 69176).

Schleifmittel	Analyse	Eigenschaft	Einsatz
Schmirgel	$50 \ldots 70 \% \, Al_2O_3$	Härte, Zähigkeit	Grobschleifarbeiten
Korund	$80 \ldots 95 \% \, Al_2O_3$	Härte, Zähigkeit	Martensit
Elektrokorund	$95 \ldots 99,5 \% \, Al_2O_3$	Härte, weniger große Zähigkeit wie Normal-korund	Stahl, gehärteter Stahl, HSS
Siliziumkarbid	SiC	große Härte, kleine Zähigkeit	GG, HM, Glas, Keramik, (spröde Werkstoffe)
Bornitrid	CBN	große Härte, temperaturbeständig	GS, HSS
Diamant	C	höchste Härte, große Wärme, Leitfähigkeit, kaum Verschleiß, geringe Temperaturbe-ständigkeit < 1000 K, chemische Affinität zu Stahl Legierungsbe-standteilen.	HM, Stein, Keramik, Glas

Bild 4.75 Zusammensetzung einiger Schleifmittel.

Bei der *Bindung* unterscheidet man
   − anorganische und
   − organische Bindungen.

	Bindung	Eigenschaft/Anwendung	Bemerkung
anorganisch	keramisch	spröde, hoher Elastizitätsmodul, hohe Temperaturbeständigkeit, chemische Widerstandsfähigkeit	ca. 50 % aller Schleif-körper $v < 100$ m/s
	mineralisch	Schleifen von dünnen, wärme-empfindlichen Werkstücken	Silikat-, Magnesitbindung $(Na_2SiO_3, MgCO_3)$
	metallisch	für Diamant- oder CBN Schleif-körper	Herstellung durch Ein-walzen der Körner in Metall, Sintern mit Metallpulver, Galvani-sieren auf Trägerkörper
organisch	Kunstharz	hohe Elastizität, gut Wärmeleit-fähigkeit, unempfindlich gegen Schlag und Druck, geringe Ratterneigung, hohe v, geringe chemische und thermische Be-ständigkeit	nach der keramischen Bin Bindung die meiste Ver-breitung $v < 80$ m/s mit Gewebeeinsatz $v < 120$ m/s
	Gummi	dichtes Gefüge, hohe Festigkeit, Temperaturempfindlichkeit $120\,°C$	$v < 60$ m/s
	Schellack (Naturharz) Leim		$R_t > 0,2 \, \mu m$ erreichbar $v < 60$ m/s

Aufgabe der Bindung ist es

- das Korn in seiner Lage festzuhalten,
- das Korn bei Abstumpfung freizugeben und
- Spanräume zu bilden.

Das *Gefüge* eines Schleifkörpers beschreibt seine Porosität. Das Gesamtvolumen V ergibt sich aus:

$$V = V_K + V_B + V_P \quad \text{mit}$$

V_K Volumen Körper,

V_B Volumen Bindung,

V_P Volumen Poren.

Die Poren haben die Aufgabe, Späne und Kühlmittel aufzunehmen. Bild 4.76 zeigt ein Gefügebeispiel.

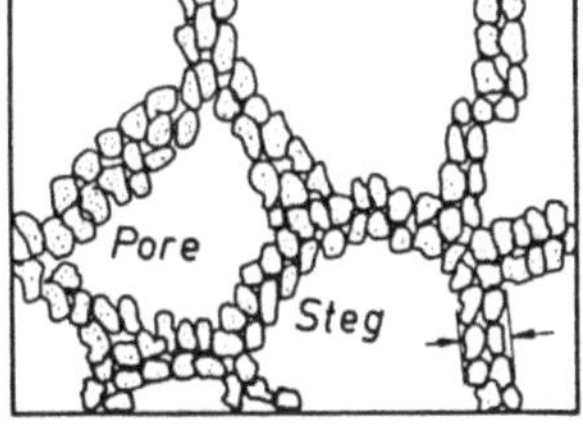

Bild 4.76
Hochporiges, schroffes Gefüge.

Der Widerstand gegen Herauslösen von Schneiden (Körnern) aus der Bindung wird durch die *Härte des Schleifkörpers* angegeben. Sie wird bestimmt vom Schleifkörpergefüge, also der volumetrischen Zusammensetzung von Korn, Bindung und Pore. Einflußgrößen sind die Haftfähigkeit der Bindung am Korn und die Festigkeit der Bindungsbrüche. Bekannt sind folgende Härteprüfungen:

- Stichelprüfung,
- Zeiß-Mackensen-Verfahren,
- Grindo-Sonic-Verfahren.

Die Härte des Kornes kann auf verschiedene Arten ermittelt werden:

- Ritzprüfung (Mohs'sche Skala)
- Härteprüfung nach Vickers, Brinell, Rockwell.

Folgende Härten von Schleifmitteln ergeben sich:

Schneidstoff	Härte in kN/mm^2	Mohs'sche Skala
Korund	20	9
SiC	28	9,5
B_4C	48	9,8
Diamant	70	10

Mit zunehmender Eingriffszeit der Schleifscheibe ergibt sich eine Abnutzung. Man unterscheidet

- Mikroverschleiß, wenn dabei die einzelnen Körner oder ihre Umgebung abgenutzt werden und
- Makroverschleiß, wenn sich eine geometrische Veränderung an der Schleifscheibe selbst abspielt.

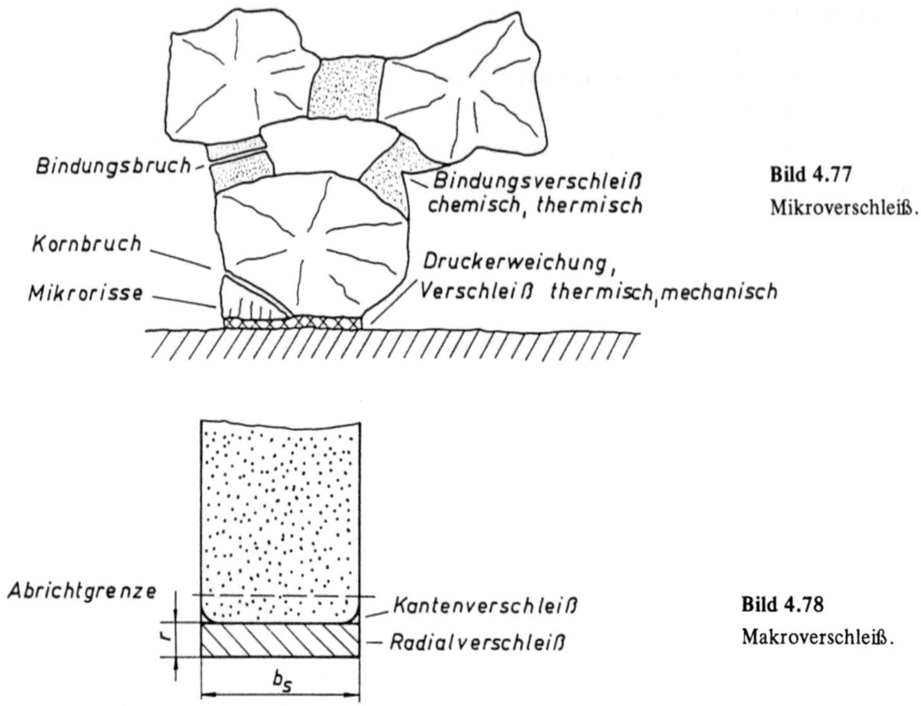

Bild 4.77
Mikroverschleiß.

Bild 4.78
Makroverschleiß.

Mikroverschleiß (Bild 4.77)

Verschleißart	Ursache
Diffusions-Oxidationsverschleiß	hohe Drücke und Temperatur an Kontaktzone
Ermüdungsrisse, Absplittern von Körnern	Spannungs- und Temperaturwechsel
chemischer, thermischer Verschleiß	hohe Reibungskräfte, Bindungsbrücke bricht
Herauslösen von Körnern	Selbstschärfeffekt

Makroverschleiß (Bild 4.78)

Verschleißart	Ursache
Radialverschleiß Δr	Abtrag an Kontaktfläche
Kantenabrundung	geringe Stützwirkung Gefügeverband
wellenförmiger Schleifscheibenverschleiß (Spannungsdickenänderung)	fremderregte Schwingungen
Temperaturerhöhung Kontaktzone	Zusetzen der Poren

Eine wirkungsvolle Temperaturmessung ist nicht möglich. Temperaturerhöhungen vor allem an der Kontaktzone werden durch Einsatz von viel Kühlschmierstoff unter hohem Druck (15 bar) vermieden. Dadurch werden die Porenräume der Schleifscheibe von Spänen befreit und die Reibungswärme damit verringert. Die Zerspantemperatur ist hauptsächlich von der Schnittleistung abhängig, die bis zu 80 % als Wärme in das Werkstück geht. Dabei führt die Verwendung von Schneidöl zu einem besseren Temperaturverhalten als bei Emulsion [1/13].

Man unterscheidet

- *formbedingte Unwuchten* und
- *strukturbedingte Unwuchten*

an Schleifscheiben.

Unwucht	Ursache	Beseitigung
formbedingt	Schleifscheibenfertigung	Abrichten
strukturbedingt	inhomogene Massenverteilung	statisches, dynamisches Auswuchten

Beim *Auswuchten* einer Schleifscheibe nach DIN 69109 darf die Unwucht am Umfang 2 % des Gesamtschleifscheibengewichtes nicht überschreiten.

Unter *Abrichten* einer Schleifscheibe versteht man Schärfen und Profilieren. Die Schleifscheibe wird dabei

- von geometrischen Fehlern befreit,
- geschärft,
- von Zusetzungen befreit,
- zu besseren Schneideigenschaften gebracht,
- profiliert.

Beim Abrichten unterscheidet man zwischen

Abrichten		Werkzeugform
von Hand		gewelltes, gezahntes Stahlrad (Sinterkarbonidstein)
maschinell	stehendes Abrichtwerkzeug	Einkornabrichten (Diamant) Abrichtplatte, Abrichtrad Vielkornabrichter (Diamant)
	bewegtes Abrichtwerkzeug	Abrichtrad, Abrichtblock (harte Stahlwerkstoffe), Abrichtrolle.

Die Schleifscheibe wird zwischen *Spannflanschen* aufgenommen. Es gelten folgende Mindestgrößen für Spannflanschdurchmesser d_{min}:

d_{min}	Bedingung
$1/3\ D_s$	Schutzhaube
$2/3\ D_s$	Sicherheitszwischenlage
$1/2\ D_s$	konische Scheiben

Schnittleistung und Schnittvolumen sind direkt proportional, wie man in Bild 4.79 sieht. Während des Schleifvorganges bildet sich das Abrichtprofil der Schleifscheibe kinematisch verzerrt auf dem Werkstück ab. Den größten Einfluß auf die Rauhigkeit einer geschlif-

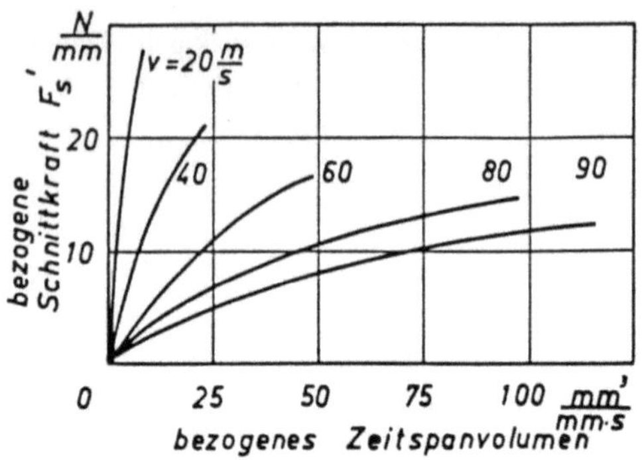

Bild 4.79
Schnittkraft als Funktion des Zeitspanvolumens in Abhängigkeit der Schnittgeschwindigkeit.

Werkzeug: Schleifscheibe A 80 L 7 V,
Material: Ck 45 N,
Verhältniszahl q = 60,
Werkstoffabtrag: V = 500 mm³/mm,
Kühlschmierung: Schleiföl [1/13].

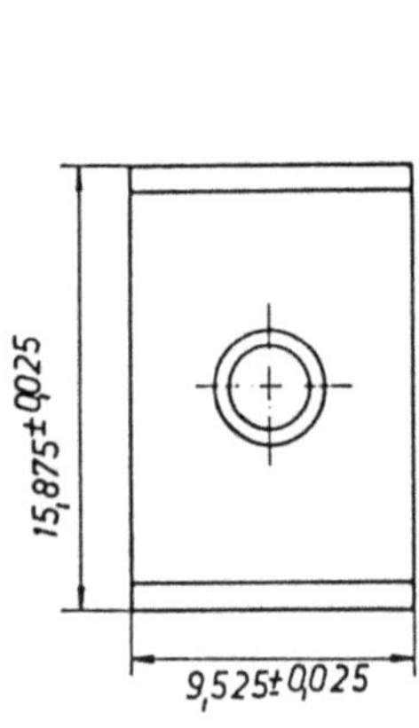

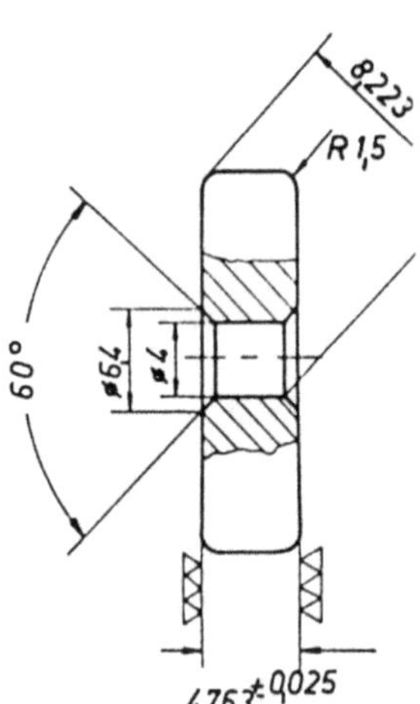

Bild 4.80
Werkstück Sonderfräsplatte.

fenen Oberfläche haben die Zustellung und die Vorschubgeschwindigkeit. Das ist auf die durch steigende Zustellung wachsende mittlere Spannungsdicke zurückzuführen. Da die Spanungsdicke andererseits mit zunehmender Schnittgeschwindigkeit abnimmt, bringt eine zunehmende Schnittgeschwindigkeit eine verbesserte Oberflächengüte.

Weitere DIN-Normen: 6374, 6375, 44709, 44716, 66106, 69107, 69110, 69120, 69130, 69177, 69178, 69179.

Beispiel: Flachschleifen „Sonderfräsplatte" (Bild 4.80)
Rohteil: 15,875 × 9,525 × 5 mm
Werkstückwerkstoff: P 10
Losgröße: 10^7 Stück

Maschinentyp:	Zweispindelige Flachschleifmaschine (2 × 30 kW) mit werkstückbezogener Zubringeeinrichtung.
Bearbeitung:	Flachschleifen auf Maß 4,763 ± 0,025 $R_t \leqslant 1\ \mu m$ Stirnflachschleifscheiben aus kunststoffgebundenem CBN, Mengenleistung 1 500 Stück/Monat [4/33].

Wirtschaftlichkeitsvergleich: Schleifen – Drehen

Für die Bearbeitung rotationssymmetrischer Werkstücke bei großer Werkstückgenauigkeit und hoher Oberflächengüte eignen sich sowohl das Drehen wie auch das Schleifen. Bei Auswahl sollte in jedem Falle eine Wirtschaftlichkeitsbetrachtung erfolgen. Hier zeigt sich, daß mehrere Möglichkeiten zu berücksichtigen sind. Ausgangspunkt soll ein einfaches Werkstück (Bild 4.81) sein. Das Maß $\varnothing$ 34,5$_{h6}$ soll eine Oberflächengüte von $R_t < 6{,}3\ \mu$m haben, die 6. Qualität bei 34,5 mm $\varnothing$ ergeben Abmaße von 0 und 16 μm Weite, die sowohl durch Schleifen, als auch eine Kombination beider Verfahren Drehen und Schleifen erreichbar ist.

Wünschenswert ist in jedem Falle eine Komplettbearbeitung auf einer Werkzeugmaschine. Die Wirtschaftlichkeitsrechnung zeigt, daß oft erst bei einer Neuplanung die Investition erfolgreich ist, während eine Umstellung der laufenden Produktion zu teuer sein würde (Bild 4.82).

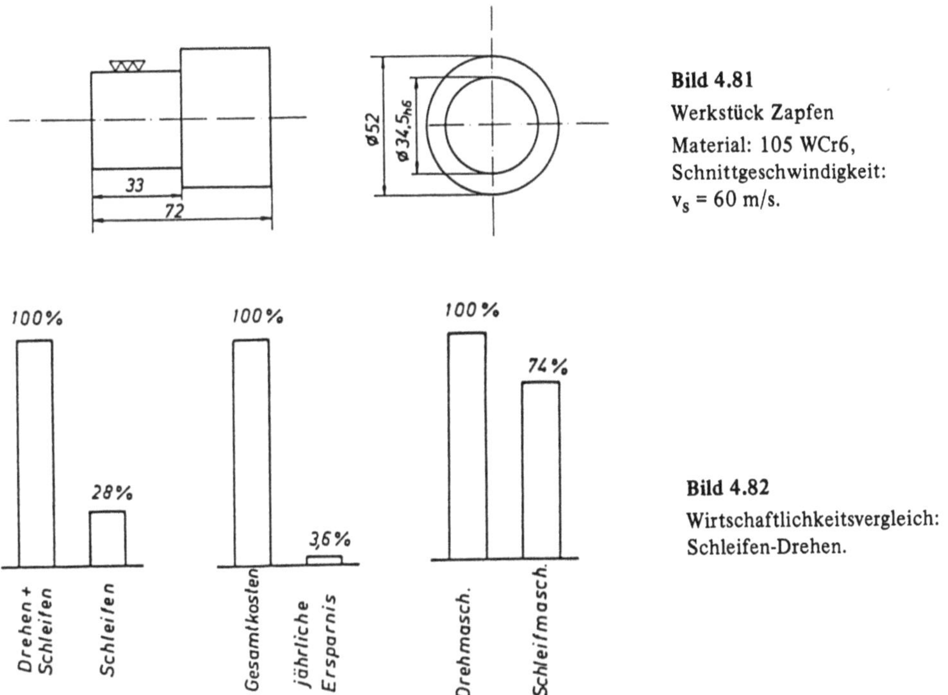

Bild 4.81
Werkstück Zapfen
Material: 105 WCr6,
Schnittgeschwindigkeit:
$v_s = 60$ m/s.

Bild 4.82
Wirtschaftlichkeitsvergleich:
Schleifen-Drehen.

4.3.10.2 Honen

Honen liegt vor, wenn

– die Werkzeuge aus gebundenem Korn bestehen,
– Werkstück und Werkzeug sich auf großen Flächen berühren,
– die Relativgeschwindigkeit niedriger als 5 m/s ist,
– der Werkzeugdruck auf das Werkstück kleiner 100 N/mm^2 ist,
– die Bearbeitungsriefen an der Werkstückoberfläche in vorbestimmter Weise verlaufen,
– die Wirkbewegung die Resultierende von 2 Schnittbewegungen ist.

Das Werkzeug besteht aus Einspannteil, Werkzeugkörper und Schneidenteil. Nur der Schneidenteil besteht aus gebundenem Korn.

Nach DIN 8580 unterscheidet man

- Planhonen,
- Rundhonen,
- Schraubflächenhonen,
- Honen von Verzahnung,
- Formhonen,
- Nachformhonen.

Die erreichbare Oberflächengüte ($R_t > 0{,}05$ μm) hängt ab von

- Körnung (Honstein) $\sim$ 600,
- Anpreßdruck < 100 N/mm^2,
- Schnittgeschwindigkeit v = 10 m/min
- Aufmaß $\sim$ 10 μm
- Schwingungsfrequenz f $<$ 50 Hz [4/1]

Standmengen von 20000 Bohrungen wurden erreicht [4/45].

Werkstück- und Werkzeugbewegungen sowie deren Geschwindigkeiten sind Bild 4.83 zu entnehmen.

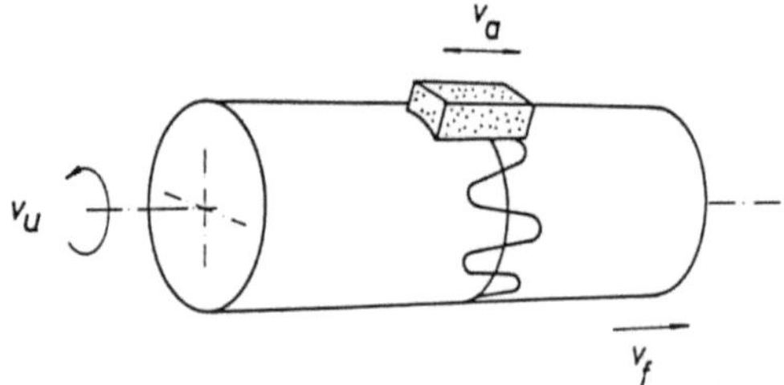

Bild 4.83

Schematische Darstellung des Fertigungsverfahrens Honen (Kurzhubhonen)

v_a Axialgeschwindigkeit Honstein
v_u Umfangsgeschwindigkeit Werkstück
v_f Vorschubgeschwindigkeit.

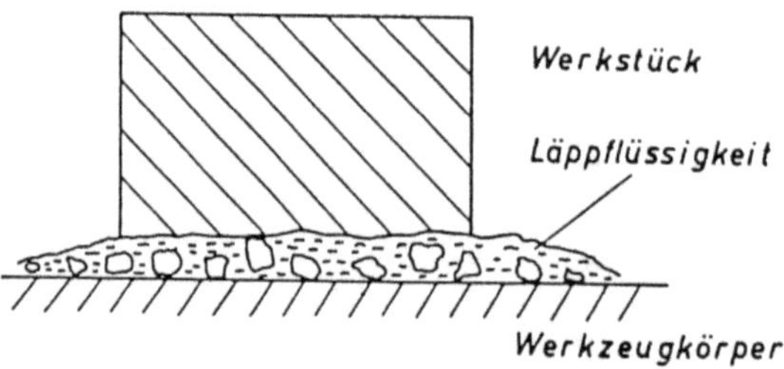

Bild 4.84

Schematische Darstellung des Fertigungsverfahrens Läppen.

4.3.10.3 Läppen

Läppen ist ein spanendes Fertigungsverfahren, das mittels losem Korn die Werkstückoberfläche entfernt. Bild 4.84 zeigt schematisch die Wirkungsweise des Verfahrens. Mit Ausnahme von äußerst plastischen oder elastischen Werkstoffen lassen sich alle Werkstückwerkstoffe durch Läppen bearbeiten. Als Schneidstoffe kommen dieselben Schneidstoffe wie beim Schleifen in Frage. Als Läppflüssigkeit ist eine Mischung von Öl und Petroleum im Verhältnis 1:1 in Gebrauch.

Man unterscheidet folgende Läppverfahren:

- Tauchläppen,
- Strahlläppen,
- Stoßläppen,
- Flächläppen,
- Außenrundläppen,
- Zahnflankenläppen.

Oberflächengüten von $R_t > 0,05 \ \mu$m sind erreichbar durch

- feine Korngröße, ~ 700
- niedriger Anpreßdruck $\sim 10 \ N/cm^2$,
- möglichst zähe Läppflüssigkeit [4/1].

Von links nach rechts zeigen die Diagramme:

- Verkürzung der Hauptzeit durch Einsparung eines Fertigungsvorganges,
- Investitionen bei Umstellung während der Fertigung und
- Investition bei Neuplanung [4/41].

4.4 Abtragen

4.4.1 Einteilung des Verfahrens Abtragen

Nach DIN 8580 unterteilt man die abtragenden Fertigungsverfahren in

thermisches Abtragen
durch Reibung
durch Wärmezufuhr
mit festen Körpern
mit Flüssigkeiten
mit Gasen
mit Funken (Elektronenstrahlen Laserstrahlen)
mit Lichtbogen (EDM Bearbeitung)
mit Plasmastrahlen
chemisches Abtragen
Ätzabtragen
thermisch chemisches Abtragen
chemisch thermisches Abtragen
elektrochemisches Abtragen (ECM Bearbeitung)
Formelysieren
Badelysieren
Metallätzen

Dabei handelt es sich bei der

EDM Bearbeitumg um Electro Discharge Machining und
ECM Bearbeitung um Electro Chemical Machining.

4.4.2 Verfahrenseigenschaften beim Abtragen

Die Bedeutung der abtragenden Bearbeitung liegt mehr in der Feinwerk- und Elektrotechnik. Für den Maschinenbau sind nur vereinzelte Verfahren von Interesse. In Bild 4.85

Verfahren	Elysieren	Erodieren	Ätzen	Strahlende Bearbeitung
Verfahrensschema				Laserstrahlen
Abtragprinzip	Anodisches Auflösen	$elektr.$ Entladung	Abtragen durch örtliche Elementbildung $Me - n\ominus = Me^{n+}$	
Arbeitsmedium	Elektrolyt $(NaCl, NaNO_3, NaBr ...)$	Dielektrikum (Petroleum, Testbenzin, Öl)	Ätzmittel $(HCl, HNO_3, H_2SO_4 ...)$	CO_2 Laser
Werkzeug Arbeitsdaten	$U = 5 ... 15$ V $I = 0{,}5 ... 5$ A $u = 0{,}05 ... 2$ mm $\dfrac{P_A}{Q} \sim 100 \dfrac{Ws}{mm^3}$	Cu, Graphit ... $U = 60 ... 250$ V $I = 1 ... 300$ A $f = 1$ Hz ... 1 MHz $u = 0{,}01 ... 1$ mm $\dfrac{P_A}{Q} = 300 \dfrac{Ws}{mm^3}$ $R_t > 10\ \mu m$	Abdeckmasken, Wachs $v = 0{,}5 ... 1{,}5 \dfrac{mm}{h}$	$10^5 \dfrac{kW}{mm^2}$ $v < 30 \dfrac{m}{min}$
Besonderheiten	ungleiche Spaltbreiten	Verschleiß: Schruppen 5 % Schlichten 50 %	Tauchätzen, Sprühätzen	Bei der Elektronenstrahl-bearbeitung ist das Werk-stück im Vakuum.
Anwendung	el. chem.-Schleifen, Entgraten, Honen, Stoßläppen.	Funkenerosives Senken	Leiterplattenfertigung	Zerschneiden

Bild 4.85 Zusammenstellung der wichtigsten Abtragverfahren mit den wichtigsten Arbeitsdaten.

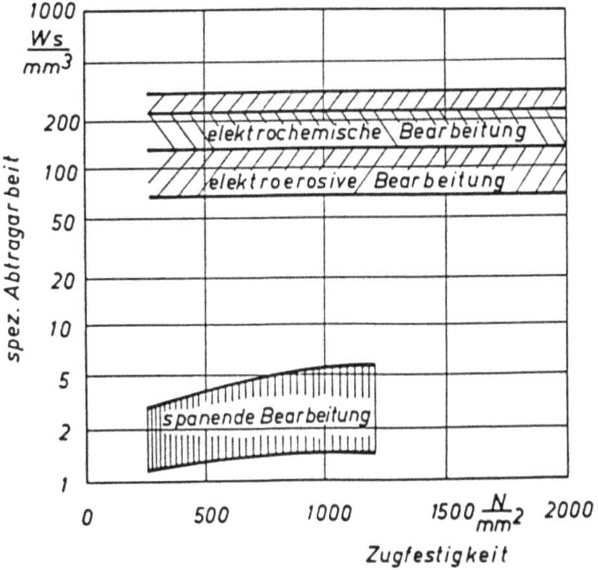

Bild 4.86
Abhängigkeit von Abtragarbeit und Werkstückwerkstoffestigkeit.

sind die wichtigsten Verfahren mit Verfahrensschema, Abtragprinzip, Arbeitsmedium, Arbeitsdaten und Anwendung dargestellt. Dabei sieht man, daß EDM Bearbeitung für den allgemeinen Maschinenbau z.B. keine Bedeutung hat. ECM und EDM Bearbeitung werden im Werkzeugmaschinenbau der Umformtechnik eingesetzt. Den Grund dafür sieht man im Diagramm Bild 4.86. Elektrochemische- und elektroerosive Bearbeitung sind unabhängig von der Festigkeit des Werkstückwerkstoffes. Damit können also auch gehärtete Werkstücke und Hartmetall zeitunabhängig bearbeitet werden. Freilich ist der Energieverbrauch, vor allem gegenüber den spanenden Fertigungsverfahren sehr hoch (Faktor 20 ... 40).

Während sich bei der EDM Bearbeitung im wesentlichen nur das Elysierformentgraten durchgesetzt hat, haben die EDM Bearbeitungsverfahren wie z.B. Erosionssenken, Planetär- und Drahterosion einen festen Platz (8000 EDM Maschinen in der Bundesrepublik Deutschland 1982 laut AEG) in der Maschinenbaufertigung. Das hängt vor allem damit zusammen, daß beim Formelysieren komplizierte Werkzeuge notwendig sind, die ein ungestörtes Zuführen des Elektrolytes ermöglichen. Nachteilig beim Erosionssenken und speziell bei der Funkenerosion dagegen ist der starke Werkzeugverschleiß (Standmenge 1 ... 10 Werkstücke). Gesenke für Kurbelwellen, Pleuel, Zahnradrohlinge usw. können damit aber in wesentlich kürzerer Zeit fertig bearbeitet werden, als mit spanenden Verfahren (Fräsen, Drehen, Schleifen usw.).

Die Drahterosion in Verbindung mit mehrachsigen CNC-Steuerungen wird im Werkzeugbau für Stanz- und Schnittwerkzeuge eingesetzt.

Statt einer Formelektrode wird dabei eine Universalelektrode aus dünnem Draht verwendet, die numerisch gesteuert, durch das Werkstück geführt wird. Das Metall wird durch elektrische Entladungen abgetragen, wenn in einem Dielektrikum zwischen dem Draht und dem Werkstück ein bestimmter Abstand besteht, der durch elektrische Entladungen überbrückt wird. Dabei verdampft am Werkzeug und am Werkstück Metall.

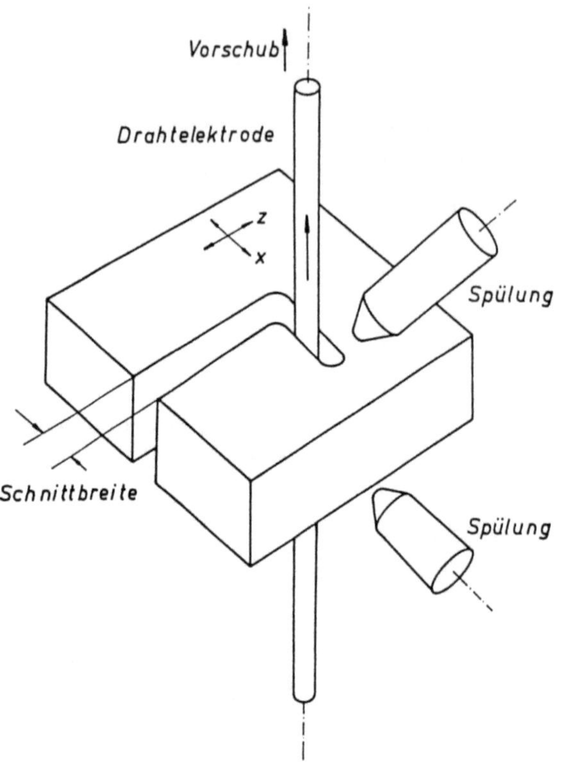

Bild 4.87
Verfahrensschema der
CNC-Drahterosion [4/40].

Durch viele Entladungen hintereinander kann die Elektrode eine Form in das Werkstück schneiden. Mit der numerischen Steuerung des Drahtes läßt sich jede gewünschte (zweidimensionale) Form vorgeben (Bild 4.87). Die erzielbare Oberflächengüte in der Trennfläche ist abhängig von der Speicherkapazität des Generators, dem Drahtdurchmesser und dem Werkstückwerkstoff. Es entsteht eine muldenförmige Struktur mit einer Rauhtiefe $R_t > 10\ \mu$m. Bei dem Verfahren spielen vor allem die ausreichende Versorgung und Reinigung des Dielektrikums eine entscheidende Rolle. Eine geringe Verunreinigung begünstigt die Entladung, erhöht hingegen den Werkzeugverschleiß. Optimale Werte für Verunreinigungen liegen bei 2 ... 3 g/Liter [4/48].

Elektronenstrahlbearbeitung findet Anwendung beim

- Perforieren von beliebigen Werkstoffen,
- Erzeugen kleiner Löcher in dickem Werkstoff,
- Erzeugen kegeliger Löcher unter flachem Winkel,
- Gravieren von Metallen, Keramik und Aufdampfschichten,
- Erzeugen von Profildurchbrüchen.

Positioniert wird über CNC-Steuerungen, Löcher werden mit Einimpuls, Formen mit Vielimpuls gefertigt. Hergestellte Löcher liegen bei $\varnothing$ 25 μm und 20 μm Dicke bis $\varnothing$ 1 mm und 5 mm Dicke.

Lasertechnik wird eingesetzt bei

- Punkt- und Nahtschweißen,
- Lochen, Trennen und Abtragen.

4.4.3 Elysierformentgraten

Kennzeichnend für das elektro-chemische Entgraten ist eine der Werkstückform voll angepaßte Elektrode, die bis auf 0,5 mm dem Werkstück angenähert wird sowie eine intensive Bewegung der Elektrolytlösung. Durch isolierende Abdeckungen (Bild 4.88) an der Elektrode läßt sich der Abgratvorgang auf den Grat beschränken. Bei einer Arbeitsspannung von 20 V und einer Stromstärke von 220 A werden an den Kanten Stromdichten von 1 A/mm² erzielt. Aus diesen hohen Stromdichten resultieren Entgratzeiten, die ca. 0,5 min umfassen (Bild 4.89).

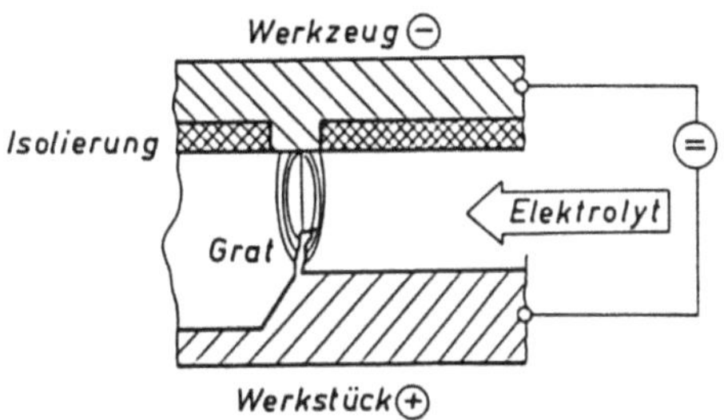

Bild 4.88 Schematische Darstellung beim Elysierentgraten.

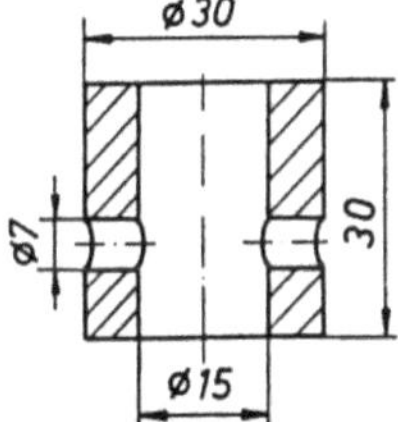

Bild 4.89 Bei der Hülse werden Grate an den Kreuzungsstellen der kleinen mit der großen Bohrung entfernt.

Entgratzeit: mechanisch   5   Minuten
            elektro-chemisch 0,5 Minuten

[4/38].

4.4.4 Wirtschaftlichkeitsvergleich: Erodieren – Fräsen

Die Herstellung von Gesenken und Werkzeugen für die Umformtechnik kann sowohl durch Kopierfräsen als auch durch Funkenerosion geschehen. Es handelt sich dabei speziell um schwerbearbeitbare Werkstoffe hoher Festigkeit im Kleinserienbereich bis maximal 50 Stück (1983). Ein Wirtschaftlichkeitsvergleich beider Verfahren im Mehrschichtbetrieb bei 0,5 Bedienungskräften für die drei Funkenerosionsmaschinen zeigt eine leichte Überlegenheit der Funkenerosion gegenüber dem Fräsen.

	Vierspindelkopierfräsmaschine	3 Funkenerosionsmaschinen mit Anschwemmfilter
Fabrikat	Droop + Rein	Nassovia/Krupp-Faudi
Anschaffungspreis TDM	415	760 (Jahr 1976)
P_A kW	38,5	3 × 16,5
A m²	56	81
t_g	63,8 h bei 1 Gesenkhälfte 18,1 h bei 4 Gesenkhälften	24,9 h bei 1 Gesenkhälfte
Werkzeugkosten	18,– DM/Gesenkhälfte	343,– DM/Gesenkhälfte
Standzeit	30 Gesenkhälften	1 Schrupp- und 1 Schlichtelektrode (Filter: 6 000 h/Jahr)

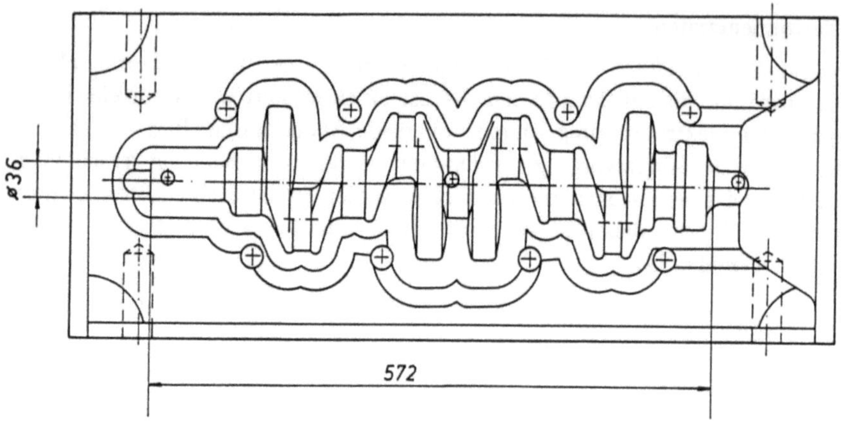

Bild 4.90 Blick in das Gesenkoberteil einer Kurbelwelle [4/65].

Werkstück: Gesenkoberteil (Bild 4.90) Kurbelwelle
Werkstückwerkstoff: 55 NiCrMoV 6
Rohmaterial: 800 × 310 × 260 mm

Stückkosten	Fräsen	Funkenerodieren
DM/Gesenkhälfte		
bei 7 Teilen	2245,–	2184,–
bei 24 Teilen	2222,–	2068,–

Lediglich bis zu 16 Teilen ist das Fräsen, wenn jeweils vier Werkstücke aufgespannt und
bearbeitet werden, preiswerter.

4.4.5 Schneiden mit Laserstrahlen

Als Werkzeug wird stark kohärentes monochromatisches impulsierendes Licht verwendet,
wobei der Gasdruck eines CO_2 Gasstrahls für die Sauberkeit der Trennfuge entscheident
ist. Da für das Stanzen von Konturen komplizierte und teuere Werkzeuge benötigt wer-

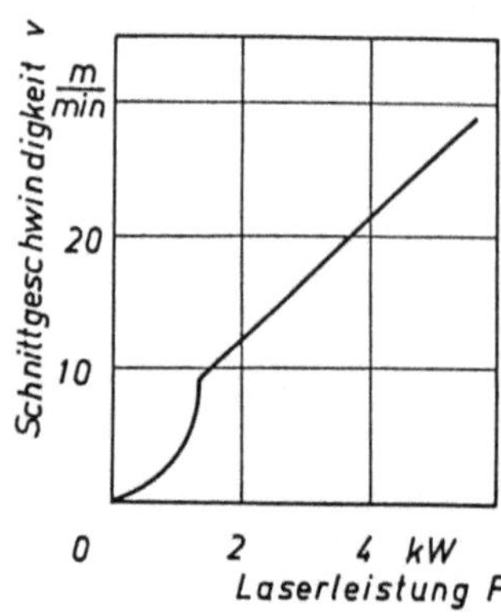

Bild 4.91

Abhängigkeit der Schnittgeschwindigkeit eines Lasers von der
Laserleistung.

Werkstoff: Rostfreier Stahl
Blechdicke: 1 mm
CO_2 Laser
Wellenlänge λ = 10,6 μm [1/18].

den, gewährleisten nur größte Stückzahlen eine Wirtschaftlichkeit. Durch Kombination der Fertigungsverfahren Stanzen mit Laserstrahlschneiden erreicht man wirtschaftlich auch die Klein- und Mittelserie. Dabei hat das Laserstrahlaggregat die Aufgabe Formen zu zerschneiden, während der konventionelle Teil der CNC-gesteuerten Revolverschneidpresse gebräuchliche Löcher mit einer Anzahl im Magazin vorhandener Stanzwerkzeuge erstellt. Bis zu 10 mm Blechdicke werden bei einer Schnittgeschwindigkeit von 30 m/min 6 kW Leistung für den CO_2 Laser benötigt (Bild 4.91). Das in Bild 4.92 dargestellte Werkstück von 2 mm Dicke wird von einer kombinierten Laser-Stanz-CNC-Revolverschneidpresse mit 24 Werkzeugstationen in 0,944 Minuten bearbeitet. Die Schneidpresse verfügt über 300 kN Nennpreßkraft und besitzt einen CO_2 Laser mit 0,5 kW Leistung. Das Werkstück hat eine unregelmäßige Kontur mit Innenlöchern und die maximalen Abmaße von 141×345 mm^2. Die Löcher werden von der Stanze bearbeitet, während die Kontur durch den Laser hergestellt wird. In der Bearbeitungszeit sind Beladen, Lochen, Laserstrahlbearbeitung der Formausbrüche und der Kontur, Ausdrücken, Abtransportieren und Ablegen enthalten. Die stündlichen Verbrauchskosten des Lasers belaufen sich auf 4,50 DM [4/47].

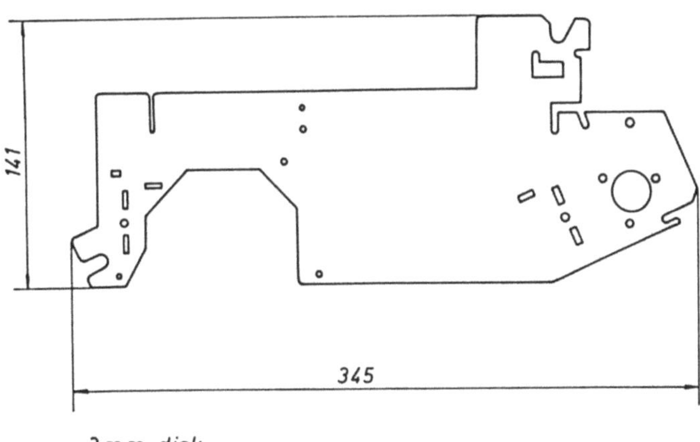

Bild 4.92 Schreibmaschinenseitenteil.

5 Fügen

5.1 Allgemeine Verfahrenseigenschaften

Nach DIN 8593 wird das Verfahren Fügen der Hauptgruppe 4 (DIN 8580) eingeteilt in

- Zusammenlegen,
- Füllen,
- An- und Einpressen,
- Fügen durch Urformen,
- Fügen durch Umformen,
- Stoffvereinigen.

Dieses Kapitel soll sich vorrangig mit den gebräuchlichen Verfahren des metallischen Stoffvereinigens (Schweißen, Kleben) beschäftigen. Dabei ist Schweißen das Fügen von Werkstücken unter Anwendung von Druck und/oder Temperatur an der Verbindungs (Schweiß)-zone. Es kann mit oder ohne Zusatzwerkstoff geschweißt werden. Nachteilig dabei ist, daß die Randzonen zwischen Schweißzone und Werkstück Gefügeveränderungen unterworfen sind (Bild 5.1), und daß geschweißte Werkstücke Spannungsschwankungen unterliegen. Bild 5.2 zeigt die Einbrandtiefen verschiedener Schweißverfahren.

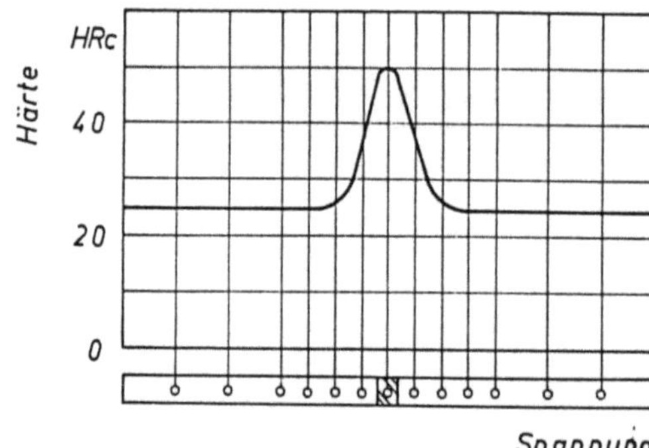

Bild 5.1

Härtesteigerung an der Schweißstelle.
Schweißprobe C 45.

○ Härteeindruck
/// Schweißnaht [5/7].

Bild 5.2 Einbrandtiefe verschiedener Schweißverfahren:

a Gasschmelzschweißen,   b WIG,   c MIG,   d Elektroden von Hand,   e Unterpulverschweißen (Eindraht),   f Unterpulverschweißen (Band),   g MIG Doppeldraht.

5.2 Einteilung des Verfahrens Schweißen

Die Schweißverfahren für Metallverarbeitung werden nach DIN 1910, 8522, 32530 wie folgt unterteilt.

Preßschweißen   *Einteilung der Schweißverfahren nach DIN*

    Widerstandsschweißen

        Punktschweißen

        Buckelschweißen

        Rollennahtschweißen

        Abbrennstumpfschweißen

        Preßstumpfschweißen

        Kammerschweißen

    Reibschweißen

    Kaltpreßschweißen

        Schockschweißen

    Ultraschallschweißen

    Feuerschweißen

    Gießpreßschweißen

    Lichtbogenpreßschweißen

    Diffusionsschweißen

Schmelzschweißen

    Lichtbogenschweißen

        Schutzgasschweißen

                Wolfram-Schutzgasschweißen

                    Wolfram-Inertgasschweißen WIG

                    Wolfram-Plasmaschweißen

                    Wolfram-Wasserstoffschweißen

                Metall-Schutzgasschweißen

                    Metall-Inertgasschweißen MIG

                    Metall-Aktivgasschweißen MAG

        Unter-Pulver-Schweißen

        Unter-Schiene-Schweißen

        Metall-Lichtbogen-Schweißen

        Kohle-Lichtbogen-Schweißen

    Plasmaschweißen

    Gasschweißen

    Lichtstrahlschweißen

    Elektronenstrahlschweißen

    Widerstandsschmelzschweißen

        Elektroschlackeschweißen

    Gießschmelzschweißen

Über die prozentuale Verteilung der einzelnen Schweißverfahren bzw. -anlagen informiert Bild 5.3.

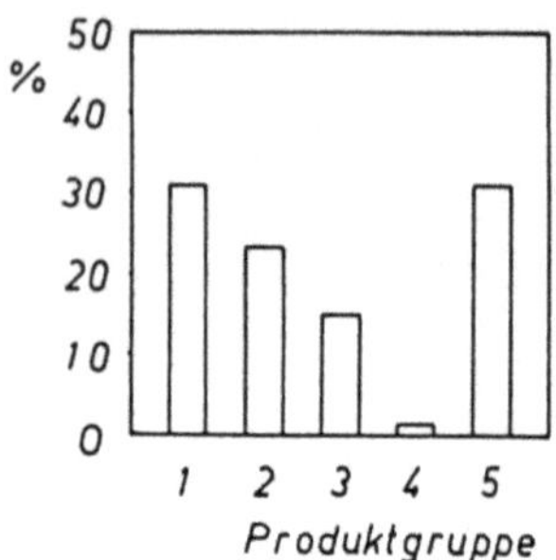

Bild 5.3

Prozentuale Verteilung der einzelnen Schweißanlagen in der
Bundesrepublik Deutschland im Jahre 1982.

Produktgruppe   1 Widerstandsschweißen,
                2 Gasschmelzschweißanlagen,
                3 Lichtbogenschweißanlagen,
                4 sonstige Schweißgeräte,
                5 Schweißzusatzwerkstoffe [5/11].

5.2.1 Vorbereitung Schweißstelle

Für die einzelnen Schweißverfahren sind entsprechende Fugenformen nach DIN 8551,
1912 genormt. Rost, Zunder, Fett, Oxidschichten müssen entfernt werden. Das Schweißgut wird gereinigt (Kapitel 6).

Je nach den gestellten Bedingungen kennt man folgende *Güteklassen*:

Güteklasse	Bedingungen
I	a . . . f
II	a . . . e
III	Ausführung fachgerecht

Prüfnormen DIN 8560, 8563, 50127, 54109

Bedingungen

    a *Werkstoff*: Schweißeignung gewährleistet,
    b *Vorbereitung*: fachgerecht und überwacht,
    c *Schweißverfahren*: nach Werkstoffeigenschaft- und dicke Schweißverbindung
      gewählt,
    d *Schweißgut*: Zusatzwerkstoff auf Grundwerkstoff abgestimmt,
    e *Personal*: geprüfte und überwachte Schweißer,
    f *Prüfung*: Durchstrahlungsprüfungsnachweis.

Schweißfehler sind nach

    — Art
    — Geometrie und
    — Lage in der DIN 8524 zusammengefaßt.

Normen für

    — Betriebsmittel DIN 4646, 8541, 8543, 8546,
    — Zusatzwerkstoffe DIN 8554, 8557, 8559, 8571.

5.2.2 Preßschweißen

Das *Preßschweißen* ist ein Schweißen unter Druck. Eine örtlich begrenzte Erwärmung
(unter Umständen bis zum Schmelzen) ermöglicht den Schweißvorgang. Meist liegt die
Arbeitstemperatur unter der Schmelztemperatur der zu fügenden Teile.

5.2.2.1 Widerstandspreßschweißen

Die zum *Widerstandspreßschweißen* benötigte Wärme entsteht durch gleichzeitige Einwirkung von

- elektrischem Strom,
- Elektrodenkraft und
- elektrischen Widerständen im Bereich der Berührstelle der Elektroden.

Der Gesamtwiderstand (Bild 5.4) setzt sich dabei aus sieben Einzelwiderständen zusammen. Verantwortlich für die Schweißwärme sind neben der Stromstärke die Werkstoffwiderstände sowie der Übergangswiderstand zwischen den Blechen. Dabei sollen die Elektrodenwiderstände möglichst klein sein, damit der Strom verlustfrei zur Schweißstelle fließen kann.

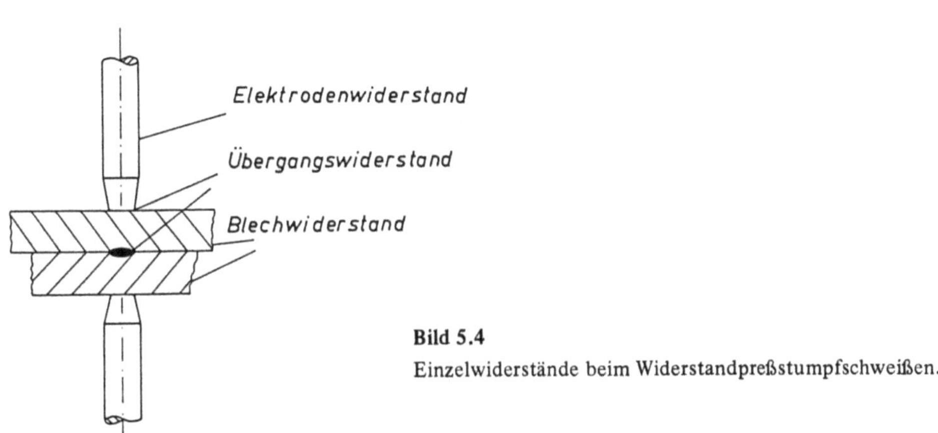

Bild 5.4
Einzelwiderstände beim Widerstandpreßstumpfschweißen.

Der Gesamtwiderstand (Bild 5.4) setzt sich dabei aus 7 Einzelwiderständen zusammen. Verantwortlich für die Schweißwärme sind neben der Stromstärke die Werkstoffwiderstände sowie der Übergangswiderstand zwischen den Blechen. Dabei sollen die Elektrodenwiderstände möglichst klein sein, damit der Strom verlustfrei zur Schweißstelle fließen kann.

Die Elektrodenkraft kann

- mechanisch
- pneumatisch oder
- hydraulisch

aufgebracht werden.

Hinsichtlich der Elektrodenform kann man unterscheiden in

- Punkt-,
- Buckel- und
- Rollennahtschweißen (Bild 5.5).

Beim *Punktschweißen* richtet sich die Größe der Schweißpunkte nach Form und Größe der Elektrodenspitzen. Der Hauptanwendungsbereich liegt in der Herstellung von Automobilkarosserien (0,5 mm … 1 mm).

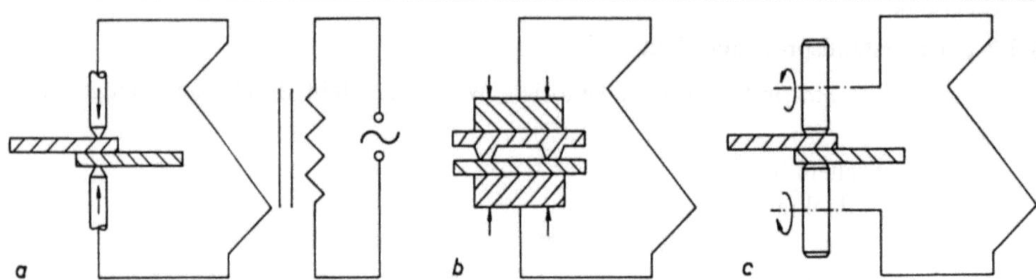

Bild 5.5 Widerstands-
a Punkt-,   b Buckel-,   c Rollennahtschweißen.

Durch Einsatz von Industrierobotern mit Punktschweißzangen wird dieses Verfahren wirtschaftlich automatisiert. Die Amortisation erfolgt hauptsächlich durch Einsparung von

- Konstrukteuren für Vielpunktschweißanlagen (Industrieroboter sind auf neue Aufgaben umprogrammierbar),
- Schweißpunkten (Qualitätssteigerung um 30 % [FORD]),
- Sozialaufgaben (Dusche, WC, Aufenthaltsräume, ärztliche Betreuung für Personal).

Hinsichtlich der Punktschweißmaschinen unterteilt man

- einphasige- (für unlegierte Stähle) und
- mehrphasige Punktschweißanlagen (für sperrige Werkstücke).

Zur Steuerung des Schweißvorganges verwendet man

- Asynchronsteuerungen für mindere Qualitätsforderungen und
- Ignitron- oder Thyristorsteuerungen bei hohen Qualitätsansprüchen.

Das *Buckelschweißen* benutzt für den Stromübergang im Werkstückwerkstoff eingearbeitete Buckel. Man unterscheidet

- Hohlbuckel und
- Massivbuckel.

Bei zwei oder drei Teilblechen übereinander in das Schweißwerkzeug eingelegt, entstehen bei gleichzeitiger Einwirkung von Elektrodenkraft und Strom entsprechend der Anzahl der Schweißbuckel punktförmige Schweißverbindungen zwischen den Teilen [5/3].

Rollennahtschweißen ermöglicht die Herstellung von

- Rollen-Dichtnaht oder
- Rollen-Punktnaht, je nach Abstand der einzelnen Schweißpunkte.

Dabei kann der Schweißstrom stetig oder impulsartig dickeren Werkstücken zugeführt werden. Bei Dauerwechselstrom erzeugt jede Halbwelle einen Schweißpunkt; dagegen wird bei Stromtaktprogrammen der Stromfluß durch einstellbare Pausen periodisch unterbrochen.

Die Durchmesser der Rollenelektroden müssen den konstruktiven Gegebenheiten des Werkstückes angepaßt werden. Die Rollenelektroden sind

- flach (vollkommen blanke Stahlbleche) oder
- ballig (leicht verunreinigte oder metallisch beschichtete Bleche).

Eine Mindestüberlappung von 4 ... 6facher Blechdicke ist vorzusehen. Die Zwischenräume e bei *Rollen-Punktnähten* ergeben sich aus

$$e = \frac{1000\,v}{2 \cdot f \cdot 60}\ \text{mm}$$

mit

v   Schweißgeschwindigkeit, m/min
f   Frequenz, Hz

Für die *Rollen-Dichtnaht* gelten folgende Werte:

Werkstückwerkstoff	Werkstoffdicke mm	Schweißge- schwindigkeit $v\,\frac{m}{min}$	Elektroden- kraft kN	Schweißstrom kA
blankes Stahlblech	0,5 ... 3,5	2 ... 1	2,5 ... 1	11 ... 25
Zink	0,2 ... 1	6 ... 2	1 ... 3	5 ... 10
Aluminium	0,2 ... 1,5	3 ... 0,3	1,8 ... 6	20 ... 80

Bild 5.6 zeigt die Arbeitsfolgen eines Widerstandsschweißvorganges

- Zusammenpressen der Schweißteile,
- Verschweißen der Teile nach Erwärmung unter Druckeinwirkung,
- Stromabschaltung sowie Nachlassen des Druckes bei Erkaltung der Schweiß-zone.

5.2.2.1.1 Preßstumpfschweißen

Beim *Preßstumpfschweißen* werden gleichlange Teile aus gleichem Werkstoff in Spannbacken gehalten, von Strom durchflossen und unter Krafteinwirkung zusammengepreßt. Unter der Einwirkung von Strom und Kraft erwärmen sich die zusammengepreßten Teile und es entsteht ein typischer Stauchwulst (Bild 5.6).

5.2.2.1.2 Abbrennstumpfschweißen

Spannbacken halten die Fügeteile beim *Abbrennstumpfschweißen* und übertragen Strom und Kraft auf die Werkstücke. Man unterschweidet im allgemeinen folgende Prozeß-phasen:

- Werkstücke fixieren,
- Reversieren (Auseinanderziehen vornehmlich dickwandiger Teile),
- Abbrennen und
- Stauchen.

Bild 5.6
Diagramm über den Verlauf von Elektrodenkraft-, weg- und strom nach DIN 44753. Es ist

a Schließzeit,   b Druckzeit,
c Öffnungszeit,   d Ruhezeit,
e Arbeitsspielzeit,   f Schweißzeit.
Strom —   Kraft - - -   Weg ---

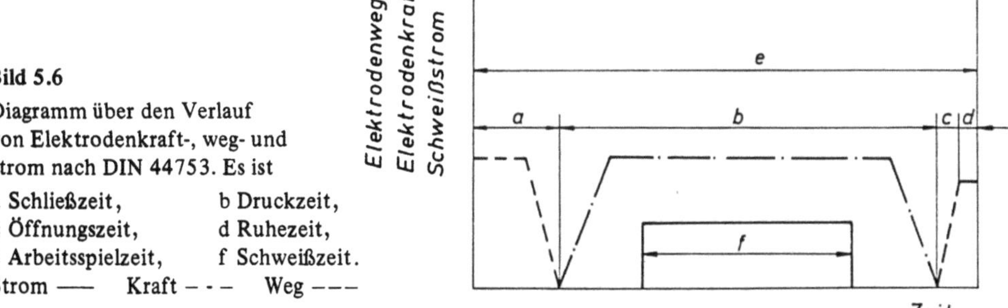

Die stromdurchflossenen Teile werden unter leichtem Berühren erwärmt, wobei schmelz-flüssiger Werkstoff herausgeschleudert wird (Bild 5.7). Nach ausreichendem Erwärmen werden die Teile dann durch schlagartiges Stauchen geschweißt.

Geschweißt werden kann mit

— Wechselstrom (dickwandige Teile) oder
— Gleichstrom (dünnwandige Teile).

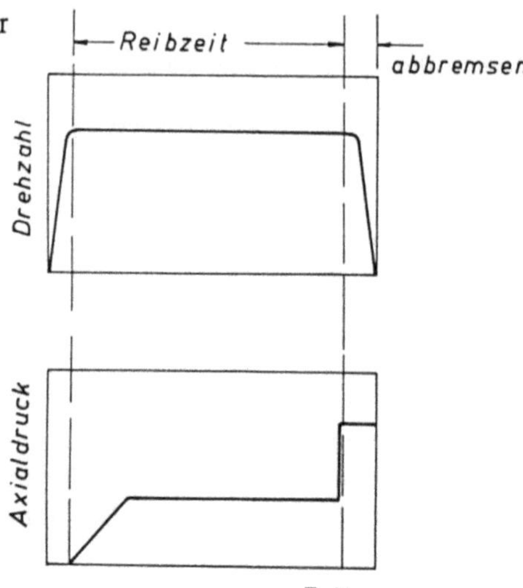

Bild 5.7
Verfahrensverlauf beim Reibschweißen [5/3].

Der beim Stauchen entstehende Stauchwulst wird zweckmäßig im warmen Zustand ab-gegratet.

5.2.2.2 Kaltpreßschweißen

Kaltpreßschweißungen entstehen durch hohe Preßdrücke bei Raumtemperatur auf beide Werkstückteile einer Kaltpreßschweißverbindung. Das Kaltpreßschweißen kann grund-sätzlich für alle Werkstoffe angewandt werden. Ein besonderer Vorteil der Kaltpreß-schweißung liegt darin, daß verschiedenartige Werkstoffe miteinander verbunden werden können. Vor dem Schweißvorgang sind die Teile von Fett, Oxiden oder Sulfiden zu reini-gen. Das Schweißen wird durch

— verschiedene Schmelzpunkte der Werkstücke,
— Eutektika,
— intermetallische Phasen oder
— örtliche Härtesteigerungen

nicht beeinflußt. Daher sind Kaltpreßschweißungen besonders betriebssichere Verbindun-gen.

5.2.2.3 Reibschweißen

Reibschweißen ist ein Verfahren des Warmpreßschweißens. Dabei wird die Wärme an den Berührflächen (Bild 5.8a) der Fügeteile durch Drehung von einem Teil und Druck am anderen erzeugt (Leistungsbedarf etwa 1/10 gegenüber Abbrennstumpfschweißen). Es werden Drehzahlen von $500 \ldots 3000$ 1/min und Drücke von $20 \ldots 100 \, \text{N/mm}^2$ be-nötigt, die Reibzeiten liegen zwischen $1 \ldots 100 \, \text{s}$ und die Abbremszeit (Stauchdruck $< 280 \, \text{N/mm}^2$) bei $\sim 0,2 \, \text{s}$ (Bild 5.7).

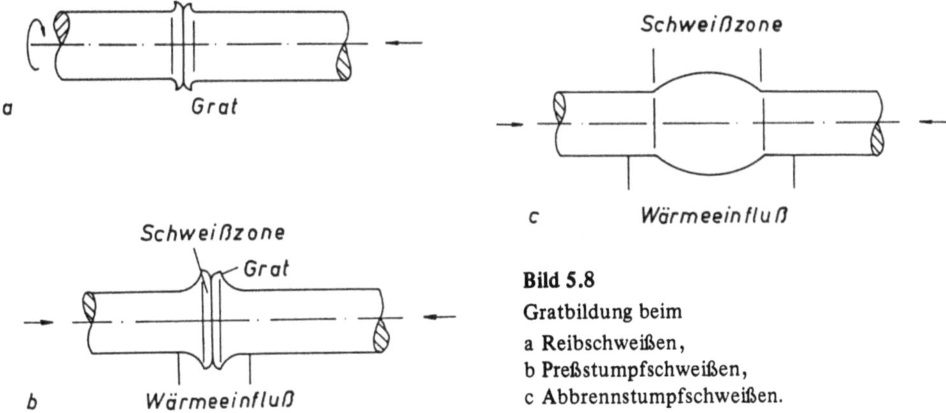

Bild 5.8
Gratbildung beim
a Reibschweißen,
b Preßstumpfschweißen,
c Abbrennstumpfschweißen.

5.2.3 Schmelzschweißen

Schmelzschweißen ist ein Schweißen unter örtlich begrenztem Schmelzfluß.

In Bild 5.9 ist nach DIN 1910 dargestellt, wie die einzelnen Lichtbogenschweißverfahren automatisiert werden können.

Benennung (Schweißen)	WIG	MIG/MAG	Bewegungsvorgang		
			Brenner	Vorschub	Nebenvorgang
manuell		—			
teilmechanisch				◯	
vollmechanisch			◯	◯	
automatisch			◯	◯	◯

Bild 5.9 Automatisierungsmöglichkeiten an Schmelzschweißverfahren DIN 1910.

Mittels Industrieroboter, der mit einem Brenner am Manipulatorarm ausgestattet ist und ein Werkstück fügt, das in einer mehrachsigen Spanneinrichtung, angesteuert durch die bis zu 12achsige Mehrprozessorsteuerung, automatisch eingespannt ist, können heute sogar schon kleinste Werkstücklosgrößen wirtschaftlich automatisiert werden.

5.2.3.1 Gasschweißen

Das *Gasschmelzschweißen* (Autogenschweißen) ist eine der am weitesten verbreiteten Schweißverfahren. Der Schmelzfluß wird dabei durch unmittelbares und örtlich begrenztes Einwirken einer Brenngas-Sauerstoff-Gemisch-Flamme erzeugt. Ein Brenner mischt beide Gase und führt sie der Flamme zu (Bild 5.10).

Man unterscheidet:

- Nachlinksschweißung (< 3 mm Blechdicke, $< 2,5$ mm Rohrwand),
- Nachrechtsschweißung,
- Doppelseitig-gleichseitige Schweißung (Steignähte, Cu-, AlCu-Legierungen).

Als Brenngas eignen sich

- Acetylen (C_2H_2, < 3400 K, < 50 mm Blechdicke),
- Wasserstoff (H_2, < 2600 K, < 8 mm Blechdicke),
- Leuchtgas (< 2500 K, < 3 mm Blechdicke),
- Methan (CH_4, < 2300 K, < 7 mm Blechdicke),
- Propan (C_3H_8) $\Big\}$ < 3000 K, < 12 mm Blechdicke).
- Butan (C_4H_{10})

Acetylen kann am Schweißort entwickelt werden.

$$CaC_2 + 2H_2O = C_2H_2 + Ca(OH)_2$$

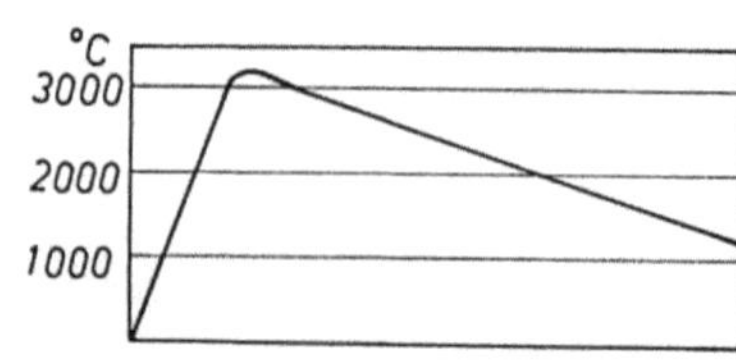

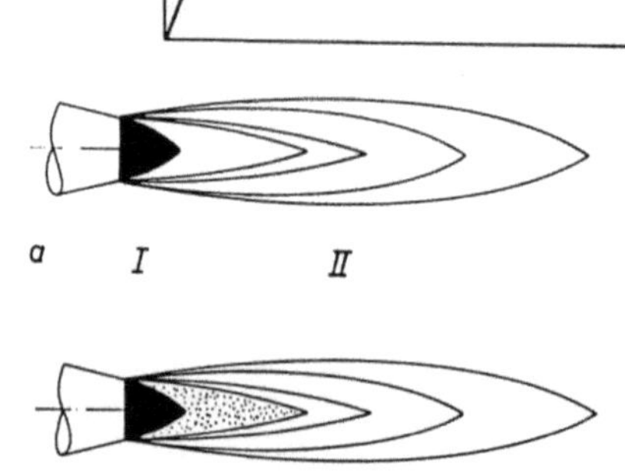

Bild 5.10

Flammkegel beim Gasschweißen in Abhängigkeit der Temperatur

a neutrale Flamme,
b karburierende Flamme

    I Flammenkern (unverbrannte Gase),
    II Flammenfeder (glühender Kohlenstoff),
    III Flammenmantel (restlose Verbrennung).

5.2.3.2 Lichtbogenschweißen

Beim *Lichtbogenschweißen* wird das Schweißbad durch Einwirkung eines elektrischen Lichtbogens erzeugt. Es ermöglicht das Verbinden von artgleichen Werkstoffen mit Stabelektroden. Der Lichtbogen hat Temperaturen von $5300 \dots 5800$ K zwischen Werkstück und der sich verbrauchenden Stabelektrode (Bild 5.11).

Nur unumhüllte Elektroden schützen das Schweißgut gegen die Atmosphäre.

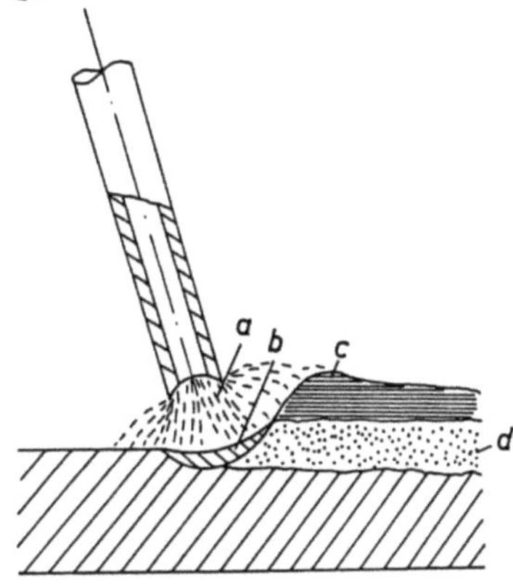

Bild 5.11
Lichtbogenschweißen mit umhüllter Elektrode.

a Lichtbogen,
b Schmelzbad,
c Schlacke,
d aufgeschmolzene Zone.

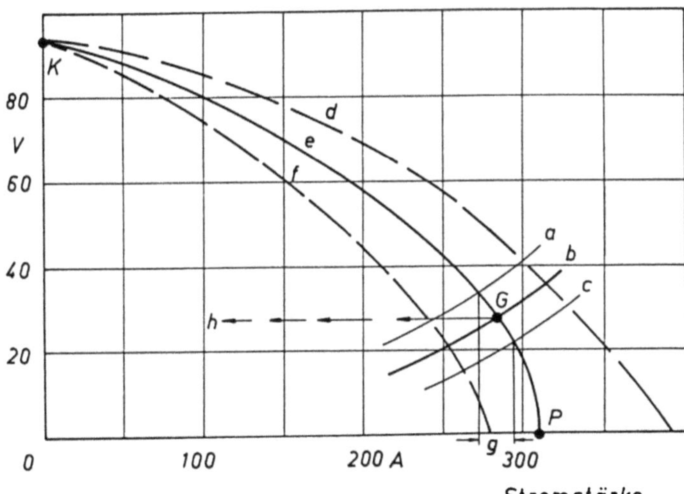

Bild 5.12 Strom-Spannungskennlinie einer Schweißstromquelle.
a Widerstandskennlinie (langer Lichtbogen),   b Widerstandskennlinie (Lichtbogen),   c Widerstandskennlinie (kurzer Lichtbogen),   d, f einstellbare Strom-Spannungskennlinien,   g Schweißstrom,
h Stromschwankungen durch Lichtbogenänderungen,   P Kurzschlußstrom,   G Arbeitspunkt,   K Leerlaufspannung.

Von der Umhüllung werden außerdem noch folgende Aufgaben übernommen:

- leichtes Zünden des Lichtbogens,
- Stabilisierung des Lichtbogens gegen Ionisierung der Luftsäule,
- Auflegieren des Schweißgutes,
- Abdecken der erkalteten Naht,
- Erhöhung der Abschmelzleistung,
- Veränderung der Schweißeigenschaften (Stromart, Polung, Nahtform ...).

Bild 5.12 zeigt die Stromspannungskennlinie, die beim Lichtbogenschweißen entsteht. Dabei bewegt sich der Schnittpunkt von Strom und Spannung auf einer Linie, der Strom-Spannungs-Kennlinie.

Stromquellen sind

  - Schweißumformer (Drehstromantrieb auf Gleichstromgenerator),
  - Schweißgleichrichter (Transformator vor Gleichrichter),
  - Schweißtransformatoren (Wechselstromtransformator).

Nach DIN 1913, 8555, 8556 sind die einzelnen Elektroden und Schweißzusatzwerkstoffe genormt.

In Bild 5.13 ist erläutert, was die Stabelektrode

E51 32B 12 160 DIN 1913 bedeutet.

E	51	32	B	12	160
Kurzzeichen: Lichtbogen-handschweißen	Zugfestigkeit 510 ... 650 N/mm^2 Streckgrenze < 300 N/mm^2	Kennziffer: Zähigkeit 24 % Dehnung 28 J/− 20 °C 47 J/ 0 °C	basisch umhüllt, mit nicht-basischen Anteilen	Klasse 12	Ausbringung

Bild 5.13 Bezeichnungsbeispiel für eine Stabelektrode: E 51 32 B 11 160 DIN 1913.

5.2.3.3 Schutzgasschweißen

Sämtliche Lichtbogen-Schweißverfahren, bei denen die Elektroden, der Lichtbogen und das Schweißbad durch ein zusätzlich zugeführtes Schutzgas gegen die Atmosphäre abgeschirmt sind, faßt man unter dem Begriff *Schutzgasschweißen* zusammen.

Das Schutzgas strömt mit geringem Überdruck aus der Brennerdüse und verdrängt die Luft an der Schweißstelle. Damit wird

  - die Temperatur an der Schweißstelle weniger abgesenkt,
  - keine Oxidation an der Schweißstelle stattfinden.

Je nach Art und Zusammensetzung des Schutzgases ergeben sich nach Bild 5.14 unterschiedliche Einbrennverhalten. Bild 5.15 zeigt schematisch den Aufbau einer Schutzgas-Schweißanlage. Die Schutzgase sind nach DIN 3226 genormt.

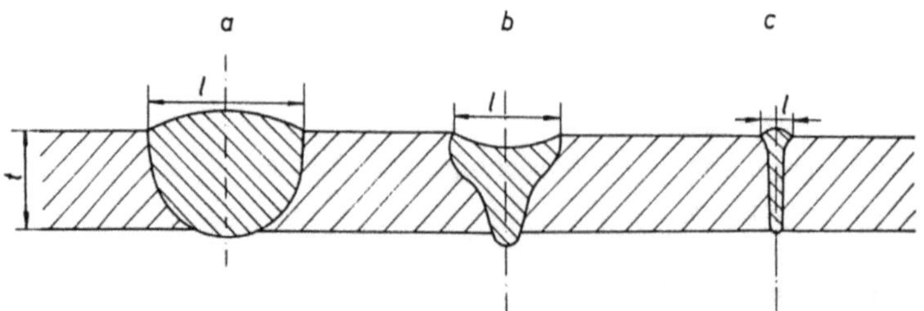

Bild 5.14 Verschiedene Schmelzzonenformen bei

a WIG $\left(\frac{t}{1} = \frac{1}{2} ... 1\right)$,   b Plasmaschweißen $\left(\frac{t}{1} = 1 ... 2\right)$,   c Elektronenstrahlschweißen $\left(\frac{t}{1} = 5 ... 25\right)$.

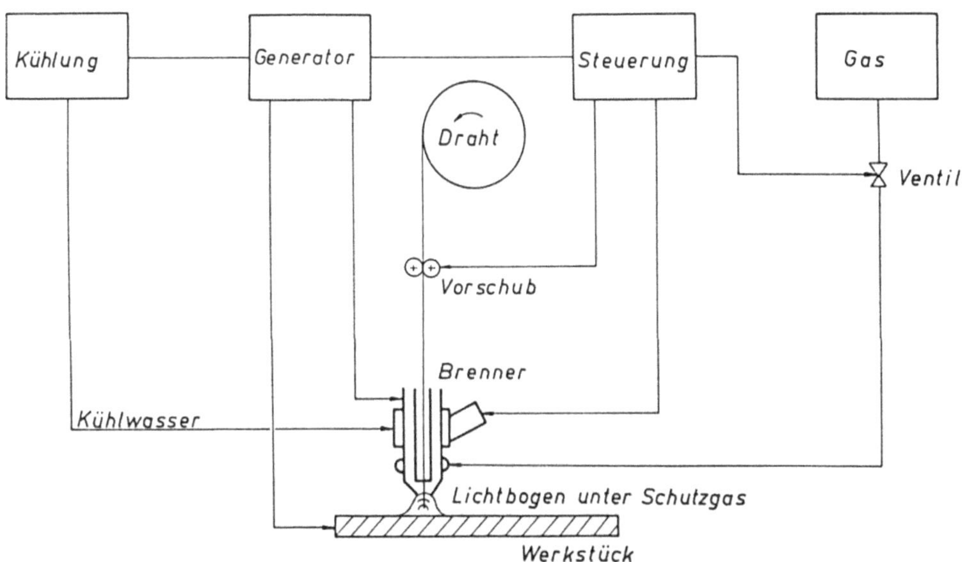

Bild 5.15 Schematischer Aufbau einer Schutzgas-Schweißanlage.

Verfahren	Schutzgas	Anwendung	Schweißzusatzwerkstoff
MIG	inertes (träges) Gas Argon, Helium, Gemisch	sehr variable Abschmelz-leistung	stromführende, nackte Draht- oder Bandelektrode
MAG	aktives Gas, CO_2, Mischgas	unlegierte, niedriglegierte Stähle	stromführende, nackte Draht- oder Bandelektrode
WIG	inertes Gas, Argon, Helium	alle schweißgeeigneten Metalle, keine Reaktion zwischen Schutzgas und Schmelzbad	stromlos als nackter Stab zugeführt

Bild 5.16 Verschiedene Schutzgas-Schweißverfahren.

In Bild 5.16 ist eine Zusammenstellung der wichtigsten Schutzgasschweißverfahren versucht.

Je nach Art des Lichtbogens wird noch unterteilt in

Lichtbogen	Kennzeichen
Sprühlichtbogen	S
Kurzlichtbogen	K
Impulslichtbogen	P
Langlichtbogen	l

Bild 5.17 zeigt die verschieden großen Einbrennzonen bei unterschiedlichen Schmelzschweißverfahren.

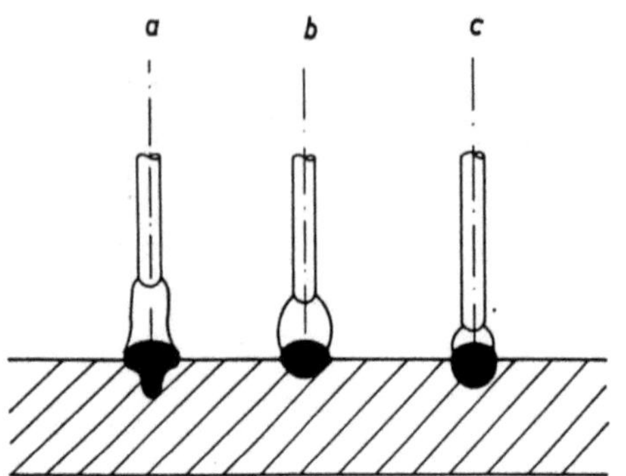

Bild 5.17
Charakteristisches Raupenbild und Einbrennverhalten bei verschiedenen Schutzgasen:

a Mischgas 90 % Argon, 5 % CO_2,
b Mischgas 82 % Argon, 14 % CO_2, 4 % O_2,
c CO_2 [5/3].

5.2.4 Geschweißte Stahlrohre

Ihre technologische Spitzenanwendung findet bei der Schweißtechnik in der Herstellung geschweißter Stahlrohre nach dem „Kontiprinzip" statt. Neben den nahtlos hergestellten Stahlrohren weisen die geschweißten in aller Regel *keinen* Qualitätsnachteil auf. Nach [5/1] sind sie bis zu einer Wanddicke von 4 mm sogar in der Herstellung billiger als ihre nahtlos hergestellten Konkurrenten. Trotzdem sind für verschiedene Industriebereiche nahtlose Stahlrohre Norm. Je nach Rohrdurchmesser werden unterschiedliche Verfahren bei der Herstellung geschweißter Rohre angewandt:

Rohrdurchmesser	Verfahren
500 ... 1500 mm	Vorbiegen Blechlängskanten, Vorformen in U-Presse, Fertigformen in O-Presse, Längsnahtschweißung (Warmpreßschweißen).
150 ... 1500 mm	Spiralrohrverfahren, Unterpulverschweißung.
5 ... 600 mm	Endlosband, Einrollwalzwerk, Lichtbogenschweißung.

Statt einer Lichtbogenschweißung ist auch Induktions-, Hochfrequenz- oder Stumpfschweißen möglich (Bild 5.18). Bekannt ist die Herstellung stumpfgeschweißter Rohre mit Durchmessern bis 60 mm nach dem Fretz-Moon-Verfahren (Bild 5.19). Dabei werden die umgewalzten Rohrenden nach Erwärmung stumpfgeschweißt. Danach wird das Rohr zersägt und in einem Streckreduzierwalzwerk auf Maß gebracht.

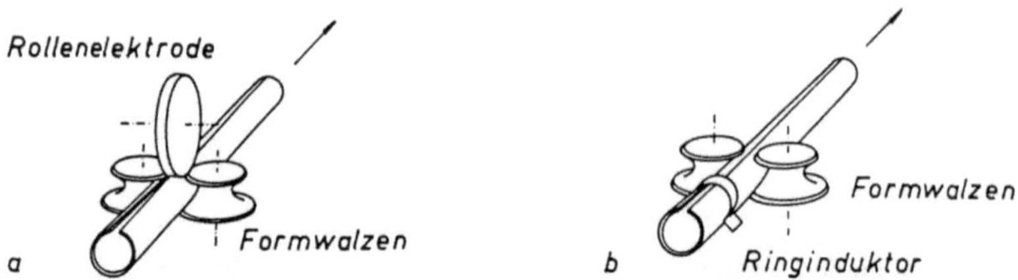

Bild 5.18 Stumpfschweißen a und Induktionsschweißen b.

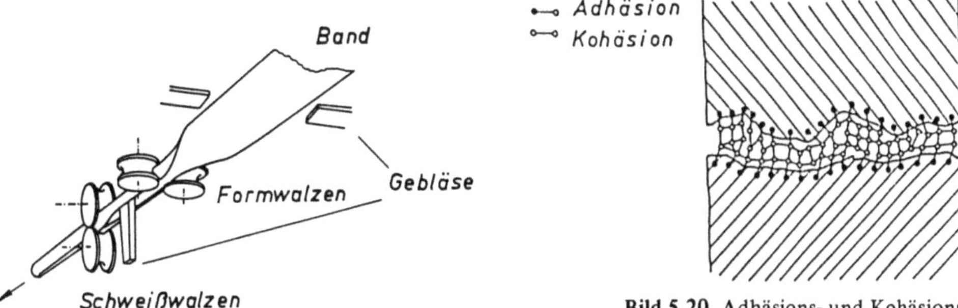

Bild 5.19 Schweißen nach Fretz-Moon.

Bild 5.20 Adhäsions- und Kohäsionskräfte an der Klebestelle.

5.3 Kleben

Kleben ist das Verbinden von unterschiedlichen Werkstoffen durch Oberflächenhaftung mittels geeigneter Klebstoffe. Das Kleben gehört zusammen mit dem

- Löten,
- Schweißen,
- Nieten

zu den unlösbaren Verbindungen.

Die Vorteile gegenüber diesen anderen Verbindungen sind

- keine nennenswerte Erwärmung,
- kein Auftreten von Spannungsspitzen,
- Verbinden von unterschiedlichen Werkstoffen und -gefügen,
- Verbindung ist isolierend, schall- und schwingungsdämpfend.

Nachteilig ist

- geringe Belastung,
- Vor- und Nachbehandlung der Klebeschicht,
- geringe Temperaturfestigkeit,
- Kriechverhalten bei Dauerbelastung,
- Korrosionsanfälligkeit der Klebestelle [5/6].

Die physikalische Grundlage des Klebens beruht auf der Adhäsionskraft zwischen Klebstoff und geklebtem Werkstoff sowie der Kohäsionskräfte innerhalb des Klebstoffs (Bild 5.20).

Die Größe der Adhäsionskräfte ist abhängig vom

- Werkstückwerkstoff,
- Oberflächenrauheit der Klebeflächen,
- Klebstoff.

Dabei läuft das Verfahren nach folgenden Punkten ab:

- Vorbereiten des Haftgrundes,
- Vorbereiten des Klebstoffes,
- Auftragen des Klebstoffes,
- Ablüften des Lösungsmittels,
- Fügen der Werkstoffteile,
- Abbinden der Klebschicht durch Druck, Temperatur.

Das Vorbereiten des Haftgrundes geschieht durch

- Reinigen,
- Beizen,
- Aufrauhen der Werkstoffteile.

Der Einsatz von Klebeverbindungen erfolgt meist im Leichtbau (Flugzeug-, Automobil- und Schiffsbau). Bei der konstruktiven Auslegung der Bauteile (Bild 5.21) muß der Spannungsverlauf beachtet werden. Es sind Zugscherfestigkeiten von $\tau_z < 10\,\mathrm{N/mm^2}$ ($\sim 200\,^\circ$C)

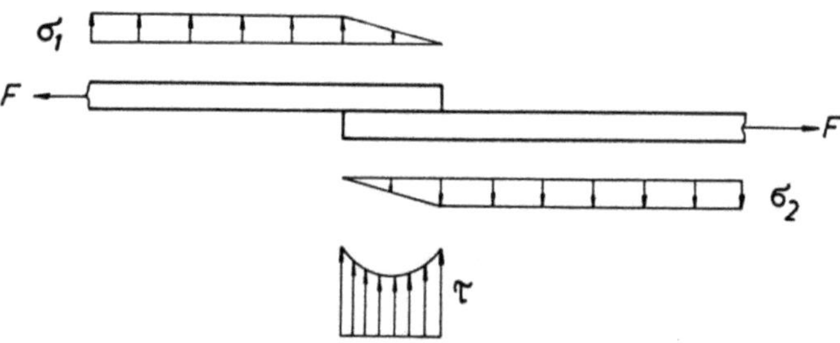

Bild 5.21 Normal- und Scherspannungsverlauf an der Klebestelle [5/5].

Klebstoffart	Beispiel	Abbinden (kalt, warm)	Anzahl der Komponenten	Bemerkung
Reaktions- klebstoff	Silikonharz	chemisch k	1	Polymerisations- Polyadditions- Polykondensations- } Klebstoff — niedrig molekulare Verbindungen gehen nach Abbinden in hochmolekulare Polymere über.
Leim	Stärke, Dextrin	physikalisch k	1	Lösungsmittel: Wasser, Grundsubstanz, organisch
Lösungsmittel-, Dispersions- klebstoff	Naturkautschuk	k	1	Abbinden durch Verdunsten des Lösungs- oder Dispersionsmittels
Kontakt- klebstoff	Polyuretan	k	1	gelöster Kautschuk, Abbinden durch Lüften unter kurzem Druck
Haftklebstoff	Polyvinyläther	k	1	
Plastisolkleb- stoff	Polyvinyl- chloridpulver mit Weich- macher und reaktivem Haft- vermittler	w	1	Auftragen im teigigen Zustand (150 °C) Zusammensetzung von PVC in Dispersion
Schmelz- klebstoff	Polyester	w	1	Auftragen im geschmolzenen Zustand (150 °C). Vor Erstarren Härterzusatz.

Bild 5.22 Klebstoffe und ihre Eigenschaften [5/5].

bei Polykondensationsreaktionsklebstoffen bis $\tau_z < 55$ N/mm^2 bei Epoxidreaktionskleb-
stoffen möglich. Festigkeit und Überlappverhältnis stehen in Beziehung mit

$$\boxed{L_{\ddot{u}_{opt}} = 0{,}1 \cdot R_{p\,0,2} \cdot s} \quad [5/5]$$

$L_{\ddot{u}_{opt}}$ optimale Überlappungslänge der Bauteile, mm

$R_{p\,0,2}$ Streckgrenze, N/mm^2

s Dicke der Bauteile, mm

Erfahrungsgemäß liegen günstige Längen bei

$$l \sim 10 \dots 20 \cdot s.$$

Dabei sind die Klebeschichten etwa zwischen 0,05 ... 0,1 mm dick. Bild 5.22 zeigt in einer Tabelle die verschiedenartigen Klebstoffe, ihr Abbinden, die Anzahl ihrer Komponenten sowie ihre Anwendung.

6 Beschichten

6.1 Behandlung vor dem Beschichten

Die Vorbehandlung besteht darin, daß zunächst entsprechend niedrige Oberflächenrauhigkeiten erreicht werden ($R_t < 5$ μm). Die zur Verfügung stehenden Verfahren sind

- Spanen mit nicht definierter Schneide, z.B.
    - Schleifen,
    - Polieren,
    - Läppen,
    - Honen,
- Abtragen, z.B.
    - elektrolytisches Schleifen,
    - elektrolytisches Läppen
- Reinigen
    - mechanisch
        - trocken
        - naß
    - chemisch
        - entfetten
        - beizen.

Bild 6.1 zeigt die Oberflächenrauhigkeit bei unterschiedlichen Oberflächenbehandlungen.

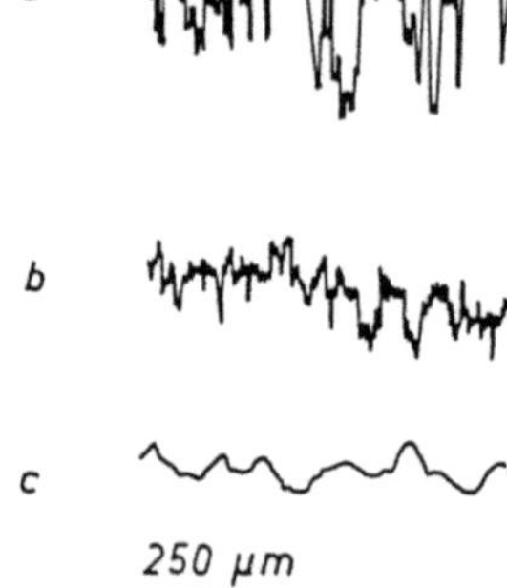

Bild 6.1 Verschiedene Oberflächenbehandlungen mit Rauhigkeitswerten [6/1]:

a geschliffen (Korn 80),
b geschliffen (Korn 120),
c elektrolytisch geläppt.

6.1.1 Oberflächenreinigung

Zur *Oberflächenreinigung* dienen

- mechanische,
- thermische und
- chemische Reinigungsverfahren.

Die Oberflächenreinheit kann unterteilt werden in:

Reinigungsgrad (Entrostungsgrad)	Definition der Oberfläche	Anwendung
1	vorhandene Poren schwarz, Inseln von alten Anstrichen dürfen bestehen bleiben	Öl-, Bitumen-, Teeranstrich
2	metallisch reine Oberfläche, Poren schwarz	Harz-, Kunstharz-, Kautschukanstrich
3	metallisch blanke Oberfläche, ohne Verunreinigungen und Oxide	galvanische Metallabscheidungsverfahren

Die *mechanische Grobreinigung* umfaßt die Reinigung mit

- mechanischen Reinigungsgeräten, z.B.
  Rostschaber,
  Scheibenschlagaggregat,
  Rostfräser
- Strahlgeräten, z.B. mit
  natürlichen Strahlmittel oder
  SiO_2, Al_2O_3, B_4C
  metallischem Strahlmittel
  Fe

(siehe Entzunderung, Kapitel 1).

Die sich ergebenden Bearbeitungsmöglichkeiten in Abhängigkeit der Stahldrahtkorngrößen sind ersichtlich in

Arbeit	Werkstück	Korngröße mm
Gußputzen	Grauguß $\sim 1\,700$ N/mm^2	$\sim 1,1$
Entrosten	Halbzeug $\sim 1\,700$ N/mm^2	$\sim 0,8$
Oberflächenaufrauhen	Metallspritzen	$\sim 0,6$
Oberflächenverfestigung	Blattfeder $\sim 2\,100$ N/mm^2	$\sim 0,5$

Bei der *thermischen Grobreinigung* unterscheidet man:

- Flammstrahlen (3600 K, $\sim$ 3 m/min, z.B. flammen und bürsten,
- Schutzflammen, bestreichen, flammen, evtl. bürsten,
- Abschrecken (warmer Bleche und Brammen mit kaltem ca. 100 bar Wasser).

Bei der *thermischen Grobreinigung* unterscheidet man:

- Flammstrahlen (3500 K, $\sim$ 3 m/min, z.B. flammen und bürsten,
- Schutzflammen, bestreichen, flammen, evtl. bürsten,
- Abschrecken (warmer Bleche und Brammen mit kaltem ca. 100 bar Wasser).

Neben der chemischen Reduktion wirkt bei der thermischen Grobreinigung ein mechanischer Effekt mit. Er beruht auf dem Unterschied zwischen den thermischen Ausdehnungskoeffizienten des Zunders und des Grundmaterials.

Die *chemische Grobreinigung* kennt die Verfahren

- Beizen, Brennen
- elektrolytische Entzunderung
- Abwittern.

Eisen und Stahl werden vorwiegend durch Schwefelsäure gebeizt. FeO löst sich doppelt so schnell wie Fe_2O_3 und Fe_3O_4 in dem Zehntel der Zeit. Die Beize wird unbrauchbar, wenn der Eisengehalt größer wird als 80 g/l. Man unterscheidet folgende Beizverfahren:

Beizen
  Entfernen von Überzügen
    Reinigen
    Dekapieren

Auftragen von Überzügen
  Oxidieren
  Färben
Oberflächenverändern
  Aufrauhen
  Mattieren
  Glänzen.

Es gelten folgende Bedingungen für das Beizen verschiedener Metalle:

Arbeit	Werkstückwerkstoff	Beizmittel (Beizzeit)	Beiztemperatur	Beizkonsistenz
Beizen	Eisen	H_2SO_4	< 90 °C	15 … 25 %
Vorbrennen		H_2SO_4	< 60 °C	5 … 20 %
Beizen	Aluminium	NaOH (5 min)	< 45 °C	10 … 15 %
Blankbeizen	Zink	HCl	20 °C	5 … 10 %
Blankbeizen	Magnesium	HNO_3 (10 s)	20 °C	10 %

Bei der elektrolytischen Entzunderung werden vorwiegend alkalisch-cyanidische Bäder eingesetzt, da sie das Grundmetall nicht angreifen. Es wird bei ca. 30 °C sowie Stromdichten von 20 A/dm² und 15 V gearbeitet (Bild 6.2).

Abwittern wird bei der Entzunderung von Schiffsblechen angewandt, indem man diese einige Monate der Seeluft aussetzt.

Unter *Feinreinigung* wird das Entfernen von Verunreinigungen wie

  − Öl,
  − Fett,
  − Schmiermittel,
  − Poliermittel sowie
  − Staub

verstanden.

Man unterscheidet:

  − organische Reinigungsmittel, z.B.
      Trichloräthylen,
      Perchloräthylen,
      Emulsionsentfettung
  − anorganische Reinigungsmittel, z.B.
      Verseifen
      Peptisieren, (Verhindern von Flockung)
      Emulgieren (Verhindern von Wiederzusammenlagern von Fetteilchen im Wasser)
  − alkalische Lösungen z.B.
      elektrolytische Entfettung (Bild 000)
      Ultraschallreinigung (50 … 70 °C Trichloräthylen − H_2O Lösung
                20 … 40 kHz magnetostriktive oder piezoelektrische Schwinger).

	Werkstoff	Entfettungslösung	Temp. °C	Behandlungs-dauer min.	Strom-dichte A/dm²	Spannung V
Tauchbad	Stahl (stark verschmutzt)	Trinatriumphosphat 35 % Natriumpyrophosphat 5 % Natriummetasilikat 50 % Natriumhydroxid 8 % Netzmittel 2 %	85 … 90	5 … 10	—	—
	NE-Metalle	Natriummetasilikat 30 g/l Trinatriumphosphat 30 g/l Netzmittel 1,6 g/l	75 … 85	5	—	—
Elektrolytische Entfettung	aller Metalle	Natriumcarbonat 20 g/l Trinatriumphosphat 5 g/l Alkalosilikat 15 g/l Netzmittel 0,1 g/l	20 … 25	0,5 … 1,5	3 … 5	6 … 8
	Cu + MS	Trinatriumphosphat 275 g/l Natriummetasilikat 45 g/l Natriumcyanid 30 g/l	20	0,5 … 1,5	3	6 … 12
	Zinkspritz-guß	Trinatriumphosphat 45 g/l Natriumhydroxid 30 g/l Natriumcyanid 30 g/l	25 … 30	0,5	5 … 8	6 … 12
	Magnesium	Trinatriumphosphat 25 g/l Natriumcarbonat 25 g/l	95	—	1 … 2	—

Bild 6.2 Alkalische Entfettungslösungen [6/1].

6.2 Oberflächenbeschichtungen

Man kann die Beschichtung unterscheiden in

- metallische Schichten
    - mechanische Metallauftragverfahren
    - Diffusions- und Vakuumabscheideverfahren
    - Galvanische Schichten
    - Elektrophorese
- nichtmetallische Schichten
    - anorganische Beschichtungen
        - chemisch erzeugte Schutzschichten
        - thermisch erzeugte Schutzschichten
    - organische Beschichtung
        - Anstrichmittelüberzüge
        - Kunststoffüberzüge

6.2.0 Galvanische Schichten

Unter galvanischen Schichten versteht man Metallauftragverfahren durch elektrolytische Abscheidung (s. Kapitel 4).

Man unterscheidet

- verkupfern,
- vernickeln,
- verchromen,
- verzinken,
- vercadmen,
- versilbern,
- galvanisieren von Kunststoffen.

Beim Bilden einer Oxidschicht an der Anode spricht man von *Passivieren*. Diese unerwünschte Erscheinung kann in einem Säurebad rückgängig gemacht werden.

Die Schichtdicke bei der elektrolytischen Abscheidung hängt ab von

- Stromstärke,
- Galvanisierungszeit,
- Art des Elektrolyts,
- Konzentration,
- Wirkungsgrad des Galvanisierprozesses,
- Anodenform, usw.

Es ist

$$m = C \cdot I \cdot t \cdot a$$

m abgeschiedene Menge, g
C Stoffkonstante, $\dfrac{g}{As}$
I Stromstärke, A
t Galvanisierungsdauer, s
a Stromausbeute

oder

$$m = A \cdot h \cdot \ell \cdot 10^{-4}$$

A beschichtete Oberfläche, cm^2
h Schichtdicke, μm
ℓ Dichte des Schichtmetalles, $\dfrac{g}{cm^3}$

Metall/ Verfahren	$C \cdot 10^{-3}\ \frac{g}{As}$	$\varrho\ \frac{g}{cm^3}$	a	kathodische Stromdichte A/dm^2	Badspannung V	Badtemp. °C
Chrom/Hart- verchromen	0,09	5,2	0,13...0,22	20 ... 80	3 ... 12	50 ... 55
Kupfer/Ver- kupfern	0,658	8,9	0,5 ...1,0	1 ... 6	1 ... 12	20 ... 75
Nickel/ Vernickel	0,304	8,5	0,95...0,98	1 ... 8	6 ... 12	50 ... 70
Zink/Verzinken	0,339	7,14	0,65...0,85	1 ... 7	1 ... 12	18 ... 30
Zinn (sauer)/ Verzinnen	0,615	7,28	~ 1	1 ... 5	1 ... 6	15 ... 25

Beim Galvanisieren werden wäßrige Lösungen von Salzen desjenigen Metalls verwendet, mit dem Werkstücke (*Ware*) beschichtet werden sollen, z.B. Chromsäure beim Verchromen. Die positiven Metallionen wandern zur negativen Elektrode (Kathode) in Gestalt des Werkstückes. Nachdem sie sich dort niedergeschlagen haben, werden die Ionen durch Aufnahme von Elektronen neutralisiert, wobei sich allmählich eine Metallschicht aufbaut. Die negativen Säurerest-Ionen wandern zur positiven Anode, wo sie ihre negative Ladung abgeben (Elektronen) und mit dem Metall der Anode neue Salze bilden. Deshalb ist die Anode meist aus demselben Metall, mit dem beschichtet wird, weil dadurch die Konzentration des Elektrolyten (Metallsalzgehalt) erhalten bleibt.

Metallische Überzüge als Korrosionsschutz unterliegen den elektrochemischen Gesetzen, wobei der Überzugswerkstoff sorgfältig auf den Werkstoff des zu überziehenden Bauteils abgestimmt werden muß.

Zwei Metalle bilden in Anwesenheit eines Elektrolyten (z.B. natürliche Luftfeuchtigkeit) eine Spannungsquelle, die kurzgeschlossen ist (Bild 6.3). Diese Spannungsquellen heißen Lokalelemente. Bei einem solchen elektrochemischen Prozeß wird dasjenige Metall mit dem niedrigeren Potential zersetzt, wobei sich die Korrosionsgeschwindigkeit sowohl nach der Konzentration des Elektrolyten, als auch nach der Höhe der Spannungsdifferenz zwischen beiden Metallen richtet (Bild 6.4).

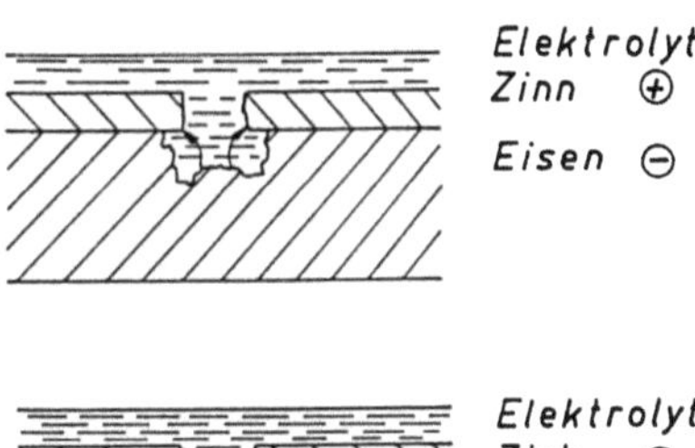

Bild 6.3
Ursache der Korrosion bei Metallüberzügen [3/49].

Metall	Spannung, mV	Zersetzung
Zink	− 823	
Cadmium	− 574	
Stahl (1,26 % C)	− 377	
Zinn	− 175	
Aluminium (Al 99,5)	− 169	
Nickel	+ 118	
Kupfer	+ 140	
Titan	+ 181	
Silber	+ 194	
Gold	+ 306	

Bild 6.4 Spannungsreihe wichtiger Metalle gegenüber Wasser mit pH 6.

6.2.1 Metallische Schichten

Oberflächenverfahren (Norm)	Vorgang	Verfahrensbeispiel
Mechanische Metallauftragverfahren (Eisen) DIN 1548, 1706, 2444, 20578, 50930, 50931, 50950, 50952, 50975, 51213, 8565, 8566, 8567, 50902	*Metallschmelztauchverfahren* dienen dazu, Metalle mit niedrigem Schmelzpunkt (700 K) aufzubringen.	Feuerverzinken, Feuerverzinnen, Feuerverbleien.
	Metallspritzverfahren erschmelzen induktiv oder durch Lichtbogen draht- oder pulverförmiges Auftragsgut, das dann mittels Trägergas auf die Oberfläche geschleudert wird.	Flammspritzen, Pulverspritzen, Lichtbogenspritzen, Plasmaspritzen.
	Palettieren ermöglicht die Herstellung von Verbundwerkstoffen mit veredelten Oberflächen.	Walzpalettieren, Sprengpalettieren.
Diffusions- und Vakuumabscheidverfahren (Eisen), DIN 8565 8566, 8567, 50902	*Diffusionsverfahren* werden bei Metallen angewandt, die miteinander Mischkristalle bilden können.	Sheradisieren, Chromieren, Alitieren.
	Vakuumabscheidung läßt sich an fast allen festen Substanzen durchführen.	Vakuumbedampfung, Kathodenzerstäubung. (s. Kapitel 4)
Galvanisieren div. Metalle oder Kunststoffe	*Galvanische Schichten* entstehen durch elektrolytische Abscheidung	passivieren, verkupfern, vernickeln, verchromen, verzinken, vercadmen, versilbern, galvanisieren von Kunststoffen.
Sonderverfahren	*Elektrophorese* benutzt statische Elektrizität, um flüssige oder pulverförmige Schichten auszurichten.	Elektrophorese

6.2.1.1 Feuerverzinken

Feuerverzinken bietet guten Korrosionsschutz. Metalle mit relativ niedrigem Schmelzpunkt werden durch Metallschmelztauchverfahren aufgebracht. Beim Zink liegt der Schmelzpunkt bei 700 K.

Das zur Feuerverzinkung bestimmte Teil wird durch Beizen und Strahlen vorbehandelt, so daß eine metallisch reine Oberfläche entsteht. Danach wird gespült und die Metalloberfläche mit einer wäßrigen Zinkchloridlösung gegen Rost konserviert.

Man unterscheidet

- Naßverzinkung und
- Trockenverzinkung.

Bei der *Naßverzinkung* liegt die Flußmittelschmelze auf dem Zinkbad. Die Teile werden naß und vorgewärmt eingebracht und beim Durchgang durch die Flußmittelbedeckung verdampft die anhaftende Feuchtigkeit und bewahrt damit gleichzeitig die Wirksamkeit des Flußmittels.

Beim *Trockenverzinken* werden die Teile in Flußmittel (30 % Zinkchlorid, ~ 4 % Ammoniumchlorid) getaucht oder die Lösungen werden aufgespritzt. Die üblichen Zinkauflagen hängen von der Tauchzeit und dem behandelten Werkstückwerkstoff ab:

Werkstückwerkstoff	Auflage (g/m²)	Schichtdicke (μm)	Tauchzeit (min.)
Feinblech (einseitig), St 37	200	50	3
Rohre St 37	400	70	3
St 52	900	120	4

Zur Verzinkung können einzelne Gegenstände gebracht werden oder es erfolgt eine Durchlaufverzinkung für Band- und Stabmaterial.

Beim *Sendzimir-Verfahren* durchläuft das kaltgewalzte, ungeglühte Band zunächst eine Oxidationszone von 700 K. Danach kommt eine Zone gecrackt Ammoniakatmosphäre von 1250 K, in der das Band geglüht und die Oxide reduziert werden. In der daran anschließenden Abkühlzone wird die Bandtemperatur erniedrigt, so daß das Band mit einer Temperatur von ca. 800 K in das Zinkbad eintaucht.

Durch das Oxidieren und das anschließende Reduzieren wird eine gut haftende Reineisenoberfläche für das Verzinken geschaffen.

Bei der Fertigteilverzinkung muß von der Konstruktion her darauf geachtet werden, daß Beizsäure und Zink überall hin zu- und abfließen können. Bild 6.5 zeigt die Zinkphasen bei Raumtemperatur.

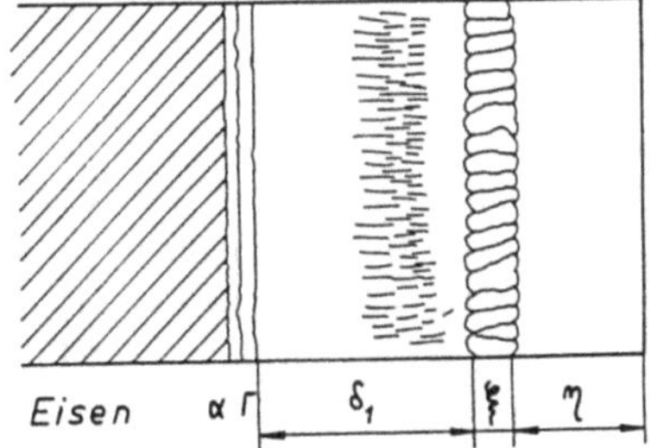

Bild 6.5

Einzelne Schichten beim Feuerverzinken. Dabei bilden sich in ξ Hartzink, das leicht abbricht.

α: ~ 94 % Fe, 6 % Zn,

Γ: ~ 25 % Fe, 75 % Zn,

δ_1: < 11 % Fe, 89 % Zn,

ξ: < 6 % Fe, 94 % Zn,

η: 0,08 % Fe, 99,92 % Zn.

6.2.1.2 Plasmaspritzen

Beim *Plasmaspritzen* wird zwischen zwei Elektroden ein Lichtbogen erzeugt. Die Elektroden bestehen aus thoriertem Wolfram und wassergekühltem Kupfer. Dabei werden unter Temperaturen von über 20000 K der zu verarbeitende Stoff geschmolzen und zu einem Plasma verarbeitet. D.h., in diesem Aggregatszustand befinden sich positive und negative Ladungsträger und das Plasma ist nach außen neutral. Der Wolframelektrode wird ein Gas (Argon, Stickstoff) zugeführt und erhitzt. Danach wird das Spritzgut pulverförmig über ein Trägergas diesem Plasmabogen zugeführt, erhitzt und über einen Spritzpistolenzusatz verspritzt Bild 6.6.

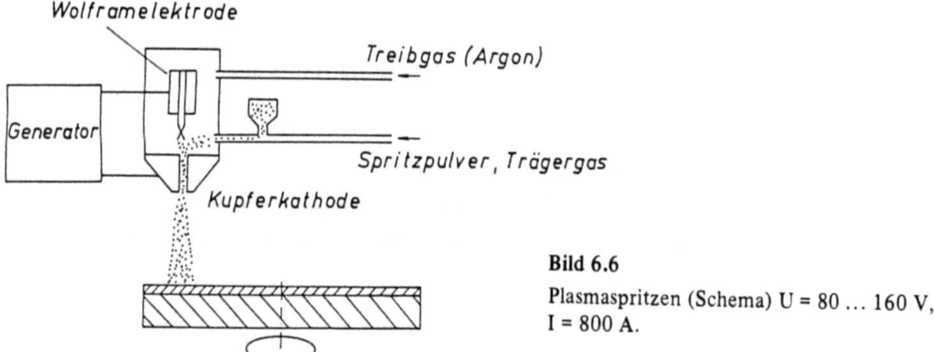

Bild 6.6

Plasmaspritzen (Schema) U = 80 ... 160 V, I = 800 A.

Durch Plasmaspritzen können Stoffe mit hohen Schmelztemperaturen wie Wolfram, Molybdän oder keramische Massen (nichtmetallische anorganische Schichten) verarbeitet werden. Vor dem Spritzen erfolgt eine Grob- bzw. Feinreinigung und ein Aufrauhen der Werkstückoberfläche zum besseren Haften.

Spritzschichten können

- thermisch (legieren durch Diffusion mit dem Grundwerkstoff oder glühen in Schutzgas),
- mechanisch (walzen, drücken, schmieden, strahlen),
- chemisch (Oberflächenveränderung durch Verschließen der Form)

nachbehandelt werden.

Dabei können diese Spritzschichten bis zu 0,2 mm erreichen. Anwendung erfolgt sowohl als Korrosionsschutzschicht als auch als Auftragsschutzschicht.

6.2.1.3 Chromieren

Wenn Elemente miteinander Mischkristalle bilden können, diffundieren sie ineinander. Anwendung findet diese Technologie beim Einsatzhärten bzw. zur Herstellung von Korrosionsschutzschichten.

Die zu chromierenden Teile z.B. Schrauben, werden in eine inerte (kaum reagierende) keramische Masse und einen Chromlieferanten gepackt. Bei Temperaturen von 1 400 K entsteht z.B. Chromhalogenid. Über die Gasphase gelangen Halogenidmoleküle allseitig an die Oberfläche, dissoziieren dort und geben Chromatome zur Eindiffusion in die Metalloberfläche frei. Dabei nimmt die Chromkonzentration entsprechend einer e-Funktion von der Oberfläche ins Innere schnell ab.

6.2.1.4 Verchromen

Man unterscheidet

- dekorative Verchromung und
- Hartverchromung.

Die Bedeutung des Verchromens liegt in

- glänzender Oberfläche,
- Oxidüberzug als Korrosionspassivschicht,
- große Härte,
- geringer Abrieb,
- hohe Verschleißfestigkeit.

Anwendung findet die Hartverchromung z.B. an:

- Zylinderflächen,
- Kolbenringen,
- Führungsleistungen von Werkzeugmaschinen,
- Gleitlagerflächen usw.

Zur Vorbehandlung werden die Werkstücke

- poliert,
- entfettet,
- aufgerauht.

Als Elektrolyt dient eine Chromsäurelösung. Das Niederschlagsmetall wird diesem Elektrolyt entnommen. Stromausbeute, Mikro- und Makrostreufähigkeit der Verchromungsbäder sind schlecht. Dabei bilden sich an den Elektroden zunächst Wasserstoff und Sauerstoff (Stromausbeute), bevor es zur Chromabscheidung (s_{min} = 2,5 A/dm^2) kommt.

Streufähigkeit bedeutet eine Anpassung der Chromschicht an die Oberflächenrauhigkeit.

Konzentrierte Schwefelsäure-Chrombäder enthalten

$$400 \text{ g}/l \text{ CrO}_3, 4 \text{ g}/l \text{ H}_2\text{SO}_4 \text{ sowie Cr}_2\text{O}_3.$$

Eine wünschenswerte Chromabscheidung erfordert neben der Chromsäure (CrO_3) noch katalytische Fremdsäuren und dreiwertiges Chrom. Im Verlauf der Elektrolyse bildet sich an der Kathode (Werkstückoberfläche) dreiwertiges Chrom, das an der Anode wieder zu sechswertigem Chrom oxidiert wird. Als Fremdsäuren eignen sich

$$\text{SO}_4^{--}, \text{F}^-, \text{SiF}_6^{--} \text{ usw.}$$

Als Nachbehandlung werden hartverchromte Teile

- gespült,
- geschliffen,
- poliert.

Neben Stromdichte, Badtemperatur, Lösungskonzentration usw. hat die Ausbildung der Anode (Bild 6.7) den größten Einfluß auf die Chromverteilung und Schichtdicke beim Hartverchromen. Daher muß der Anodengestaltung große Bedeutung beigemessen werden. Der Anodenwerkstoff ist z.B. Blei mit 0,2 % Tellur. Die Behälter sind aus Stahl, der mit Kunststoff beschichtet ist. Badheizungen bestehen aus Blei- oder Titanheizschlangen (verlängerte Lebensdauer). Die durch Sauerstoff- und Wasserstoffgase mitgerissenen

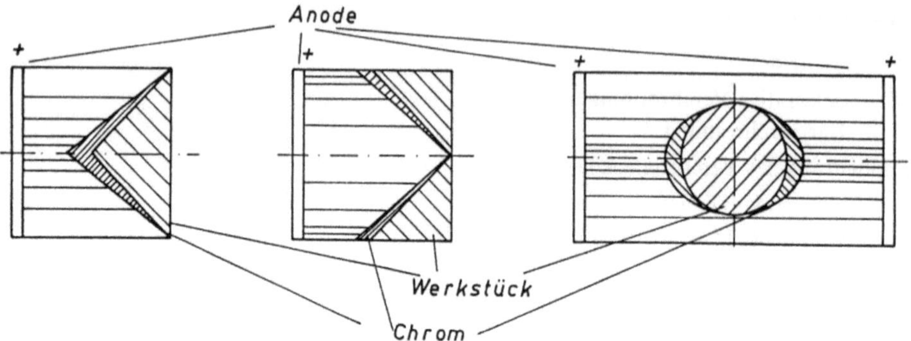

Bild 6.7 Auswirkung der Verchromung anorganischer Überzüge.

Chromsäuretropfen müssen durch Absaugvorrichtungen daran gehindert werden, in die Außenluft einzutreten. Dabei wird in der Regel mit Absauggeschwindigkeiten unter 10 m/s gearbeitet.

6.2.1.5 Kunststoffgalvanisierung

Kunststoffe aus den Industriebereichen

- Automobilindustrie (Zierleisten),
- Schmuckwarenindustrie

werden zur Oberflächenveredelung gerne galvanisiert. Dabei gibt es leitende Kunststoffe (Graphitanteil).

Bei der *ABS-Galvanisierung* finden folgende Arbeitsgänge statt: (Acrynitril-Butadien-Styrol-Propfpolymerisat)

1. Durchlauf
   - *Entfetten*: schwach alkalisch, 40 ... 50°, 2 ... 5 min
   - Spülen: 20 °C, 1 min.
   - Neutralisieren: H_2SO_4 10 %, 20 °C, 5 min
   - *Aufrauhen*: H_2SO_4, CrO_3, H_3PO_4, H_2O, $K_2Cr_2O_7$ (Beizen)
     pH 1, 65 °C, ~ 15 min
   - Spülen: 20 °C, 0,5 min
   - Bisulfitentgiften: 20 °C, 1 min
   - Spülen: 20 °C, 1 min
   - Neutralisieren: HCl 5 %, 20 °C, 2 min.
   - *Sensibilisieren:* Zu Cl_2 10 g/l, HCl 10 ml/l (Aktivieren)
     20 °C, ~ 1,5 min
   - Spülen: 20 °C, 1 min
   - Aktivieren: A CI 6 g/l, NH_4OH 15 g/l, 20 °C, 3 min
   - Neutralisieren: NH_4OH, 20 °C, 0,5 min
   - Spülen: 20 °C, 1 min.
   - *Chemisches Verkupfern*: (leitend machen) $KNaC_4H_4O_6$, 4 H_2O, NaOH, $CuSO_4$,
     Na_2CO_3, H_2CO

- Spülen: 20 °C, 1 min.
- Warmspülen: 60 °C, 0,5 min
- Trocknen: 50 °C, ~ 7 min.

2. Durchlauf
- *Dekopieren*: H_2SO_4 10 %, 20 °C, 0,5 min.
- Spülen: 20 °C, 0,5 min.
- Vorverkupfern (sauer): 20 °C, 3 min
- Glanzverkupfern: 20 °C, ~ 1 min
- *Elektrolytische Entfettung*
- Spülen: 20 °C, 1 min.
- Säure Dekapieren: H_2SO_4 5 %, 20 °C, 1 min.
- Spülen: 20 °C, 1 min.
- Vernickeln (Hochglanzbad)
- Spülen: 20 °C, 1 min.
- *Verchromen*
- Spülen: 20 °C, 1 min.
- Warmspülen: 60 °C, 0,5 min
- Trocknen: 50 °C, ~ 7 min.

Die alkalische Reinigung entfernt Fette, Fingerabdrücke, Schmutz, Formtrennmittel usw. Zum Erzielen der Haftfestigkeit geschieht das Aufrauhen mechanisch oder chemisch. Danach erfolgt die Sensibilisierung als Vorstufe für das Leitendmachen. Durch diesen Prozeß werden auf der Kunststoffoberfläche Metallkeime erzeugt. Beim Leitendmachen wächst von diesen Keimen aus eine stromlos abgeschiedene Metallschicht, meist Kupfer, die sich über die gesamte Oberfläche verteilt. Auf ihr werden jetzt weitere Metallschichten galvanisch niedergeschlagen.

6.2.2 Nichtmetallische Schichten (anorganisch)

Oberflächenverfahren	Vorgang	Verfahrensbeispiel
Oberflächenbehandlung (Aluminium)	*Chemische Oxidationsverfahren* verstärken die natürliche Oxidschicht des Aluminiums.	Böhmitverfahren, MBV-Verfahren, EW-Verfahren.
	Glänzverfahren werden durch Glänzelektrolyte bewirkt.	Erflverfahren, Alupol IV-Verfahren, LPW-Verfahren.
	Eloxalverfahren	Gleichstrom-Schwefelsäureverfahren, Gleichstrom-Schwefelsäure-Oxalsäureverfahren, Oxalsäureverfahren, Chromsäureverfahren.
Chemische Schutzschichterzeugung (Eisen)	*Schutzschichten* dienen meist als Haftgründe.	Phospatieren (s. Kapitel 1), Chromatieren, Nitrieren.
Thermische Schutzschichterzeugung (Eisen)	*Thermische Schutzschichten* sind chemisch und thermisch sehr widerstandsfähig.	Emaillieren, keramische Überzüge.

Einige Eigenschaften dieser Schichten, wie z.B. Korrosionsschutz, Haftgrund, Gleitwirkung uam. sind in Tabelle Bild 6.8 dargestellt.

Verfahren	Korrosions-schutzq	Haftgrund	Gleitwirkung	Verschleiß-festigkeit	Glanz	elektr. Isolation
Oxidieren	x	O	–	–	O	–
Anodisches Oxidieren	x	x	–	O	x	–
Phosphatieren	x	x	x	O	O	O
Chromatieren	x	O	–	–	O	–
Emaillieren	x	–	–	O	x	x
Keramischer Überzug	x	O	–	x	O	x
Nitrieren	O	–	–	x	–	O

Bild 6.8 Eigenschaften nichtmetallischer, anorganischer Überzüge.

x gut   O geeignet   – entfällt.

6.2.2.1 Chemische Oxidation

Das mit Sauerstoff sehr leicht reagierende Aluminium wird durch eine Oxidschicht vor weiterer Korrosion geschützt. Diese Schicht ist nicht dicker als 10 μm und genügt keinen technischen Anforderungen, kann aber durch elektrochemische Verfahren verstärkt werden.

Bei dem *Böhmitverfahren* kommen die Werkstücke aus

- Reinstaluminium (99,99 % Al),
- Reinaluminium (99,2 % Al) oder
- kupferfreie Legierungen aus AlMn, AlMg, AlMgSi zur Vorbehandlung in Beize.
- NaOH 5 % (20 °C, 2 min),
- Spülen (20 °C, 30 s),
- HNO$_3$ 50 % tauchen,
- Spülen (20 °C, 30 s).

Die Böhmitschicht (AlOOH) entsteht dann in kochendem, vollentsalztem Wasser.

6.2.3 Nichtmetallische Schichten (organisch)

Nichtmetallische, organische Schichten sind

- Kunststoffüberzüge und
- Anstrichmittelbezüge.

Dabei ist es nicht von Bedeutung welcher Art der zu beschichtende Werkstoff ist.

6.2.3.1 Kunststoffüberzüge

Entsprechend dem

- Haftgrund des Beschichtungswerkstoffes,
- Form und Art des Werkstückes,

— Anwendungszweck erfolgt die Art des Auftragens durch
  - Anstreichen,
  - Gießen,
  - Walzen,
  - Tauchen,
  - Flammspritzen,
  - Wirbelsintern,
  - Elektrophorese,
  - Folienüberzug.

6.2.3.2 Anstrichmittelüberzüge

Anstrichmittelüberzüge sind für den jeweiligen speziellen Bedarfsfall zugeschnitten. Anstrichmittel enthalten

  - Bindemittel,
  - Pigment (unlösliche Farbkörper),
  - Lösungsmittel,
  - Zusatzmittel (Trocknungszusätze),
  - Katalysatoren.

Kohäsionskräfte halten Anstrichmittel zusammen, Adhäsionskräfte halten sie auf dem Untergrund. Das Bindemittel sorgt für den Übergang von der flüssigen in die feste Phase (Trocknung). Es kommt zur *Filmbildung*. Man unterscheidet bei

  - Ölen die Gelbildung und
  - Harzen (Kunstharzen) die Polykondensation,
                           Polyaddition,
                           Polymerisation.

Bindemittel unterteilt man in

  - natürliche Bindemittel (Öle),
  - Naturharzbindemittel (Naturharze, Cellulosederivate),
  - Kunstharzbindemittel (Polykondensationsharze, Polyadditionsharze, Polymerisationsharze),
  - sonstige Bindemittel (Kautschukbindemittel, Silikonanstrichmittel, Bitumenbasis),
  - Metallpigmentanstrichmittel (Aluminium, Zink, Blei).

Bei der *Pigmentierung* lassen sich die Teilchengrößen eingruppieren in

  - grobdispers (50 μm ... 1 μm),
  - feindispers (1 μm ... 0,4 μm) deckfähig)
  - lasierend   (0,5 μm ... 0,01 μm)
  - transparent (0,01 μm ... 0,0001 μm) .

Hinsichtlich der *Verarbeitung* differenziert man in

  - Pinseltechnik,
  - Spritztechnik,
  - elektrostatische Spritzverfahren,
  - Tauchverfahren und Flutungsverfahren (flow coating),
  - Lackierwalzverfahren,
  - elektrophoretisches Lackieren,
  - Einbrenntrocknung.

7 Automatisierung

7.1 Definition

Automatisierung ist die oberste Stufe eines technischen Entwicklungsprozesses und stellt gleichzeitig eine Einwirkung des Menschen auf seine Umwelt dar. Diese Einwirkung kann in mehreren Stufen verlaufen:

mit Werkzeugen — Hantierung,

mit Maschinen — Mechanisierung und

mit Automaten — Automatisierung.

Bei den einzelnen Niveaus geschehen folgende Einzeloperationen oder Prozesse:

	Einzeloperation	Prozeß
Hantierung	nicht selbständig	nicht selbständig
Mechanisierung	selbständig	nicht selbständig
Automatisierung	selbständig	selbständig [7/2]

Soll die bewußte Tätigkeit des Menschen von selbstständigen Einrichtungen ausgeführt werden, so müssen diese Einrichtungen den menschlichen Regelkreis simulieren. Die Anlagen müssen also selbständig

— bearbeiten,
— messen,
— steuern, regeln,
— rechnen,
— transportieren.

Automatisierung betrifft alls Zweige der Technik. Innerhalb der Fertigungstechnik umfaßt die Automatisierung

— Werkzeuge,
— Werkzeugmaschinen, Anlagen,
— Transporteinrichtungen,
— Werkstückspannung,
— Werkstückmessung,
— Informationsverarbeitung- und weiterleitung.

7.2 Einflüsse auf die Automatisierung

Die Gründe für die Automatisierung eines Arbeitsablaufes lassen sich nicht generell festlegen, sondern sind von Industriezweig zu Industriezweig, aber auch bereits innerhalb der einzelnen Betriebe unterschiedlich. Sicher kann man aber ohne quantitative Wertung folgende Ursachen nennen:

— Facharbeitermangel,
— Maschinenneuanschaffung,

  — Kapazitätserweiterung,
  — Produktumstellung,
  — Wirtschaftlichkeitserhöhung, usw.
  — ...

Was auch immer zu einer Automatisierung führt, eine Amortisation der neuen Anlage muß in jedem Fall gegeben sein. Dabei spielt die Stückzahl eine besondere Rolle.

Es gilt:

$$\boxed{\text{Auftragseinzelkosten} = \text{Maschinenstundensatz} \times \text{Auftrag je Einheit}}$$

Maschinenstundensatz (siehe Bild 3.41)

Auftrag je Einheit t_E

$$\boxed{t_E = t_R + m \cdot t_g}$$

$$t_g = t_H + t_N + t_V \qquad \text{nach REFA}$$

t_R Rüstzeit

t_g Grundzeit

t_H Hauptzeit

t_N Nebenzeit

t_V Verteilzeit

m Anzahl der Werkstücke.

Damit wird klar, welche Einflußgrößen von der Fertigung her die Wirtschaftlichkeit bestimmen. Von der Stückzahl her unterscheidet man:

  — Großserie,
  — Mittelserie,
  — Kleinserie.

Auch hier sind die Losgrößen nach Betrieb und Industriezweig unterschiedlich. Man kann aber in guter Näherung sagen, daß Stückzahl, Rüstzeit, Grundzeit mit Art der Industrie und Automatisierungsmittel zusammenhängt.

7.3 Automatisierung der Einzelkomponenten einer Fertigung

An einer mechanischen Teilefertigung sind beteiligt

  Werkzeug,
  Werkzeugmaschine und
  Teiletransport.

Hier erfolgt auch im einzelnen die Automatisierung dieser Einzelkomponenten. Das muß außerdem noch auf die jeweiligen Fertigungsverfahren bezogen werden wie z.B.

  Urformen,
  Umformen,
  Trennen,
  Fügen.

Innerhalb der Komponenten kann nochmals eine Automatisierung möglich sein, wie z.B. an Werkzeugen (Folgewerkzeug, Werkzeugspeicher, Werkzeugwechselvorrichtung, usw.) oder an Werkzeugmaschinen (Werkstückspannung, Steuerung, usw.).

m Stückzahl	Anwendung, Industriezweig (Beispiel)	Art der Werkstücke (Beispiel)	Werkzeugmaschine/ Anlage	Steuerung	t_R Rüstzeit Ersteinrichtung (Wiederholein-richtung)	t_g Grundzeit
$> 10^8$	Automobilindustrie, Kugellagerindustrie, Bauindustrie.	Halbzeug Rohre, Stangen, Blech.	Walzwerk	Prozeßrechner	Einzweckanlage	
$< 10^7 \dots 10^6$ Großserie	Automobilindustrie, allgemeiner Maschinenbau.	Schraube, Mutter, Bolzen, Blechformteil.	Waagerechtkaltstauch-maschine, Stufenpresse, Pressenstraße	elektronisch/ mechanisch (Kurven, Kurbel, Exzenter)	1 Monat	1 s
$10^6 \dots 10^4$	Automobilindustrie, Kugellagerindustrie, Elektroindustrie.	Motorblock, Zündkerzen, Wälzlagerringe, Elektromotor-welle.	Transferanlage, Mehrspindeldrehautomat, Langdrehautomat, (Mehrspindel-Mehr-schneidenbearbeitung)	elektronische Überwachung, mechanische Zwangssteue-rung	1 Woche … 1 Monat (1 Jahr bei auto-matischer Werkstück-zuführung)	6 s … 2 min bei Einzel-teilen
$< 10^4 \dots 10^2$ Mittelserie	Druckmaschinen-industrie	Welle, Zahnrad.	el.-hydr. Automat (Mehr-schneidenbearbeitung)	el.-hydr. Steue-rung, el.-pneum. Steue-rung	8 h	5 … 10 min
$< 10^3 \dots 10^0$ Kleinserie	allgemeiner Maschinenbau, Werkzeugma-schinenbau	Welle, Zahnrad, Getriebekasten.	NC-Bearbeitungszentrum NC-Automat (Ein-spindel-Einschneiden-bearbeitung)	NC-Steuerung, CNC-Steuerung mit AC-Anwen-dung (Meßsteue-rung), mit Trend zur DNC-Steuerung	2 … 6 h (1 h)	10 min … 1 h

Zu Spalte

Rüstzeit: schließt ein bei NC-Automat die Lochstreifenerstellung (Ersteinrichtung) und das Vorhandensein eines Lochstreifens (Wiederholeinrichtung), schließt nicht ein bei mechanischer Zwangssteuerung die Erstellung von Kurven (wohl aber Anpassung an Werkzeugmaschinen).

Bild 7.1 Zusammenhang zwischen Losgröße, Rüstzeit, Stückzeit mit Industriezweig und Art der Werkzeugmaschine.

7.3.1 Automatisierung Werkzeuge

Die allgemeine Definition für ein Werkzeug könnte lauten:

Ein Werkzeug ist eine mechanisierte Vorrichtung, die es Mensch und Maschine ermöglicht, die spätere Werkstückform damit in kürzerer Zeit zu erreichen. Verständlich, daß je nach später gelieferter Stückzahl diese Werkzeugvorrichtung mehr oder weniger mechanisiert und automatisiert sein wird. Innerhalb der einzelnen Fertigungsverfahren nach DIN 8580 haben sich in letzter Zeit folgende Automatisierungsmöglichkeiten herausgestellt.

Urformen
    Kokille (Spritzform)
    Strang
Umformen
    Mehrfachwerkzeug
    Stufenpresse (Werkzeugwechseleinrichtung)
    Walzenwechselwagen
Trennen
  Zerspanen
    Wendeschneidplatten
    Werkzeugvoreinstellvorrichtung
    mehrschneidige Werkzeuge
    Werkzeugwechseleinrichtungen
Fügen
    Spannvorrichtung (Schweißen)
    Industrieroboter
Beschichten
    Industrieroboter

Die *Wendeschneidplatte* war ein sehr großer Schritt vorwärts auf dem Wege zur Automatisierung im Bereich des Werkzeugsektors der Zerspantechnik. Mit ihrer Möglichkeit durch einfaches Wenden eine neue Schneide zum Einsatz zu bringen, wurde der gesamte Informationsfluß

— Werkzeug einsammeln,

— sortieren,

— nachschleifen,

— ablegen,

— ausgeben

abgekürzt. Verbrauchte Schneiden werden heute ausschließlich aus Recyclingzwecken wieder eingesammelt.

Moderne Werkzeugsysteme an zerspanenden Automaten sind so konstruiert, daß sie außerhalb der Werkzeugmaschine voreingestellt werden können. Gegenüber einem Automaten kostet eine *Werkzeugvoreinstellvorrichtung* etwa 1/10 bis 1/20 (Bild 7.2).

Im Bereich mittlerer und großer Serien wird man versuchen, die Kontur des Werkstückes durch eine Vielzahl von Schneiden in einem Werkzeug festzulegen (Bild 7.3). Damit wird die Grundzeit gesenkt, allerdings bei gleichzeitiger Erhöhung der Rüstzeit.

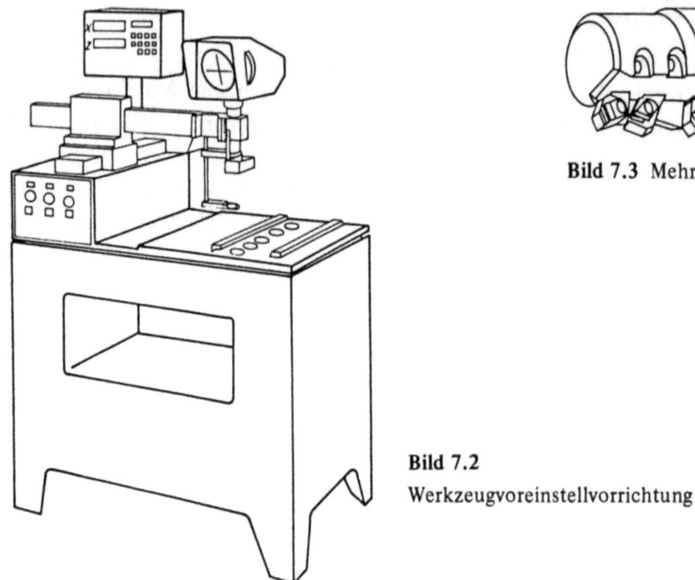

Bild 7.3 Mehrfachwerkzeughalter.

Bild 7.2
Werkzeugvoreinstellvorrichtung.

Bearbeitungszentren verfügen über einen Werkzeugspeicher, aus dem die einzelnen Werkzeuge über eine Werkzeugzubringeeinrichtung (Bild 7.4) der Hauptspindel zugeführt werden muß.

Der Werkzeugwechsel an Walzanlagen muß sich wegen der hohen Kosten bei Stundensätzen von 10 bis 20 TDM schnell gestalten. Wie man aus dem Kapitel Walzanlagen sehen

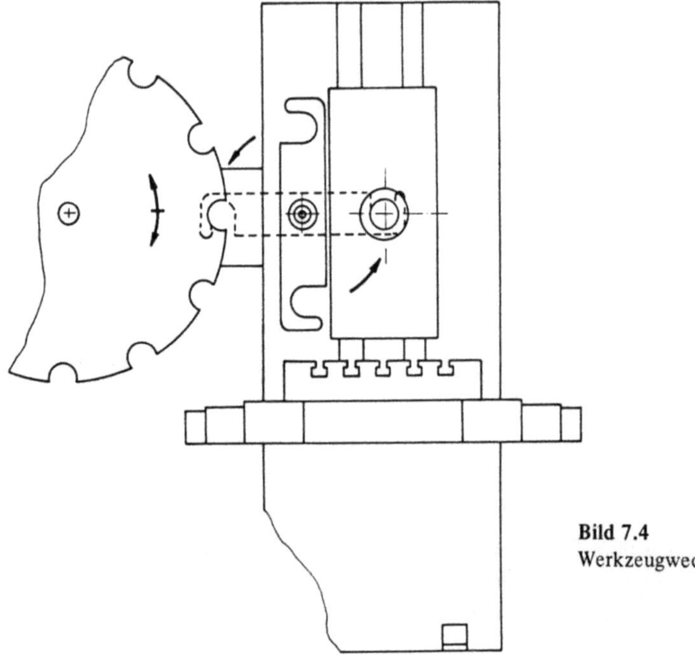

Bild 7.4
Werkzeugwechseleinrichtung.

Walzgerüst	Standzeit	Wechselzeit
Warm-Breitbandstraße (Reversiergerüst an Vorstraße Arbeitswalzen)	3 Wochen	60 min
Warm-Breitbandstraße (Quartogerüst an Fertigstraße Arbeitswalzen)	6 h $\hat{=}$ 120 km Band	9 min
Kaltbandtandemstraße (Quartogerüst die Arbeitswalzen)	2 h	6 min

Bild 7.5 Wechselzeiten von Arbeitswalzen.

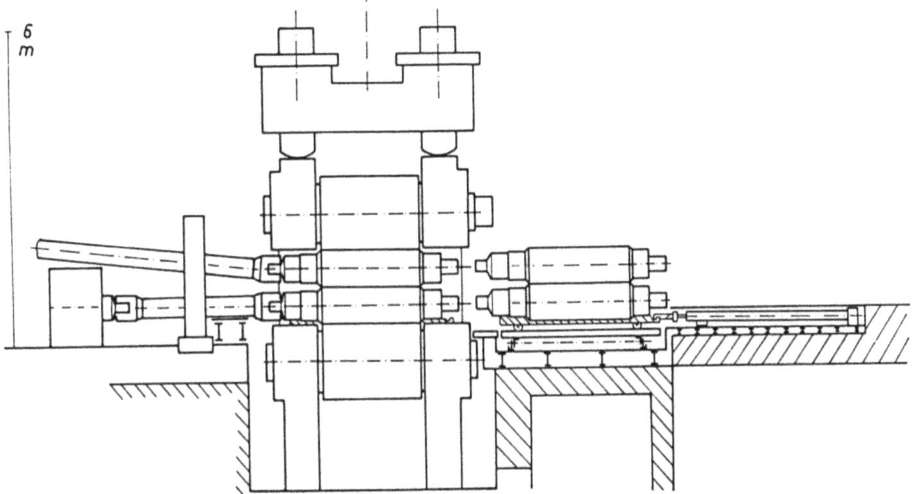

Bild 7.6 Walzenwechselwagen für Quartogerüst mit Zwillingsantrieb.

kann, wird bei Tiefziehblech eine Rauhtiefe $R_a = 1$ μm verlangt und eingehalten. Dieser Wert ist nur erreichbar, wenn die Walzen an den Gerüsten in den Zeitabständen nach Bild 7.5 gewechselt werden.

Diese kurzen Zeiten beim Walzenwechsel werden durch *Walzenwechselvorrichtungen* (Bild 7.6) erzielt. Die Walzenwechselwagen stehen mit Gutwalzen bestückt vor dem Gerüst. Der Antriebsmechanismus ist unter Flur verlegt. Die Vorrichtung kann sowohl parallel zum Gerüst, als auch in Richtung des Gerüstes hydraulisch verschoben werden, so daß dadurch sowohl die abgenutzten Walzen auf dem Wagen deponiert, als auch die neubearbeiteten (geschliffen und aufgerauht durch Strahlen) in das Gerüst eingefahren werden können.

7.3.2 Automatisierung Werkstückspannung

Automatische *Werkstückspannung* ist eine Voraussetzung für den vollautomatischen Betrieb von Fertigungsanlagen. Sie ist unerläßlich, wenn z.B. Automaten mit automatischen Zuführeinrichtungen versehen sind. Grundsätzlich kann man diese automatische Werkstückspannung nach der Werkstückform einteilen. Für

- rotationssymmetrische Werkstücke – Spannfutter, Spannzange, automatische Spitzen,
- prismatische Werkstücke – Spannfutter, Spannplatte, Spannklauen, Spannwagen.

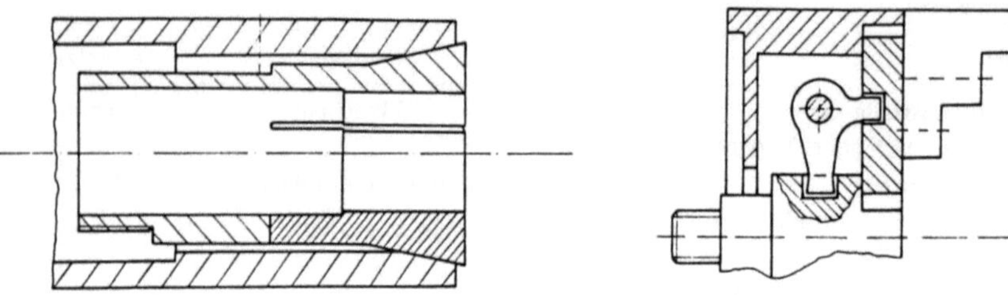

Bild 7.7 Spanzange.   **Bild 7.8** Spannfutter.

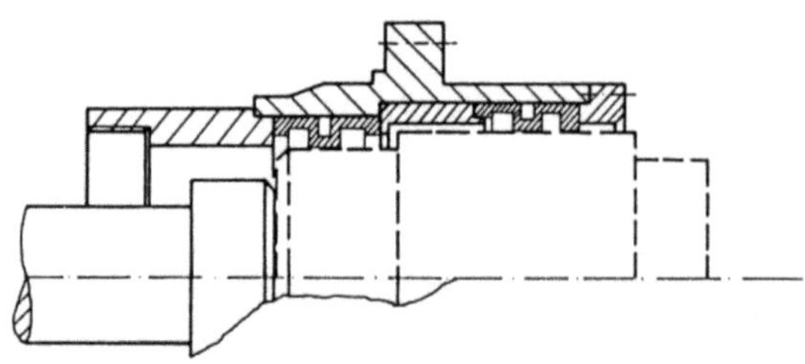

Bild 7.9
Genauigkeitsspannfutter mit Spieth-
elementen [4/37].

Spannzangen spannen Profilmaterial (Bild 7.7) und sind von der statischen und dynamischen Steifigkeit steifer als Spannfutter.

Spannfutter können sowohl rotationssymmetrische, als auch prismatische Werkstücke
spannen. Die Werkstückspannung kann dabei

  – kraftschlüssig oder (Bild 7.8)
  – formschlüssig (Bild 7.9)

erfolgen.

Die Spannbacken des Spannfutters können in ihrer Anzahl (Zwei-, Drei-, Vierbacken-
futter) und ihrer Form dem Werkstück (Formbacken, Schwenkbacken) angepaßt sein, um
eine gleichmäßige Werkstückspannung, ohne Verformungsgefahr für das Werkstück, zu
gewährleisten.

In automatischen *Spitzen* werden wellenförmige Werkstücke aufgenommen. *Spannplatten*
eignen sich zur Spannung von sehr ebenen, flachen Werkstücken.

In *Spannvorrichtungen mit Spannklauen* (Bild 7.10) sind Werkstücke von beliebiger Form
spannbar.

Spannwagen (Bild 7.11) sind verfahrbare Werkstückträger, auf denen Werkstücke gespannt
z.B. auf Transferstraßen von Bearbeitungsstation zu Bearbeitungsstation verfahren werden können, um bearbeitet zu werden. Die Paletten können, um eine gleichbleibende
Genauigkeit zu gewährleisten, in den einzelnen Stationen arretiert werden.

Die Spannung kann in aller Regel

  – mechanisch,
  – elektrisch,
  – hydraulisch oder
  – pneumatisch betätigt werden.

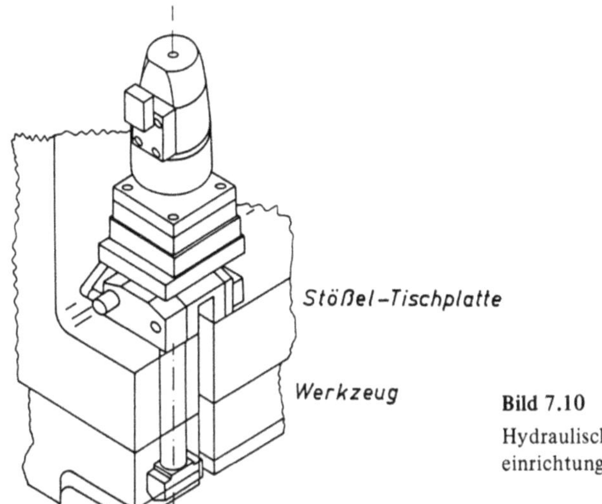

Bild 7.10
Hydraulisch betätigte Schwenkspanneinrichtung für Preßwerkzeuge [7/10].

Dabei hat sich bei

- Spannfutter,
- Spannzange,
- automatischen Spitzen

die hydraulische Spannung durchgesetzt, (solange Hydraulikdruck vorhanden, ist die Spannung betätigt).

Bei

- Spannplatten (Vakuumspannplatte)
- Spannvorrichtungen oder
- Greifeinrichtungen von Industrierobotern

wird gerne Luft als Spannmedium benutzt.

Bremstrommeln aus GG-20 mit einem Gewicht von 14 kg werden auf einer Transferstraße bearbeitet (Taktzeit 1,7 min). Bearbeitungsfolge ist

- Ausdrehen,
- Plandrehen,
- Einstechen,
- Feindrehen (IT 8),
- Feinplanen,
- Bohren,
- Anfassen,
- Gewindeschneiden.

Dazu werden je zwei Werkstücke auf einem Spannwagen (Bild 7.11) aufgenommen. Spannung und Arretierung erfolgen zentral.

7.3.3 Automatisierung Werkzeugmaschinen-Anlagen

Bild 7.1 zeigt eine Zusammenstellung der Werkzeugmaschinen und Anlagen, ihre Steuerung, Rüstzeit und Grundzeit in Abhängigkeit der Stückzahl. In Bild 7.12 folgen die Vor-

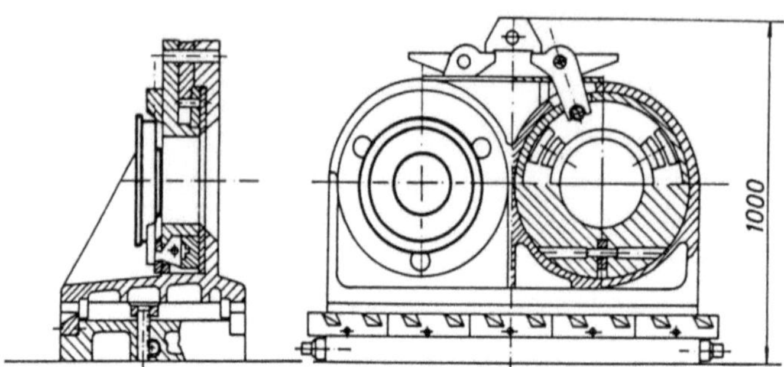

Bild 7.11 Spannwagen mit eingespannten Bremstrommeln.

Steuerungsart	Vorteile	Nachteile
mechanisch	kleinste Vorschubgeschwindigkeit und Beschleunigung, keine Kollisionsmöglichkeiten der Schlitten.	aufwendige Rüstarbeiten, Informationsträger teuer
pneumatisch (hydropneumatisch) (el.-pneumatisch)	hohe Vorschubgeschwindigkeit und Beschleunigung, schneller Zusammenbau, Explosionsschutz.	Luft inkompressibel (endliche Übertragungsleitungen), Energieträger geht verloren, Energieträger teuer (Reinheit!), Energieträger lärmerzeugend, übertragbare Momente und Kräfte klein.
hydraulisch (el.-hydraulisch)	Momente und Kräfte zur Übertragung groß, geringe Kosten.	hohe Wartungsanforderung, großer Platzbedarf, Wärmeentwicklung, Energieträger brennbar und umweltgefährdend, Energieträger lärmerzeugend.
elektronisch (elektrisch) NC-gesteuert	Informationsträger billig, Informationseingabe schnell, größte Vorschubgeschwindigkeit und Beschleunigung, wenig Wärmeentwicklung am Antrieb, kleine Baugröße (μP!)	teuer, kostenspieliger Explosionsschutz.

Bild 7.12 Vor- und Nachteile der einzelnen Steuerungsarten.

und Nachteile der einzelnen Steuerungsarten, ebenfalls in Abhängigkeit der Stückzahl. Während es in der Vergangenheit kein Problem war, Großserien zu automatisieren, gelang die Automatisierung der Kleinserie erst vor zwei Jahrzehnten durch die NC-Technik. Ihre Bedeutung liegt heute in der flexiblen Automatisierung auch in Bereichen der Mittel- und Großserie.

Nachfolgend werden dann einzelne Beispiele für die Automatisierung in Abhängigkeit der Stückzahl gebracht.

7.3.3.1 Transferstraße

Transferstraßen sind „*Bearbeitungszentren*", auf denen mittlere bis große Werkstücke in Großserie komplett bearbeitet werden. Dabei werden die Teile auf automatisch spannende *Werkstückschlitten* (Spannwagen) von Bearbeitungsstation zu Bearbeitungsstation transportiert (Bild 7.13). An jeder Bearbeitungsstation wird der Transportschlitten

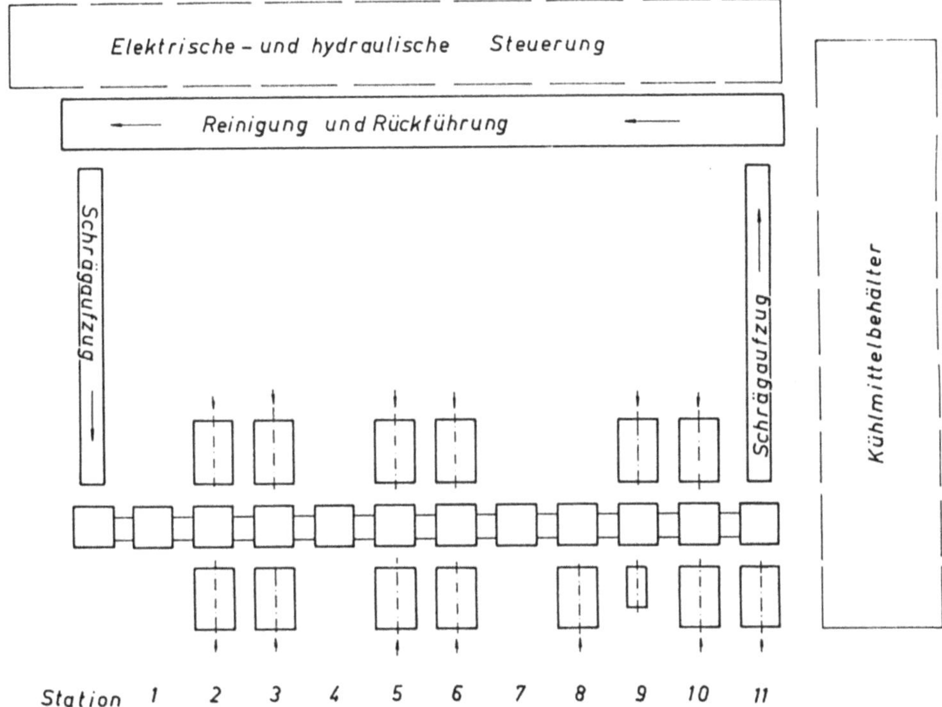

Bild 7.13 Übersichtsschema der Transferstraße TSM11/122 von Witzig und Frank.

arretiert, um eine gleichmäßige Genauigkeit der Bearbeitung zu garantieren. Um das Werkstück allseitig bearbeiten zu können, sind die Schlitten so ausgebildet, daß sie gedreht, gewendet oder gekippt werden können. Die Steuerung ist als Folgesteuerung ausgebildet. Der Antrieb der einzelnen Einheiten erfolgt in der Regel hydraulisch. Bild 7.14 zeigt die Bearbeitung eines Kolbens aus 16 MnCr 5 auf der Transferstraße TSM 11/122 von Witzig und Frank. Wie man aus den einzelnen Werten des Arbeitsstufenplans (Bild 7.15) erkennt, dauert die Gesamtbearbeitung 1,2 min. Diese Transferstraßen sind ausschließlich für Losgrößen $m = 10^6 \ldots 10^7$ ausgelegt. Ihr Anlauf gestaltet sich schwierig. Eine Umrüstung selbst auf ähnliche Werkstücke ist nahezu unmöglich.

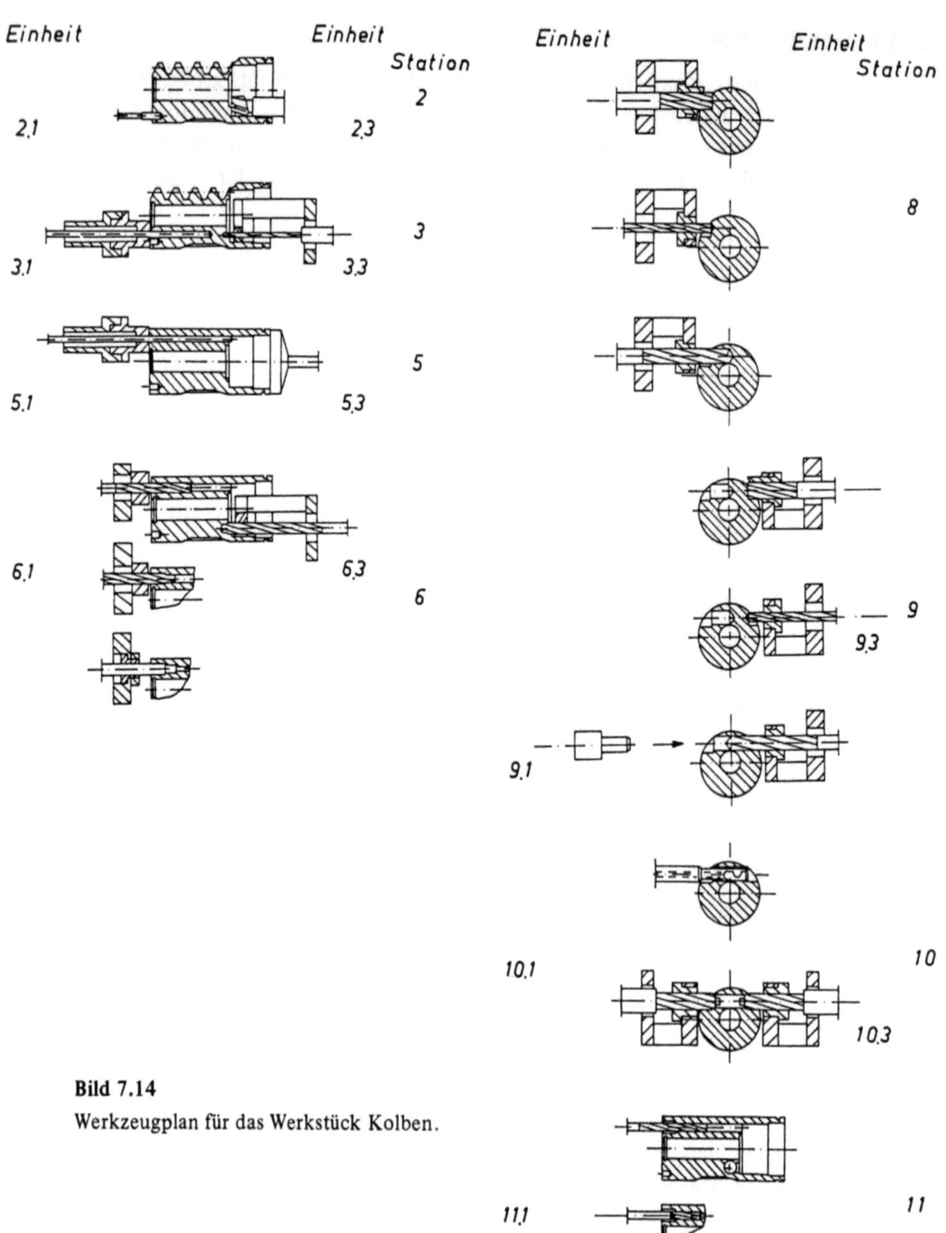

Bild 7.14
Werkzeugplan für das Werkstück Kolben.

Arbeitsstufenplan
Transferstraße TSM 11/122
Werkstück Kolben
t_g = 1,2 min
$P_{A_{gesamt}}$ = 84 kW (72 m^2, 800 kN)
Kühlmittel 800 l/min, Emulsion 10 % Fett

Station	Bearbeitung		d Arbeits $\varnothing$ mm	n Drehzahl min^{-1}	v Schnittgeschw. m/min	s Vorschub mm/U
1	Laden Spannen					
2.3	Fräsen		30	180	17	0,22
2.1	Bohren		10	1120	35	0,1
3.3	Tiefbohren		7,3	900	21	0,2
3.1	Tiefbohren		7,4	3000	69	0,033
4	leer					
5.1	Tiefbohren Spindel steht		12,1	1800	68	0,066
5.3	feststehende Spindel					
6.3	Formbohren		14/18	360	16/21	0,25
6.1	Schwenkmeißel- halter					
	Bohrspindel	1 2 3	14,3 14,6/17 16/19	500	22,5 23,5 26,5	0,22
7	Schwenkstation					
8.1	Schwenkmeißel- halter					
	Bohrspindel	1 2 3	25,5 14,25 23	225 360 360	18 16 26	0,22 0,16 0,18
9.3	Schwenkmeißel- halter					
	Bohrspindel	1 2 3	25,5 14,5 23	225 360 360	18 16 26	0,22 0,16 0,18
9.1	Prüfeinrichtg.					
10.3	formbohren		27/35	280	23,8	0,3
10.1	Schwenkmeißel- halter					
		1	23,6	600	44,4	0,15
	Spindel	2	27/35	300	25,4	0,3
11.1	Schwenkmeißel halter					
	Bohrspindel	1 2 3	14,6 14,6 M 16	500 180 175	23 8,3 8,8	0,15 1,0 1,5

Bild 7.15 Arbeitsstufenplan für das Werkstück Kolben.

7.3.3.2 Transferwerkzeug – Stufenpresse

Herstellung eines Tiefziehteiles auf einer weggebundenen Stufenpresse mit Längswellen-antrieb (F_N = 5 000 kN) mittels zehnstufigem Folgewerkzeug. Diese Zahnriemenabdeck-haube hat dabei außerdem Einschnitte und Ausstanzungen. Sie ist mit zwei eingepreßten Muttern zur Befestigung versehen. Im einzelnen werden folgende Bearbeitungsgänge vom Transferwerkzeug durchgeführt. Das Rohmaterial wird als Band (St 13.3 nach DIN 1623) in die Stufenpresse eingeführt. Eine Kurzschienenmechanisierung dient als Transport-system innerhalb der Preßmaschine (Bild 7.16).

Stufe	Bearbeitungsvorgang
1	Abschneiden, Vorformtiefziehen,
2	Nachziehen,
3	Schneiden,
4	Abkanten und Randvorprägen,
5	Schneiden,
6	Rand Fertigprägen,
7	Nachschlagen des Teils in Fertigform,
8	Stanzen von 3 × ϕ 8,7 und 1 × ϕ 7 mm Löchern,
9	Durchziehen und Prägen der Markierung des Teils,
10	Stanzen von 2 × ϕ 20 und ϕ 22 mm sowie Einpressen von 2 Stanzmuttern. (Bild 7.17)

Rohmaterial: Coil Bandbreite 250 mm × 1,5 mm

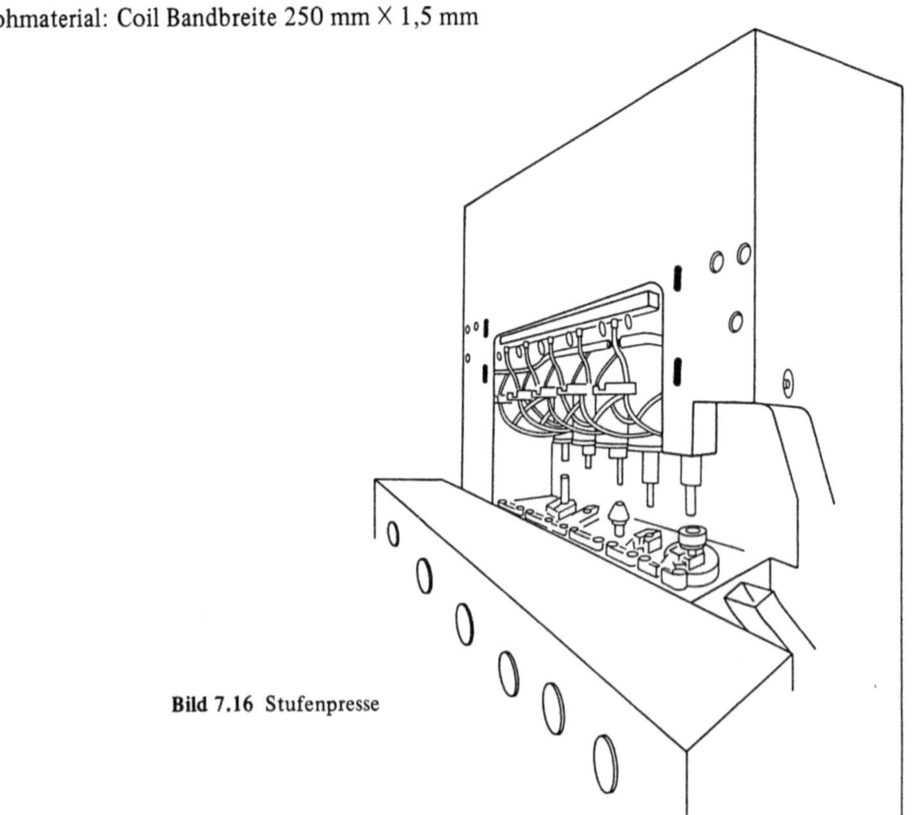

Bild 7.16 Stufenpresse

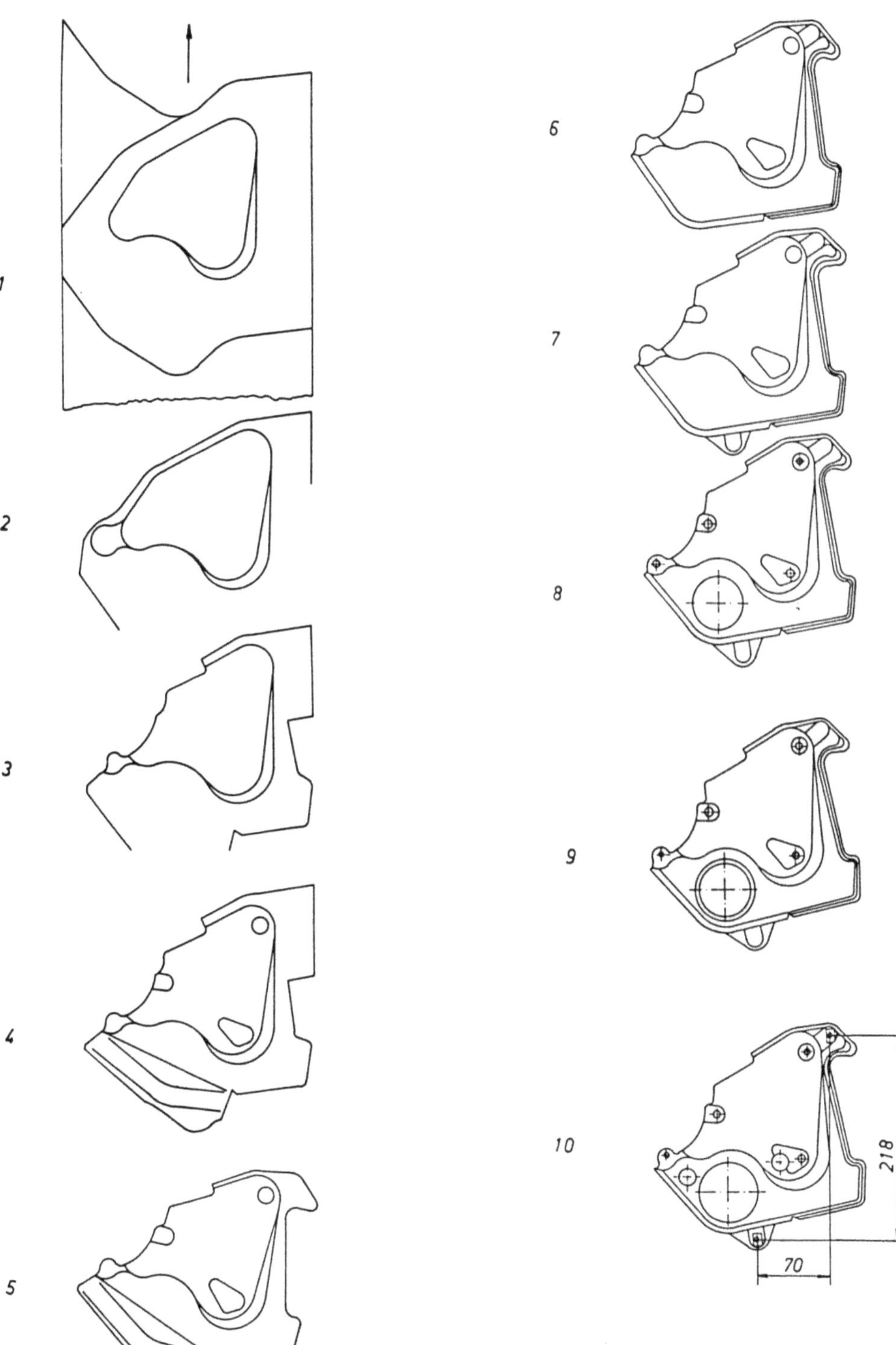

Bild 7.17 Arbeitsfolge für das Werkstück Zahnriemenabdeckhaube [3/50].

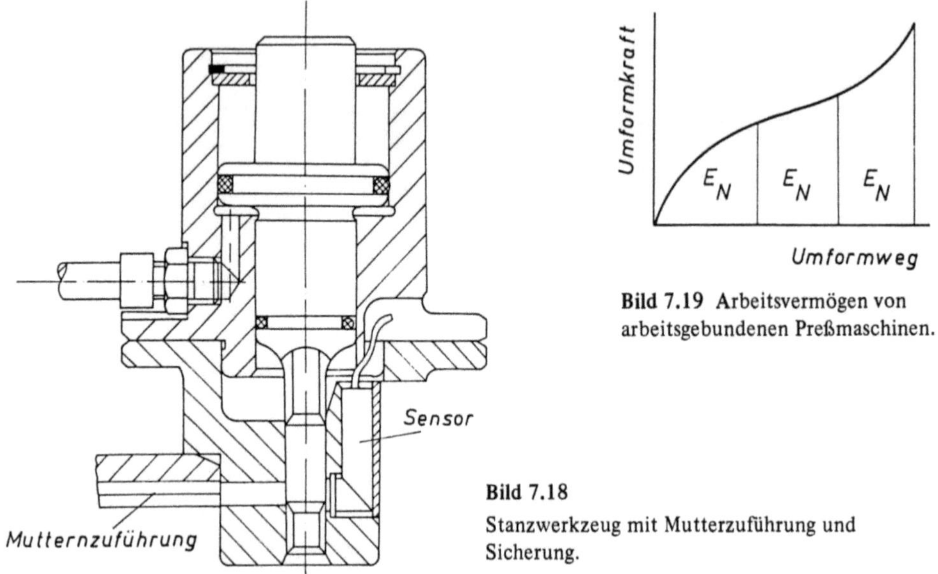

Bild 7.19 Arbeitsvermögen von arbeitsgebundenen Preßmaschinen.

Bild 7.18
Stanzwerkzeug mit Mutterzuführung und Sicherung.

Bild 7.18 zeigt das Stanzwerkzeug, mit dem die Muttern in das inzwischen fertiggestellte Tiefziehteil eingestanzt werden. Die Bearbeitungsgeschwindigkeit liegt bei 12 Werkstücken/Minute.

Der Automatisierungsaufwand in Form von

- Haspel,
- Kurzschienenmechanisierung,
- Transferwerkzeug

wird durch eine Stückzahl von ca. $5 \cdot 10^5$ Teile pro Jahr gerechtfertigt.

7.3.3.3 Preßmaschinen

Mehr als 60 % der Maschinen der Umformtechnik sind Preßmaschinen. Preßmaschinen werden unterteilt in

- arbeitsgebundene,
- kraftgebundene,
- weggebundene

Preßmaschinen.

Zu den *arbeitsgebundenen* Preßmaschinen zählen

- Hämmer
  Schabottehämmer
  Gegenschlaghämmer
- Schwungradspindelpressen

Sie bieten einen bestimmten Betrag an Arbeitsvermögen an, der bei jedem Arbeitsspiel vollständig umgesetzt wird. Ein auf einer arbeitsgebundenen Preßmaschine durchgeführter Vorgang kommt zum Stillstand, sobald das Arbeitsvermögen der Preßmaschine erschöpft ist. Dagegen läßt sich ein größerer Arbeitsbedarf auf mehrere Arbeitsvorgänge aufteilen (Bild 7.19).

Dabei ist

$$E_N = m \cdot g \cdot h$$

E_N Nennarbeitsvermögen, Nm

m Masse Bär, kg

g Erdbeschleunigung, $\dfrac{m}{s^2}$

h höchste Arbeitsstellung Bär, m

Kraftgebundene Preßmaschinen sind

— hydraulische Preßmaschinen

— schwungradlose Spindelpressen.

Sie stellen unabhängig von der jeweiligen Stößelbewegung eine Stößelkraft F_N, deren Größenwert durch die konstruktive Auslegung der Preßmaschine gegeben ist. Diese Nennpreßkraft kann nicht überschritten werden.

$$F_N = p \cdot A$$

F_N Nennpreßkraft, N

p Nenndruck, N/mm²

A Stößel, mm²

Daraus ergibt sich das Arbeitsvermögen nach Bild 7.20.

Die *weggebundenen* Preßmaschinen umfassen

— Kurbel- und Exzenterpressen,

— Kniehebelpressen,

— Lenkhebelpressen,

— Rundknetmaschinen,

— Waagerechtstauchmaschinen.

Bei weggebundenen Preßmaschinen durchläuft der Maschinenstößel einen durch die Kinematik des Hauptantriebes festgelegten Weg. Die Größe der vom Stößel ausübbaren Kraft F_{st} ist abhängig von der jeweiligen Stößelstellung. In den Endlagen kann die Stößelkraft über alle Grenzen wachsen. Daher muß der Größtwert F_N begrenzt werden (Bild 7.21). Weggebundene Preßmaschinen arbeiten über einen Speicher in Form eines Schwungrades (Bild 7.22). Die Kinematik am Kurbeltrieb (Bild 7.23) ergibt:

$$M = T \cdot r$$
$$T = S \cdot \sin(\alpha + \beta)$$
$$S = \frac{F}{\cos\beta}$$
$$T = F \cdot \frac{\sin(\alpha + \beta)}{\cos\beta} \quad \text{da } \tan\beta \text{ klein ist für } \lambda = \frac{r}{l} \hat{=} 0{,}1$$
$$T = F \cdot \sin\alpha.$$

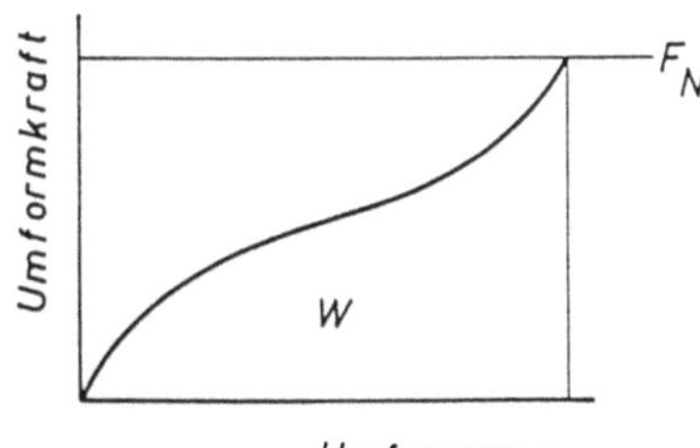

Bild 7.20 Arbeitsvermögen von kraftgebundenen Preßmaschinen.

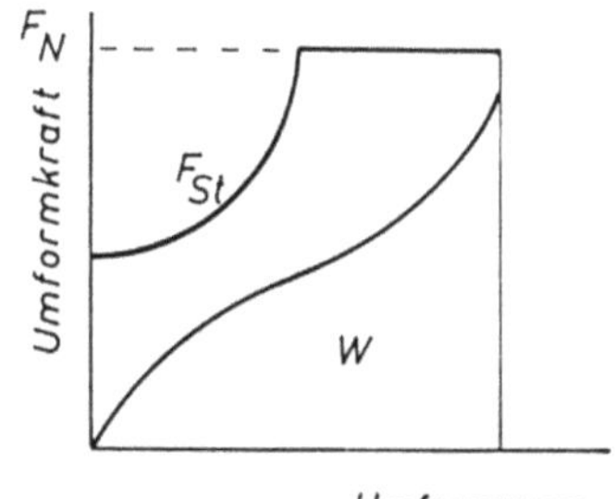

Bild 7.21 Arbeitsvermögen von weggebundenen Preßmaschinen.

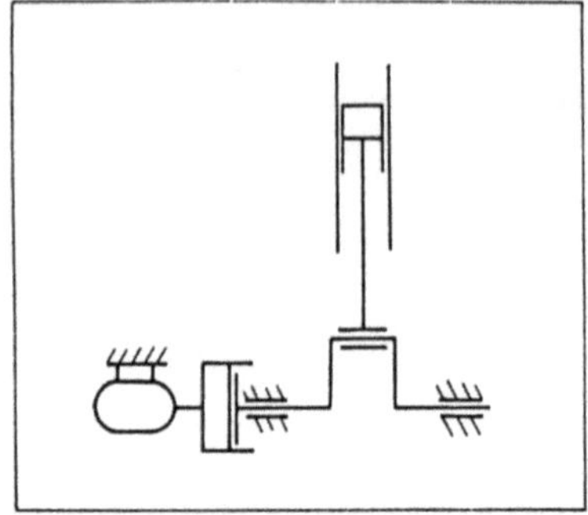

Bild 7.22
Schema einer weggebundenen Preßmaschine mit
Kurbelwelle, Speicher, Kupplung und Elektromotor.

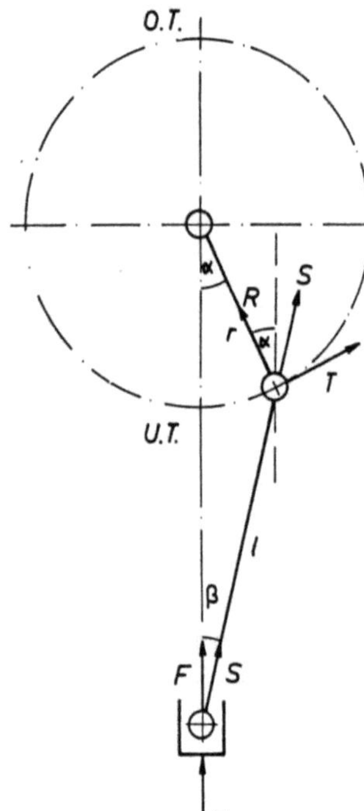

Bild 7.23

Schema Kurbeltrieb.

U.T. unterer Totpunkt
O.T. oberer Totpunkt
    T Tangentialkraft
    S Druckkraft Pleuel
    R Kraft Kurbelwelle
    F Umformkraft
        r Kurbelwellenradius
        l Pleuellänge

Daraus folgt die Grenzbetrachtung

$$\lim_{\alpha \to 0^\circ} \frac{T}{\sin \alpha} \to \infty$$

$$\lim_{\alpha \to 90^\circ} \frac{T}{\sin \alpha} = T$$
und die Festlegung, daß F max = 2 T für $\alpha = 30^\circ$.

Also ist

$$W_N = F_N \cdot h_{30}$$
W_N Dauerarbeitsvermögen, Nm
F_N Nennpreßkraft, N
h_{30} Stößelhub bei $\alpha = 30^\circ$ Kurbelwinkel, mm

Das Dauerarbeitsvermögen muß in dem vom Bild 7.21 gezogenen Kurvenzug F_{st}, F_N
liegen.

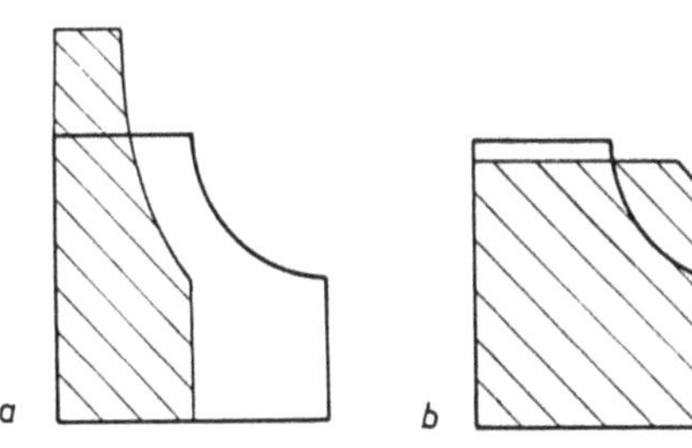

Bild 7.24
Arbeitsvermögen einer weggebundenen Preßmaschine.

a statische Pressenüberlastung: Umformkraft
ist größer als Nennumformkraft. (Soll-
bruchstelle spricht an)

b dynamische Pressenüberlastung: Umformarbeit ist größer als Nennarbeitsvermögen.
(Kupplung rutscht).

Man spricht von

— statischer und

— dynamischer Pressenüberlastung, wenn entsprechend Bild 7.24 Überschreitungen

erfolgen.

Bei weggebundenen Preßmaschinen ergeben sich folgende Berechnungsmöglichkeiten des
Arbeitsvermögens:

Fertigungsverfahren

$$W = \frac{a}{\eta} \cdot V$$

a spez. Umformarbeit, $\dfrac{\text{N mm}}{\text{mm}^3}$

V umgeformtes Volumen, mm³

η Wirkungsgrad

Kurbeltrieb

$$W = T \cdot r \cdot \hat{\alpha}$$

T Tangentialkraft, N

r Kurbelradius, mm

$\hat{\alpha}$ Kurbelwinkel

Motor

$$W = \eta \cdot \frac{P}{\omega}$$

P Leistung, kW

ω Drehzahl, H_z

η Wirkungsgrad

Schwungrad

$$W = \frac{\Theta}{2}(\omega_0^2 - \omega_1^2)$$

$\Theta = m \cdot \left(\dfrac{i}{2}\right)^2, \text{Nm}_s^2$

Θ Trägheitsmoment

m Masse, kg

i Trägheitsradius, mm

Bei Umformungsvorgängen ist die Auftreffgeschwindigkeit und die Werkzeuggeschwindigkeit im Verlauf des Vorganges von Interesse. Die einzelnen Werkzeuggeschwindigkeiten
der Preßmaschine sind im Diagramm Bild 7.25 dargestellt.

7.3.3.4 Mehrdrahtziehanlage

Ein Kostenvergleich zwischen einer 8 Draht-Konus-Maschine und 4 Draht-, 2 Draht- sowie
1 Draht-Konus und Tandem Maschinen führen mit 3 000 DM pro 1 m/s effektiver Produk-

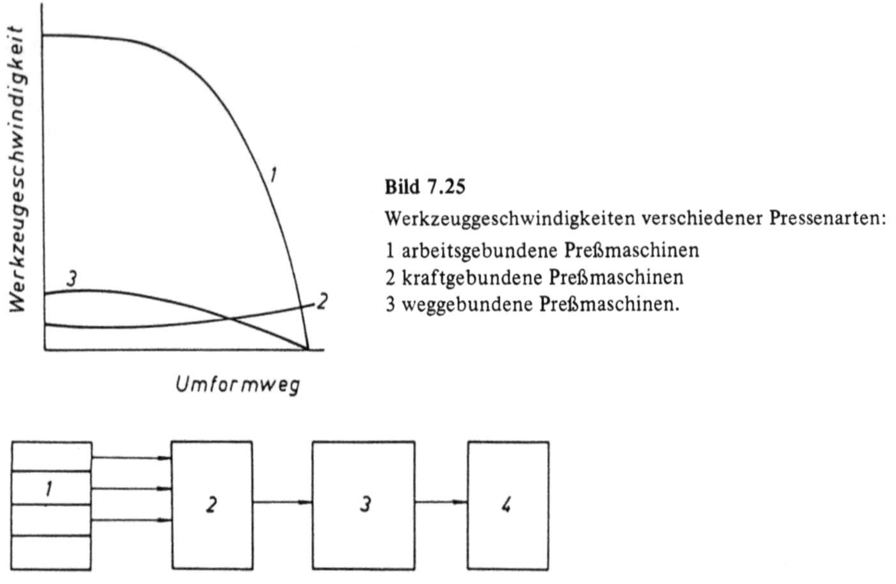

Bild 7.25

Werkzeuggeschwindigkeiten verschiedener Pressenarten:

1 arbeitsgebundene Preßmaschinen
2 kraftgebundene Preßmaschinen
3 weggebundene Preßmaschinen.

Bild 7.26 Schema Mehrdrahtziehanlage:

1 Abläufe für Drahtpakete, Spulen oder Fässer
2 Mehrdrahtziehmaschine (8 Draht-Konus-Maschine mit 25 m/s)
3 Mehrdrahtglühe
4 Automatik-Einspuler mit Beschickungseinrichtung [3/38].

tionsgeschwindigkeit zu den niedrigsten Relativkosten, obwohl diese Anlage (Bild 7.26) mit 500000 DM die höchsten Anschaffungskosten (1981) hat.

7.3.3.5 Mehrspindeldrehautomaten

Mehrspindeldrehautomaten sind Großserienmaschinen. In der Zerspantechnik werden auf ihnen die kleinsten Stückzeiten von $t_g > 6$ s erreicht (Grenze ist Lager- und Führungsbahnbelastung). Diese Zeiten werden möglich durch Mehrschneiden- und Mehrspindeleinsatz auf einer einzigen Maschine. 4-, 6- oder 8 Drehspindeln sind zentrisch (Bild 7.27) in einer Spindeltrommel gelagert (90°, 60°, 45° Abstand). Die Spindeltrommel hat die Aufgabe, die Werkstücke an Bearbeitungsstationen vorbeizuführen. Diese Bearbeitungsstationen sind in Form von Längs- und Querschlitten ausgebildet. Die Längsschlitten fahren parallel zur Spindelachse (bohren, längsdrehen), die Querschlitten verfahren quer dazu (plandrehen, abstechen). Der Automat kann mit einem Längs- und maximal 6 Querschlitten ausgerüstet sein. Die Steuerung der Schlittenwege und -geschwindigkeiten erfolgt durch eine *mechanische Zwangssteuerung* über Metallkurven. Dabei geschieht die Übertragung der Drehmomente auf die Spindeltrommel und Spindeln sowie der Kräfte auf die Schlitten über Steuerwellen. D.h., der Antrieb verteilt sich von einem einzigen Elektromotor über mechanische Getriebe und Wellen auf die Wirkstellen. Damit wird auch eine wichtige Voraussetzung für das Funktionieren des Kurvenantriebes der Schlitten erfüllt. Die Steuerwelle treibt Spindeln und Schlittenkurve mit synchroner Drehzahl an. Einerseits führt das zu hohen Verlusten (Maschinenwirkungsgrad η klein), andererseits werden die Werkstücke an diesen Automaten in einer Aufspannung (Bearbeitungszentrum) fertig bearbeitet. Zu diesem Zweck können von den Schlitten Werkzeugeinrichtungen aufgenommen werden, die neben reinen Drehbearbeitungen

- Längsdrehen,
- Plandrehen,
- Abstechen,
- Formdrehen

auch den Einsatz sämtlicher spanender Fertigungsverfahren mit definierter Schneide, also

- Bohren,
- Gewindeschneiden,
- Fräsen,
- Räumen

erlaubt.

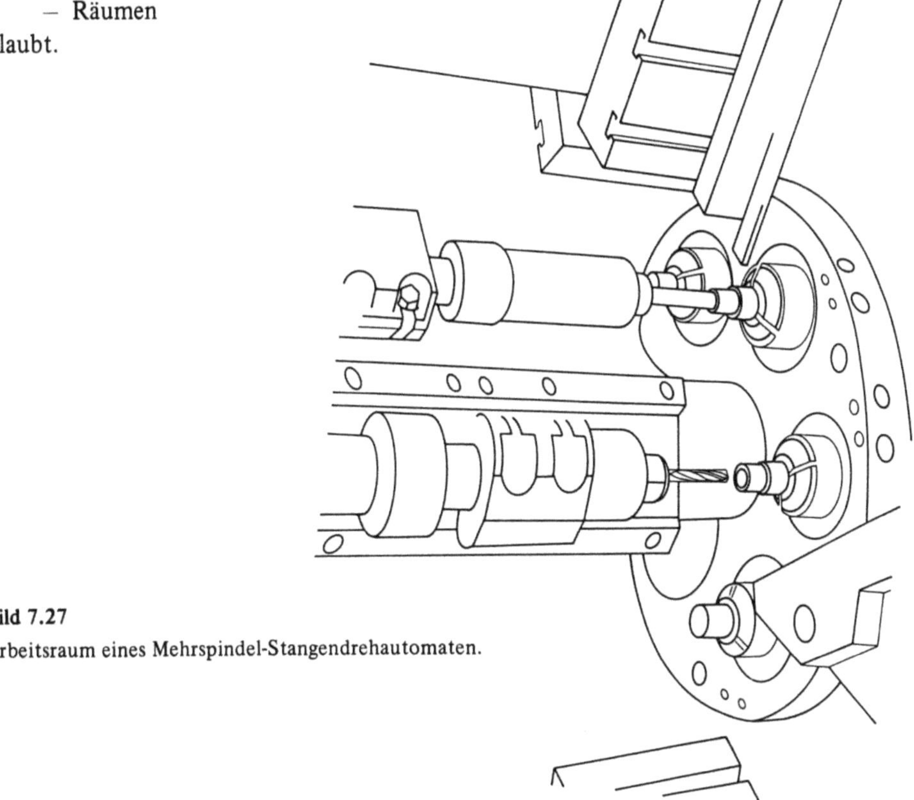

Bild 7.27
Arbeitsraum eines Mehrspindel-Stangendrehautomaten.

Für diese Bearbeitungen können einzelne Spindeln stillgesetzt werden. Durch die Forderung, auf dem „Bearbeitungszentrum" Mehrspindeldrehautomat die Werkstücke in einer Aufspannung möglichst allseitig zu bearbeiten, entstand die Notwendigkeit, auf diesen Automaten Vorrichtungen unterzubringen, die es erlauben, neben der Drehbearbeitung andere spanende Fertigungsverfahren (außer Schleifen) und daneben sogar umformende Bearbeitung (Bild 7.34) zuzulassen [4/51, 4/52, 4/53, 4/54].

Es können aber auch umlaufende Werkzeugeinrichtungen (Synchrondrehzahl zur Hauptspindel) verwendet werden.

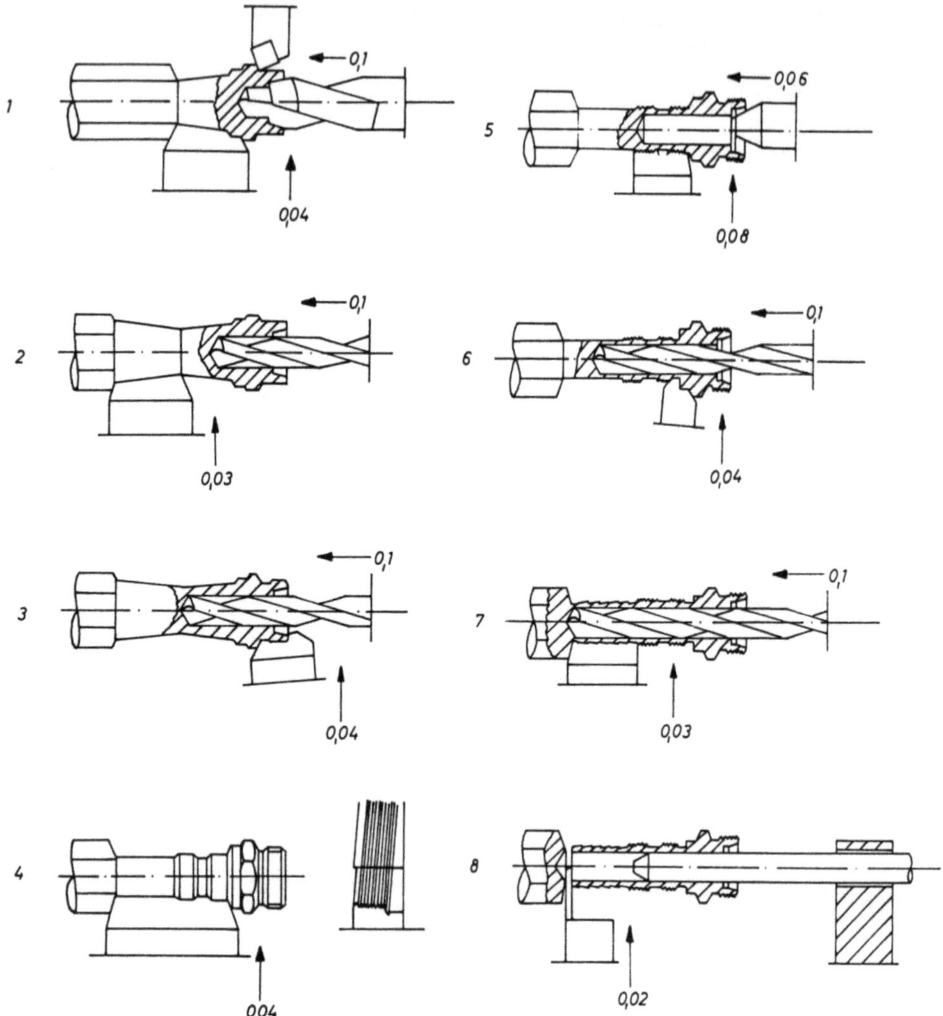

Bild 7.28 Werkzeugplan für das Werkstück Verschraubung.

Man unterscheidet

- Mehrspindel-Stangendrehautomaten (bis 100 mm Stangendurchmesser) und
- Mehrspindel-Futterautomaten.

Bei den Mehrspindel-Stangendrehautomaten wird das Rohteil durch Verschieben der Stange in Spannposition (untere Spindellage) erzeugt. Die Bearbeitung (siehe Werkzeugplan Bild 7.28) erfolgt meistens mit Formstählen. Bei dem Werkstück (Bild 7.29) handelt es sich um eine Verschraubung, die auf einem Achtspindel-Stangendrehautomaten AF 51 der Firma Schütte bearbeitet wird. Drehzahl $n = 1\,000\ \mathrm{min}^{-1}$, Schnittgeschwindigkeit $v = 116$ m/min, der Werkstückwerkstoff ist 9 SMn 36 und die Stückzeit $t_g = 12{,}4$ s. Vorschübe und Bearbeitung gehen aus Bild 7.30 hervor.

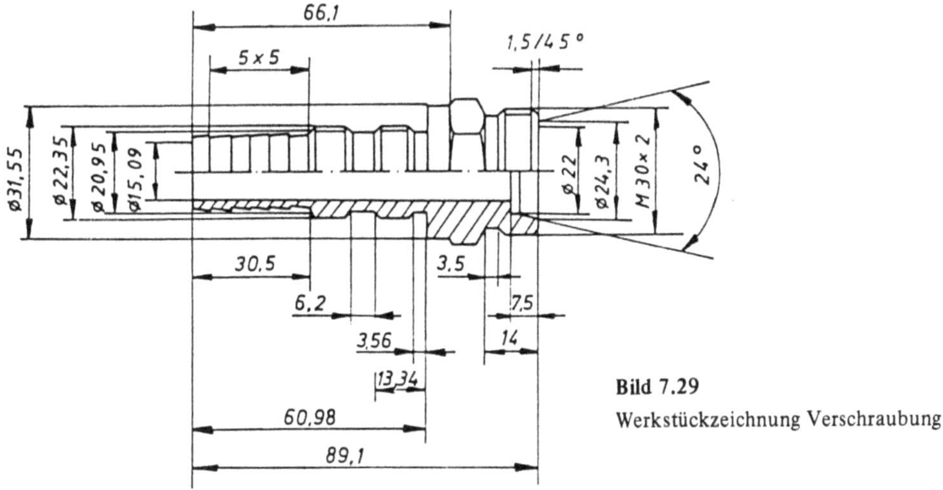

Bild 7.29
Werkstückzeichnung Verschraubung

Station		Bearbeitung	d Arbeits Ø mm	n Drehzahl min^{-1}	v Schnittgeschw. m/min	s Vorschub mm/U
1	L	Bohren, Überdrehen	23	1000	72	0,14
	Q	Formen	37	1000	116	0,044
2	L	Bohren	15	1000	47	0,12
	Q	Formen	37	1000	116	0,035
3	L	Bohren	15	1000	47	0,12
	Q	Formen	37	1000	116	0,035
4	L	Gewindeschneiden	M 30 × 2	1000	94	
	Q	Formen	28	1000	88	0,035
5	L	Formbohren	24,3	1000	76,3	0,058
	Q	Formen	22,35	1000	70,2	0,084
6	L	Bohren	15	1000	47	0,12
	Q	Formen	37	1000	116	0,04
7	L	Bohren	15	1000	47	0,12
	Q	Formen	20	1000	63	0,03
8	L	Abgreifen in der Bohrung,				
	Q	Abstechen	20	1000	63	0,02

L = Längsbearbeitung
Q = Querbearbeitung

Bild 7.30 Arbeitsstufenplan für das Werkstück Verschraubung.

Über 100 mm ist es aus mehreren Gründen nicht mehr sinnvoll, von der Stange zu arbeiten (große Unwuchten, große Massenmomente viel Spanabfälle). Bis zu einem maximalen Spanndurchmesser von 300 mm (4-Spindeln) können geschmiedete, gegossene oder zuvor gedrehte Teile gespannt werden. Die Werkstücke werden dabei manuell oder maschinell (Zubringe- und Einlegeeinrichtung) der Maschine eingegeben. In Bild 7.31 sieht man

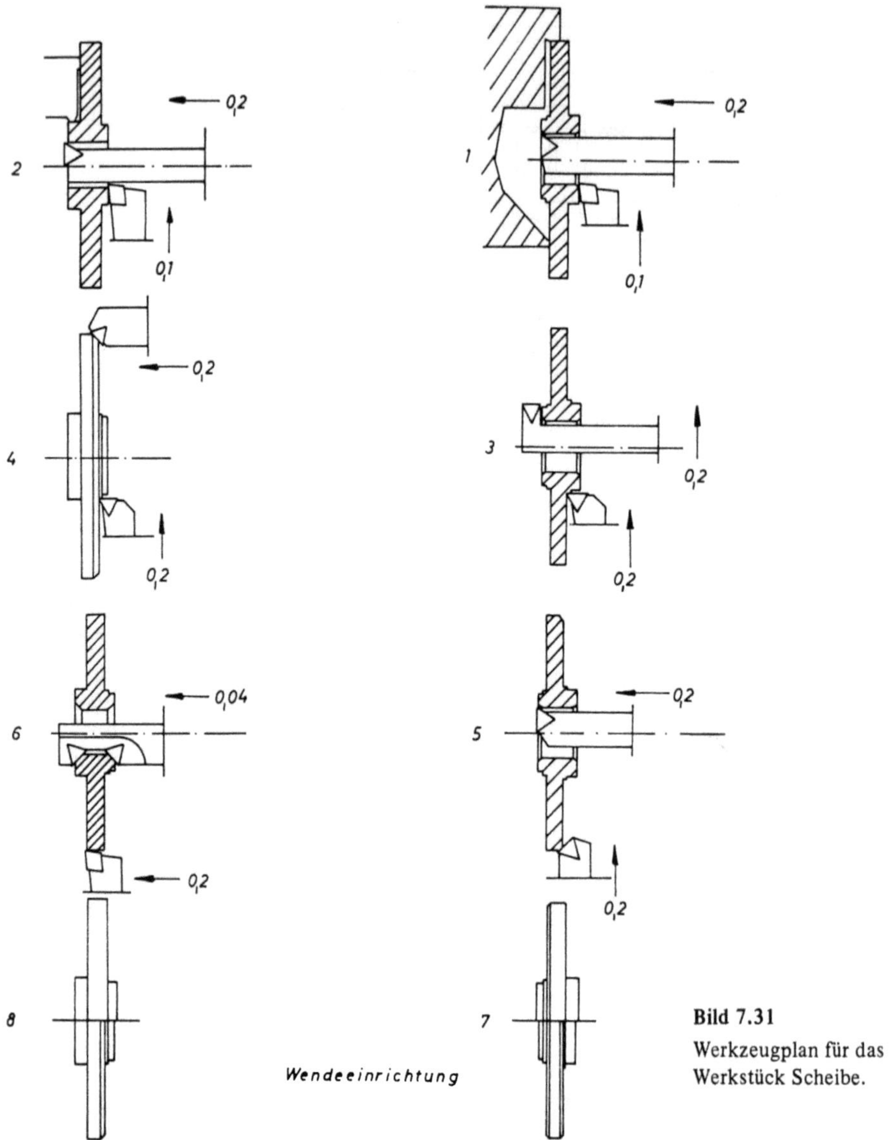

Bild 7.31
Werkzeugplan für das
Werkstück Scheibe.

den Werkzeugplan für das zahnradförmige Teil (Bild 7.32). Für die Bearbeitung von Futterteilen werden (Bild 7.33) ausschließlich Wendeschneidplattenwerkzeuge verwendet. Das Teil ist aus GG-25 ($n = 315$ min^{-1}, $v = 116$ m/min) und wird mit einer Stückzeit von $t_g = 26$ s auf einem Schütte Achtspindel-Futterautomaten AFH 160 bearbeitet. Diese extrem kurzen Grundzeiten erfordern Werkzeugpläne und Einrichtearbeiten. Um Werkstückgenauigkeiten von 0,01 mm (bezogen auf den Durchmesser) an den Automaten zu errechnen, sind oft Einrichtezeiten t_R von 4 Wochen bis mehrere Monate (bei Zubringe- und Einlegeeinrichtungen) notwendig.

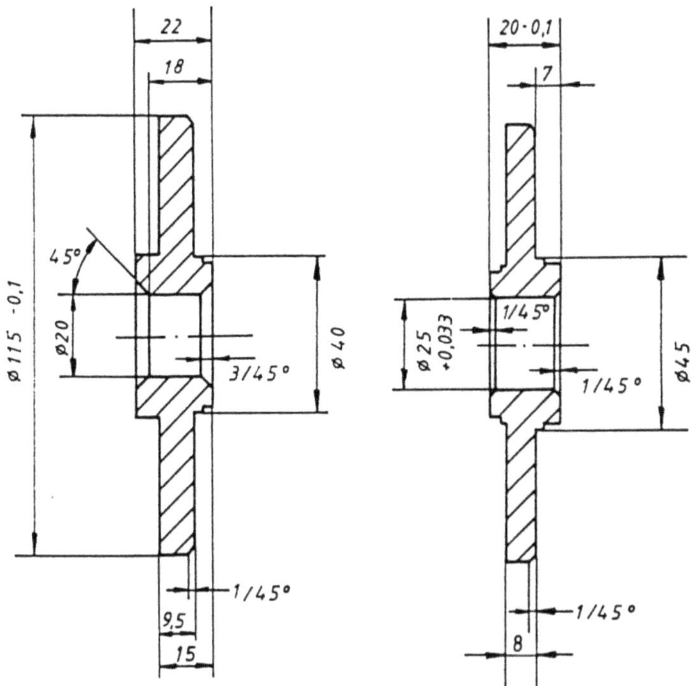

Bild 7.32 Werkstückzeichnung Scheibe.

Station		Bearbeitung	d Arbeits $\varnothing$ mm	n Drehzahl min^{-1}	v Schnittgeschw. m/min	s Vorschub mm/U
2	L	Ausdrehen	22	315	21,8	0,19
	Q	Planen	39	315	38,6	0,09
4	L	Kante brechen	118	315	116	0,03
	Q	Planen	118/40	315/923	116	0,2
6	L	2 × Kanten brechen	max. 30	315	29,7	0,04
	Q	Langdrehen	115	315	114	0,09
8		Eingebe- bzw. Wende- station				
1	L	Ausdrehen	24	315	23,7	0,19
	Q	Planen	43	315	42,5	0,1
3	L	Planen, Rückseite	39	806	38,6	0,19
	Q	Planen	115/45	315/806	114	0,19
5	L	Ausdrehen	$25_{+0,033}$	315	24,7	0,16
	Q	Kante brechen	115	315	114	0,02
7		Ausgebestation				

L = Längsbearbeitung
Q = Querbearbeitung

Bild 7.33 Arbeitsstufenplan für das Werkstück Scheibe.

Form	Vorrichtung	Vorgang
beliebige Form	Kopiereinrichtung	
Exzenter	Exzenterdreheinrichtung	
Gewinde	Gewindesträhleinrichtung	
Schnecke	Schäleinrichtung	
parallele Flächen	Räumeinrichtung Fräseinrichtung	Spindelstillsetzung oder synchron mit der Spindel umlaufende Vorrichtung
Querbohrung		
Mehrfachbohrung	Mehrspindelbohreinrichtung	
Mehrkant (Sechskant) innen, außen	Mehrkantdreheinrichtung	
beliebige Form, auch Gewinde mit hoher Oberflächengüte	Glattwalzeinrichtung Gewindewalzeinrichtung	Hartmetallwalzen
Verbinden zweier Werkstücke	Druckeinrichtung	Umbördeln

Bild 7.34 Verschiedene Vorrichtungen für bestimmte Bearbeitungsverfahren auf Mehrspindeldrehautomaten.

Von der Rüstzeit und dem Informationsträger (Metallkurven) her sind diese Automaten Großserienmaschinen (10^5 Werkstücke). Wie Wirtschaftlichkeitsbetrachtungen [4/28] auf der Basis des Maschinenstundensatzes zeigen, sind Mehrspindeldrehautomaten bereits im Bereich von etwa 10^3 Teilen gegenüber Einspindeldrehautomaten wirtschaftlich einsetzbar.

7.3.3.5.1 Mechanische Zwangssteuerung

Mechanische Zwangssteuerungen oder *Kurvensteuerungen* benutzen meist Metallkurven als Informationsträger. Diese Kurvensteuerungen werden in der Fertigungstechnik nicht nur an Drehautomaten (Einspindel- und Mehrspindeldrehautomaten), sondern auch an mechanischen Pressen angewandt.

In Bild 7.35 sieht man einen Querschlittenantrieb durch eine Trommelkurve. Ein Bolzen tastet eine Kurve, die auf einer rotierenden Trommel zentriert ist, ab und bewegt über ein Zahnsegment und eine Zahnstange einen Querschlitten. Dabei entspricht dem Schlittenweg der Kurvenweg und der Schlittengeschwindigkeit die Kurvensteigung. Nach diesem Prinzip kann auch ein Längsschlittenblock gesteuert werden. Dieses Prinzip erfordert bei jedem Werkstück einen Satz neuer Kurven. Unter Verwendung von Standard-Scheibenkurven und Kulissenhebeln (Prinzip Schütte) kann nicht nur *jeder* Längsschlittenlage ein unabhängiger Vorschub zugeordnet werden (Bild 7.36), sondern Hebelgestänge und Kurve sind in gewissen Grenzen für ähnliche andere Teile wiederverwendbar.

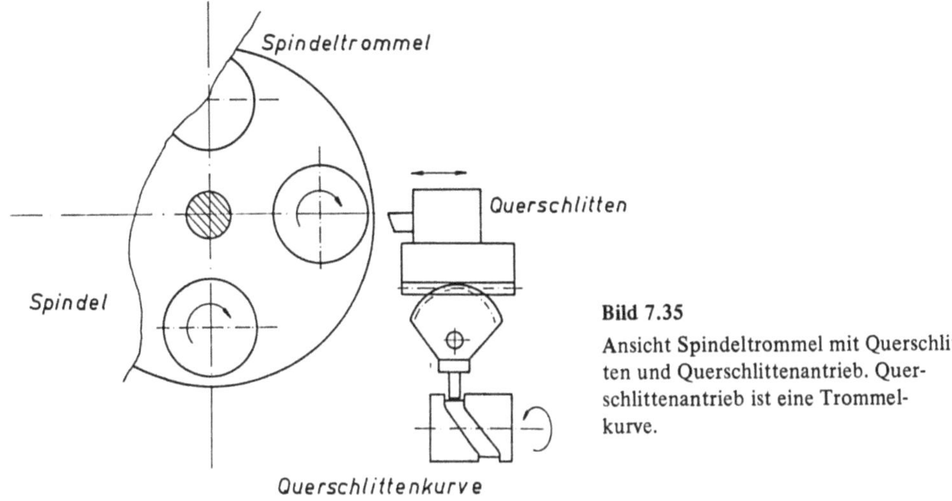

Bild 7.35
Ansicht Spindeltrommel mit Querschlitten und Querschlittenantrieb. Querschlittenantrieb ist eine Trommelkurve.

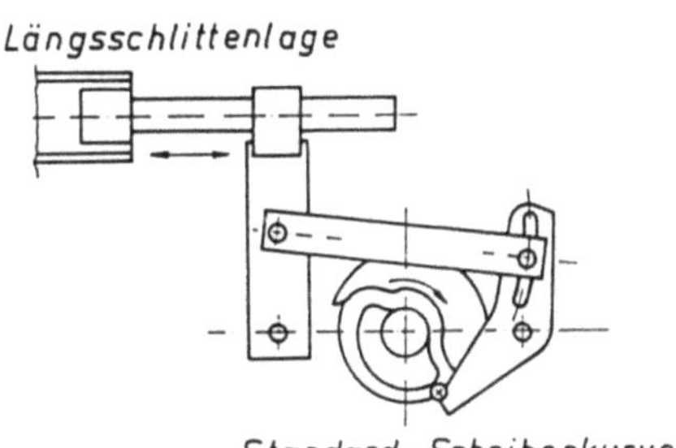

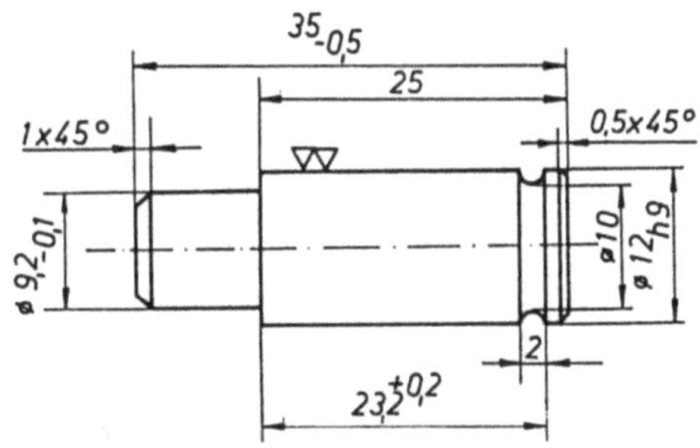

Bild 7.36 Kulissensteuerung mit einer Scheibenkurve für unabhängige Vorschübe.

Bild 7.37 Werkstückzeichnung Lagerbolzen (Rohmaterial: Stahl gezogen).

Die Berechnung der Kurven ist

– manuell und
– maschinell

möglich.

Zur maschinellen Berechnung und Herstellung der Kurven sind Software (Rechnerprogramme), Hardware (Rechner) und NC-gesteuerte Fertigungsmittel (NC-Brennschneid- und Fräsmaschinen) notwendig.

Beispiel

Für das Werkstück „Lagerbolzen" (St 37 gezogen), das auf einem Index-25 Langdrehautomaten bearbeitet werden soll (Bild 7.37), wird eine manuelle Kurvenberechnung für eine Scheibenkurve durchgeführt.

Dabei soll nur für den Abstechvorgang des sonst fertigen Werkstückes von der Stange die Kurve errechnet werden.

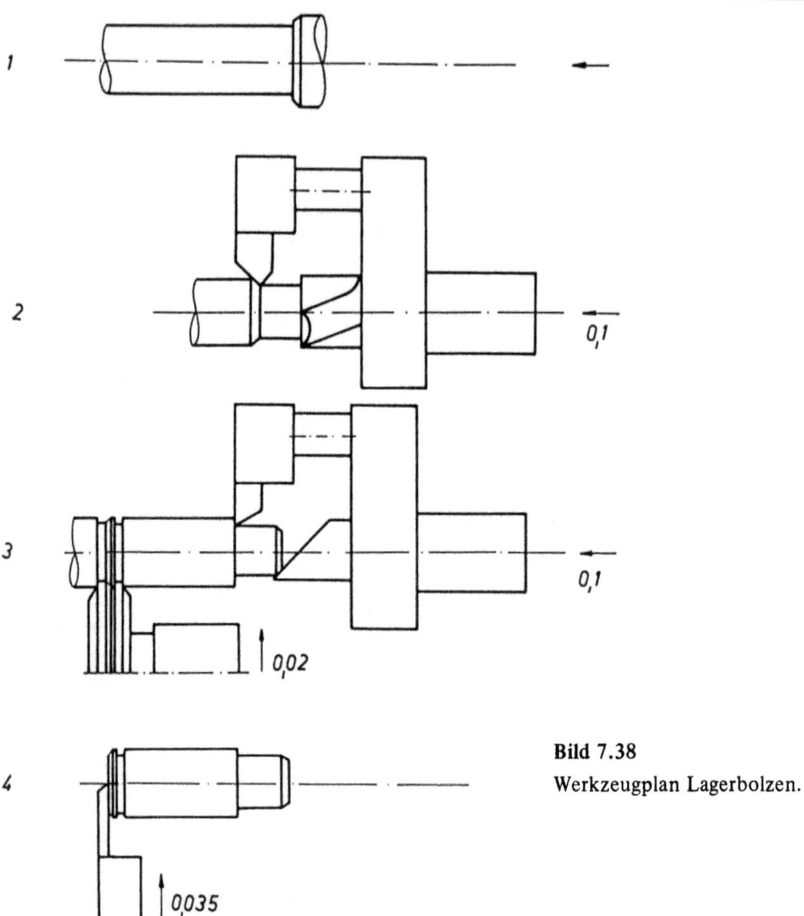

Bild 7.38
Werkzeugplan Lagerbolzen.

Folgende Faktoren sind bekannt:

- Maschine P_A = 2,2 kW η = 0,2
- Werkzeug, HSS x = 1,2, v = 35 m/min, κ = 90°, γ = 0°
- Werkstück St 37 $k_{s1.1}$ = 1 780 N/mm², z = 0,17, Rohteil $\varnothing$ = 12 mm
  a = b = 5 mm (vorgestochen Lage 3)
- Schnittkraftberechnung $k_{s1.1} = \dfrac{k_{s1.1}}{100}(106 - \gamma) = 1\,887$ N/mm²

Voraussetzung ist ein Werkzeugplan nach Bild 7.38.

Die *Kurvenberechnung* verläuft dann in folgenden Punkten [4/49]:

- Hauptspindeldrehzahl n = 950 min⁻¹
- Arbeitsweg L = 5 mm
- Schlittenvorschub $s = \left[\dfrac{P_A}{v \cdot b \cdot k_{s1.1} \cdot x}\right]^{\frac{1}{1-z}} = 0{,}035$ mm/U
- Hauptspindelumdrehungen
  je Arbeitsgang $A = \dfrac{L}{S} = 570$ Umdrehungen

– Stückzeitberechnung $\qquad t_g = \dfrac{L}{n \cdot s} = 9 \text{ s}$

– Berechnung der Anzahl der Hundertstel
  des Kurvenscheibenumfanges je Arbeitsvorgang $\quad x = \dfrac{100 \cdot A}{n} = 60.$

Bei der *Kurvenzeichnung* werden Längsschlitten- und Querschlittenkurven in dasselbe Diagramm (Bild 7.39) eingezeichnet. Der Kurvenscheibenumfang ist in 100 gleiche Teile unterteilt. Durch diese Teilpunkte sind Kreisbögen geschlagen, deren Radien R 94 und R 64 bei der Längsschlittenkurve bzw. bei den Querschlittenkurven den jeweiligen Hebelarmen der Schlittenantriebe entsprechen. Errechnet wurden 60 von 100 Strahlen am Kurvenumfang. Begonnen wird mit dem letzten errechneten Strahl (60), am kleinsten zu drehenden Durchmesser (0). Hier geht man um den Arbeitsweg (5 mm) zurück auf Strahl 0.

In das Kurvendiagramm sind die entsprechenden Kurven für alle Schlitten eingezeichnet. Sie stehen zueinander in einem festen Verhältnis, so daß die einzelnen Werkzeuge *nicht* mit einander kollidieren können (Zwangssteuerung).

Um die Reibung am Kurvenanfang zu vermindern, wird eine Rolle mit $\varnothing$ 14 mm am Antriebshebel befestigt. Die Scheibenkurve hat eine Stärke von 8 mm und ist gehärtet. Die Arbeitszeit des Teiles Lagerbolzen $t_g = 30 \text{ s}$.

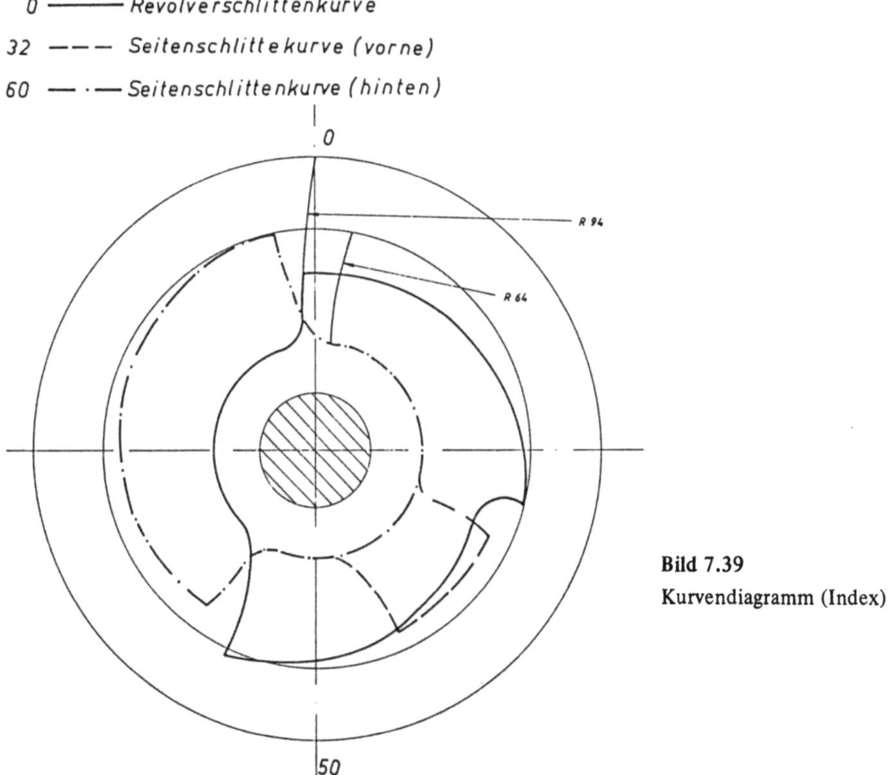

Bild 7.39
Kurvendiagramm (Index)

7.3.3.5.2 Mikroprozessorgesteuerter Mehrspindeldrehautomat

Ursprünglich werden bei mechanischen Zwangssteuerungen von einem Hauptantrieb sowohl die Hauptspindel als auch die Schlittensteuerwellen synchron betrieben. Die Steuerwelle, auf der die Kurve befestigt ist, steht mit dem Hauptantrieb in einem festen Übersetzungsverhältnis. Firma Index hat bei ihren Automaten der KM Serie z.B. keine aufwendigen Getriebe mehr [4/50]. Auf der Kurvensteuerwelle für einen Stückzeitbereich von 8 ... 800 s stufenlos einstellbar, sitzt ein Gleichstrommotor, der durch einen Mikroprozessor angesteuert wird. Die Kurven werden nicht mehr aus Stahl gearbeitet, sondern sind aus Kunststoff, weil das sie abtastende Hebelgestänge eine hydraulische Servoverstärkung besitzt. Damit wird die vom Schlitten auf Hebelgestänge, Rollenbolzen und Kurve wirkende Vorschubkraft vermindert. Die Kurven sind in einem definierten Bereich durch den Mikroprozessor in ihrer Wegfunktion veränderbar. Der auf derselben Steuerwelle wie Kurve und Gleichstrommotor sitzende Winkelcodierer, ermöglicht 1 000 Steuerimpulse für Schaltfunktionen. Die Vorteile der neuen Konzeption sind

- umweltfreundlicher durch bessere Aussterung der Schlittenkurven,
- schnelle Optimierung des Einrichtungsablaufes durch Programmierung des Mikroprozessors,
- kleinere t_g durch bessere Optimierung,
- kleinerer Rüstzeitaufwand.

7.3.3.6 Elektro-hydraulisch gesteuerte Drehautomaten

Elektro-hydraulisch gesteuerte Automaten sind Mittelserienmaschinen. Ihre Umrüstung vollzieht sich wesentlich schneller, als bei Mehrspindeldrehautomaten und trotzdem haben diese Maschinen kurze Bearbeitungszeiten. Diese kleinen Grundzeiten ergeben sich durch die:

- Werkzeuge,
- Werkzeugspeicher,
- Art der Steuerung.

Meist sind mehrere Schneiden gleichzeitig im Eingriff. Das setzt Kollisionsbetrachtungen und Werkzeugpläne voraus, wenn es sich um mehrere voneinander nicht abhängiger Schneiden handelt. Bei *Mehrfachwerkzeughaltern* ist eine Werkzeugkonstruktion notwendig.

Der *Werkzeugspeicher* dient dazu, die Schneiden nacheinander in kurzer Zeit in Eingriff zu bringen. Man bedient sich hier interner Werkzeugspeicher, d.h. Werkzeugmagazine, die laufend mit dem Schlitten verfahren werden. Dabei ist keine Werkzeugwechseleinrichtung notwendig. Man unterscheidet

- Schwenkmeißelhalter,
- Sternrevolver,
- Trommelrevolver,
- Flachtischrevolver (Bild 7.40).

Die Weiterschaltung geschieht hydraulisch oder meistens über Malteserkreuzgetriebe. Dabei muß die Verriegelung sehr genau sein, um eine kleine Positionsabweichung zu realisieren. Verriegelt wird der Revolver meistens in einer Hirthverzahnung.

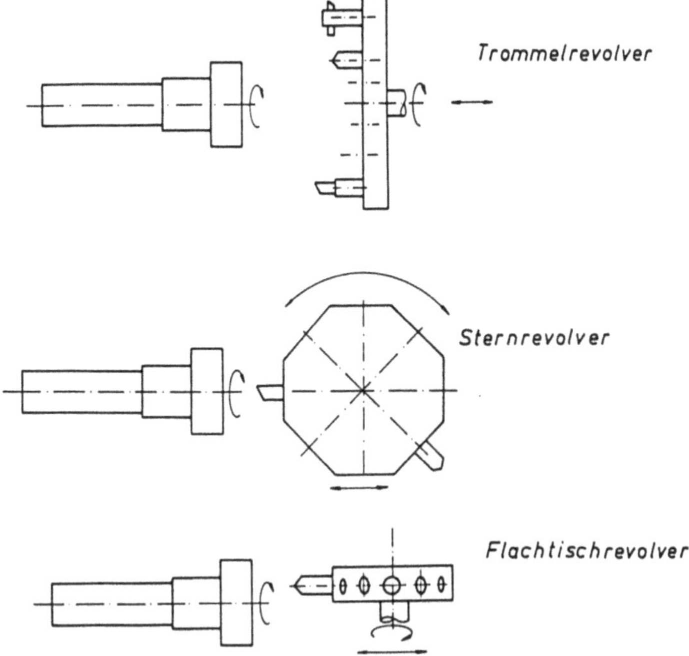

Bild 7.40 Verschiedene Werkzeugmagazine.

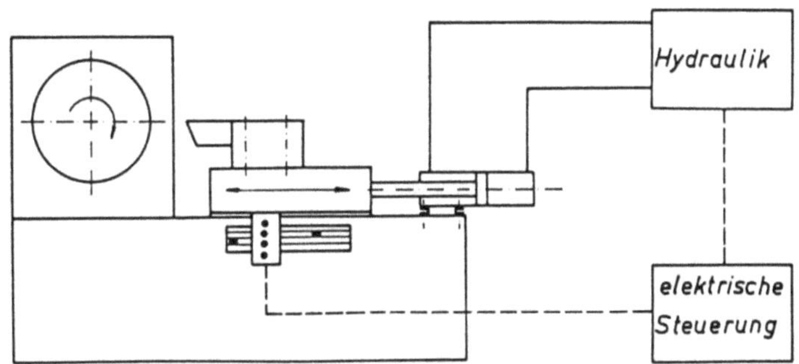

Bild 7.41 Funktionsschema einer elektro-hydraulischen Steuerung:
————— hydraulischer Informationsfluß,   ————— elektrischer Informationsfluß.

Das Funktionsschema einer elektro-hydraulischen Steuerung sieht man in Bild 7.41. Man unterscheidet

— Weginformationen von
— Schaltinformationen.

Weginformationen sind Verfahrwege von Schlitten und Werkzeugen. Diese Weginformationen werden durch Nocken auf Nockentafeln gesetzt, von elastischen Schaltelementen abgetastet und über die elektrische Steuerung an die Hydraulik übergeben, die dann den Antrieb rotatorisch oder meist translatorisch über einen hydraulischen Arbeitszylinder realisiert.

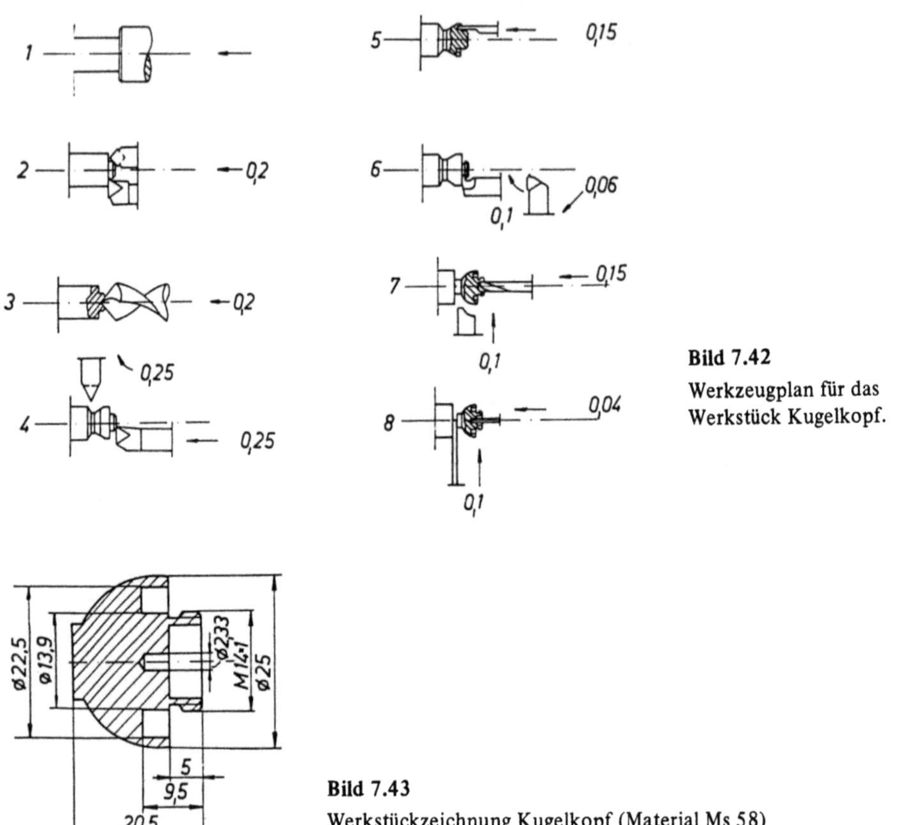

Bild 7.42
Werkzeugplan für das
Werkstück Kugelkopf.

Bild 7.43
Werkstückzeichnung Kugelkopf (Material Ms 58)

Schaltinformationen sind Drehzahlen und Vorschübe sowie die Zuordnung von Werkzeugen und Nockenbahnen. Diese Informationen werden in der Regel über einen Kreuzschienenverteiler mit Diodensteckern oder über Potentiometer der Steuerung eingegeben. In Bild 7.42 ist der Bearbeitungsplan mit den acht Schaltstellungen eines Sternrevolvers des elektro-hydraulisch gesteuerten Automaten Pimette 160 von der Firma Pittler dargestellt. Bild 7.43 zeigt das fertige Teil. Eine Besonderheit der elektro-hydraulisch gesteuerten Automaten ist dabei, daß beliebige Formen z.B. nach einer Urform (Schablone) hergestellt oder *kopiert* werden können. Der dazugehörige Arbeitsstufenplan steht in Bild 7.44.

Der Werkzeugplan in Bild 7.45 und der Arbeitsstufenplan 7.46 gehören zu einem zahnradförmigen Werkstück (Bild 7.47). Nachdem man einmal festgestellt hatte, daß ca. 50 % aller Teile im allgemeinen Maschinenbau im Verhältnis zu ihrem Durchmesser kurz sind (l/d $<$ 0,5), begann man Mitte der 60er Jahre mit dem Bau von Frontdrehmaschinen. Ein wesentliches Moment der Automatisierung ergab sich durch die Doppelspindelfutterautomaten (Bild 7.48). Dabei handelt es sich um zwei völlig voneinander unabhängige Maschinen, die zusammen in einem Spindelkasten untergebracht sind. Jedes Werkstück hat zwei Seiten, die bearbeitet werden müssen. Wenn man die Bearbeitungsaufgaben beider Werkstückseiten zeitlich gleich groß ansetzen kann, ergibt sich auf diesen Maschinen eine

Arbeitsstufenplan
Pimette 160
P_A = 7/11 kW   elektrisch-hydraulisch gesteuerter
t_g = 1.59 min   Drehautomat mit Sternrevolver

Lage	Bearbeitung	Arbeits Ø mm	Arbeits- länge 1 mm	Drehzahl n min⁻¹	Schnittgeschw. v m/min	Vorschub s mm/U	t_i min
1	Stange vorschieben						0,15
2	Längsdrehen/Fräsen	28/14,5	9	1800	160/84	0,2	0,09
3	Zentrieren	12	8	1800	69	0,2	0,09
4	Längs-/Plankopieren	25/17	30	1800	160/98	0,25	0,19
5	Stirnen	14	5	1800	84	0,15	0,05
6	Einstechen	23	12	1800	128	0,1	0,12
6	Längs-/Plankopieren	14/13	10	1800	80	0,06	0,26
6	Gewindestrählen	M14×1	6×20	1800	80	1	0,15
7	Senken	11	8	900	32	0,15	0,17
7	Einstechen	25	6	900	72	0,1	0,06
8	Bohren	2,35	6	1800	14	0,04	0,2
8	Abstechen	17	10	1800	98	0,1	0,06

Bild 7.44 Arbeitsstufenplan für das Werkstück Kugelkopf.

optimale Bearbeitung, wobei gegenüber zwei räumlich getrennten Maschinen Zeit, Transport und Zwischenlagerung gespart wird. Der Werkzeugplan (Bild 7.45) zeigt, daß im wesentlichen Wendeschneidplattenhalter eingesetzt werden, und daß auch hier schwierige Werkzeugkonturen kopiert werden (Lage 2 rechte Maschinenseite).

7.3.3.6.1 Elektro-hydraulische Steuerung

Bei der elektro-hydraulischen Steuerung sind die Aufgaben geteilt. Die Schlittenwege werden mechanisch eingestellt (Nocken), elektrisch abgetastet (Schalter) und hydraulisch ausgeführt (Arbeitszylinder).

Schaltersäulen und Nockentafeln sind empfindliche Schaltelemente, die im Arbeitsraum Spänen und Kühlmitteleinflüssen ausgesetzt sind und schlecht geschützt werden können. Zusätzlich zu der eigentlich ausführenden Hydraulik (Bild 7.49), die viele Nachteile hat, ist eine elektrische Folgesteuerung notwendig. Diese Gründe sind mit dafür verantwortlich, daß der Platz der elektro-hydraulischen Steuerung immer mehr von CNC-gesteuerten Automaten eingenommen wird.

Dagegen hat der elektro-hydraulisch gesteuerte Drehautomat in der Mittelserie bei komplizierten Werkstückformen noch seine Funktion als Kopierdrehautomat. Die Kraftverstärkung zwischen Abtaststelle und Arbeitsstelle erreicht man mit dem Servoprinzip durch Kolbenschieber, die eine, zwei oder vier Steuerkanten haben. In Bild 7.50 sind die wesentlichen Elemente einer hydraulischen Vierkantensteuerung zum Kopieren mit veränderlichem Leitvorschub dargestellt. Die Werkstückgenauigkeiten dieser Kopierdrehautomaten liegen bei etwa 0,01 bis 0,02 mm.

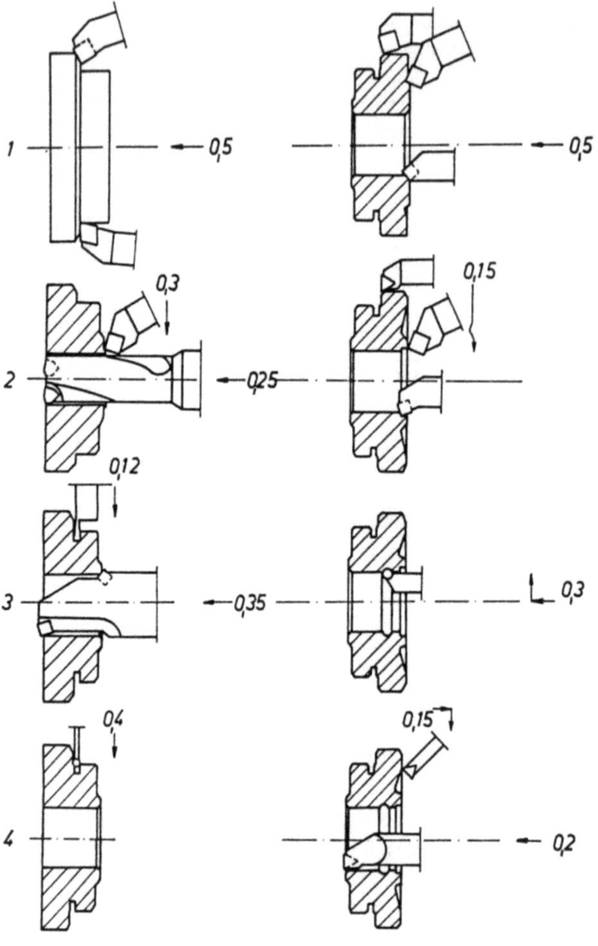

Bild 7.45 Werkzeugplan für das Werkstück Zahnradkörper.

Von der Pumpe wird über eine druckunabhängige Drossel ein konstanter Förderstrom geliefert. Überschüssiges Öl fließt dabei über das Druckbegrenzungsventil zurück in den etwa 150 l fassenden Hydraulikbehälter (Rückkühlung). Das Vorspannventil öffnet bei einem bestimmten Druck in der Zuleitung zum Taster langsam die Zuleitung zum Richtungswähler und dann zum Längszylinder.

Damit ist die Größe des Längsvorschubes abhängig vom Druck in der Tastzuleitung. Wird der Taster weit ausgelenkt oder in anderer Richtung durch die Feder weit ausgeschoben, so öffnen seine Steuerkanten die jeweiligen Zuflüsse weit, der Zuflußdruck sinkt und der Leitvorschub wird langsamer oder bleibt stehen. Steile Winkel werden also mit kleiner Leitgeschwindigkeit, Winkel von 90° ohne Leitvorschub nachgefahren.

Arbeitsstufenplan
Doppelspindelfutterautomat Pidofat 251 R
Werkstück Doppelrad
Werkstückwerkstoff C 45
Rohteilabmaße $\varnothing$ 190 $\times$ 54 mm
P_A = 18/26 kW

elektrisch-hydraulisch gesteuerter
Doppelspindelfutterautomat mit je
einem Kreuz- und Revolverschlitten

	Lage	Bearbeitung	Arbeits $\varnothing$ mm	Arbeits-länge 1 mm	Drehzahl n min^{-1}	Schnittgeschw. v m/min	Vorschub s mm/U	t_i min
linke Maschinenseite	1	Längsdrehen	190/152	32	225	134/107	0,5	0,37
	2	Bohren	50	58	900	141	0,25	0,34
	2	Kopieren	152	49	900	430	0,3	0,2
	3	Längsdrehen, Fräsen	62	56	355	69	0,35	0,54
	3	Einstechen	152	10	355	170	0,12	0,2
	4	Fräsen	178	17	355	199	0,4	0,48
rechte Maschinenseite	1	Längsdrehen	152	30	355	170	0,5	0,17
	2	Plandrehen	150	45	355	167	0,15	0,85
	3	Einstechen	55	5	900	156	0,3	0,02
	4	Innendrehen	50	50	900	141	0,15	0,37
	4	Kopierdrehen	150	45	355	167	0,2	0,63

Damit sind die Bearbeitungszeiten der beiden Maschinenseiten nahezu gleich lang.

Bild 7.46 Arbeitsstufenplan für das Werkstück Zahnradkörper.

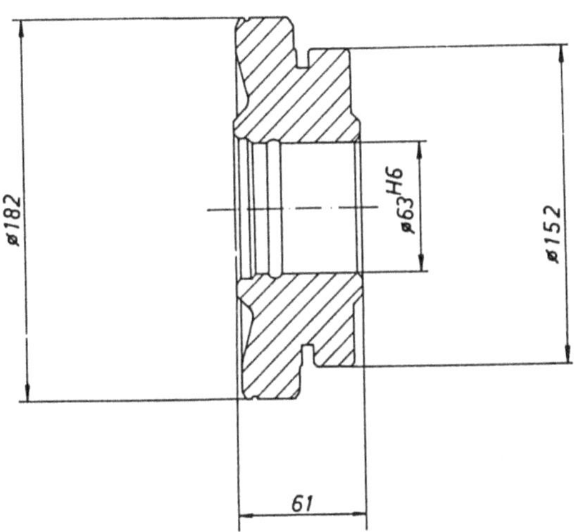

Bild 7.47
Werkstückzeichnung Zahnradkörper.

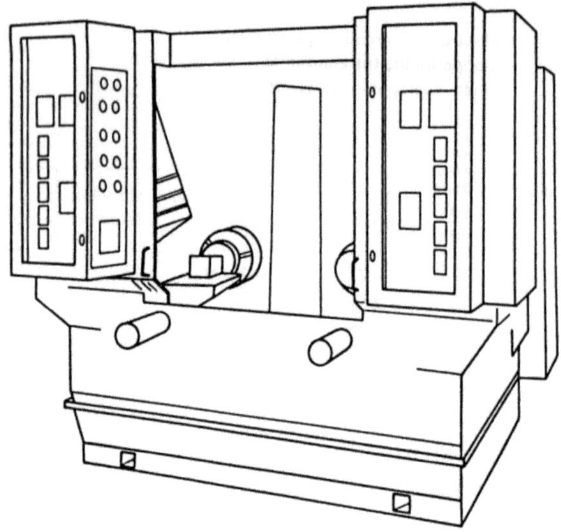

Bild 7.48
Doppelspindelfutterautomat
Pidofat 251 (Pittler).

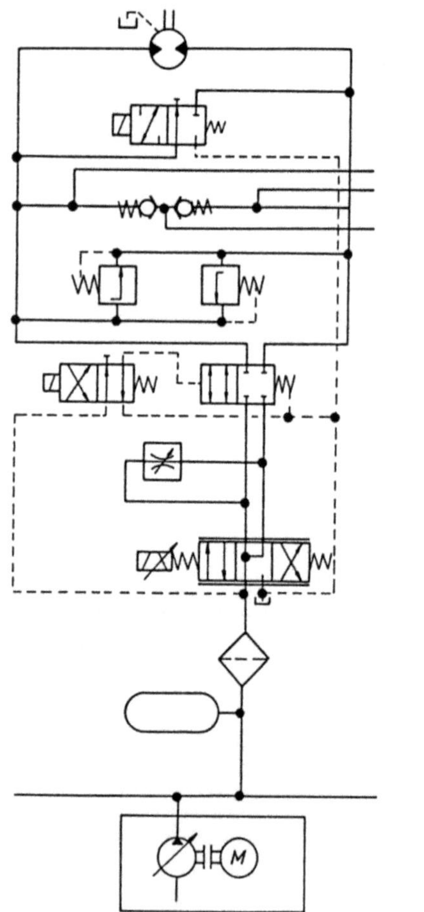

Bild 7.49

Hydraulischer Servoantrieb
für eine Schlittenachse [7/8].

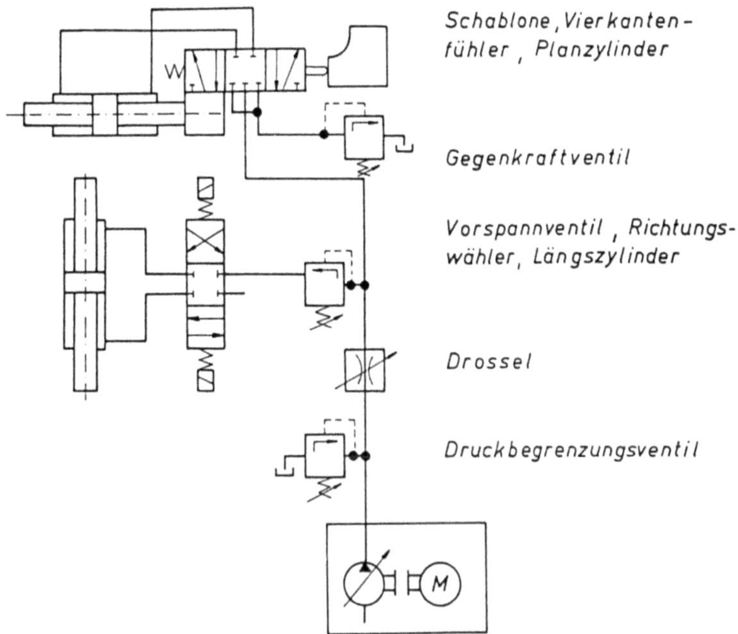

Bild 7.50 Hydraulische Vierkantenkopiersteuerung [1/5].

Art der Programmierung	Voraussetzungen	Vorteil	Nachteil
Manuell, Arbeitsvorbereitung	Werkzeugdatei, Adreßdatei, Werkstückzeichnung, Werkzeugmaschinendaten.	Programmierung ohne Betriebsmittel möglich.	Hohe Programmierkosten, da große Programmierzeiten.
Manuell, Werkzeugmaschine	CNC-Steuerung, Werkstückzeichnung.	Änderungen vorhandener Programme sind schnell möglich.	Hoher Werkzeugmaschinenstundensatz.
Maschinell, EDVA off line, (halbmaschinell)	EDVA mit ca. 128 kB, Processor (AUTOPIT), Postprocessor, Werkstückzeichnung.	Schnelle Programmerstellung in 1 ... 2 h.	Teuere Betriebsmittel.
Maschinell, EDVA on line	Datenbus, DNC-Betrieb, EDVA, Processor, Postprocessor, Werkstückzeichnung.	Keine Datenarchivierung notwendig.	Bei Betriebsstörungen, Stillstand im ganzen System oder Doppelrechner

Bild 7.51 Verschiedene Möglichkeiten zur Programmierung NC-gesteuerter Werkzeugmaschinen. Natürlich sind Kombinationen dieser Programmierarten untereinander ebenfalls möglich.

7.3.3.7 NC-Technik

Der Einsatz von numerisch gesteuerten Werkzeugmaschinen erfolgt wirtschaftlich in der Kleinserie. In typischer *Einschneidenbearbeitung* werden die einzelnen Konturen am Werkstück hergestellt. Vom Beginn der NC-Technik Mitte der 50er Jahre bis heute sind ca. 50000 NC-Maschinen in der Bundesrepublik Deutschland (ca. 5 % vom Gesamtfertigungsvolumen) im Einsatz. Damit ist zweifellos eine Automatisierung der Kleinserie durch die NC-Technik gelungen. Einzelne Begriffe aus der NC-Technik sind in Bild 7.52 dargestellt.

Die *digitale* (zahlenmäßige) *Eingabe der Informationen*, anfangs mittels eines Lochstreifens, hat die Rüstzeiten dieser Automaten in den Bereich von 2 h ... 2 Tagen gebracht. Bei der Programmierung unterscheidet man nach Bild 7.51.

Grundsätzlich spricht man von einer

   – äußeren Datenverarbeitung und
   – inneren Datenverarbeitung.

Die *innere Datenverarbeitung* ist in Bild 7.52 dargestellt. Sie umfaßt

   – Informationseingabe,
   – Speicher für Weg- und Schaltinformationen,
   – Sollwertbilder,
   – Ist-Sollwertvergleich und
   – Achslageregelkreise.

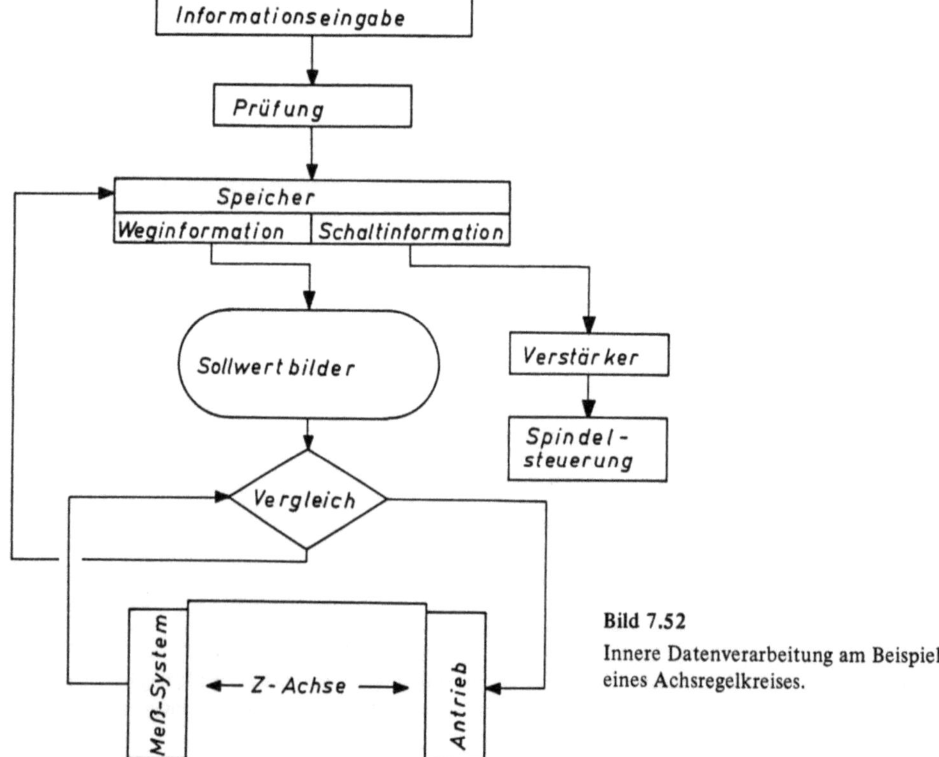

Bild 7.52

Innere Datenverarbeitung am Beispiel eines Achsregelkreises.

Die *äußere Datenverarbeitung* faßt Bereitstellung, Ordnung und Programmierung aller Daten für die Erstellung eines Datenträgers für die Informationseingabe der NC-Werkzeugmaschine zusammen.

Gebräuchliche Informationseingabe sind

— Potentiometer,
— Kreuzschienenverteiler,
— Programmkarten,
— Lochstreifen,
— Kassette.

Während die Eingabe der Daten über Potentiometer, Kreuzschienenverteiler und Programmkarte viel Zeit erfordert, dienen Lochstreifen und Kassette heute weitgehend nur noch zum Archivieren.

NC-Steuerungen mit komplexem Speicher (CNC) haben sich durchgesetzt. Damit müssen nur noch zu Beginn der Bearbeitung die Daten mittels Datenträger eingespeichert werden, um dann beliebig oft aus dem Speicher abgerufen werden zu können.

Adressen, Schlüsselzahlen und Unterprogrammbezeichnungen sind in Bild 7.53 niedergelegt.

N		Satznummer
G		Wegbedingung
	G 01	Geradeninterpolation
	G 33	Gewindeschneiden
	G 92	programmierte Bezugspunktverschiebung
X		Bewegung in Längsrichtung x-Achse
Z		Bewegung in Planrichtung z-Achse
F		Vorschub
S		Spindeldrehzahl
T		Werkzeug
M		Zusatzfunktion
	M 00	vorprogrammierter Halt
	M 02	Programmende
	M 05	Spindel Halt
	M 08	Kühlmittel ein
	M 30	Lochstreifenende
	M 60	Werkstückwechsel

Bild 7.53

Adressen und Schlüsselzahlen für NC-Werkzeugmaschinen nach DIN 66025.

Eine Programmierung geschieht heute bei Einzelmaschinen in der Werkstatt am Bedienungspult (display). Die Programmierung wird weitgehend durch Dialogbetrieb mit der Maschine und komplexen Unterprogrammen (siehe Programmierbeispiel) bewältigt. Hat ein Kunde mehr als 5 NC-Werkzeugmaschinen derselben Type, dann lohnt heute eine maschinelle Programmierung mittels Dialogprogrammierplatz und Busbetrieb zu der NC-Werkzeugmaschine. Damit liegt hier einfacher DNC-Betrieb vor, der die Archivierung und Verwaltung von Datenträgern einspart.

Programmierbeispiel

Es liegt ein CNC-Drehautomat (NF 250 E/Pittler) mit Sinumerik 5T zugrunde. Der Automat hat:

Spannfutter $\varnothing$ 250 mm, P_A = 27 kW, Trommelwerkzeugspeicher mit 12 Werkzeugen,
Schlittenweg 400 mm, n = 25 ... 2800 min^{-1}.

Die Drehspindellagerung besteht aus zwei Kegelrollenlagern, das Bett ist schräg nach vorne geneigt, die Maschine ist allseitig gekapselt.

Das zu bearbeitende Werkstück sieht man in Bild 7.54.

Die Programmierung erfolgt hier mit Programmzyklen. Die Displayanzeige ist in Bild 7.55 dargestellt. Dabei sind die einzelnen Programmzyklen im unteren Teil des Bildes näher erläutert.

In Bild 7.56 sind dann nocheinmal einige Begriffe aus der NC-Technik zusammengefaßt und näher erläutert.

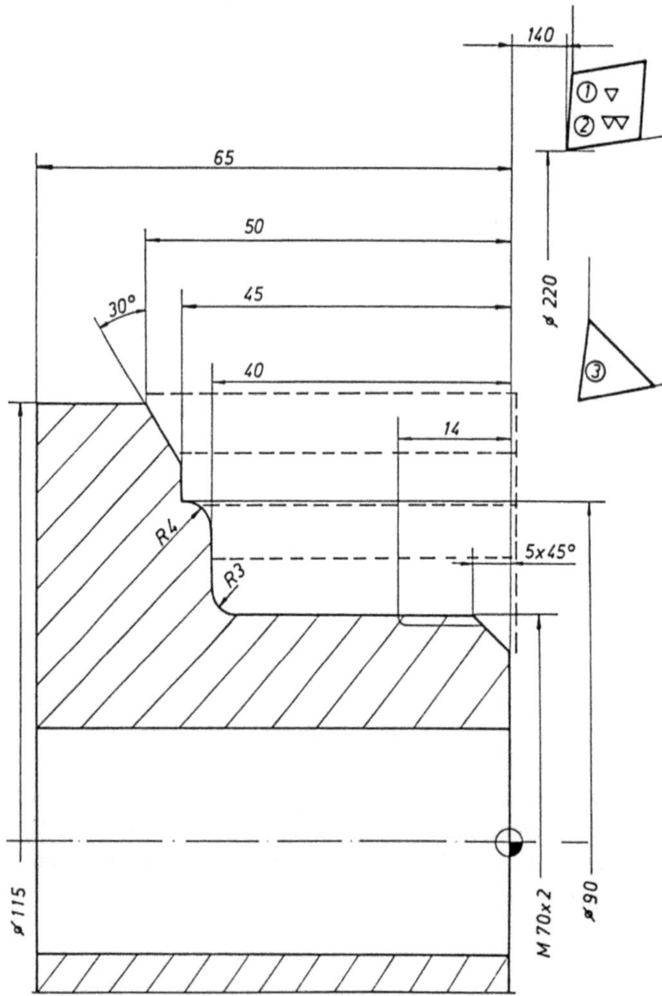

Bild 7.54

Programmierbeispiel Pittler Werkstückzeichnung.

Lochstreifenmanuskript bzw. Displayanzeige	Erläuterung
N1 G92 X 22000 Z 14000	
N2 2T0101 M15	Schruppoperation
N3 G00 X11800 Z180 M39	
N4 G71 G96 P5 Q13 U80 W20 D600 F50 S 200 M04	
N5 5 G00 X5866 Z180 M08	Startpunkt zum Drehen
N6 G01 X7160 Z467	Fase 5 × 45°
N7 Z-3600	⌀ bis R3
N8 G02 X7600 Z-3920 J220	R3
N9 G01 X8200	Planfläche
N10 G03 X9160 Z-4400 K-480	R4
N11 G01 Z-4420	⌀ 90
N12 X8910	Planfläche bis Winkel 30°
N13 X11710 Z-4968	Winkel 30°
N14 G00 X12000 Z3000	
N15 S250 T0202 M16	Schlichtoperation
N16 G70 P5 Q14	
N17 T0303 M16	
N18 G00 G97 X7200 Z1000 S650 M03	
N19 G76 X6754 Z-1600 K123 D50 F200 A60	M70 × 2
N20 G00 X22000 Z14000 T0 M05	
G70	Zyklus Schlichten
G71	Zyklus Schruppen
G76	Zyklus Gewinde
U80	Aufmaß 0,8 mm ⌀
W20	Aufmaß 0,2 mm längs
D600	Schnittiefe 6 mm
D 50	Aufmaß 0,5 mm
F200	Steigung 2 mm
A 60	Werkzeugwinkel 60°

Bild 7.55 Programmierbeispiel: Programm mit Programmzyklen.

7.3.3.7.1 Flexibles Fertigungssystem

Unter einem Flexiblen Fertigungssystem versteht man eine automatische Fertigung, bei der Daten- und Transportfluß von einem übergeordneten Prozeßrechner aus gesteuert werden. Dabei handelt es sich bei den Einzelkomponenten um CNC-Werkzeugmaschinen, Industrieroboter, NC-Regellager für die Ablage von Werkzeugen und Werkstücken. Vorteil dieses Flexiblen Fertigungssystems ist die schnelle Umstellung der Produktion auf andere Teile. Nachteilig sind augenblicklich noch die hohen Kosten dieser Produktionsmittel.

7.3.3.7.2 CNC-Betrieb

Diese Steuerung entspricht in ihrem Funktionsablauf der Achsregelung einer NC-Steuerung. Dazu besitzt sie einen zentralen Prozessor in Form eines Mikroprozessors, der über einen zentralen Daten- und Adreßbus verschiedene Prozessoren mit Speicherfunktion, Interpolation, Lageregelung sowie Ein- und Ausgabefunktion durch Signale ansteuert. Der Mikroprozessor verfügt über einen anwendungsspezifischen Maschinenbefehlssatz, der im Hauptspeicher abgelegt ist. Dieser Speicher setzt sich aus mehreren Bausteinen zusam-

men je nachdem, ob diese Speicher programmierbar sind oder nicht verändert werden
können:

ROM   — während der Herstellung programmierbarer Speicher,
RAM   — Kurzzeitspeicher von Steuerdaten,
PROM   — elektrisch programmierbarer Speicher,
EPROM   — durch UV-Licht umprogrammierbarer Speicher,
EEPROM   — elektrisch umprogrammierbarer Speicher.

Steuerung Regelung	Erklärung	Bemerkung	Anwendung
Folge- steuerung	Impulse steuern die einzelnen Schritte (Bild 7.57)	elektro-hydraulische Steuerung	Drehautomaten, Fräsautomaten, Pressenstraßen, Transferstraßen,
NC	numerical control	Lageregelkreise (Bild 7.58)	Drehautomaten, Bearbeitungszentren, Industrieroboter, Drückmaschinen, Biegemaschinen,
CNC	computer numerical control	NC-Steuerung mit komplexem Speicher	Drehautomaten, Bearbeitungszentren, Industrieroboter, Drückmaschinen, Biegemaschinen, Drahterosionsmaschinen,
DNC	direct numerical control	Verschiedene Werk- zeugmaschinen mit NC, CNC-Steuerung durch einen über- geordneten Rechner gesteuert (Bild 7.59)	Flexible Fertigungssysteme, Walzstraße, Galvanisieranlage,
PC	programmable control	freiprogrammierbare Steuerung	Montagesysteme, Industrieroboter, Werkzeugmaschinen,

Bild 7.56 Zusammenfassung einiger Begriffe aus der NC-Technik.

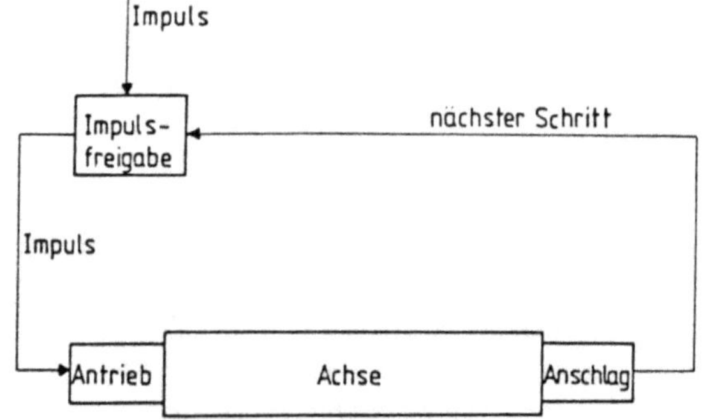

Bild 7.57
Schema einer Folgesteuerung.

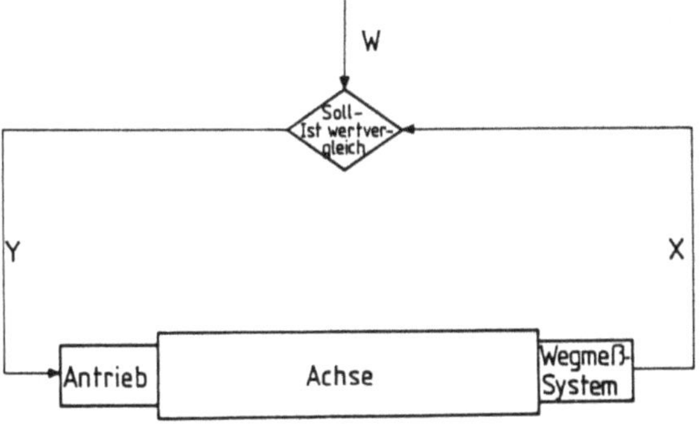

Bild 7.58
Lageregelkreis einer
Achse.

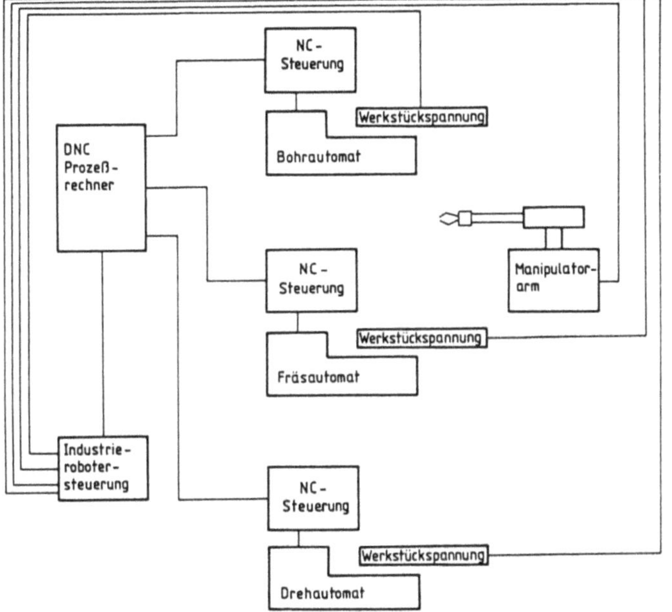

Bild 7.59
DNC-Betrieb.

Ein Standard-Mikroprozessor fungiert als CPU (central processing unit) also als zentrale Steuereinheit.

Bei der CNC-Steuerung entfällt das laufende Eingeben der Steuerdaten satzweise über z.B. einen Lochstreifenleser. Vielmehr wird das Programm zu Beginn einmal über eine Kassette in den Arbeitsspeicher eingespielt. Über einen Sichtschirm können die Daten jetzt satzweise abgerufen und leicht geändert werden. Da die Speicherkapazitäten moderner Mehrprozessorsteuerungen z.T. recht umfangreich sind, entfällt bei kleineren Betrieben die Datenverwaltung mit Lochstreifen oder Kassetten. Wichtige Programme werden direkt im Speicher der CNC-Steuerung aufbewahrt.

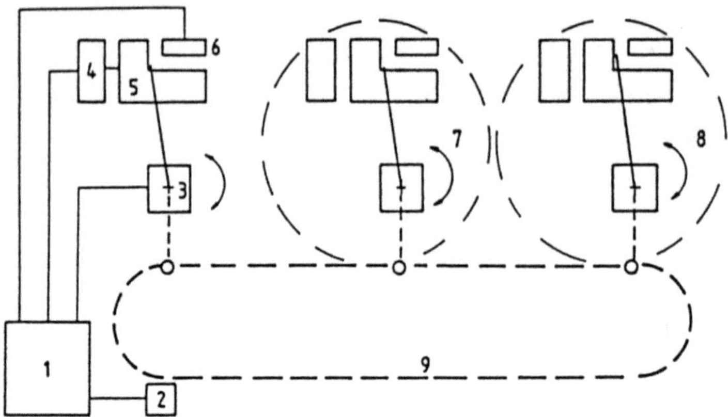

Bild 7.60 Darstellung einer flexiblen Fertigungszelle mit mehreren NC-Werkzeugmaschinen und mehreren Industrierobotern, verbunden durch ein Förderband.

1 Prozeßrechner, 2 Förderbandsteuerung, 3 Industrieroboter, 4 CNC-Steuerung, 5 Werkzeugmaschine, 7, 6 benachbarte Fertigungszellen.

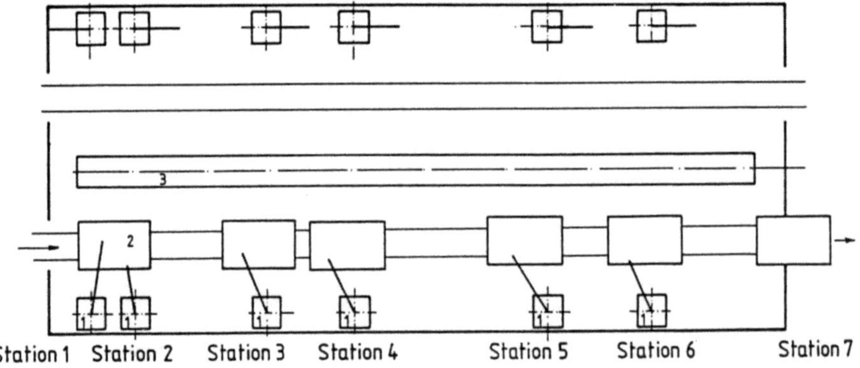

Bild 7.61 Schweißstraße zum Schweißen von PKW Seitenteilen bei Daimler Benz.

1 Industrieroboter, 2 transportable Klappgestelle, 3 Bühne mit Schweißsteuerungen.

Station 1: Eingabe, Station 2: Heftstation, Station 3 bis 6: Ausschweißstationen, Station 7: Entnahme.

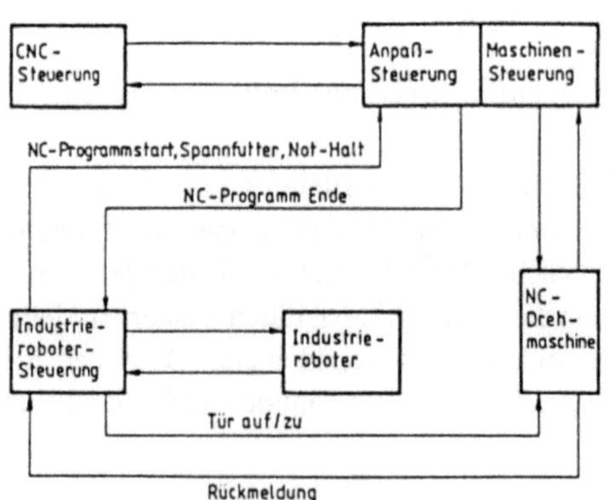

Bild 7.62

Blockschaltbild für den Dialog zwischen verschiedenen Steuerungen.

7.3.3.7.3 Mehrprozessorsteuerung

Man unterscheidet:

Mehrplatinensysteme	— mehrere Leiterplatten mit mehreren Mikroprozessoren bilden die Steuerung,
einfache Mehrprozessorsteuerung	— CPU besteht aus mehreren Mikroprozessoren, die an mehreren Speichereinheiten und Achssteuereinheiten angeschlossen sind. Die CPU kann mehrere Funktionen gleichzeitig überwachen.
modulare Mehrprozessorsteuerung	— Mehrprozessorsteuerung mit voller Austauschbarkeit und Nachrüstbarkeit der auf den Leiterplatten befindlichen Funktionsgruppen.

Vorteile der Mehrprozessorsteuerung liegen vor allem in

— Lösung von Steuerungen mit hoher Datenmenge und -geschwindigkeit,
— Realisierung von Steuerungen mit Vielfachfunktionen,
— Aufbau des Systems aus universeller Hardware, eingebunden in zentrale Systemsoftware,

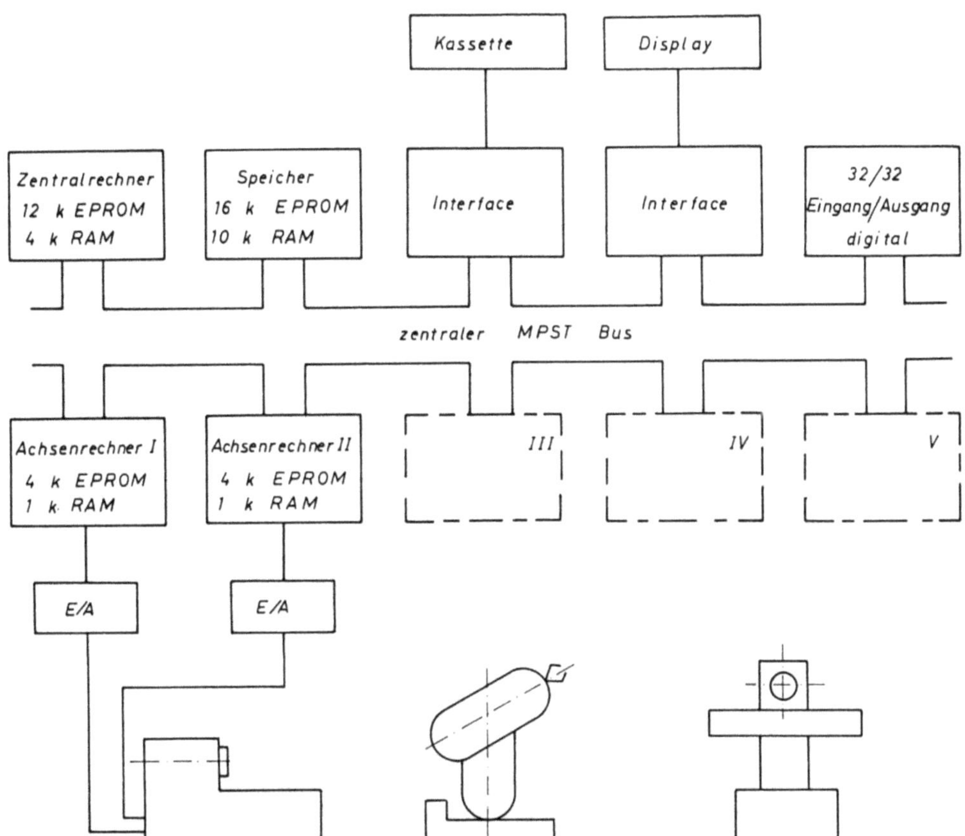

Bild 7.63 Blockschaltbild einer Mehrpozessorsteuerung passend für Werkzeugmaschinen oder Handhabungsautomaten.

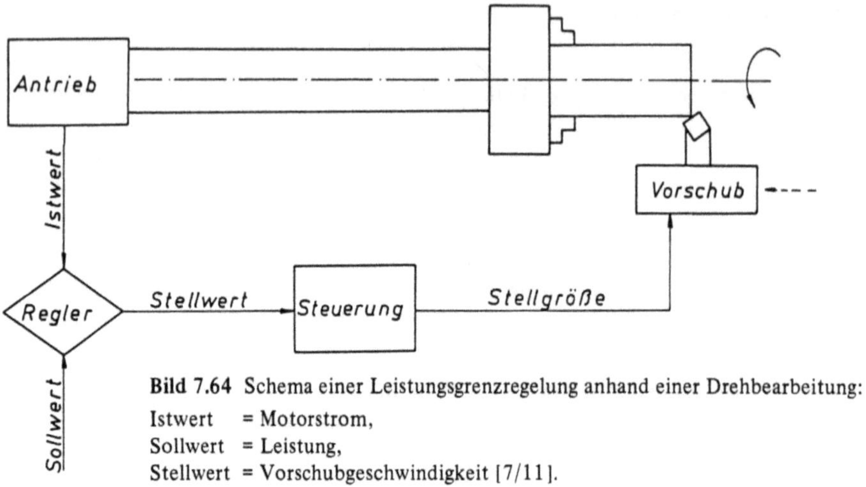

Bild 7.64 Schema einer Leistungsgrenzregelung anhand einer Drehbearbeitung:
Istwert   = Motorstrom,
Sollwert = Leistung,
Stellwert = Vorschubgeschwindigkeit [7/11].

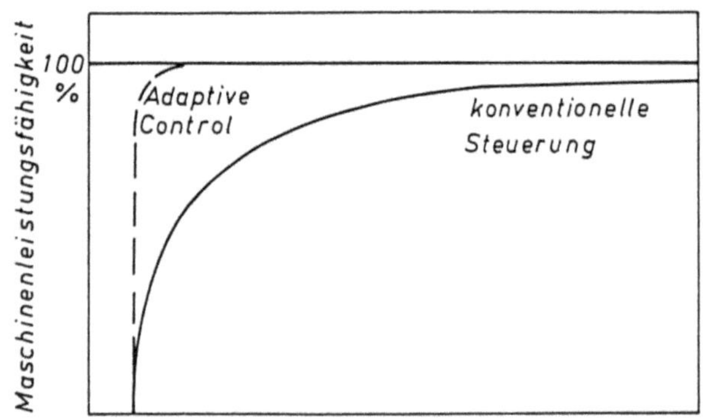

Bild 7.65

Die Maschinenleistungsfähigkeit
als Funktion des Programmierauf-
wandes bei einer AC-Regelung im
Vergleich zu einer konventionellen
Steuerung [4/55].

- beliebiger Nachrüstbarkeit auch neuer Steuerungsbausteine (aufwärtskompatibel),
- digitalem statt analogem Verstärker,
- höherer Zuverlässigkeit durch zusätzliche Redundanz,
- Realisierung von Zusatzfunktionen (Diagnose, Meßsteuerung, Interpolatoren, Sensorfunktionen, usw.).

7.3.3.7.4 Adaptive Control

AC-Regelungen oder Anpaßregelungen werden eingeteilt in:

- ACO (AC-Optimisation) Optimierregelung,
- ACC (AC-Constraint) Grenzwertregelung.

Während Optimierregelungen in der Form von Meßregelungen schon lange in der Fertigungstechnik Eingang gefunden haben, sind Grenzwertregelungen in der praktischen Anwendung nicht ohne Probleme. In der Regel ist eine elektrische Steuerung (elektro-
hydraulisch, numerisch) Voraussetzung zum Anbau einer AC-Regelung (ACC). Der Sinn
wird in Bild 7.65 klar. Durch Anbau von ACC wird der Programmieraufwand verringert
unter gleichzeitiger Zunahme der Maschinenleistungsfähigkeit.

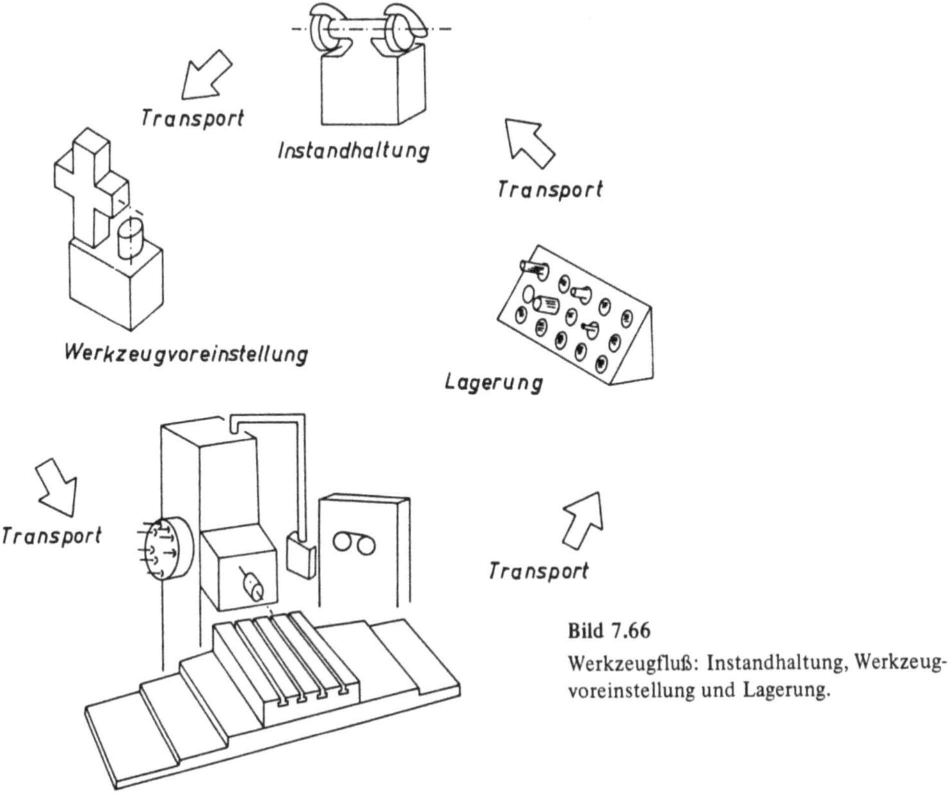

Bild 7.66
Werkzeugfluß: Instandhaltung, Werkzeugvoreinstellung und Lagerung.

Problematisch sind die Meßfühler, die noch nicht das gewünschte Totzeitverhalten, d.h. kleinste Regelzeiten aufweisen. So wird die Vision einer Werkzeugmaschine, der man lediglich angibt, sie soll bis zu einem festen Punkt im Eilgang verfahren und sofort nach Erreichen eines Widerstandes mit der fertigungstechnischen Bearbeitung beginnen, noch umfangreicher Untersuchungen bedürfen.

7.3.3.8 NC-Bearbeitungszentrum

Bearbeitungszentren sind Kleinserienmaschinen. Sie haben sich aus Bohrwerken bzw. Universalfräsmaschinen entwickelt und werden zur allseitigen, automatischen Bearbeitung mittlerer bis großer, nicht rotationsförmiger Werkstücke in einer Aufspannung eingesetzt. Ein kurze Rüstzeit wird einerseits durch einen automatischen Arbeitsablauf, über eine mehrachsige NC-Bahnsteuerung gesteuert, und andererseits durch eine einschneidige Bearbeitung sowie eine durchorganisierte Werkzeugvoreinstellung erreicht.

Für kleine Nebenzeiten sorgt ein Werkzeugwechsler, eine Werkstückwechseleinrichtung sowie Eilganggeschwindigkeiten bis 15 m/s. Bei einspindeliger Bearbeitung ergeben sich dadurch Bearbeitungszeiten von 15 min bis über einer Stunde. Das Gestell ist in der Regel eine Stahlschweißkonstruktion mit schwingungsdämpfenden Einschlüssen aus Beton. Dafür kann bei kleinen Baugrößen auf ein Fundament verzichtet werden, wenn der Automat auf schwingungsdämpfende Elemente gesetzt wird.

Ein thermisch hohe Stabilität wird an der Maschine erreicht, wenn die Hauptspindel in vorgespannten Schrägkugellagerpaketen mit wartungsfreier Dauerschmierung gelagert ist. Da hohe Schnittgeschwindigkeiten die Regel sind, ist dafür gesorgt, daß innerhalb der Spindel, Werkzeugaufnahme und Werkzeug Kühlmittel direkt an die Zerspanstelle geleitet wird, um extrem heiße Späne sofort abzuführen.

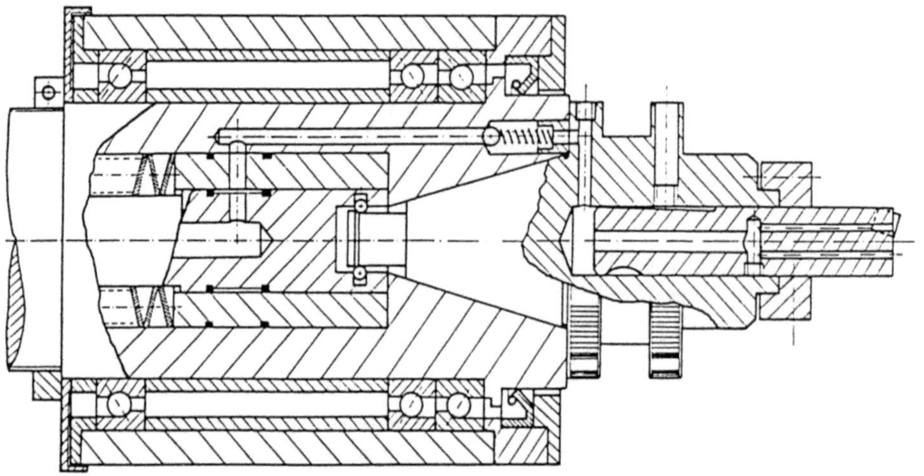

Bild 7.67 Moderne Hauptspindellagerung mit Werkzeugaufnahme in Form eines Steilkegels nach DIN 2080 und zweischneidigem Werkzeug.

Lärmmindernde Spritzschutze sorgen für eine totale Kapselung des Arbeitsraumes sowie für glatte spanabweisende Flächen. Haupt- und Achsantriebe sind als Gleichstrommotoren mit großem Regelbereich ausgebildet, so daß stufenlos einstellbare Spindeldrehzahlen bis 6 000 1/min erreicht werden können. Bei den Schlittenantrieben sorgen umlaufende Wälzelemente zusammen mit vorgespannten Kugelumlaufspindeln für ein gleichbleibendes Positionieren auch bei unterschiedlichen Vorschubgeschwindigkeiten. Als Achsmeß-Systeme dienen rotatorische oder translatorische Meß-Systeme. Werkzeugspeicher und Werkzeugwechseleinrichtung sind zusammen mit der CNC-Steuerung Voraussetzung für den Automatischen Arbeitsablauf. Man unterscheidet im allgemeinen Lagerspeicherung, Pufferspeicherung und Arbeitsspeicherung. Um diesen aufwendigen Fall zu realisieren, sind sowohl ein externer als auch ein am Schlitten bewegter interner Speicher notwendig.

Bei nicht umfangreicher Bearbeitung wird man mit 8 ... 10 Werkzeugen auskommen. Die Werkzeuge sind dann z.B. in einem leicht geneigten Revolverkopf untergebracht. Es werden Werkzeugwechselzeiten gespart. Die meisten Bearbeitungszentren sind mit einem

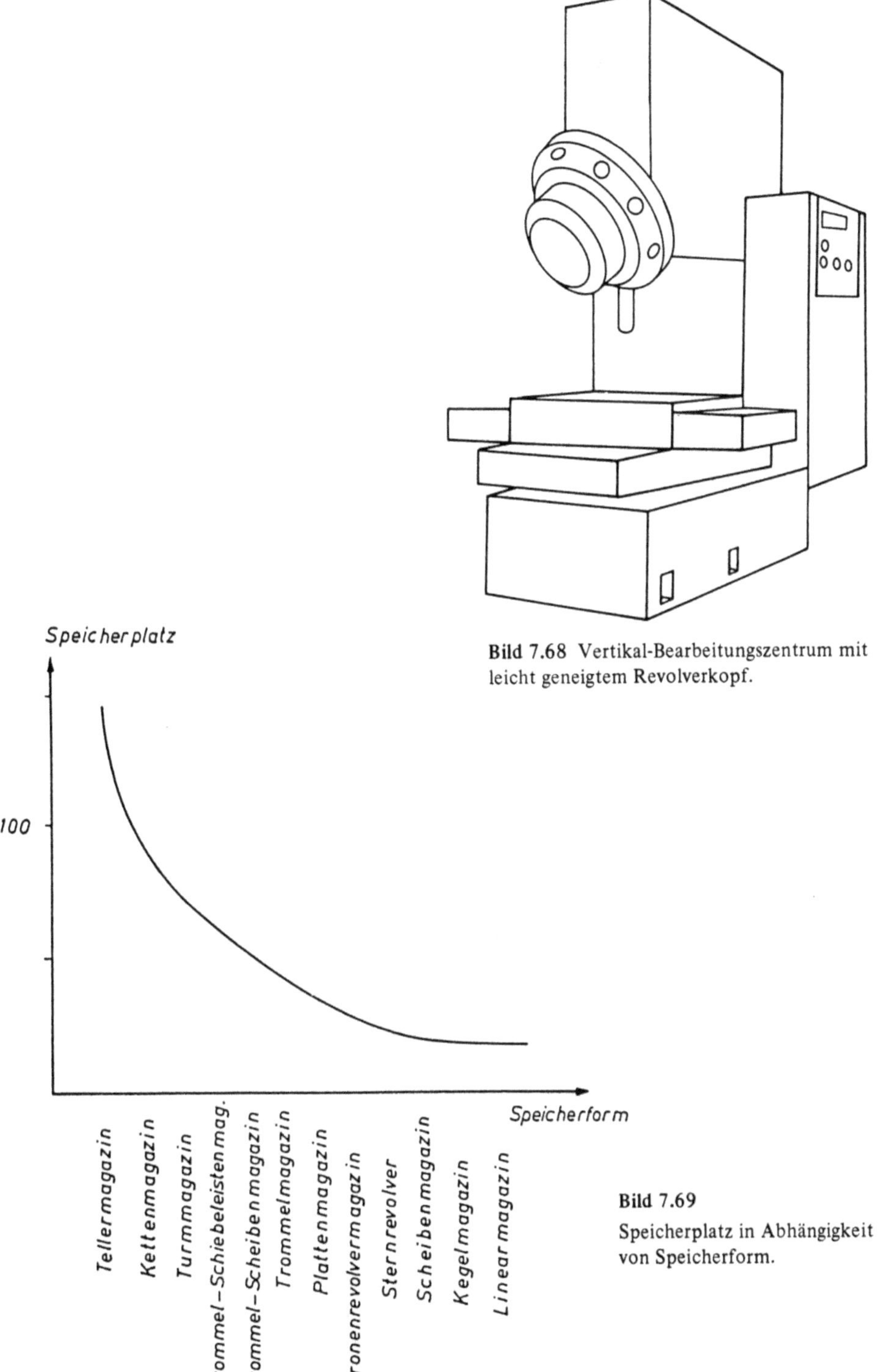

Bild 7.68 Vertikal-Bearbeitungszentrum mit leicht geneigtem Revolverkopf.

Bild 7.69

Speicherplatz in Abhängigkeit von Speicherform.

Lagerspeicher bestückt. Eine Werkzeugwechseleinrichtung tauscht die Werkzeuge zwischen Spindel und Speicher in 3 ... 10 Sekunden aus. Lage und Form des Werkzeugspeichers sind abhängig von der Anzahl der zu speichernden Werkzeuge. Funktion und Anbau der Werkzeugwechseleinrichtung hängen von der Lage der Hauptspindel ab.

Meist entspricht die Lage der Spindel auch der Drehachse des Werkzeugwechslers. Grundsätzlich kann man Werkstücke, die auf Bearbeitungszentren bearbeitet werden, so spannen, daß sie sowohl mit waagerecht — als auch mit senkrecht liegender Spindel zerspant werden können. Große Werkstücke sind bei vertikaler Bearbeitung wegen des Schwerkrafteinflusses und des Spänefalles besser zu zerspanen. Von der Genauigkeit und der Steuerung ist eine horizontale Spindellage für große Werkstücke dagegen günstiger (drei Achsen im Werkzeug), weil der Spindelkasten ein stets gleichbleibendes Schwungmoment aufweist und bei seiner Positionierung dadurch für eine gute Positioniergenauigkeit gesorgt ist. Dagegen geht der Trend bei mittleren und kleinen Werkstückgrößen zu einer horizontalen Bearbeitung mit 1 ... 2 Achsen im Werkzeug. Neben der Werkzeugmaschine spielt das Werkzeugsystem eine entscheidende Rolle. Man unterscheidet:

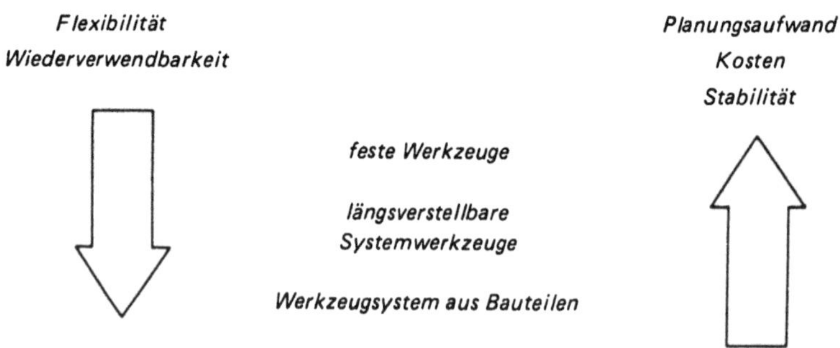

Bild 7.70 Verschiedene Werkzeugsysteme mit Vor- und Nachteilen.

Bei der Werkzeugaufnahme gibt es zylindrische Einspannung oder den Steilkegel nach DIN 2080. Damit werden eine ganze Reihe von Fakten bestimmt, wie z.B. die Anzugsmechanismen in der Hauptspindel (Kugelspannung und Anzugsbolzen oder Spanzange über Ringnut), die Kodierung der Werkzeuge (Kodierringe oder Kodierschrauben). Die Werkstückgenauigkeit bei Bearbeitungszentren liegt im Bereich von IT 6.

Im Zeichen wachsender Personalkosten, zunehmender Variantenvielfalt, abnehmender Losgröße und steigender Beachtung von Kundenwünschen, bietet sich das Bearbeitungszentrum als ein System zur flexiblen Automatisierung an. Bedingt durch die hohen Maschinenstundensätze von 500,– DM/h zwingen diese Automaten zu hohen Nutzungszeiten. Von der Betriebsverwaltung sind dabei große organisatorische Probleme zu bewältigen.

Wie man an dem Nutzungsdiagramm sieht, besteht durchaus die Möglichkeit, bei einem Bearbeitungszentrum mit geeignetem Palettenumlaufspeicher (Werkstückwechselzeiten zwischen 20 ... 50 Sekunden) ohne Überwachungspersonal in der 3. Schicht zu arbeiten [6/2].

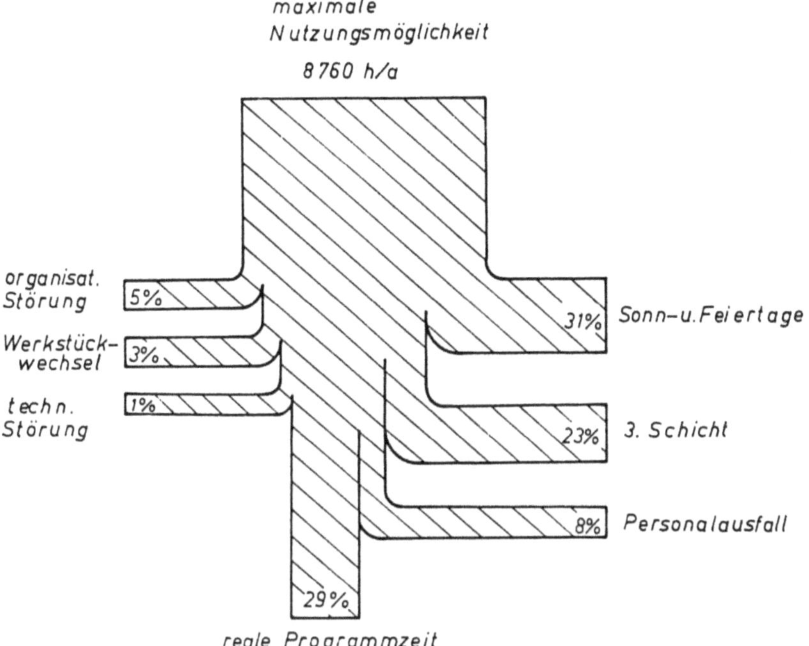

Bild 7.71 Bilanz: Maximale Nutzungsmöglichkeit einer Werkzeugmaschine zu ihrer realen Programmlaufzeit.

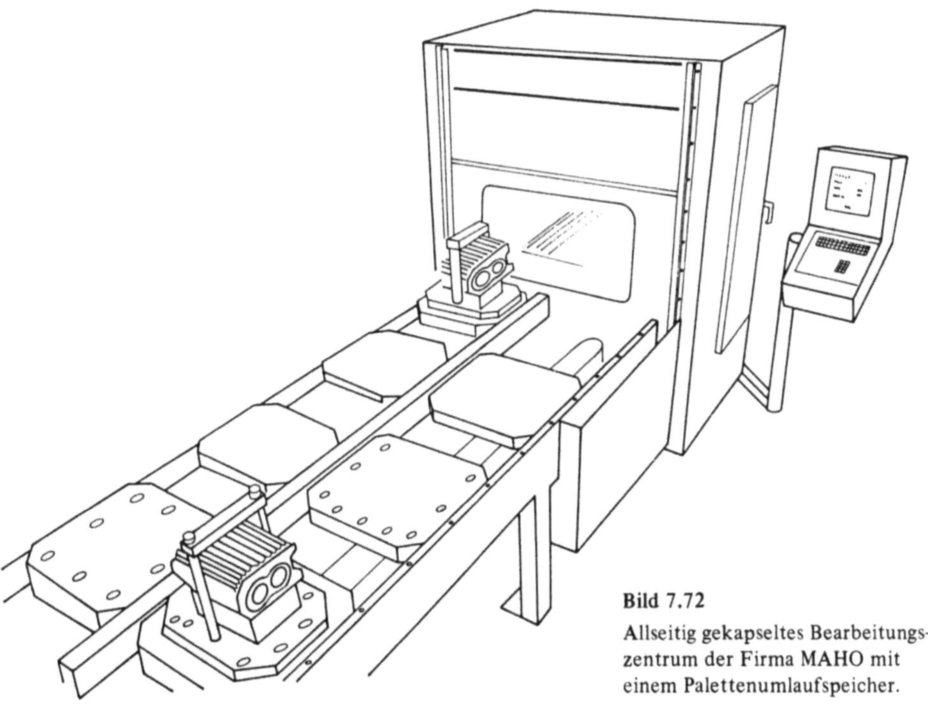

Bild 7.72

Allseitig gekapseltes Bearbeitungszentrum der Firma MAHO mit einem Palettenumlaufspeicher.

7.3.3.9 Prozeßrechner

Der Einsatz von Prozeßrechnern erfolgt in der Fertigungstechnik bei der Steuerung von

- Walzstraßen,
- flexiblen Fertigungssystemen (DNC-Betrieb),
- Stranggießanlagen,
- Galvanisieranlagen usw.

In allen Fällen dient die zuvor mit einer umfangreichen Software für alle Eventualfälle ausgerüstete EDVA dazu:

- einen reibungslosen Prozeßablauf zu gewährleisten,
- den Durchsatz zu erhöhen,
- eine gleichbleibende Qualität zu erzeugen,
- die Flexibilität der Produktion zu erhöhen,
- Kosten zu senken durch verminderten Personaleinsatz vor allem im Schichtbetrieb.

Man unterscheidet folgende Stufen der Automatisierung:

- Einzweckgeräte – Meßumformer, Stellglieder, Grenzwertgeber,
- Einzwecksysteme-Signalsysteme, Steuersysteme, Fernmeßsysteme,
- Prozeßrechner.

Der Prozeßrechner umfaßt als

Hardware

       Zentraleinheit (CPU),
       Ein- und Ausgabegeräte,
       Prozeßelemente,

Software

       Programme in problemorientierten Programmsprachen (z.B. Stoßofenprogramm, optimiert nach minimalem Energieverbrauch bei 1500 K Vorbrammentemperatur, umfaßt 15 Mannjahre Programmieraufwand).

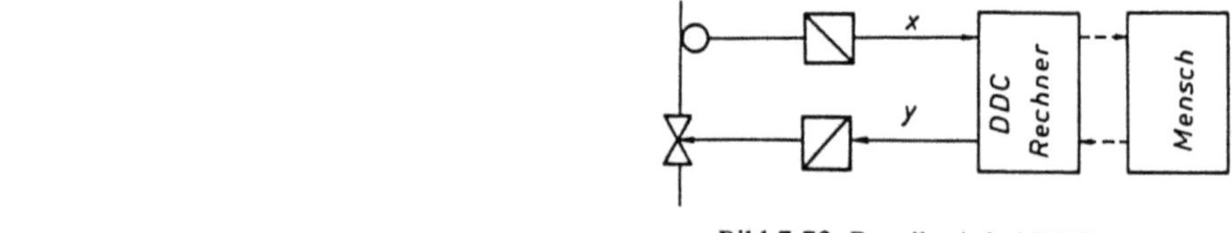

Bild 7.73 Regelkreis bei DDC.

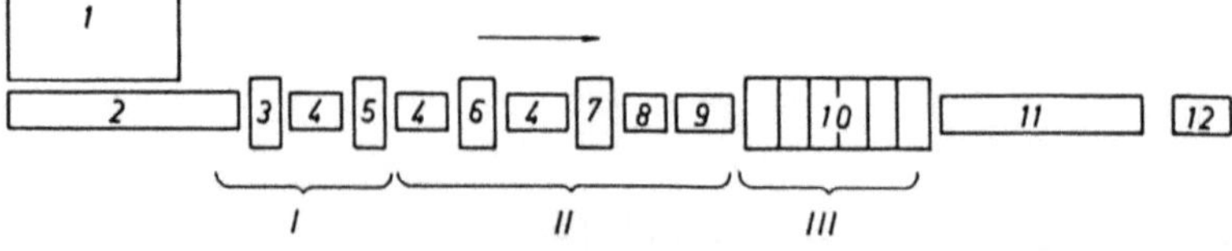

Bild 7.74 Vollkontinuierliche Warm-Breitbandstraße:
1 Ofenbereich mit Brammenstapel- und Aufgabevorrichtung,   2 Warmrollgang,
I Vorstraße,   3 Duogerüst,   4 Transportrollgang,   5 Quartogerüst (Stauchwalzen),
II Zwischenstraße,   6 Quartogerüst (Stauchwalzen),   7 Quartogerüst,   8 Schopfschere,   9 Zunderwäscher,
III Fertigstraße mit Breitband- und Dickenmessung,   10 sechs Quartogerüste,   11 Auslauf- und Kühlrollgang,   12 Haspel.

Die Prozeßelemente erlauben verschiedene Arten der Ankoppelung an die Zentraleinheit:

indirekte Prozeßkopplung (off line)	Übergabe der Ein- und Ausgabedaten durch Menschen
offene Prozeßkopplung (on line open loop)	Rechnereinsatz und Prozeß verbunden Rechnerausgang mit Verbindung zum Menschen
geschlossene Prozeßkopplung (on line closed loop)	Ein- und Ausgang ohne Menschen, geschlossener Datenfluß
DDC (direct digital control)	Automatischer Datenfluß mit direkt an die Stellglieder gekoppelten Rechner

Dabei hat der Prozeßrechner folgende Aufgaben zu bewältigen:

- Aufgaben, deren Bearbeitungsbeginn vom Bedienungspersonal festgelegt wird,
- Aufgaben, die zu fest vorgegebenen Zeiten beginnen müssen,
- Aufgaben, deren Beginn von Ereignissen oder Störungen im Prozeßverlauf abhängt.

Aus Zeitgründen muß der Prozeßrechner im real-time Betrieb arbeiten.

Die Prioritäten ergeben sich aus:

- Überwachung und Auswertung der Prozeßdaten (Zustände kontrollieren, protokollieren, statistisch erfassen, usw.)
- Steuerung und Regelung des Prozesses,
- Optimierung des Prozesses,
- Durchführen einer Instandhaltungsstrategie.

Innerhalb einer Fertigung ergeben sich durch Einsatz der EDV große Probleme z.B.:

- laufende Sicherung des Datenbestandes (Stromausfallabsicherung, Verlorengehen von Einzeldaten durch Stromausfall, Wärme, Rechnerausfall usw.)
- geschützte Unterbringung der einzelnen Einheiten.

Es muß sichergestellt sein, daß bei Ausfall des Prozeßrechners eine Fortführung der Fertigung möglich ist durch:

- Handbetrieb (meist unmöglich, da kein Personal mehr vorhanden),
- Teilsystemebetrieb (Inselfertigung mit Teilsystemen),
- Automatikbetrieb (durch gekoppelte Zweitrechner)

7.3.3.9.1 Prozeßrechnereinsatz bei einer Warm-Breitbandstraße

Bei Walzprodukten stehen Qualität und Toleranzverminderungen im Vordergrund.

Daher wird zur

- Qualitätssicherung,
- Steigerung der Wirtschaftlichkeit,
- Erhöhung der Flexibilität,
- Gewährleistung des kontinuierlichen Arbeitsablaufes

die Warm-Breitbandstraße durch eine übergeordnete Steuereinheit in Form eines Prozeßrechners automatisiert. Diese Automatisierung umfaßt folgende Baugruppen der Walzstraße:

— Brammenlager,	— Walzvorgang,
— Ofenführung,	— Auslaufrollgang, Haspel.

Zur besseren Überwachung des Walzvorganges z.B. koordiniert der Prozeßrechner sämtliche Hilfs- und Hauptantriebe sowie Steuer- und Regelmechanismen der Walzanlage.

Seine Aufgaben umfassen:

- Optimierung des Stichplanes (Einsparung von Stichen)
   Walzkraftberechnung, Drehmomentenüberwachung,
   Überwachung Greif-, Walzbedingung, Überwachung der absoluten Walzgutdickenabnahme wegen Bruchbildung.
- Walzdickensteuerung (13 ... 21 μm bei 2,5 mm Dicke)
   Berechnung der Gestellauffederung, Berücksichtigung der Temperatur
   (f_{zul} = 0,1 mm, Walzentemperatur 60 °C).
- Formsteuerung (Blechebenheit)
   Walzkraftwerk beim letzten Stich unter Berücksichtigung der Walzendurchbiegung entsprechend der vorgegebenen Rand-Mitte Toleranz.
- Walzbreitensteuerung (Vorstaße Hoesch)
   Breitenmeßeinrichtung mit Drehstrahltastern am Blechrand. Abweichungsmessung vom Sollmaß.
- Geschwindigkeitsregelung (b_{max} = 0,2 m/s^2)
   Setzt überlagerte Regelung für Beschleunigung der Walzgerüste voraus. Das Geschwindigkeitsverhältnis zwischen den Gerüsten muß erhalten bleiben. Als Ausgleich werden Schlingenheber eingesetzt. Damit wird die definierte Geschwindigkeit eingehalten.

Vielfach ist der Prozeßrechner heute nicht regelnd eingesetzt, sondern fungiert von einer hierarchisch übergeordneten Ebene über bereits mit einer ausreichenden „Intelligenz" versehenen CNC-Steuerung als Diagnosezentrum bei Störungen im Ablauf der zu einer Straße zusammengefaßten Automaten.

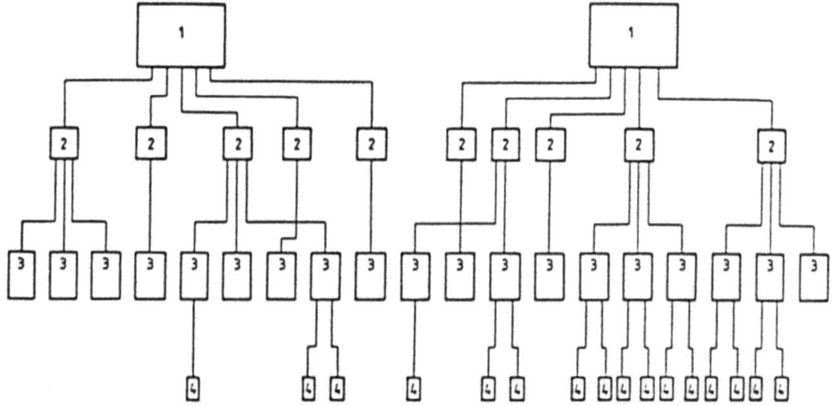

Bild 7.75 Schweißstraße zum Punktschweißen von Karosserieunterbauten bei VW
1 zwei Prozeßrechner (Diagnoseebene),   2 zehn Fertigungssteuerungen (Steuerungsebene),   3 neunzehn Stationen (Operation 10 ... 170),   4 sechzehn Industrieroboter R 100.

7.3.4 Transporteinrichtungen

Zu den *Transporteinrichtungen* kann man die

- Fördereinrichtungen und die
- Handhabungseinrichtungen zählen.

Während man die Handhabungseinrichtungen nach Bild 7.76 einteilen kann, gehören zu den Fördereinrichtungen

- angetriebene
      Rollenförderer (Warmrollgang Walzstraße),
      Panzerförderer (Vorbrammenpaketförderer, Coilförderer, Hubbalkenförderer),
      Kettenförderer,
      Hängeförderer,
      Förderstangen (Abschieber),
- antriebslose
      Zuführrinnen.

Angetriebene Fördereinrichtungen werden in der Umformtechnik bei der Erzeugung und Weiterverarbeitung von Blechen und Halbzeug eingesetzt. *Zuführrinnen* finden beim Transport von Großserien in der Zerspantechnik Anwendung. Bild 7.77 zeigt eine lose Verkettung mehrerer Automaten mit antriebslosen Zuführrinnen; eingeblendet sieht man die Sinnbilder für die jeweilige Zubringefunktion nach VDI 3239.

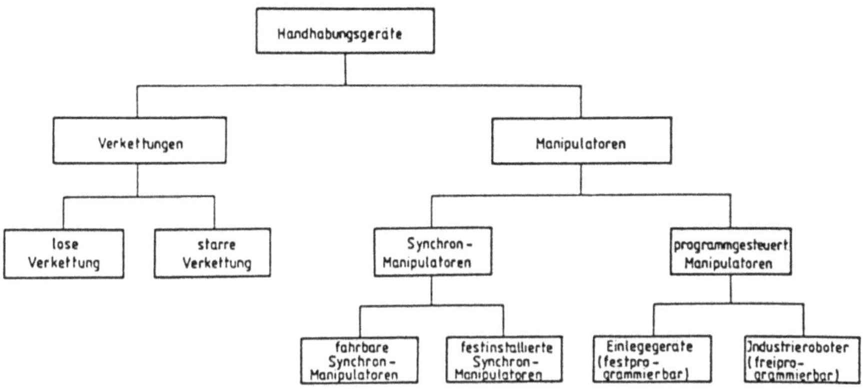

Bild 7.76 Einteilung der Handhabungsgeräte.

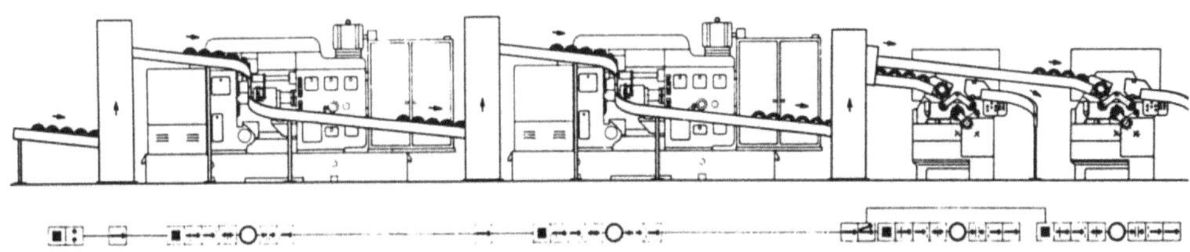

Bild 7.77 Eine Verkettung von zwei Mehrspindeldrehautomaten mit zwei Frontdrehmaschinen von Firma Pittler.

Hier können sowohl die Werkzeugmaschinen als auch die Fördermittel wiederverwendet und neu kombiniert werden. Dagegen stellt die Transferstraße eine starre Verkettung von Bearbeitungsstationen dar, die über einen Kettenförderer miteinander verbunden sind. In aller Regel übernehmen Fördereinrichtungen den Transport von Werkstücken zwischen den Bearbeitungsstationen, während Handhabungseinrichtungen Bild 7.78 zur Übergabe von einer Fördereinrichtung auf einen Automaten dienen. Dabei kann die Handhabungseinrichtung innerhalb des Arbeitsraumes der Arbeitsmaschine integriert sein oder wie in Bild 7.79 als Ladeportal außerhalb. Bild 7.80 zeigt eine Pressenstraße, bei der die Material-

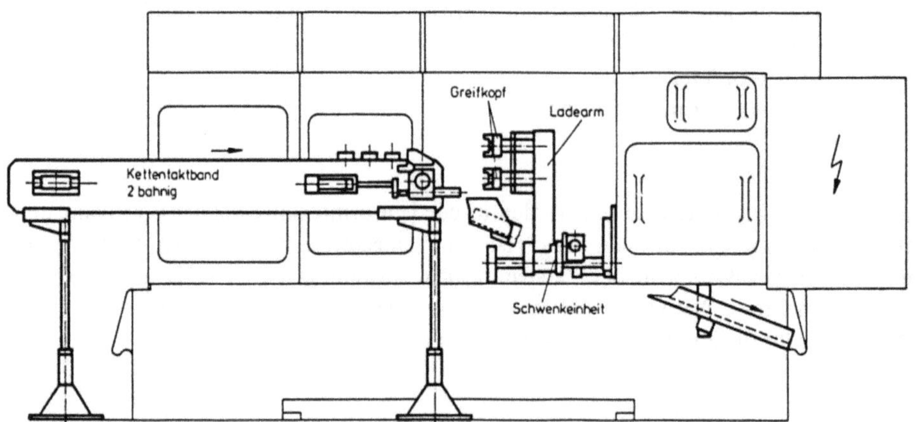

Bild 7.78 Automatisierte Werkstückhandhabung mit Einlegegeräten an Mehrspindeldrehautomaten der Firma Gildemeister.

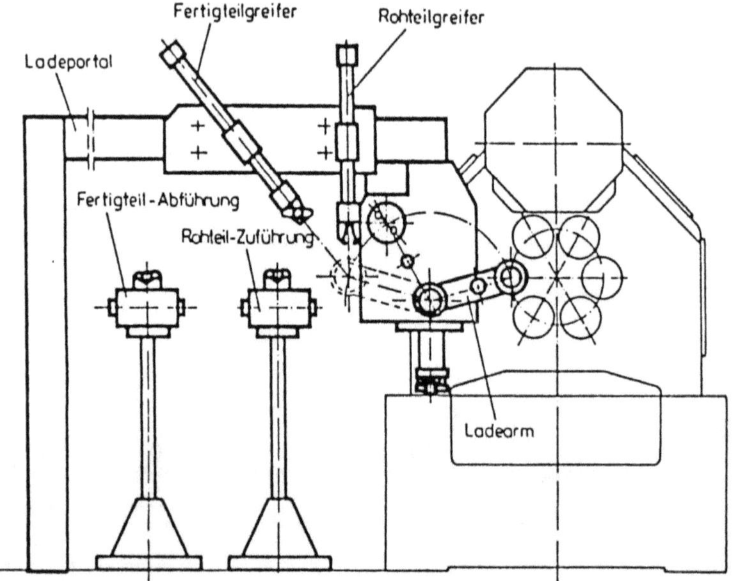

Bild 7.79 Ladeportal an einem Mehrspindeldrehautomaten der Firma Gildemeister.

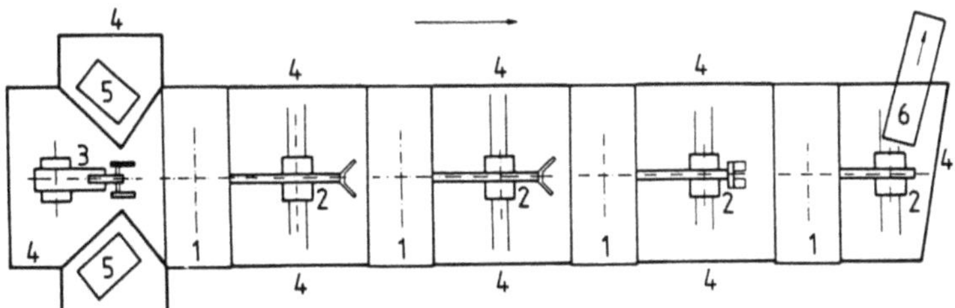

Bild 7.80 Materialtransport in einer Pressenstraße durch Industrieroboter bei VW.

1 Torgestellpresse, 2, 3 Industrieroboter, 4 Sicherheitsbereich, 5 Bereitstellung Rohmaterial,
6 Förderung Fertigteile.

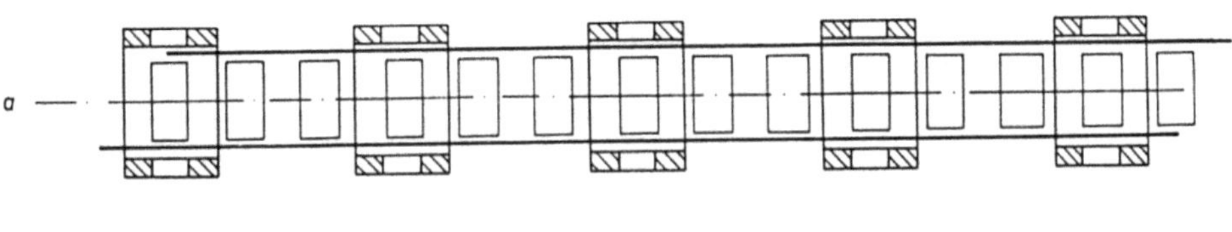

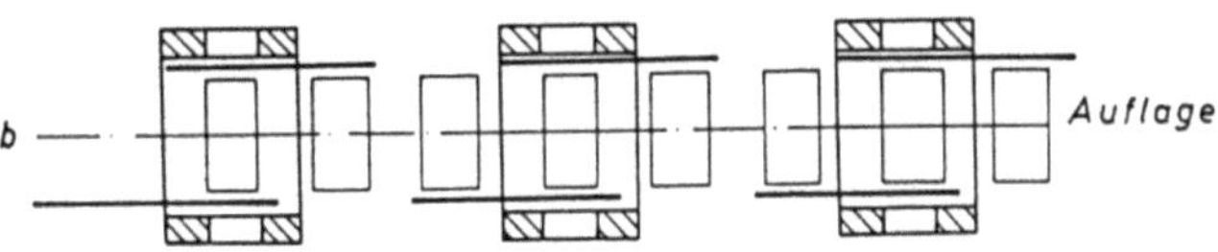

Bild 7.81 a Langschienensystem, b Kurzschienensystem.

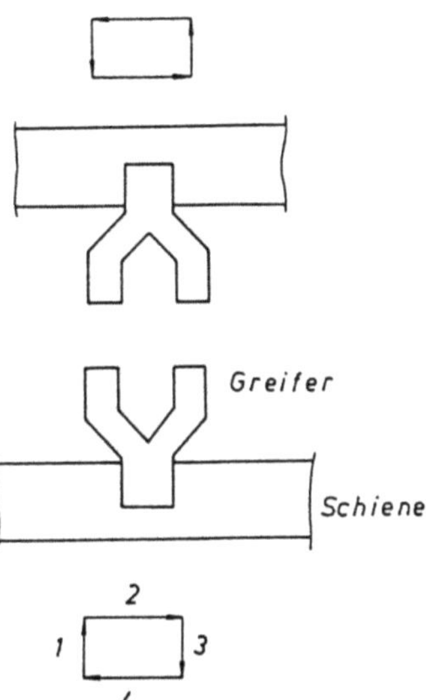

Bild 7.82 Schienenmechanisierung.
Greiferpaar mit Bewegungsablauf.

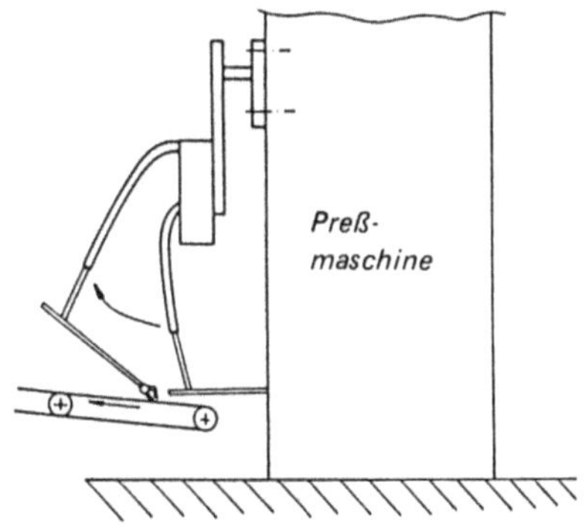

Bild 7.83 Feder an einer Preßmaschine.

zuführung und der Transport durch Industrieroboter übernommen wurde. Dieser Werkstückfluß ist damit flexibler, allerdings langsamer als bei einer *Langschienenmechanisierung* (Bild 7.81). Das Langschienensystem taktet die Werkstücke stationsweise durch die gesamte Straße. Die Schienen laufen vom Anfang bis Ende der Straße. Damit die Massen verkleinert werden, um unerwünschte Schwingungen zu vermeiden, wurde das Kurzschienensystem eingeführt, bei dem die Schienen jeweils einer Preßmaschine zugeordnet sind und mit ihr synchron laufen. Der Bewegungsverlauf ist beiden Systemen gleich. Bild 7.82 zeigt ein Greiferpaar und die jeweils zugeordnete Bewegung.

Daneben besteht die Möglichkeit, ähnlich wie bei Zerspanungsautomaten, durch Einlegeeinrichtungen und Förderbänder eine Automatisierung einer Pressenstraße zu erreichen (Bild 7.83).

7.3.5 Industrieroboter

Industrieroboter sind Handhabungsautomaten, die in 3 ... 7 Achsen freiprogrammierbar sind. Ihr hauptsächliches Arbeitsgebiet ist vor allem die flexible Automatisierung der Großserie.

Aufgrund ihrer Bauweise und Programmierung sind sie leicht umrüstbar. Der mehrachsige Manipulatorarm hat pro Achse einen Antrieb (pneumatisch, hydraulisch, elektrisch usw.) und ist je nach Einsatz entweder mit einem Werkzeug (Schweiß- oder Beschichteinrichtung) oder einem speziellen Greifer ausgerüstet.

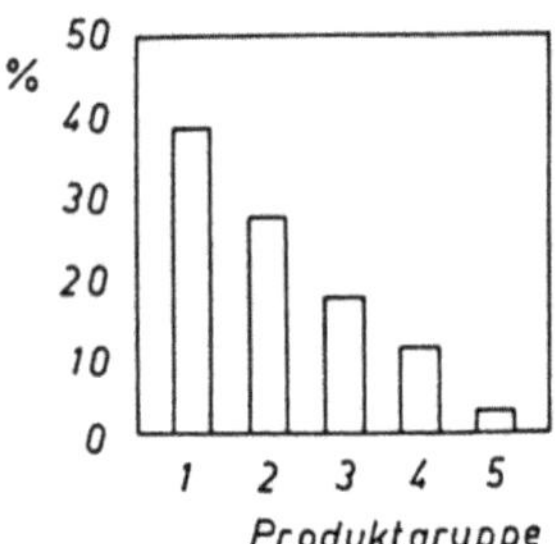

Bild 7.84

Einsatz von Industrierobotern in der Produktgruppe,

1 Punktschweißen,
2 Werkstückhandhabung,
3 Bahnschweißen,
4 Beschichten,
5 Montieren.

Die Steuerung ist je Achse mit einem Regelkreis versehen und verfügt über Informationseingabe und Speichereinheiten. Man unterscheidet PTP- und CP-Steuerung. Bei der PTP-Steuerung (point-to-point) können bestimmte Punkte im Raum in der Regel mit einer Genauigkeit von $\pm$ 1 mm angefahren werden, wobei der zurückgelegte Weg unwichtig ist.

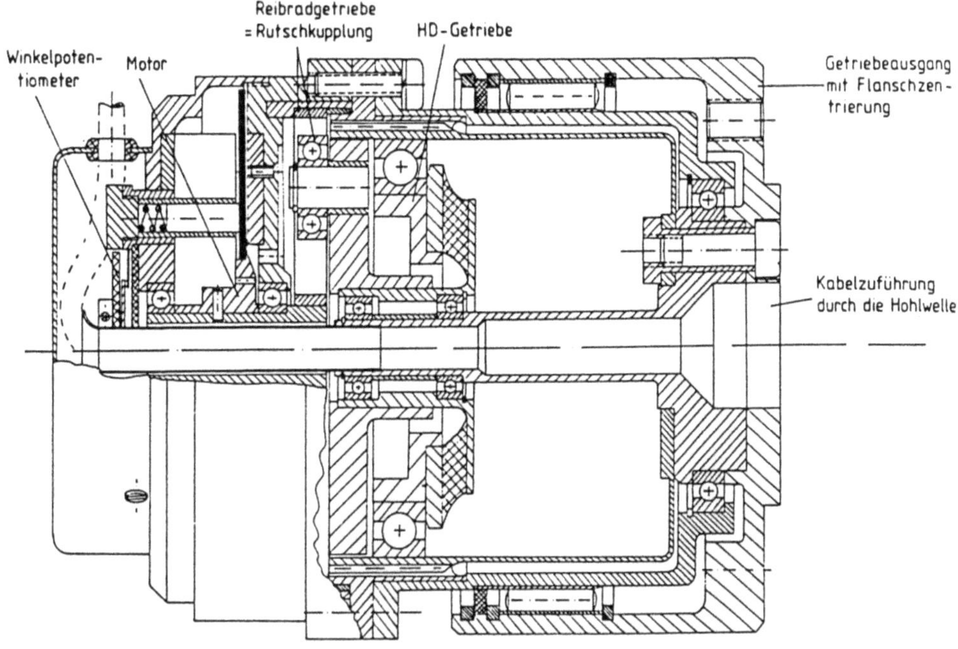

Bild 7.85 Elektro-mechanischer Manipulatorarmantrieb mit Harmonic Drive Getriebe und Gleichstrommotor.

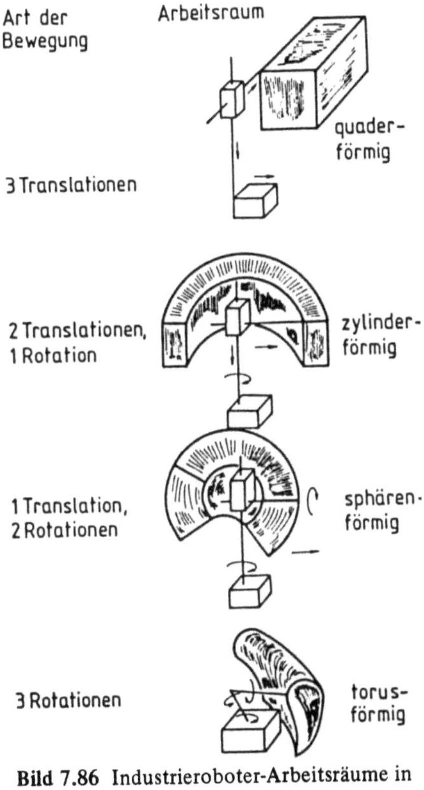

Bild 7.86 Industrieroboter-Arbeitsräume in Abhängigkeit der Bewegungsausführung.

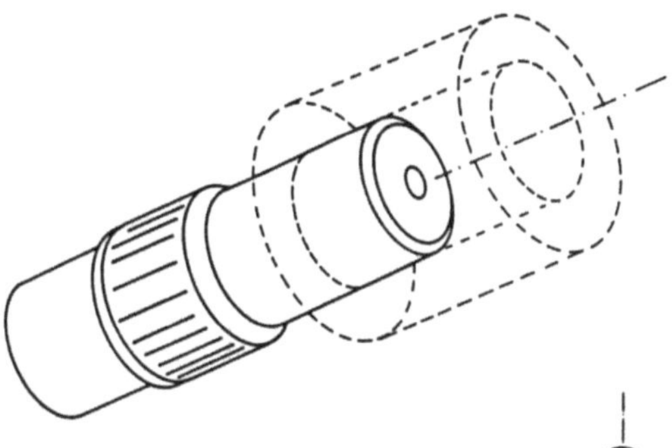

Bild 7.87 Sauggreifer

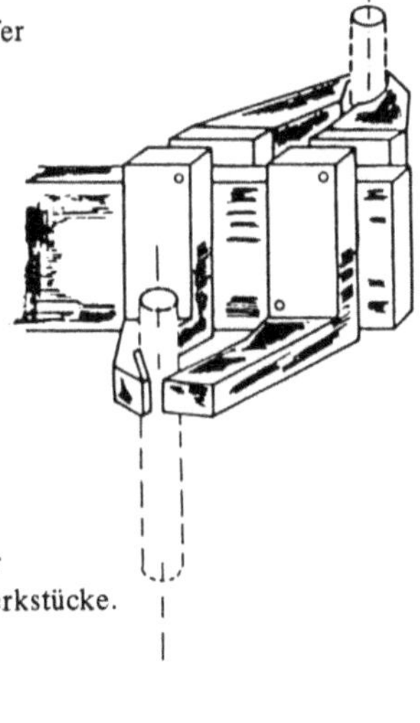

Bild 7.88
Wechselgreifer für wellenförmige Werkstücke.

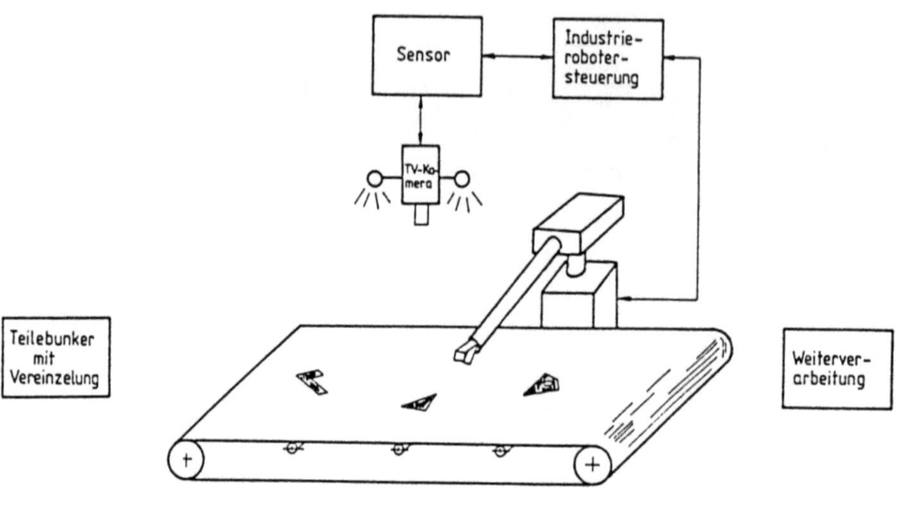

Bild 7.89 Verbindung eines optischen Sensors mit Handhabungsautomat und Peripherie.

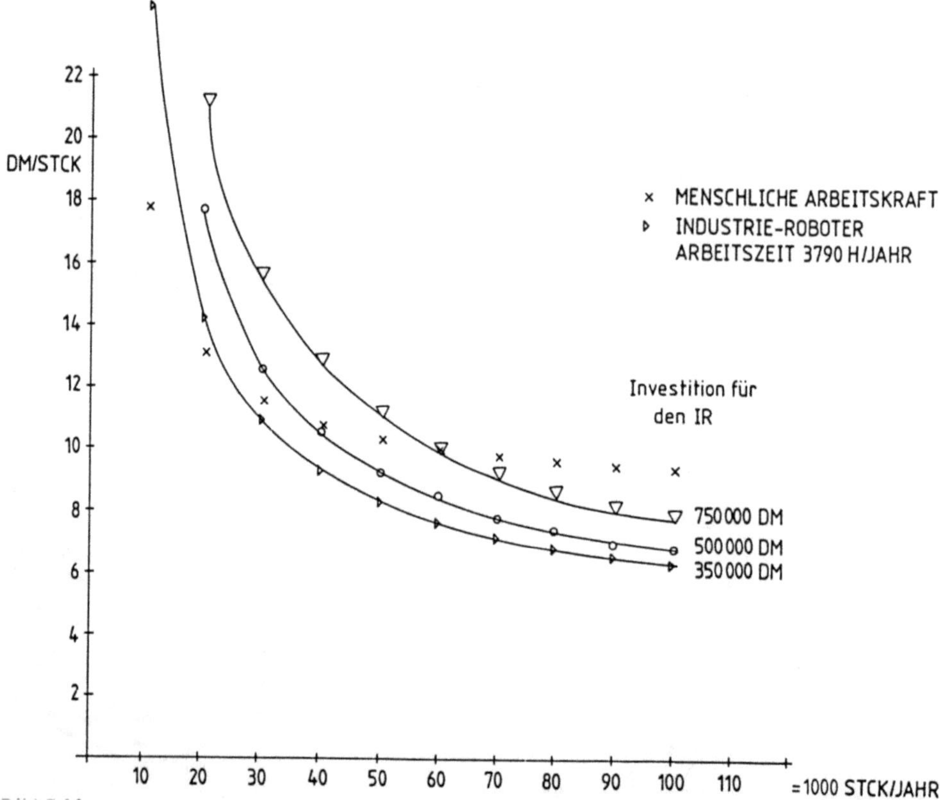

Bild 7.90 EDV-Wirtschaftlichkeitsberechnung:

Stückkosten/Stückzahl in Abhängigkeit des Anschaffungswertes eines Industrieroboters für einen Punktschweißarbeitsplatz im Vergleich mit einer menschlichen Arbeitskraft. (Zeitpunkt [6/79])

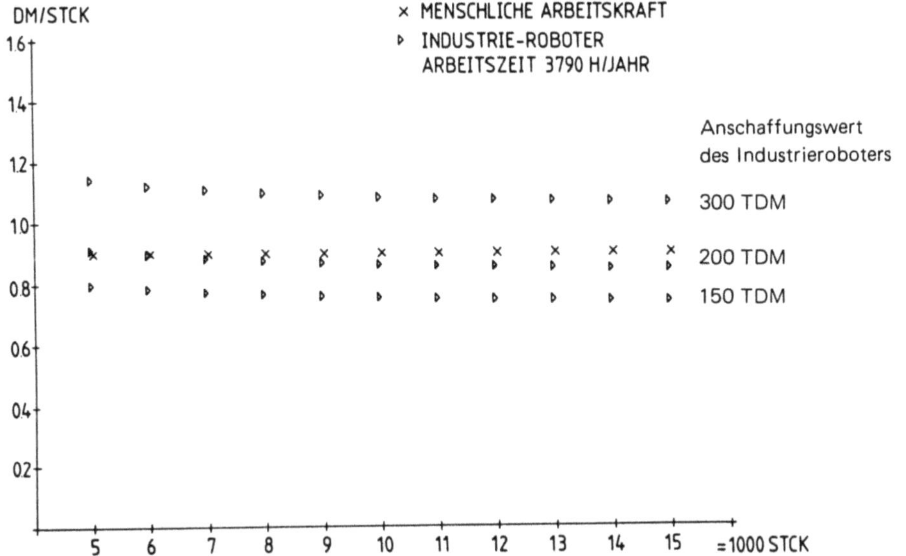

Bild 7.91 EDV-Wirtschaftlichkeitsberechnung:
Stückkosten/Stückzahl in Abhängigkeit des Anschaffungswertes eines Industrieroboters für einen Handhabungsarbeitsplatz im Vergleich mit einer menschlichen Arbeitskraft. (Zeitpunkt 6/79).

Bewegungen in genau bestimmten Bahnverläufen werden bei Lackier-, Lichtbogenschweiß- und Montagevorgängen notwendig. Diese CP-Steuerung (continuous path) benötigt Interpolatoren, große Speicherplätze und Tachogeneratoren. Je nach Art der Bewegung bilden sich aus den drei Freiheitsgraden des Manipulatorarmes unterschiedliche Arbeitsräume. Zylinder- und sphärenförmige Arbeitsräume werden besonders beim Punktschweißen und Handhaben während torusförmige Arbeitsräume vorwiegend beim Stapeln und Lackieren benötigt werden.

Erleichtert wird der Einsatz von Industrierobotern heute durch Vorführprogrammierung (Teach-in). D.h. die gewünschten Raumpunkte werden durch Tastbetrieb angefahren und abgespeichert. An diesen definierten Punkten kann dann das Gerät beliebig oft eine Handhabung ausführen. Das bedeutet aber, daß für unterschiedlich große und unsortierte Werkstücke, bestimmte Maßnahmen getroffen werden müssen, um den Einsatz von Industrierobotern zu gewährleisten. Für unterschiedlich große Teile müssen angepaßte Greifer oder Wechselgreifer vorgesehen werden.

Grundsätzlich können zur Zeit nur Werkstücke in definierter Lage gehandhabt werden. Dazu benötigt man eine Peripherie (Zuführrinnen, Vereinzelungsstationen, usw.). Mithilfe von Sensoren mit Kontroll-, Tast- und Erkennungsfunktion versucht man augenblicklich den Industrieroboter von diesen peripheren Einheiten unabhängiger zu machen.

Die Wirtschaftlichkeit ist in Mittel- und Großserie bei Punkt- und Lichtbogenschweißen, beim Beschichten, Lackieren sowie bei bestimmten Handhabungsvorgängen, wenn Zweischichtbetrieb und hohe Taktzeiten vorliegen, gegeben [6/1].

Literatur

1 Allgemeine Punkte

[1/1]   *Flimm, J.:* Spanlose Formgebung. C. Hanser Verlag, München 1969.

[1/2]   *Hammer, A./Hammer, K.:* Taschenbuch der Physik. J. Lindauer Verlag, München 1961.

[1/3]   Hütte, Theoretische Unterlagen. Verlag Wilhelm Ernst + Sohn, Berlin 1955.

[1/4]   Tabellenbuch Metall. Verlag Europa-Lehrmittel, Wuppertal, 26. Auflage.

[1/5]   *Dräger, D. H./Bruins, H. J.:* Werkzeuge und Werkzeugmaschinen. Band 1, C. Hanser Verlag, München 1975.

[1/6]   DIN 8605: Abnahmebedingungen von Werkzeugmacherdrehbänken. Beuth Verlag.

[1/7]   DIN 8610: Abnahmebedingungen von Werkzeugmaschinen (Revolverdrehbänke). Beuth Verlag.

[1/8]   VDI-Richtlinie 3441: Statische Prüfung der Arbeits- und Positioniergenauigkeit von Werkzeugmaschinen (Grundlagen). VDI-Verlag.

[1/9]   VDI-Richtlinie 3442: Statistische Prüfung der Arbeitgenauigkeit von Drehmaschinen. VDI-Verlag.

[1/10] VDI-Richtlinie 3254: Genauigkeitsangaben bei NC-gesteuerten Werkzeugmaschinen (Begriffe und Kenngrößen). VDI-Verlag.

[1/11] DIN 7184: Form- und Lageabweichungen (Begriffe). Beuth-Verlag.

[1/12] DIN 8650/8651: Richtwerte für Genauigkeiten bei Preßmaschinen. Beuth-Verlag.

[1/13] *Victor, H. R./Müller, M./Opferkuch, R.:* Grundlagen der Zerspanung. Werkstatttechnik, Springer Verlag 1979.

[1/14] *Weckener, H.-D.:* Spanende Werkzeuge aus HSS. Werkstatttechnik. Springer Verlag, 70 (1980) 625–630.

[1/15] *Döpke, H.:* Nitrierte Zerspanwerkzeuge aus HSS. Werkstatttechnik, Springer Verlag, 71 (1981) 273–274.

[1/16] *Weck, M.:* Werkzeugmaschinen Bd. 1–4. VDI-Verlag, Düsseldorf 1979.

[1/17] *Opitz, H.:* Moderne Produktionstechnik, Stand und Tendenzen. Girardet Verlag Essen, 3. Auflage, 1971.

[1/18] *Weck, M./Eversheim, W./König, W./Pfeifer, T.:* Vorträge zum 17. Aachener Werkzeugmaschinenkolloquium. Juni 1981.

[1/19] *Eversheim, W./König, W./Weck, M./Pfeifer, T.:* 16. Aachener Werkzeugmaschinenkolloquium. April 1978.

[1/20] *Hoischen, H.:* Technisches Zeichnen. Girardet Verlag, Essen, 18. Auflage, 1980.

[1/21] *Klein, M.:* Einführung in die DIN-Normen. Teubner Verlag, Stuttgart, 1970.

[1/22] *Fleischauer, W. J./Meis, K.-R./Schwartz, F.-H.:* Umweltschutz. Vieweg Verlag, Wiesbaden 1980.

[1/23] DIN Taschenbuch 11: Längenmeßtechnik. Beuth Verlag, Berlin 1974.

[1/24] *Naumann, M.:* Meß- und Prüftechnik. Vieweg Verlag, Braunschweig 1974.

[1/25] *Harth, H.:* Einführung in die Meßtechnik. Vieweg Verlag, Braunschweig 1978.

[1/26] NN: Späne und Kühlmittel bei Werkzeugmaschinen. dima 3/80–(91) 34.

[1/27] *Niefer, W.:* Forderungen des Anwenders an moderne Werkzeugmaschinen. Werkstatttechnik, Springer Verlag, 69 (1979) 741–747.

[1/28] NN: NC-Report (Sonderausgabe der Zeitschrift NC-Fertigung). NC-Verlag, Februar 1981.

[1/29] *Zacher, G.:* Der Einfluß der Rationalisierung der Fertigungsverfahren auf die werkzeugmaschinenherstellenden Unternehmen. Maschinenbauverlag, Frankfurt/Main 1965.

[1/30] *Meyer, H.-R./Sauren, J.:* Abrichten von Diamant- und CBN-Werkzeugen in der Serienfertigung. Werkstatttechnik, Springer Verlag, 72 (1982) 643–647.

[1/31] *Höfler, W.:* Automatisierte Zahnradprüfung. Werkstatttechnik, Springer Verlag, 72 (1982) 615–618.

[1/32] *Victor, H. R./Müller, M./Opferkuch, R.:* Verzahnungsverfahren Teil I/II. Werkstatttechnik, Springer Verlag 72 (1982) 7, 8/82.

[1/33] *Krapfenbauer, H.:* Verzahnungswalzen mit verschiedenen Maschinensystemen nach dem Grobverfahren. Draht, 32 (1981) 6, 7.

[1/34] *Bethlem, W. F.:* Walzverfahren und Profilform beim Gewinderollen bestimmen Umformverhalten. Maschinenmarkt, Würzburg 88 (1981) 71.

[1/35] *Matek, W./Muhs, D./Wittel, H.:* Roloff-Matek, Maschinenelemente. Vieweg Verlag, Wiesbaden 1983.

[1/36] *Schmoekel, D./Eichner, K. W./Hammerschmidt, E. L.:* Walzen gewindeförmiger Profile. Werkstatt und Betrieb, C. Hanser Verlag, 115 (1982) 10.

2 Urformen

[2/1] *Weißbach, W.:* Werkstoffkunde und Werkstoffprüfung. Vieweg Verlag, Braunschweig 1979.

[2/2] *Zimmermann, E./Fink, E./Janssen, G.:* Werkstoffkunde und Werkstoffprüfung. Hermann Schroedel Verlag, Hannover 1966.

[2/3] *Laska, R./Flesch, Ch.:* Werkstoffkunde für Ingenieure. Vieweg Verlag, Braunschweig 1981.

[2/4] *Spur, G./Stöferle, Th.:* Handbuch der Fertigungstechnik. Bd. 1. Urformen, C. Hanser Verlag, München 1981.

[2/5] *Warnecke, H. J./Wagner, T.:* Entwicklungen in der Produktionstechnik und ihre Auswirkungen auf den Nichteisen-Metallguß. Werkstattstechnik, Springer Verlag 67 (1977) 607–612.

[2/6] *Botschwar, A. A.:* Einfluß der Kristallgitterstruktur auf die Eigenschaften der Metalle. VEB Verlag, Berlin 1970.

[2/7] *Wasmuth, J.-T.:* Das Strangießen von Stahl. Verlag Stahl-Eisen, Düsseldorf 1980.

[2/8] NN: Stranggießen: Deutsche Gesellschaft für Metallkunde. 1978.

[2/9] *Baumann, H. G.:* Stahlstranggießen. Verlag Stahl-Eisen, Düsseldorf 1980.

[2/10] *Faber, H. D.:* Stahlstranggießen zur Herstellung von Halbzeugen. Dissertation, Aachen, 1980.

[2/11] *Gebauer, D./Seifert, J./Bockhorm, J.:* Problematik von Stranggießanlagen direkt gekoppelt mit Bandwalzanlagen. Maschinenmarkt, Würzburg 84 (1978) 2.

[2/12] NN: Stranggießen ersetzt Blockguß. VDI Nachrichten. Nr. 18/6.5.1983.

[2/13] *Summer, F. G.:* Leichtmetall-Druckguß heute. Werkstattstechnik, Springer Verlag 72 (1982) 455–458.

[2/14] *Heiner, H.:* Anwendungsspektrum für Druckguß wird immer breiter. mav 7–1982.

[2/15] *Sahm, P. R./Zapf, G./Fritz, H.-G.:* Urformverfahren. Werkstattstechnik, Springer Verlag 72 (1982) Nr. 6.

[2/16] *Becker, H.:* Substitution von Gesenkschmiede – durch Gußstücke. Werkstatt und Betrieb, C. Hanser Verlag 115 (1982) 10.

[2/17] *Eichner, G.:* Konstruktion einer Stranggießanlage. Studienarbeit, Fachhochschule Wiesbaden, 1983.

3 Umformen

[3/1] *Lange, K.:* Neuere Entwicklungen in der Blechverarbeitung. Forschungsgesellschaft Umformtechnik mbH, Stuttgart 1982.

[3/2] NN: Fertigungstechnisches Kolloquium 73. Werkstattstechnik, Springer Verlag 64 (1974) Nr. 3.

[3/3] *Lange, K.:* Energieeinsparung und Fertigungstechnik. Werkstattstechnik, Springer Verlag, 68 (1978) 535–537.

[3/4] *Lichteig, K.:* Schraubenherstellung. Verlag Stahl-Eisen, Düsseldorf 1950.

[3/5] *Lange, K.:* Lehrbuch der Umformtechnik. Bd. 1 + 2. Springer Verlag, Berlin 1972.

[3/6] NN: Grundlagen der bildsamen Formgebung. Verlag Stahl-Eisen, Düsseldorf 1966.

[3/7] *Ismar, H./Mahrenholtz, O.:* Technische Plastomechanik. Vieweg Verlag, Braunschweig 1979.

[3/8] *Betten, J.:* Elementare Tensorrechnung für Ingenieure. Vieweg Verlag, Braunschweig 1977.

[3/9] *Lippmann/Mahrenholtz:* Plastomechanik der Umformung metallischer Werkstoffe. Springer Verlag 1966.

[3/10] NN: Kenndaten der Kaltwalzwerke. Hoesch Hüttenwerke AG, 6/1979.

[3/11] NN: Der Weg zum Stahl. Hoesch Hüttenwerke AG, 1970.

[3/12] *Schlegel, W. F.:* Spanlos Umformen auf neuen Wegen. VDI-Verlag, Düsseldorf 1965.

[3/13] *Heuer, P.-J.:* Modellverfahren für die Umformtechnik (Fließvorgänge, Werkstoffkonstante, Umformbeiwert) VDI-Verlag, Düsseldorf 1962.

[3/14] NN: VDI-Bericht 330: Blechverarbeitung. VDI-Verlag, Düsseldorf 1978.

[3/15] *Fischer, F.:* Spanlose Formgebung in Walzwerken. W. de Gruyter Verlag, Berlin 1972.

[3/16] NN: Herstellung von Grobblech, Warm-Breitband und Feinblech. Bericht TH Aachen, Verlag Stahl-Eisen, Düsseldorf 1976.

[3/17] *Hoff, H./Dahl, T.:* Grundlagen des Walzverfahrens. Verlag Stahl-Eisen, Düsseldorf, 1975.

[3/18] 6. Internationale Tagung Kaltumformung. VDI-Verlag Düsseldorf 1980.

[3/19] *Wiedemer, K.:* Dicken- und Planheitsregelung an einem kontinuierlichen Vielrollen-Reversier-Kaltwalzwerk. Metall 29 (75), H. 4, S. 365–267.

[3/20] *Freckmann, S.:* Abmessungsbereiche nahtloser Rohre bei den heute gebräuchlichen Herstellungsverfahren. Blech, Prost + Meiner Verlag 12, Dez. 70.

[3/21] NN: Präzisionsstahlrohre. Mannesmann-Präzisionsrohrverkauf GmbH, 1970.

[3/22] DIN 50145: Zugversuch. Beuth Verlag.

[3/23] *Bitter, H.:* Verfahren zur Herstellung nahtloser Stahlrohre. Stahl-Eisen, 99/1979, H. 22.

[3/24] *Engel, G.:* Profilstahl- und Trägerwalzwerke mit Kompaktgerüsten. technika 11/1980.

[3/25] *Doege, E.:* Dynamische vertikale Steifigkeit von Gesenkschmiede-Exzenterpressen. Industrie Anzeiger 103/1981.

[3/26] *Hasek, V. V./Lange, K.:* Einfluß von Werkzeug- und Vorgangsparametern beim Tiefziehen unregelmäßiger Blechteile. Werkstattstechnik, Springer Verlag 68 (1978).

[3/27] *Schmoeckel, D.:* Entwicklungen bei Fertigungsverfahren der Umformtechnik. Draht 31 (1980) 2.

[3/28] *Arai, T.:* Karbidbeschichtung im Borax-Schmelzbad. Draht 32 (1981) 4.

[3/29] *Ohlwein, K.:* Schleuderstrahlen. Draht 32 (1981) 8.

[3/30] *Wuttke, R.:* Wirtschaftliches chemisches Entgraten von Drähten und Stangen. Draht 32 (1981) 8.

[3/31] *Heinemeyer, D.:* Gesenkschäden und Einflußgrößen auf die Standmenge. Industrie Anzeiger 100. Jg. Nr. 73 vom 13.9.78.

[3/32] *Dalheimer, R.:* Äußere Einflüsse auf die Temperaturführung beim Strangpressen. Industrie Anzeiger 95. Jg. Nr. 47.

[3/33] *Dirks, F. J./Gehrke, G.:* Verringerung der Ausschußrate beim Vorwärts-Strangpressen. Werkstattstechnik, Springer Verlag, 65 (1975) 389–392.

[3/34] *Canal, J. P.:* Strangpressen – eine Aufgabe der Umformtechnik. Draht 32 (1981) 8.

[3/35] *Schröder, G.:* Anisotropie der Fließkurven stranggepreßter Stäbe aus Magnesium, Titan und Zink. Industrie Anzeiger, 96. Jg. Nr. 74.

[3/36] *Frechmann, S.:* Fortschritte im Bau und Betrieb von mechanischen Strangpressen von Stahlrohren. Blech, H. 6/66.

[3/37] *Ammerling, W. J.:* Abhängigkeit der Anlagenauslegung von der zu walzenden Drahtqualität. Draht, 31 (1980) 5.

[3/38] *Lepach, W.:* Mehrdrahtziehen – bei der Lizenherstellung – ein nicht mehr zu umgehender Prozeß. Draht, 32 (1981) 2.

[3/39] *Pomp, A.:* Die Herstellung von Stahldraht. Beratungsstelle für Stahlverwendung. Düsseldorf, 4. Aufl. 1975.

[3/40] *Schröder, G.:* Über das Kalt- und Warmziehen der Titanlegierung TiA16V4. Draht 31 (1982) 6. 2.

[3/41] *König, W./Schlech, H./Dammer, L./Schätzle, W.:* Technologie der Fertigungsverfahren. Werkstattstechnik, Springer Verlag, 70 (1980) 89–101.

[3/42] *Spur, G.:* Fertigungstechnik. ZwF, C. Hanser Verlag, München 77 (1982) 12.

[3/43] *Geiger, M./Geiger, R.:* Elementare Plastomechanik. Industrie Anzeiger, 95. Jg. 20.

[3/44] *Blaich, M.:* Massivumformung (Begriffe, Definitionen, Normen, Richtlinien) Draht 3 (1981) 5.

[3/45] NN: Schmiedestücke im Fahrzeugbau. Schmiedestück-Verwendung im Industrieverband Deutscher Schmieden, Hagen.

[3/46] *Geiser, W.:* Fertigungstechnik 2. Verlag Handwerk und Technik, Hamburg, 1972.

[3/47] *Tschätsch, H.:* Taschenbuch Umformtechnik. C. Hanser Verlag, München 1977.

[3/48] *Grüning, K.:* Umformtechnik. Vieweg Verlag, Braunschweig 1982.

[3/49] *Cammann, J./Engel, H.-E.:* Fertigungsgenauigkeit bei der Blechumformung. Werkstatt und Betrieb, C. Hanser Verlag 115 (1982) 10.

[3/50] *Tron, P.:* Konstruktion eines Transferwerkzeuges. Diplomarbeit, Fachhochschule Wiesbaden 1983.

[3/51] *Klein, M.:* Wirtschaftlichkeitsuntersuchung verschiedener Fertigungsverfahren für die Herstellung eines Antriebskegelrades. Diplomarbeit Fachhochschule Wiesbaden 1983.

[3/52] *Derst, V.:* Verfahrensvergleich zwischen Kaltmassivumformung und Halbwarmmassivumformung. Diplomarbeit, Fachhochschule Wiesbaden 1983.

[3/53] *Mindt, H.:* Wirtschaftlichkeitsvergleich zwischen spanenden und spanlosen Fertigungsverfahren. Ingenieurarbeit, Fachhochschule Wiesbaden 1976.

4 Trennen

[4/1] *Preger, K.-T.:* Zerspantechnik. Vieweg Verlag, Braunschweig 1977.

[4/2] *Hennermann, H./Dix, N.:* Kleine Zerspanlehre. C. Hanser Verlag, München 1967.

[4/3] *Böge, A.:* Arbeitshilfen und Formeln für das technische Studium (Fertigung). Vieweg Verlag, Braunschweig 1979.

[4/4] *Raab, H. H.:* Einflüsse auf die Genauigkeit von NC-Drehmaschinen. Werkstatttechnik, Springer Verlag 64 (1974) 208–211.

[4/5] *Tschätsch, H.:* Taschenbuch spanende Formgebung. C. Hanser Verlag, München 1980.

[4/6] *Reichard, A.:* Fertigungstechnik Bd. 1. Verlag Handwerk und Technik, Hamburg, 1972.

[4/7] *Abendroth/Menzel:* Zerspantechnik. VEB-Verlag, Berlin, 1960.

[4/8] *Vieregge, G.:* Zerspanung der Eisenwerkstoffe. Verlag Stahl-Eisen, Düsseldorf 1970.

[4/9] *Blanck, D.:* Die Fehlergrenzen des Schnittkraftgesetztes genügen der Praxis. Maschinenmarkt, Würzburg 86 (1980).

[4/10] NN: Orientierungshilfen für das Zerspanen. Die Maschine/79 – (365) 16.

[4/11] *Linkner, K.:* Empfehlungen für den Einsatz von Hartmetall-Werkzeug auf Mehrspindel-Stangendrehautomaten, Werkstatttechnik, Springer Verlag 70 (1980) 131–139.

[4/12] *Cornely, H./Mink, G.:* Erfahrungen mit Wendeschneidplatten-Werkzeugen. Werkstatttechnik 70 (1980) 765–770/697–701.

[4/13] *Widmer, E.:* Drehen und Gewindeschneiden. Technika 8–14/1977.

[4/14] DIN 8580: Fertigungsverfahren (Einteilung) Beuth-Verlag, Berlin 7/1974.

[4/15] DIN 8589: Fertigungsverfahren (Spanen). Beuth-Verlag, Berlin 4/1978.

[4/16] DIN 6581: Geometrie am Schneidenkeil des Werkzeuges. Beuth-Verlag, Berlin 1966.

[4/17] DIN 770: Schaftquerschnitte für Drehmeißel. Beuth-Verlag, Berlin 1962.

[4/18] DIN 6284: Begriffe der Zerspantechnik. Beuth-Verlag, Berlin 8/1979.

[4/19] VDI-Richtlinie 3332: Spanleitstufen an Hartmetall bestückten Drehmeißeln. Beuth-Verlag, Berlin 1964.

[4/20] *Blanck, D.:* Spanformfaktor für kleine Spandicken. Werkstatttechnik, Springer-Verlag 69 (1979) 393–394.

[4/21] *Verderber, W./Leidel, B.:* Werkzeugstähle für die Kunststoffverarbeitung. Friedr. Krupp Hüttenwerke, TB5/79.

[4/22] *Raab, H. H.:* Modulare Mehrprozessorsteuerungen bringen Vorteile, Betrieb und Ausrüstung, Bertelsmann, 6/82.

[4/23] NN: Die Zukunft der Diamantwerkzeuge. Die Maschinell/79 – (363) 16.

[4/24] *Mackenscheidt, F.:* Beschichtetes Hartmetall – was kommt danach? – Die Maschine 12/79 – (394) 17.

[4/25] *Abel, R./Gomoll, V.:* Wirtschaftliches Zerspanen mit Schneidkeramik. Werkstatttechnik, Springer Verlag, 70 (1980) 405–409.

[4/26] *Mackenscheidt, F.:* Wirtschaftliches Zerspanen mit Hartmetall-Wendeschneidplatten. Werkstatttechnik, Springer Verlag, 69 (1979) 69–72.

[4/27] *Meckelburg, E.:* Kampf dem Verschleiß. Technica 11/1977.

[4/28] *Spur, G.:* Mehrspindeldrehautomaten. C. Hanser Verlag, München 1970.

[4/29]   *König, W.:* Zerspanwerte für die Fertigung aus der INFOS-Datenbank. Werkstattstechnik, Springer Verlag, 69 (1979) Nr. 1.

[4/30]   *Oertel, W./Grützner, A.:* Die Schnelldrehstähle. Verlag Stahl-Eisen, Düsseldorf, 1975.

[4/31]   *Hoffmann, K.:* Räumpraxis. Verlag Kurt Hoffmann, Pforzheim 1976.

[4/32]   *Victor, H. R.:* Fertigen durch Räumen. Werkstattstechnik, Springer Verlag 69 (1979) Nr. 7.

[4/33]   *Zettel, H. D.:* Flachschleifen für kleine Teile aus harten Werkstoffen. Werkstattstechnik, Springer Verlag 71 (1981) 393–396.

[4/34]   *Würtemberger, G.:* Fachkunde für Metallverarbeitende Berufe. Verlag Europa Lehrmittel, Wuppertal 42. Auflage, 1960.

[4/35]   *Opitz, H.:* 6. Aachener Werkzeugmaschinenkolloquium. Verlag Girardet, Essen 1953.

[4/36]   *Eisele, F.:* 6. FoKoMa. Maschinenmarkt, Vogel Verlag, München 1964.

[4/37]   *Opitz, H.:* 10. Aachener Werkzeugmaschinenkolloquium. Verlag Girardet, Essen 1960.

[4/38]   *Opitz, H.:* 12. Aachener Werkzeugmaschinenkolloquium. Verlag Girardet, Essen 1965.

[4/39]   *Opitz, H.:* 13. Aachener Werkzeugmaschinenkolloquium. Verlag Girardet, Essen 1968.

[4/40]   *Opitz, H.:* 14. Aachener Werkzeugmaschinenkolloquium. Verlag Girardet, Essen 1971.

[4/41]   *Opitz, H.:* 15. Aachener Werkzeugmaschinenkolloquium. Verlag Girardet, Essen 1974.

[4/42]   Schleifmittel Handbuch. Naxos Union. 8. Auflage, Frankfurt, 1971.

[4/43]   *Lutz, G.:* Einsatzvorbereitung von Hochleistungsschleifwerkzeugen. Werkstattstechnik, Springer Verlag, 69 (1979) 63–65.

[4/44]   *Widmer, E.:* Schleifen und Werkzeugschleifen. technica 4/1982.

[4/45]   *Häuser, K.:* Kreuzschleifen-Reibschleifen-Reibhonen. technica 8/1982.

[4/46]   *Schweizer, W./Kiesewetter, L.:* Moderne Fertigungsverfahren der Feinwerktechnik. Springer Verlag, Berlin 1981.

[4/47]   *Feiertag, R.:* Fertigungsprobleme der Feinwerkstechnik. Werkstattstechnik, Springer Verlag, 67 (1977) 715–719.

[4/48]   NN: Elektrische Bearbeitung. Werkstattstechnik, Springer Verlag, 65 (1975) Nr. 5.

[4/49]   NN: Stückzeitberechnung und Kurvenkonstruktion bei mechanisch gesteuerten Revolver-Drehautomaten. Index-Werke AG Hahn + Tessky, Esslingen, 1972.

[4/50]   *Raab, H. H.:* Mikroprozessoren steuern Großserienmaschinen. Betrieb und Ausrüstung, Bertelsmann Verlag, München 82/1.

[4/51]   *Jäger, H.:* Umformende Bearbeitung auf Drehautomaten. Feinwerkstechnik, 73. Jg. 1969 H. 6, 241–267.

[4/52]   *Blinda, G.:* Das Mehrkantdrehen. ZwF, C. Hanser Verlag, München, 59 (1964) Juni 256/61.

[4/53]   *Blinda, G.:* Exzenterdrehen auf Mehrspindeldrehautomaten. Werkstatt und Betrieb, C. Hanser Verlag, München, Jg. 96. Dez. 63, Heft 12, 887–889.

[4/54]   *Jäger, H.:* Räumen auf Mehrspindeldrehautomaten. Werkstattstechnik, Springer Verlag, 63 (1973) Heft 12, 734–735.

[4/55]   *Stöckmann, P./Schnell, K.:* Adaptive Regelung einer nockengesteuerten Drehmaschine. Werkstatt und Betrieb, C. Hanser Verlag, München 104. J. 1971, H. 3, 151–155.

[4/56]   *Sauer, L.:* Wirtschaftliches Zerspanen. Vogel Verlag, Würzburg 1973.

[4/57]   *Krekeler, K.:* Die Zerspanbarkeit der metallischen und nicht metallischen Werkstoffe. Springer Verlag, Berlin 1951.

[4/58]   *Karger, P.:* Wirtschaftlichkeitsrechnung mittels EDVA (Fräsen – Räumen), Diplomarbeit, Fachhochschule Wiesbaden, 1977.

[4/59]   *Sauer, L.:* Werkzeuge für die automatisierte Innen- und Außenbearbeitung. Vogel Verlag, Würzburg 1975.

[4/60]   *Noack, P.:* Herstellkosten bei Fertigungsverfahren des Kaltmassivumformens. Werkstattstechnik, Springer Verlag, 68 (1978) 707–711.

[4/61]   *Tuffentsammer, K.:* Zerteilen und Abtrennen mit und ohne Abfall. Werkstattstechnik, Springer Verlag, München 75 Jahre Sonderausgabe 173–188.

[4/62]   *Lange, K.:* Begriffe und Benennungen aus der Umformtechnik. Draht 10/11, 1979.

[4/63]   *Wildförster, E.:* Aus der Praxis des Schnittwerkzeugbaus. C. Marhold Verlagsbuchhandlung, Halle, 1965.

[4/64]   DIN Taschenbuch 108: Werkzeuge 6 (Normen über Schleifwerkzeuge). Beuth-Verlag, Köln 1982.

[4/65] *Hauptmann, K. H.:* Wirtschaftlichkeitsuntersuchung zwischen Fräsen und Funkenerodieren bei Gesenken. Diplomarbeit, Fachhochschule Wiesbaden 1982.

5 Fügen

[5/1] *Droscha, H.:* Rationalisierung in der Rohrtechnik. technica 4/1982.
[5/2] *Böge, A.:* Das Techniker Handbuch. Vieweg Verlag, Braunschweig, 3. Auflage, 1977.
[5/3] DVS: Die Verfahren der Schweißtechnik. Fachbuchreihe Schweißtechnik Bd. 55, Deutscher Verlag für Schweißtechnik 1974.
[5/4] *Köhler, G./Rögnitz:* Maschinenteile, Teil 1. Teubner Verlag, Stuttgart 1972.
[5/5] *Roloff, H./Matek, W.:* Maschinenelemente. Vieweg Verlag, Wiesbaden, 7. Auflage 1976.
[5/6] *Decker, K.-H.:* Maschinenelemente. C. Hanser Verlag, München 1982.
[5/7] *Greven, E.:* Technologie. Vieweg Verlag, Wiesbaden 1983.
[5/8] *Paschedag, H.:* Die Herstellung von Präzisionsstahlrohren durch Widerstands-Stumpfschweißung. Beratungsstelle für Stahlverwendung. Düsseldorf 1970.
[5/9] *Simon, H./Bersenkowitsch, H.:* Atemluftkontamination beim Plasmaschneiden, Löten, Schweißen, thermisch-Spritzen. Werkstatt und Betrieb, C. Hanser Verlag, 115 (1982) 10.
[5/10] *Dorn, L.:* Widerstandsschweißverfahren zum Bearbeiten von Aluminiumwerkstoffen. Maschinenmarkt, Würzburg 89 (1983) 13.
[5/11] *Grube, H. H.:* Schweiß- und Schneidtechnik im Jahre 1982 – Bundesrepublik Deutschland. Schweißen und Schneiden, VDS-Verlag 35 (1983) H. 9.

6 Beschichten

[6/1] *Müller, W.:* Oberflächenschutzschichten und Oberflächenbehandlung. Vieweg Verlag, Braunschweig 1972.
[6/2] *Müller, W.:* Galvanische Schichten und ihre Prüfung. Vieweg Verlag, Braunschweig 1972.
[6/3] *Ortlieb, K./Willem, P.:* Oberflächentechnik. Werkstattstechnik, Springer Verlag, Berlin, 7 (1982) Nr. 7.
[6/4] *Enke, Ch.:* Galvanotechnik – Fortschritt durch neue Entwicklungen, technica 7/1983.

7 Automatisierung

[7/1] *Raab, H. H.:* Handbuch Industrieroboter. Vieweg Verlag, Wiesbaden 1981.
[7/2] *Raab, H. H.:* Bearbeitungszentren-wirtschaftliche, organisatorische oder technische Sorgenkinder? Betrieb und Ausrüstung, Bertelsmann Verlag, München 3/82.
[7/3] *Herholz, H.:* Datenverarbeitung. Vogel Verlag, Würzburg 1971.
[7/4] *Karg, E.:* Datenverarbeitung im Maschinenbau. Vogel Verlag, Würzburg 1970.
[7/5] *Stimlerm, S.:* Leistungsbewertung, Leistungsmessung und Leistungsverbesserung von Datenverarbeitungssystemen. Oldenbourg Verlag 1976.
[7/6] *Kirst, Th.:* Automatisierung Vorrichtungsbau. Technik-Tabellen Verlag, Darmstadt 1981.
[7/7] NN: Lehrbuch der Automatisierungstechnik. Pfalz Verlag, Basel 1965.
[7/8] *Krazer, M.:* Besondere Merkmale der Konstruktion numerisch gesteuerter Werkzeugmaschinen. dima 2/76 – (54) 7.
[7/9] *Koschnik, G./Meyer, B. E./Rohs, H.-G.:* Numerisch gesteuerte Werkzeugmaschinen. Expert Verlag Grafenau, 2. Auflage.
[7/10] *Stahl, B.:* Automatisches Spannen von Werkzeugen an Karosseriepressen. Werkstattstechnik 72 (1982) 327–329.
[7/11] *Weck, M.:* Werkzeugmaschinen (Automatisierung und Steuerungstechnik). VDI-Verlag, Düsseldorf 1982.

Sachwortverzeichnis

Wirtschaftlichkeitsvergleiche sind in der Gliederung erfaßt. Fertigungsverfahren erscheinen im Sachwortverzeichnis nur dort, wo sie erklärt werden. Definitionen von Begriffen sind *kursiv* angegeben. Nicht erfaßt im Sachwortverzeichnis sind Zustände, Qualitäten, Kosten usw. der zahlreichen Beispiele zur Rechnung und Wirtschaftlichkeit.

Abbrennstumpfschweißen 235
Abkühlkurve 28, 29
Abrieb 35
Abstreckziehen 146, 149
Abtragen 223
Abtragarbeit 225
ACC 304
Achsregelkreis 296
ACO 304
Adaptive control 304
Adhäsionskräfte, Kleben 243
Ätzen 224
Alkalisierung 53
Aluminium 47
Anschwemmfilteranlage 49, 50
Amplitudengang 65, 67
Ansäuerung 52
Anstrichmittelüberzug 259
arbeitsgebunden 274, 275
Arbeitsraum, Industrieroboter 317
Arbeitsvermögen, Antrieb 277
Arbeitsvermögen, Schwungrad 276, 277
Arbeitswissenschaft 76
Aufbauschneide 169
Aufstellung 60
Auftragseinzelkosten 261
Ausfallssicherheit 61
Außenräumen 201
Außenrund-Einstechschleifen 213
Außenrund-Längsschleifen 213
Autogenschweißen 238
Automatisierung, Definition 260
Automatisierung, Werkzeug 263
Automatisierung, Werkzeugmaschine 267

Banddicken- und Planheitsregelung 20, 21
Bauschingereffekt 31, 104
Bearbeitungszentrum 193, 262, 309
Bearbeitungszentrum 305 ff.
Behaglichkeit 75
Beleuchtungsstärke 74
Beizen 46
Beschichten 246 ff.
beschichtete Schneidstoffe 192
Beurteilungspegel 54
Bezugstemperatur, Messen 19
Biegebruchfestigkeit, Schneidstoffe 191
Biegen 140, 152

Biegeschwingungen 66
Bindemittel 259
Bindephase 93
Bindung 215, 216
Blechart 115
Blechverarbeitung 145
Blei 47
Bodenabriß 148
Bodenreißer 148
Böhmitverfahren 258
Bohren 195
Bohrertyp 199
Boratgas 45
Bornitrid 86, 216
Bramme 113
Breiten 139
Brennschneiden
Bügelmatrize
Buckelschweißen 234

CAD/CAM 73
Cadmium 52
CBN 216
Chemische Oxidation 258
Chrom 30, 51, 52
Chromieren 254
CNC 300
CNC-Betrieb 299
CNC-Drahterosion 226
CNC-Drehautomat 193
CPU 301
CVD 192
Cyanid 51, 52

Datenverarbeitung, NC-Automat 296
Deviator 105
Differentialgleichung 63, 65, 66, 73
Differenzverfahren 72
Diffusion 35
Dispersion 45
DNC 300
Doppelduowalzgerüst 114
Doppelkugelmantelschliff 199
Doppelspindelfutterautomat 294
Drehen 194
Drehherdofen 122
Drehling 181
Drehversatz 13

Dressierwerkstraße 115
Drücken 146, 152
Druckguß 85, 89, 90, 91
Duo-Stopfenstraße 119
Duo-Stopfenwalzwerk 119
Durchbiegung 64, 70, 71, 72
Dyade 103

ECM-Bearbeitung 225
Eckriß 148
EDM-Bearbeitung 225
EEPROM 299
Einbrennverhalten, Schweißnähte 242
Einbrandtiefe, Schweißen 230
Einflüsse, Automatisierung 260
Einfahrtoleranz 18
Einstellwinkel 163
Eisen 47
Eisenphosphat 45
el.-hydr. Steuerung 268, 288, 291
Elektronenstrahlbearbeitung 226
el.-pneum. Steuerung 268
Elysieren 224
Elysierformentgraten 227
Emulsion 41
Energiebedarf 48
Energieverbrauch, Fertigungsverfahren 48
Entfettungslösungen 249
Entzunderanlage 115, 116
Entzunderung 46
EPROM 299
Erodieren 224
Erstarrung 84
Erzeugerpreise 44
Eutektikum 27, 29

Fehlereinfluß 12
Fehlerursache 11
Feeder 316
Feingliedrigkeit 14
Feinreinigung 248
Fertigungsgenauigkeit 8
Festigkeitshypothesen 102
Feuerverzinken 252, 253
Filterrost 49
Finite Elemente Methode 64, 72, 73
Flachtischrevolver 289
Flankenform 78
Flankenformfehler 21
Flammkegel, Gasschweißen 238
Flexibles Fertigungssystem 298
Flexible Fertigungszelle 302
Fließbedingung 99, 102
Fließkurve 97, 98
Fließkurvenaufnahme 105
Fließpressen 131
Folgesteuerung 300
Formabweichung 18
Formänderung 95
Formänderungsarbeit 100, 101
Formänderungsfestigkeit 96, 102

Formänderungswiderstand 99
Formänderungswirkungsgrad 98
Formfüllvermögen 84
Formgenauigkeit 5, 7
Formmeßtechnik 25
Formtoleranz 8
Fräsen 204 ff.
Fräserformen 206
Freiflächenverschleiß 36, 192
Freiformen 138
Freiwinkel 163
Frequenzanalyse 58
Frequenzbewertungskurven 54
Fretz-Moon-Verfahren 242
Fundamentierung 58, 60
Fügen 230 ff.

Gasschmelzschweißen 238
Gasschweißen 238
Galvanische Schichten 250 ff.
Gaußsche Zahlenebene 65
Gefüge 84, 215, 217
Gegenlauffräsen 205
Geldentwertung 4
Genauigkeit 5
Genauigkeit, Kosten 9
Generierungsprinzip 73, 74
Geräusch 55
Gesamtwärme, Zerspanprozeß 180
Geschweißte Stahlrohre 242
Gesenkformen 138
Gestellabweichung 7
Gestaltänderungsenergiehypothese 102, 105
Gewindeherstellung 82
Gießeigenschaften 84
Gitterfehler 27
Gitterstruktur, Schmierung 43
Gitterfehlstelle 27
Glättungstiefe 5
Gleichlauffräsen 205
Gleitmittelträgerschicht 32
Glühofen 115
Graphit 43, 45, 86
Gratbahn 139
Gratbahnverhältnis 138
Gratbildung, Schweißen 237
Gratrille 139
Gravurtiefe 140, 141
Grenzformänderungsschaubild 148
Greifbedingung 124
Greifen, Walzgut 123
Greifer 316, 317
Grobreinigung 247
Großserie 192

Halbzeug 113
Halbzeugherstellung 112
Haltepunkte, Stahl 28
Hammer 274

Härte, Schleifkörper 215, 217
–, Schweißstelle 230
Hartmetall 186 ff.
Hartmetallherstellung 93
Haspel 20, 116
Hauptspannungsrichtung 99
Hauptspindellagerung 306
Hochenergieumformung 152
Hochgeschwindigkeitsschleifen 212
Hochleistungsumformung 152
Höhenfehler
Honen 221
HSS 186
Hubbalken 122
Hubbalkenförderer
Hülse 119
hyperkomplexe Zahl 103

Industrieroboter 315 ff., 263
Invariante 103
Innen-Profilräumen 202
Innenräumen 202
Innen-Rundräumen 202
Innere Datenverarbeitung 296
Ionenaustauscher 53
Ist-Sollwerdifferenz 17
Instandhaltungsplan 62
IT-Qualität 5, 6

Kaliber 117
Kalibrierwerkzeug 117
Kaltbandtandemanlage 117
Kaltbandtandemstraße 113, 265
Kaltbandwalzwerk 116, 117
Kaltkammer-Verfahren 90
Kaltpreßschweißen 236
Kammermatrize 126
Kammriß 33, 34
Kantenrundung 34
Kassettenwerkzeug 182
Keilwinkel 163
Kenngröße, Formänderung 95 ff.
Kenngröße, Preßmaschine 12, 13
Kettenräumen 202
Kettenräummaschine 193
Kleben 243
Klebstoffarten 244
Kleinserie 193
Klemmfinger 184
Kienzle 1
Knüppel 113, 119
Kobalt 30
Kobaltoxid 192
Körnung 215
Kohäsionskräfte, Kleben 243
Kohlenstoff 30
Kokille 85 ff., 115
Kokillenguß 85
Kolkverschleiß 34, 192
Kontistraße 118, 119
Kontiwalzwerk 119

Koordinatenmeßgerät 26
Kopieren 290
Korrosionursache, Metallüberzug 251
Korngrenze 28
Korund 30, 216
Kosten je Werkstück 1
Kräfte, Werkzeug 165
Kraftflußanalyse 63
kraftgebunden 274, 275
Kreuzschliff 199
Kristallgitter 27
Kristallkeim 29
k_s-Wert 167
Kühlmittelaufbereitung 49
Kühlschmierung 40, 41, 42
Kunststoffgalvanisierung 256
Kupfer 47, 52
Kurbeltrieb 276
Kurve 285 ff.
Kurvenberechnung 286 ff.
Kurzschienensystem 315

Längenmeßtechnik 23
Lärm 53
Lärmminderung, Schnittstempel 160
Lärmminderungsmaßnahmen 55, 56
Läppen 222
Ladeportal 314
Lageabweichung 18
Lagegenauigkeit 5, 7
Lageregelkreis 301
Langdrehautomat 193, 262
Langschinensystem 315
Laserschneiden 158
Laserstrahlen 224
Laserstrahlschneiden 228, 229
Lasertechnik 226
Legierung 27
Legierungseinflüsse 30
Lehren 23
Leistungsbereitschaft 76
Lichtbogen 241
Lichtbogenschweißen 238
Lochbildung, Schrägwalzwerk 120
Lochen 159
Lochpresse 119
Losgröße 262
Luppe 119

Magnetfilterautomat 49
Makroverschleiß 217, 218
Mannesmann Schrägwalzverfahren 118
Mannesmann-Schrägwalzwerk 120
Mangan 30
Manipulatorantrieb 316
Maschineninstandhaltung 61
Maßabweichung, Verzahnung 21
Maßgenauigkeit 5, 7
Massiv-Kaltumformung 129
Massiv-Warmumformung 138
Maulkurve 120

mechanische Steuerung 268
mechanische Zwangssteuerung 284 ff.
Mehrdrahtziehanlage 128, 277
Mehrfachwerkzeughalter 264
Mehrspindeldrehautomat, 4, 193, 262, 278 ff.,
   314
Mehrspindel-Futterdrehautomat 279
Mehrspindel-Stangendrehautomat 280
Mehrprozessorsteuerung 303
Meißelgeometrie 168, 170
Menütechnik 73
Messen 23
Messerkopf 207
Meßgeräte 25
Meßmittel 23
Meßregelung 19
Metallische Schichten 252
Metallstruktur 27
Mikroprozessorsteuerung 288
Mikroverschleiß 217, 218
Mineralöl 43, 45
Mischkristall 29
Mittenrauhwert 5
Mittenversatz 13
Modellvorstellung 30, 31
Mohr'scher Spannungskreis 103
Mohs' Skala 217
Molybdän 30
Molybdändisulfid 43

Nachgiebigkeit 58, 65, 70, 71
Nachgiebigkeit 62
Nachwärmofen 122
Nahtlose Stahlrohre 118
Naßverzinken 253
Naßzug 128
NC 300
NC-Technik 268, 296
NC-Technik, Begriffe 300
Neigungswinkel 163
Nennmaßbereichsgrenzen 5
Netzstruktur 72
Neutralisation 53
Nibbeln 156
Nichtmetallische Schichten 257 ff.
Nickel 30, 47, 52
Niederhalter 147
Normalspannung 103
Nutzungsmöglichkeit, Werkzeugmaschine 309
Nutenfräser 206

Oberflächenbeschichtungen 250
Oberflächengüte 32, 81
Oberflächenmeßtechnik 25
Oberflächenreinigung 246
Oliver-Anschliff 199
optischer Sensor 318
Ortskurve 65, 67
Oxidkeramik 190 ff.

Palmöl 44
Parafin 43
Parallelitätsfehler 13
Patentieren 128
PC 300
Planetenwalzgerüst 113, 114
Planräumen 202
Planschleifen 212
Plansenken 198
Plasmaschneiden 158
Plasmaspritzen 254
Plastizitätstheorie 95
Plastomechanik 103
Phasengang 65, 67
Phosphor 30
Phosphatieren 45
Phosphatschicht 45
Pigmentierung 259
Pilgerschrittwalzwerk 120
Pilgerstraße 118, 119
Pilgerwalzwerk 119
Pilgerwalzen 121
Polyglykol 45
Polytetrafluoräthylen 43
Positionsabweichung 18
Positionsstreubreite 18
Prägen 137
Pressenaufstellung 60
Preßmaschinen 110, 274
Pressenstraße 262
Preßschweißen 232, 233
Preßstumpfschweißen 235
Prismenfräser 206
Profilbohren 198
Profilstahlherstellung 117
Profiltraganteil 6
Programmierung, NC-Automat 295 ff.
PROM 299
Prozeßrechner 117, 262
Prozeßrechner 308, 311
Prüfen 23
Punktschweißen 233, 234
Pulvermetallurgie 91

Quartowalzgerüst 114
Quarz 30

RAM 299
Ratterschwingung 66
Räumen 201
Rauhigkeit, Oberflächenbehandlung 246
Rauhtiefe 6, 7
Raumspannung 103 ff.
Realkristall 27
Rechwalzen 122
Recycling 47
Reiben 198
Reibschweißen 236
Reibung 32
Reibungsbeiwert 100

Reinigungsgrad 246
Reversiergerüst 113
Revolverdrehmaschine 193
Richtungstoleranz 8
Röhrentheorie 31, 99
Rohbramme 122
Rohrkontistraße 122, 123
Rohrherstellung 117
Rohrherstellverfahren 119
Rohrstoßbank 119
Rohrstrangpresse 119
Rollennahtschweißen 234
Rollenschneiden 158
ROM 299
Rückstellkraft 165
Rundkneten 137
Rundschleifen *212*, 213

Sankey-Diagramm 68
Säulenführungsschnitt 161
Säureaufbereitung 48
Schadensart 39
Schaftfräser 206
Schalldruckpegel 54, 55, 57
Schaltinformation 289
Scheibenfräser 206
Scheibenmodell 31
Scherarbeit 179
Scherebene 178
Schleifen 211
Schleifkörper 213
Schleifkörper-Zusammenstellung 215
Schleifkörperformen 213
Schleifmittel 215, 216
Schleifscheibe 213
Schlesinger 16
Schleuderguß 88, 89
Schlitzen 156
Schnellräumen
Schnellstahl 192
Schneckenkühlbett 122
Schneidarbeit 159
Schneiden 157
Schneidkeramik 186, 190
Schneidspalt 160
Schneidstoffe 109
Schneidstoffeigenschaften 188
Schneidstoffhärten 187
Schneidstofftemperaturen 187
Schneidstoffe, Zerspantechnik 187
Schneidstoffzusammensetzung 190
Schnittarbeit 179
Schnittgeschwindigkeit 168
Schnittkraft 165
Schnittkraftberechnung 165 ff.
Schnittkraftberechnung, spanende Verfahren
    174
Schnittwinkel 163
Schmelzschweißen 237
Schmelzschweißen, Automatisierung 237

Schmelzone, Schweißen 240
Schmiermittelträger 45, 132
Schmierstoff 45
Schmierstoffmenge 45
Schmirgel 216
Schrägaufzug 269
Schrägwalzwerk 119
Schrägwalzgerüst 122
Schraubbohren 198
Schubfließgrenze 102, 105
Schubspannung 103
Schubspannungshypothese *98*, 102
Schubspannungshypothese 146
Schutzgas 91
Schutzgas-Schweißanlage 241
Schutzgasschweißen 240
Schutzgas-Schweißverfahren 241
Schwefel 30
Schwenkspanneinrichtung 267
Schweißstelle, Vorbereitung 232
Schwingungsanalyse 63
Schwingungsdämpfung *61*, 66
Sechswalzengerüst 114
Seife 43, 44
Servoantrieb 294
Silizium 30
Sinterdauer 91
Sinterhartmetalle 93
Sintertemperatur 91
Sinterwerkstoff 91
Späneentsorgung 50
Spanart 171
Spanbildung 178
Spandickenexponent 168
Spanen 161
Spanflächenreibung 179
Spanflächenverschleiß 34
Spanform 186
Spanformer 184
Spanleitstufe 182, 184
Spannfutter 266
Spannplatte 266
Spannsystem, Wendeschneidplatten 184
Spannungskreis 102
Spannungsverlauf, kleben 244
Spannungsreihe, Metalle 252
Spannwagen 266, 267, 268, 269
Spannzange 266
Spanquerschnitt 173
Spanraumzahl 186
Spanstauchung 171
Spanungsbreite 168
Spanungsdicke 168
Spanungsdicke, klein 167
Spanwinkel 163
spezifischer Schnittkraftkoeffizient 166
Spezifische Umformarbeit 101
Spiralbohrer 198
Spitzenloses Rundschleifen 213
Spitzenwinkel 163

Soliduslinie 29
Sonderfertigung 78
Stabilitätskarte 67
Standardabweichung
Standlänge, Bohrer 200
Standzeit 37, 38
Stanzen 160
Stanzwerkzeug 274
Stauchen 139
Stauchfaktor 172, 178
Stellit 190
Steigen 139
Steifigkeit 13, 16
Steifigkeit 62 ff.
Sternrevolver 289
Steuerungsart 268
Stichfolge 118
Stirnfräsen 204, 205
Stopfenstraße 118
Stoßbank 118, 119
Strahlende Bearbeitung 224
Strangguß 85, 86, 87, 88
Stranggußanlage 87
Strangpresse 110, 118
Strangpressen 125
Strangziehanlage 110
Strangziehen 127
Streckziehen 146, 149
Streckreduzierwalzwerk 119
Streckreduzierwalzstaffel 122
Streifenmodell 31
Strom-Spannungskennlinie, Schweißen 239
Stückkosten 2
Stülpziehen 146, 150, 151, 152
Stufenpresse 110, 262, 272
Stufenreibahle 9

Tandemstraße 115
Tantalkarbid 30
Taylorfunktion 37, 38
Teilungsgenauigkeit 80
Tensor 103
Tensordeviator 104
Tensormatrix 103
Tensortheorie 105
Temperaturverlauf 70
Tieflochbohren 198
Tiefziehen 145, 146
Titan 47
Titankarbid 30
Topfschleifscheibe 213
Toleranzeinheit 5
Transferanlage 262
Transporteinrichtungen 313
Transferstraße 269 ff.
Transferwerkzeug 272
Trennarbeit 179
Trennen 156
Triowalzgerüst 114

Trommelrevolver 289
Trockenverzinken 253
Trockenzug 128
Tubusräumen 202

Überlappungsverhältnis, Kleben 245
übermittige Meißeleinstellung 164
Umfangsfräsen 204, 205
Umformen 95
Umformkraft 13
Umformkraftberechnung 105 ff.
Umformarbeitberechnung 105
Umkehrduowalzgerüst 114
Umkehrspanne 18
Umwelt, Schleifscheibe 219
Umweltschutz 46
Unfallverhütung
untermittige Meißeleinstellung 164
Urformen 84

Vakuumgießverfahren 90
Vanadium 30
Variantenprinzip 73, 74
Verfügbarkeit 61
Verlagerung von Bauteilen 69
Verchromen 255
Verformarbeit 179
Verschleißart 34, 35
Verschleißerscheinung 33
Verschleißmarkenbreite 36, 41
Verzahnung 83
Verzahnungsfehler 21
Verzahnungstoleranzsystem 21, 22
Verzunderung 35
Vierkantenkopiersteuerung 295
Vierflächenschliff 199
Vielwalzengerüst 114
Volumengleichheit 96
Vorrichtungen, Mehrspindeldrehautomat 284
Vorschubkraft 165

Waagerechtstauchmaschine 110
Waagerechtkaltstauchmaschine 262
Wärmeausdehnungskoeffizient 68
Wärmebilanz 63, 68
Warm-Breitbandstraße 113, 115, 116, 265,
    310, 311
Warmkammer-Verfahren 90
Walzanlagen 113
Walzenfräser 206
Walzenwechselwagen 265
Walzerzeugnisse 121
Walzbedingung 124
Warmfließpreßkurven 144
Walzspalt 123
Walzstraße 113
Walzwerk 110, 262
Wasseraufbereitung 48
weggebunden 274, 275, 276, 277

Weginformation 289
Wendeschneidplatte 183, 184
Wendeschneidplatte 263
Wendeschneidplattenhalter 182
Werkstofffluß 32, 33
Werkstückhandhabung 314
Werkstückspannung 265
Werkzeugspeicher 307
Werkzeugsystem 308
Werkzeugvoreinstellvorrichtung 263, 264
Werkzeugwechseleinrichtung 264
Werkzeugwerkstoffe, Umformtechnik 108, 109
Werkzeugabnutzung 33
Werkzeuggeometrie, Bohrer 198
Werkzeuggeometrie, Fräser 207
Werkzeuggeometrie, Räumnadel 202
Werkzeuggeschwindigkeit, Preßmaschine 278
Werkzeugfluß 305
Werkzeuglagefehler 14
Widerstandsschweißen 233
Winkel, Drehmeißel 163
Winkelmeßtechnik 23
Wirtschaftlichkeit 1
Wirtschaftlichkeitsberechnung 1, 2
Wolfram 30
Wolframsäure 192

Zentrierschliff 199
Zerspanarbeit 179
Zerspankraftkomponenten 164
Zerspanungshauptgruppe 188, *189*
Zerspanungstheorie 171
Zerspanungswärme 179
Zerteilen 156
Ziehdüse 127, 128
Zieheisen 128
Ziehradius 146
Ziehriefe 148
Ziehstab 147
Ziehstein 128
Ziehwulst 147
Zink 47, 52
Zinkphosphat 45
Zinksulfid 45
Zinn 47
Zirkonoxid 86
Zustandsschaubild 29

®
FSC
www.fsc.org